高等职业教育“十四五”规划教材
国家示范性高职院校建设项目工学结合课程教材

新疆农作物栽培技术

第 3 版

主编　王海波　戴爱梅

中国农业大学出版社
·北京·

内 容 简 介

本教材是新疆农业职业技术学院示范院建设种子生产与经营重点专业工学结合课程开发项目。由校企技术专家从职业岗位分析入手，按照职业岗位工作过程、从业职业能力、资格要求，结合专业顶岗实习环节，设计制定课程标准，在此基础上组织校企专家编写而成。全书主要分新疆农作物栽培技术基础知识和新疆农作物栽培技术实训两部分。本书还附录了企业顶岗实习评价表。

图书在版编目(CIP)数据

新疆农作物栽培技术/王海波，戴爱梅主编. —3 版. —北京：中国农业大学出版社，2021.7

ISBN 978-7-5655-2581-0

Ⅰ.①新… Ⅱ.①王… ②戴… Ⅲ.①作物-栽培技术-新疆-高等职业教育-教材 Ⅳ.①S31

中国版本图书馆 CIP 数据核字(2021)第 142572 号

书　　名　新疆农作物栽培技术　第 3 版
作　　者　王海波　戴爱梅　主编

策划编辑　康昊婷　　**责任编辑**　康昊婷　刘彦龙
封面设计　郑　川
出版发行　中国农业大学出版社
社　　址　北京市海淀区圆明园西路 2 号　　**邮政编码**　100193
电　　话　发行部 010-62733489，1190　　读者服务部 010-62732336
编辑部 010-62732617，2618　　出　版　部 010-62733440
网　　址　http://www.caupress.cn　　**E-mail** cbsszs@cau.edu.cn
经　　销　新华书店
印　　刷　北京鑫丰华彩印有限公司
版　　次　2021 年 8 月第 3 版　2021 年 8 月第 1 次印刷
规　　格　787×1092　16 开本　21.75 印张　540 千字
定　　价　64.00 元

编 委 会

主　编　王海波（新疆农业职业技术学院）

　　　　　戴爱梅（博州农业技术推广中心）

副主编　苑爱云（新疆农业职业技术学院）

参　编　刘心雨（新疆农业职业技术学院）

　　　　　齐士发（新疆农业职业技术学院）

　　　　　石　强（新疆农业职业技术学院）

第3版前言

作物生产是自然再生产与经济再生产的过程，有严格的地域性。我国幅员辽阔，各地生态条件差异很大，作物种类和分布不一，作物栽培条件和种植方法不同。新疆地处欧亚大陆腹地，属典型的大陆性气候，干燥少雨，日照长，昼夜温差大，96%的耕地靠引水灌溉，作物生长发育规律、群体结构和产量形成规律与内地许多省、区有差异，形成了独特的“绿洲灌溉农业”。

本教材是学院示范院建设种子生产与经营重点专业系列工学结合课程教材项目建设内容，该项目2018年获得职业教育国家级教学成果二等奖。教材由校企技术专家从职业岗位分析入手，按照职业岗位工作过程、从业职业能力、资格要求，结合专业顶岗实习环节，设计制定课程标准，在此基础上组织校企专家编写而成。

本教材具有以下特点：

(1)由校企和行业专家合作开发，突出新疆区域农业特点，教学内容与从业岗位技术相一致。

(2)按照工作过程编排教学内容，内容新，突出工作过程技术操作和经验性知识获得。

(3)教材与专业工学结合人才培养相配套，通过校内基本知识学习后，在企业由企业专家指导完成顶岗工作作业，并定期考核评价。教材既用于教学，又是学生顶岗实习期间的技术手册。

(4)教材设置知识延伸、拓展模块，鼓励学生自主学习、学会学习。

(5)教材适用于新疆种植类高职、中职层次学生使用。

按照农作物栽培技术学习特点，本教材分为农作物栽培技术基础知识和农作物栽培技术实训两部分。

第3版教材根据第2版教学使用情况，结合近年来新疆农作物品种和栽培技术推广运用对部分内容，特别是栽培技术进行了更新。第一章至第六章以及第十二章由王海波修改；第七、十章、十一章由戴爱梅、苑爱云修改；第八、十五章由戴爱梅、刘心雨修改；第十三、十四章由戴爱梅、齐士发修改；第九章由石强修改。

编　者

2020年2月

第 2 版前言

作物生产是自然再生产与经济再生产的过程，有严格的地域性。我国幅员辽阔，各地生态条件差异很大，作物种类和分布不一，作物栽培条件和种植方法不同。新疆地处欧亚大陆腹地，属典型的大陆性气候，干燥少雨，日照长，昼夜温差大，96%的耕地靠引水灌溉，作物生长发育规律、群体结构和产量形成规律与内地许多省、区有差异，形成了独特的“绿洲灌溉农业”。为了使教学紧密结合实际，新疆农业职业技术学院长期以来一直开发使用具有新疆地域特色的地方教材。

本教材是学院示范院建设种子生产与经营重点专业工学结合课程开发项目，由校企技术专家从职业岗位分析入手，按照职业岗位工作过程、从业职业能力、资格要求，结合专业顶岗实习环节，设计制定课程标准，在此基础上组织校企专家编写而成。

本教材具有以下特点：

(1)突出新疆区域农业特点，教学内容与从业岗位技术相一致。

(2)按照工作过程编排教学内容，内容新，突出工作过程技术操作和经验性知识获得。

(3)教材与专业工学结合人才培养相配套，学生通过校内基本知识学习后，在企业由企业专家指导完成顶岗工作作业，并定期接受考核评价。教材既用于教学，又是学生顶岗实习期间的技术手册。

(4)教材设置知识延伸、拓展模块，鼓励学生自主学习、学会学习。

(5)教材适用于新疆种植类高职、中职层次学生使用。

按照农作物栽培技术学习特点，本教材分为农作物栽培技术基础知识和农作物栽培技术实训两部分。

根据第 1 版教材教学使用和近几年新疆作物品种更新、滴灌技术应用、机械采收、无公害种植等生产技术升级情况，第 2 版教材对部分内容进行了修改。第一章至第六章以及第十二章由王海波修改；第七、十、十一章由苑爱云修改；第八、十五章由刘心雨修改；第十三、十四章由齐士发修改；第九章由石强修改。

编　者

2011 年 10 月

第1版前言

作物生产是自然再生产与经济再生产的过程，有严格的地域性。我国幅员辽阔，各地生态条件差异很大，作物种类和分布不一，作物栽培条件和种植方法不同。新疆地处欧亚大陆腹地，属典型的大陆性气候，干燥少雨，日照长，昼夜温差大，96%的耕地靠引水灌溉，作物生长发育规律、群体结构和产量形成规律与内地许多省、区有差异，形成了独特的“绿洲灌溉农业”。为了使教学紧密结合实际，新疆农业职业技术学院长期以来一直开发使用具有新疆地域特色的地方教材。

本教材是学院示范院建设种子生产与经营重点专业工学结合课程开发项目，由校企技术专家从职业岗位分析入手，按照职业岗位工作过程、从业职业能力、资格要求，结合专业顶岗实习环节，设计制定课程标准，在此基础上组织校企专家编写而成。

本教材具有以下特点：

(1)突出新疆区域农业特点，教学内容与从业岗位技术相一致。

(2)按照工作过程编排教学内容，内容新，突出工作过程技术操作和经验性知识获得。

(3)教材与专业工学结合人才培养相配套，学生通过校内基本知识学习后，在企业由企业专家指导完成顶岗工作作业，并定期接受考核评价。教材既用于教学，又是学生顶岗实习期间的技术手册。

(4)教材设置知识延伸、拓展模块，鼓励学生自主学习、学会学习。

(5)教材适用于新疆种植类高职、中职层次学生使用。

按照农作物栽培技术学习特点，本教材分为农作物栽培技术基础知识和农作物栽培技术实训两部分。教材第一、二章由王毅编写；第三章由杨贵泉编写；第四、五、十二章由王海波、艾克热木编写；第六章由王新燕编写；第七、十章由苑爱云编写；第八、十五章由刘心雨、朱妍梅编写；第十一、十三、十四章由齐士发、张炳坤编写；第九章由石强编写。教材由华西种业、西域种业的杨军善、陈宝理、庄其昌、周志成、王祖德审稿。

编　者

2007年8月

目　录

第一部分　新疆农作物栽培技术基础知识

第二部分 新疆农作物栽培技术实训

第一部分

新疆农作物栽培技术基础知识

为什么要学习作物栽培基础知识?

农作物生产不同于工业工厂化生产。某一作物的产品形成是该作物遗传特性、环境条件和农业措施综合作用的结果。一种作物从种植到获得产品,除受到作物本身遗传特性决定的个体生长发育、群体结构、产量和品质的影响外,还受到光、温、水、土、空气、病虫草害、农业措施等诸多因素的影响。要实现作物栽培优质高产,必须对作物本身优质高产特性、对环境因素的要求、采用的农业措施有充分的了解和认识,根据生产情况及时采取有效农业措施,为作物优质高产创造最佳生长发育环境。

所以从事农作物栽培工作,必须学习掌握影响作物优质高产各方面因素相关基本知识及农艺技术措施。

职业岗位能力要求

为胜任农作物栽培工作,在学习植物及植物生理、土壤肥料、农业气象等先修课程的基础上,还需要学习掌握以下作物栽培基础知识和职业岗位技能:

(1)作物分类及生产概况基本知识;

(2)作物生长发育与作物产量、品质形成基本知识;

(3)作物优质高产对环境条件的需求及环境因子的调节技术;

(4)新疆土壤耕作技术措施应用与作业质量检查技术;

(5)新疆种植制度及间混套种技术的运用;

(6)地膜覆盖技术、节水灌溉技术、无土栽培技术、化学调控技术、作物智能栽培技术等农业新技术在农业生产中的应用原理及方法。

掌握以上作物栽培共性的基础知识和技能后,方能有效开展作物优质高产栽培具体管理工作。

第一章

作物生产概况与特点

作物是农业生产系统的核心，是作物栽培的主要对象，与人类食品的数量和质量密切相关。了解农作物的分类、起源、分布和生产状况，有助于认识和把握作物生产的特点和生态适应性以及在农业经济中的重要作用。

第一节　作物的分类与生产特点

一、作物的概念与分类

作物是指由野生植物经过人类不断地选择、驯化、利用和演变而来的，被人类栽培利用，具有经济价值的植物。地球上有记载的植物有 39 万种，其中被人类利用的在 2 500 种以上。目前，世界上栽培种植的植物约 1 500 种，其中粮、棉、油、糖、麻、烟、茶、桑、果、菜、药、杂等这些人工栽培的植物统称为作物。这是广义的作物概念。狭义的作物概念主要是指农田大面积栽培的农作物，一般称为大田作物，俗称庄稼。

我国栽种的作物种类繁多，常见的农作物有 50 多种，为了便于比较、研究和利用这些农作物，常用以下几种分类法对其分类。

(一)根据作物用途和植物学系统相结合分类

根据作物用途和植物学系统相结合，可将作物分为 4 部分 10 个类别。

1. 粮食作物

(1)禾谷类作物　属禾本科，主要有稻、小麦、燕麦、黑麦、玉米、高粱、谷子、糜子、薏苡等。蓼科的荞麦习惯上也列入此类。一般将稻谷、小麦称为细粮，以外的称为粗粮。

(2)豆类作物　属豆科，主要有大豆、蚕豆、豌豆、绿豆、小豆、饭豆、扁豆、鹰嘴豆等。

(3)薯类作物　植物学上科属不一，主要有甘薯、马铃薯、木薯、山药、菊芋、芋、蕉藕等。

2. 经济作物或称工业原料作物

(1)纤维作物　主要有棉花、黄麻、红麻、苎麻、纤维用亚麻、大麻、苘麻等。

(2)油料作物　主要有油菜、花生、芝麻、向日葵、胡麻、苏子、红花等食用油料作物和蓖麻、油桐等工业用油料作物。此外，大豆也可列为油料作物。

(3)糖料作物　主要有甘蔗、甜菜、甜叶菊等。

(4)嗜好类作物　主要有烟草、茶叶、咖啡、可可等。

(5)其他作物　主要有桑、橡胶、香料作物(如薄荷、留兰香等)、编织原料作物(如席草、芦苇等)、调味佐料类作物(如小茴香、大茴香等)。

3.饲料及绿肥作物

主要有苜蓿、苕子、紫云英、草木樨、水葫芦、水浮莲、红萍、绿萍、三叶草、田菁等。

4.药用植物

主要有三七、天麻、人参、黄连、贝母、枸杞、白术、白勺、甘草、半夏、红花、藏红花、百合、何首乌、五味子、茯苓、灵芝等。

以上有些作物有几种用途,根据需要有时可以划到这一类,有时可以划到另一类,因此,上述分类方法不是绝对的。随着生产的发展和科学技术的进步,人类对野生植物的利用会不断增强,预计会有更多的野生植物进入到栽培作物的行列来。

(二)根据作物的生物学特性分类

1.喜温作物和耐寒作物

喜温作物生长发育的最低温度为10℃,如水稻、玉米、高粱、花生等;耐寒作物生长发育的最低温度为1～3℃,如冬小麦、大麦、黑麦、油菜等。

2.长日照作物和短日照作物

凡适宜在长日照条件下开花的作物称为长日照作物,一般夏季开花收获的作物属此类,如小麦、油菜、甜菜等;凡适宜在长黑暗条件下开花的作物称为短日照作物,一般秋天收获的作物属此类,如玉米、水稻、棉花等。

此外,还可按播种期将作物分为早春作物、晚春作物、夏播作物、秋播作物等;按照播种密度将作物分为密植作物和中耕作物;按照对光照强度的要求,分为喜光作物和耐阴作物;按照作物对水分的要求分为喜水耐涝型作物、喜湿润型作物、中间水分型作物、耐旱怕涝型作物、耐旱耐涝型作物;按照作物的需肥特性,可分为喜氮作物、喜磷作物和喜钾作物等。

(三)按植物科、属、种进行分类

按植物科、属、种进行分类,一般用双名法对植物进行命名,称为学名。这种分类法的优点是能把全世界所有植物按其形态特征进行系统分类和命名,可以在国际上通用。例如,玉米的学名为*Zea mays* L.,第一字为属名,第二字为种名,第三字是命名者的姓氏缩写。这类分类方法的缺点是农业工作者在使用时不太方便。

不同的作物有不同的起源地,了解作物的起源对了解作物的生长习性和收集野生资源建立作物“基因库”,培养出更有价值的农作物非常有意义。

二、作物生产的特点

作物生产是在了解作物生长发育规律及其与环境关系的基础上,以作物为对象,以自然环境条件为基础,以人为调控为手段,以社会效益、经济效益为目标的植物生产产业。因此,作物生产必须注重协调生物、自然环境和人类社会这三方面的作用和关系。作物生产与其他社会物质生产相比,具有以下几个鲜明的特点。

1.严格的地域性

不同的纬度、地形、地貌、气候、土壤、水利等自然条件,再加上社会经济、生产条件、作物种类和技术水平的差异，构成了作物生产条件的地域性；作物由于自身对生长发育条件的要求不同，分布上也存在明显的地域性，如北麦南稻。

2. 明显的季节性

因为作物是在“露天”情况下进行生产的，而春、夏、秋、冬一年四季的光、热、水等自然资源的分布极不平衡，所以作物生产不可避免地受季节的强烈影响，一般遵循春播秋收的生产规律。

3. 生长的规律性

农作物在与生态环境相适应的进化中，其生长发育和产量形成过程表现出显著的季节性、序列性和周期性。如作物完成生命周期有一年生的，也有二年生的；作物完成生命过程必须经过阶段性发育，以及春化阶段、光照阶段就是典型的例子。

4. 生产的连续性

人类不断增加的物质需求，要求农业生产连续不断地进行。农业生产的这种连续性要求农业生产者要有全面和长远的观念，做到前季为后季，季季为全年，今年为明年，实现全面、持续的高产、稳产。

5. 系统的复杂性

作物生产是一个有序列性和有结构性的复杂系统，受多种因子的影响制约，既是一个大的复杂系统，又是一个统一的综合体。作物生产的复杂性要求我们用整体和系统方法来分析解决问题，采取综合措施，有效地处理和协调各种影响因素，达到高产、稳产和优质高效，发挥作物生产的总体效益。如不全面考虑而单独突出某一因素，或忽视某些技术措施，都容易产生片面性，而影响作物的生长和产量、品质的形成。

第二节 作物生产概况

一、我国作物生产现状

新中国成立以来，我国粮食总产量大幅度稳步增长。尤其是 1978 年以来，经过一系列卓有成效的改革，中国农业和农村经济飞速发展，走上了稳定、持续、健康发展的道路。中国以占世界约 9%的耕地养活着占世界 20%的人口，创造了人类历史上的奇迹。

根据中国农业年鉴 2019 年统计数据：2017 年我国耕地面积 13 488.12 万 hm^2，2018 年农作物总播种面积 16 590.2 万 hm^2，总产量 65 789.2 万 t，人均农产品占有量 472.4 kg。

全国 2018 年粮食作物总播种面积 11 703.82 万 hm^2，总产量 65 789.2 万 t，平均每公顷产量 5 621 kg。其中，水稻播种面积 3 018.95 万 hm^2，总产量 21 212.9 万 t，平均每公顷产量 7 026 kg；玉米播种面积 4 213.01 万 hm^2，总产量 25 717.4 万 t，平均每公顷产量 6 104 kg；小麦播种面积 2 226.62 万 hm^2，总产量 13 144 万 t，平均每公顷产量 5 903 kg。

2018 年全国经济作物中，油料作物播种面积 1 287.24 万 hm^2，总产量达 3 433.4 万 t，平均每公顷产量 2 667 kg；棉花播种面积 335.44 万 hm^2，总产量达 610.3 万 t，平均每公顷产量 1 819 kg；糖料作物播种面积 162.29 万 hm^2，总产量达 11 937.4 万 t，每公顷产量 73 556 万 t。

二、新疆作物生产概况

新疆地处祖国西北边陲，20 世纪 90 年代种植业以粮食（主要是小麦、玉米）生产为主。

"十五"以来，新疆加快产业结构调整力度，提出建设棉花、粮食、畜牧和特色林果四大基地，突出了棉花在种植业结构中的优势地位。目前新疆种植业结构发生巨大变化。

新疆总耕地面积约523.96万hm^2。2018年农作物总播种面积606.89万hm^2。其中，粮食作物播种面积221.96万hm^2，占农作物总播种面积的36.6%；棉花播种面积249.13万hm^2，占农作物总播种面积的41%，占全国棉花播种面积的74.3%；油料作物播种面积22.41万hm^2，占农作物总播种面积的3.7%；糖料作物播种面积5.73万hm^2，约占农作物总播种面积的1%。新疆主要农作物生产概况见表1-1。

表1-1 2018年新疆主要农作物播种和产量概况

作物名称	播种面积/$\times 10^3$ hm^2	总产量/万t	每公顷产量/kg
棉花	2 491.3	511.1	2 051
小麦	1 031.5	571.9	5 544
玉米	1 033.3	827.6	8 009
大豆	35.4	7.6	2 157
向日葵	127.9	—	—
油菜	63.5	17.7	2 793
甜菜	57.3	424.7	74 175

新疆是典型的绿洲型农业，其农作物生产条件具有以下特点。

1. 大陆性气候

新疆是典型的大陆性气候，属于旱生态环境。

(1)降雨量少　年降水量南疆<100 mm，北疆200 mm左右，而蒸发量一般都在2 000 mm以上，因此空气干燥。

(2)温差变异大　除年际和昼夜变化较大外，地区间温度差异尤其大，吐鲁番和南疆一些地区光热资源丰富，生育时间长，无霜期可达180～210 d，可一年两熟，可以生产长绒棉等作物；而北疆一些地区生育期短，无霜期100～120 d，仅可种植一季喜凉作物。

(3)日照时间长　北疆一般为2 700～3 000 h，南疆中部地区一般为3 100～3 600 h；日照百分率高，北疆为60%～70%，南疆中部地区一般为70%～80%；太阳总辐射量大，一般为586～628 kJ/cm^2。

(4)水土不平衡　新疆地多水少，而且地区之间差异很大，生产季节分配不均衡，作物生长、分布和技术措施受水源制约较大。

2. 灌溉农业

新疆四面环山，中部的天山把新疆分为南北两部分。北疆在准噶尔盆地形成绿洲农业生产圈，南疆在塔里木盆地形成周边绿洲农业生产圈及塔里木河等大河沿岸绿洲。新疆属典型的灌溉农业，灌溉面积占94%左右。新疆灌溉的水源主要来自高山的冰川和山地降水，形成地表径流和地下水。所以，搞好农田水利建设和引进先进的节水灌溉技术，是解决新疆农田灌溉和农业持续发展的关键措施。

3. 机械化生产水平高

新疆农业生产机械化水平较高，尤其是建设兵团和大型国营农场，耕地面积大，农业生产中的耕耙、播种、追肥、除草、治虫、收割、运输等主要作业靠机械进行，机械化程度高达84.4%。个别农场还采用飞机播种稻谷、施化肥、无人机喷洒农药防治病虫害等。

4. 中、低产田面积大

在全疆可耕地面积中，盐碱地、戈壁地等中、低产田面积较大，改良中、低产田，培肥地力，对提高农作物产量具有重要的意义。

随着人们生活水平的提高，我国作物生产已由片面追求高产向高产、优质、高效、安全方向转变。但是，我国农业与国际农业相比，还存在很多差距。比如，生产技术等原因造成的农产品成本高，没有市场竞争力；种植业结构，特别是品种结构不合理，造成农产品销售困难等。目前我国作物生产通过采取优势农产品区域规划布局、良种推广、无公害生产、产业化经营等途径，落实“三减免、三补贴”等政策，种植业结构调整稳步推进，优质农产品加快发展，并保持良好的发展势头。

三、作物生产与粮食安全

(一)作物产品的营养特点和贡献

人类正常生活所需要的有效营养成分包括糖类、脂类、蛋白质、维生素、无机盐和水等6类物质。食物来源包括粮食、植物油、食糖、蔬菜、瓜果、酒类、肉类、蛋类、奶、水产品和动物油等。

一个人的食物是否充足，可用其摄入的热量和蛋白质量来表示。一般来说，食物提供的热量和蛋白质足够的话，维生素和矿物质也能满足。因此，目前受到重视和关注的主要是糖、脂肪和蛋白质3种营养素。从世界来看，人类消耗热量(包括糖和脂肪)的84%、蛋白质的65%由植物直接提供，其余的由动物提供。

作物的收获产品中一般含有大量的水分、碳水化合物、蛋白质、脂类、矿物质、氨基酸及其他必需营养成分。作物收获器官的营养成分差异很大，禾谷类作物主要以碳水化合物为主，豆类和油料作物以脂肪和蛋白质为主，薯类作物含有大量水分，其干物质仍以碳水化合物为主。氨基酸是蛋白质的主要组成成分，在很大程度上决定了蛋白质的质量。植物能合成全部20种氨基酸，而人体内只能合成12种氨基酸，另外，8种必需氨基酸必须依赖于食物提供，被称为人体必需氨基酸。因此，产品中不同氨基酸的含量也会影响蛋白质的营养价值，任何一种必需氨基酸不足都会使蛋白质的价值下降。一般认为，单一的植物性蛋白质难以满足人体生长的需要和维持人体的健康，因此如果将含有不同必需氨基酸的食物进行适当配合，可起到“互补”作用。目前，世界上正在通过遗传改良和栽培控制相结合，研究开发优质专用作物产品以及功能型食品，以满足人们较高的生活质量和健康营养。如蛋白质含量不同的小麦产品可分别用来制成高蛋白的面包、中蛋白的蒸煮面食(面条、馒头、饺子)、低蛋白的饼干和糕点等专用性食品。

(二)中国粮食需求现状与预测

据研究，人体每千克体重每天需要消耗167 kJ热能，一个成年人平均体重按60 kg计算，根据折算每年需要219 kg的固体食物，若再折算成粮食，由于粮食含有10%～13%的水分及不可食部分(约占20%)，那么一个成年人每年需要粮食300 kg左右。考虑到人均粮食占有量中还包括种子、役畜饲料、必需的工业原料、动物产品饲料等，实际上人均300 kg只能算是温饱低限的水平，400 kg可算是温饱有余的水平，只有500 kg以上才能算是充足富裕的水平，才能有足够的粮食可以向以畜产品为主的食物结构过渡。

我国是世界上人口最多的国家,也是最大的粮食生产国和消费国。随着人口增加,饮食结构变化导致的粮食需求膨胀,以及由于工业化、城市化和环境退化导致的农业资源减少,我国面临的粮食压力变得日益严峻。此外,由于我国粮食供求关系的变化将直接影响世界粮食市场,因此有些国外学者对中国农业生产作出各种各样的预测,担心将来中国会出现粮食危机。

事实上,1949 年以来我国粮食产量增长一直保持了快于人口增长的趋势。20 世纪 90 年代以后,粮食年均增长快于人口年均增长 1.3%,满足了全国人民生活由温饱向小康过渡的需要。

我国年人均粮食占有量由 1949 年的 209 kg 增长到 2019 年的 474 kg,已经基本满足了人均温饱粮食需要(年人均 400 kg),并有盈余。我国粮食生产除进一步提高粮食总量满足新增人口需求确保粮食安全外,重点是要满足人们对粮食种类多样性和品质的要求。

【知识延伸】

1. 查阅有关资料,提出面向 21 世纪中叶随着我国人口高峰的到来,粮食需求高峰的粮食安全解决途径。

2. 随着人们消费水平的提高,人们饮食结构将发生变化,肉蛋奶的比例会增加。查阅有关资料分析,随着人们消费水平的提高,我国对粮食的需求会发生什么变化?

【课后作业】

1. 叙述作物广义概念和狭义概念。

2. 作物是如何进行分类的?

3. 作物生产有何特点?

第二章

作物生长发育与产量形成

第一节 作物发育特性与生育期

作物的一生，开始于幼胚和种子的形成，经过种子的休眠和萌芽，幼苗和作物营养体的分化与生长，继之达到性成熟状态，于是出现花器或块茎、块根等生殖器官或营养器官，经过有性繁殖和无性繁殖过程，随后逐渐趋向衰老，最终死亡。

作物的生长与发育是相互联系又有区别的生命现象。作物在数量上不可逆的增长叫生长，包括作物体积（长、宽、厚等）的由小到大和重量（鲜重、干重）由轻到重。生长是一个量变过程，是通过细胞分裂和伸长来完成的，它包括营养体的生长和生殖体的生长。

作物在生育过程中，不断形成在形态、结构和功能上各异的各种营养体和生殖体，如小麦的分蘖、棉花的花蕾等。在生长的基础上，作物体内发生了一系列质的变化，即新器官的产生、生理状态的转变、形态的变化，这就是发育。发育是作物一生中其结构、机能的质变过程，表现为细胞、组织和器官分化，最终导致植物根、茎、叶和花、果实、种子的形成。

生长和发育二者存在着既矛盾又统一的关系。在作物生活中，生长和发育是交织在一起进行的，没有生长便没有发育，没有发育也不会有进一步的生长。生长是发育的基础，停止生长，细胞就不能完成发育，没有足够的营养体也不能正常繁殖后代。生产中如果生长与发育不协调常会出现两种情况：一是生长快而发育慢，营养体生长过旺影响作物开花结实，如“贪青”；二是生长受到抑制，发育却加速进行，例如在营养条件不良情况下，作物提前开花结实，发生“早衰”。

因此，要实现作物高产优质，必须根据生产的需要，调节控制作物的生长发育过程和强度。

一、作物的发育特性

作物由营养性的分生组织转向生殖性的分生组织，必须通过内部生理条件的诱导才能实现，这种内部生理条件是作物的遗传因子和环境因子相互作用的结果。除了作物的遗传因子外，诱导质变的主导因子是温度和光照。

作物的花芽分化对温度和光照有一定的要求，即在花芽分化前必须满足一定的温度和日照长度的环境条件以完成对花芽分化的诱导。根据作物花芽分化对温光的要求，可把作物分为两大类型：高温—短日照（包括水稻、玉米、高粱、大豆、棉花、麻类、花生、烟草等喜温作物）和低温—长日照（包括麦类、蚕豆、豌豆、油菜等喜凉作物）。

同时，作物发育对温度和日照长度的反应具有明显的阶段性，即先以一定时间完成对花芽分化的温度诱导，称为感温阶段，然后再经一定时间完成对生殖幼体的光照诱导，才能正常进行花器发育，称为感光阶段。

二、作物的生育期

作物的生育期和生育时期是两个不同的概念，不可混淆。在作物生产中，把作物出苗到成熟期间的总天数称为作物的全生育期；而作物的生育时期是指作物一生中其外部形态上呈现显著变化的若干时期。

（一）生育期

一般以籽实为播种材料又以新的籽实为收获对象的作物，其全生育期是指籽实出苗到新籽实成熟所持续的时间。对于以营养体为收获对象的作物，如麻类、薯类、甜菜等，则是指播种材料出苗到主产品收获适期的总天数。需育苗（秧）移栽的作物，如水稻、烟草、甘薯等，通常将生育期分为秧田（苗床）生育期和田间生育期。秧田（苗床）生育期是指从出苗到移栽的天数，田间生育期是指移栽到成熟的天数。

作物的生育期长短，主要由作物的遗传性和所处的环境条件所决定。同一种作物生育期的长短因品种而异，可有早、中、晚熟之分，这是作物在长期进化过程中生态适应的结果。在相似的环境条件下，各个品种的生育期长短是相对稳定的；但在不同的环境条件下，作物的生育期会有所变化。如高温—短日照作物，在温度高、日照短的情况下，生育期会缩短；相反，温度低、日照长，生育期会延长。低温—长日照作物，日照越长，发育越快，生育期也会缩短。在农业生产中，高温、干旱迫熟现象也十分普遍。作物施肥不当，如 N 肥施用过多，水分适宜，使作物茎叶生长过旺，造成作物贪青晚熟，延迟成熟；相反，土壤缺 N，则生育期缩短。

（二）生育时期的划分

在作物的一生中，其外部形态要出现若干次显著的变化。根据这些变化，可以划分为若干生育时期。在生产中为了管理方便，把生育特性相近的几个生育时期合称为某一生育阶段，最常见的是将作物一生分为前期、中期、后期 3 个生育阶段。以下为几种主要作物的生育时期划分。

（1）禾谷类　出苗期、分蘖期、拔节期、孕穗期、抽穗期、开花期、灌浆期、成熟期；

（2）豆类　出苗期、现蕾期、开花期、结荚期、成熟期；

（3）棉花　出苗期、现蕾期、开花期、成熟期；

（4）油菜　出苗期、现蕾期、抽薹期、开花期、成熟期；

（5）马铃薯　出苗期、现蕾期、开花期、结薯期、薯块发育期、成熟期、收获期。

为了更详细地记载作物的生育时期，还可将个别生育时期划分更细一些，比如新疆冬小麦生育时期可以划分为 12 个时期（参看小麦栽培技术章节）。

生产中对生育时期的记载，是以作物全田出现显著形态变化的植株达规定标准的百分率来进行的，一般达 10％为本生育期始期，达 50％的日期记为本生育期，达 50％以上为盛期，达 70％～80％以后为末期。

(三)作物的生长中心

作物的生长中心是指生长势较强，生长绝对量和相对量都较大的部分。作物的各个生育时期均有自己的生长中心。作物的生长中心常以器官来划分。作物的生长中心与作物体内生理代谢及有机养分分配存在着密切关系。

构成作物躯体及各种生命活动有关的有机物质主要为碳水化合物、脂肪和蛋白质。在这3种物质中，脂肪主要供贮藏用，在种子、果实中含量较高，很少参与代谢，即使被利用，通常也首先转化为糖。因此，在作物有机营养方面主要为碳(C)素营养与氮(N)素营养。

作物各个生育阶段的器官生长及生长中心与体内氮、碳代谢盛衰及C/N大小有密切关系。作物在生育前期，主要形成新器官，蛋白质合成居优势，以N素代谢占优势，C/N小；生育后期，茎、叶、根基本停止生长，是光合产物向收获部位迅速运输的时期，因为贮藏物质主要以碳水化合物形态存在，所以C素代谢占优势，C/N大；在生育中期，是生殖器官迅速分化形成的阶段，同时有部分光合产物开始在临时的库中贮藏，所以是C、N代谢并旺的时期。

生长中心理论为作物栽培技术提供了重要的理论依据，同时说明作物的生育进程存在阶段性，因此栽培目标和栽培技术也应有阶段性。在作物栽培过程中，通过肥水等措施调节各阶段作物体内C、N代谢和协调器官生长即可能达到高产优质的目的。作物各生育阶段的生长中心、养分分配、C、N代谢与栽培目标见表2-1。

表2-1　作物各生育阶段的生长中心、养分分配、C、N代谢与栽培目标

项　目	生育阶段		
	前期(营养生长)	中期(营养、生殖生长并进)	后期(生殖生长)
生长中心与养分分配中心	根、叶、枝(蘖)	主要中心：花(幼穗)，次要中心：叶、枝、根	籽实、块根、块茎
C、N代谢特点	N代谢占优势	C、N代谢并重	C代谢占优势
栽培目标	壮苗早发、建立足够营养体、长好苗架	壮株稳长、形成足够数量的贮存产品的器官，积累大量有机物，壮茎、花足	养根护叶，保证足够有机物向产品器官运转，增粒增重

第二节　作物器官建成

作物的生长发育特性很大程度上是在人为控制栽培条件下形成的，即根据作物的生长发育特性，加以人为控制，以获取作物某些部位特别发达的经济产量。由于各种作物收获部位不同，在促进或抑制作物生长发育上也就因作物而异。如以营养器官为收获对象的，就要抑制其生殖器官发育；而以生殖器官为收获对象的，就要正确处理生长与发育的关系，以达到穗大、粒多、粒重的目的。因此，产品器官的发育、生长与作物高产、优质有直接的关系。

一、种子的形态和萌发

农业生产上的种子包括植物学上的3类器官：①由胚珠发育而成的种子，如豆类、棉花、油菜的种子；②由子房发育而成的果实，如禾本科作物的籽粒、向日葵的瘦果；③用作无性繁殖材料的根、茎等营养器官，如甘薯的块根、马铃薯的块茎。

1.有性繁殖作物种子的形态结构特点

作物种子外形、大小、颜色等千差万别，但大多数种子的基本结构相似，均由3个主要部分组成：种皮（有时包括果皮及附着物在内）、胚、胚乳（有的退化不明显）。其中，禾本科作物种子，胚只占据种子的一小部分，绝大部分是胚乳。而棉花、油菜、大豆等作物种子胚较大，有发达的子叶，胚乳几乎不存在。作物种子的大小，小粒种子一般用千粒重表示，大粒种子用百粒重表示。

2.种子的休眠与破除

绝大多数种子成熟后，遇适宜的外界条件便可萌发，但是也有一些作物的种子即使在条件适宜时也不萌发，必须经过一段时间，种子内部发生进一步的变化，才能萌发，这种现象叫休眠。在主要作物中，水稻、小麦、大麦、高粱、玉米、棉花、豆类、油菜等作物的种子和马铃薯的块茎都有休眠特性，其休眠的机理不尽相同，即使同一作物的不同品种也各不相同。如早熟粳稻品种休眠较深，而籼稻无休眠期；小麦红皮品种比白皮品种休眠期长；油菜芥菜型品种休眠最深，白菜型次之，甘蓝型休眠不明显。

农业生产中如用休眠种子播种，则出苗时间延长，耽误生产，影响产量。因此，对尚未完全度过休眠的种子，在播种前采取方法进行处理，以提高发芽率，是十分必要的。

（1）机械处理　对于硬实种子，可采用机械擦伤种皮或切块，使种皮对水分和空气的透性提高，消除种皮的萌发抑制。

（2）高温、干燥处理　高温、干燥处理能降低种子含水量，促进种子后熟，并提高种子对水与气的通透性。生产中广泛采用的晒种便是如此。

（3）药剂处理　用氧化剂或植物生长调节剂处理种子，常能起到良好的效果。如用一定浓度的双氧水浸种，用赤霉素、细胞分裂素、乙烯利处理种子都具有解除种子休眠的良好作用。

（4）物理处理　用X射线、高低频电流、超声波、磁场等处理种子，也能解除休眠，促进萌发。

3.种子的萌发

发育完全，渡过休眠的种子在适宜的温度、水分、氧气及光照条件下就可以萌发出苗。种子的萌发分为吸胀、萌动和发芽3个阶段。种子萌动时，首先是胚根伸出种皮，称为“露白”，当胚根长到与种子等长，胚芽长到种长一半时，即完成萌发阶段。

二、营养器官的建成

作物营养器官的生长一般呈现S形（图2-1），在生长始期生长缓慢，进入生长前期时生长速度急剧上升；到了生长后期速度又逐渐减慢；等进入成熟期后，生长基本处于停滞状态。此时它的外部已基本定型，但内部有时还需充实；最后为衰老期，此时生长量不仅不增加，反而由于呼吸消耗而略有下降。这种S形的生长曲线不仅适用于作物的个体，作物的群体、器官的生长均表现如此。

（一）根的生长特点

作物的根系有两类：一类是单子叶作物的根系，属须根系；另一类是双子叶作物的根系，属直根系。

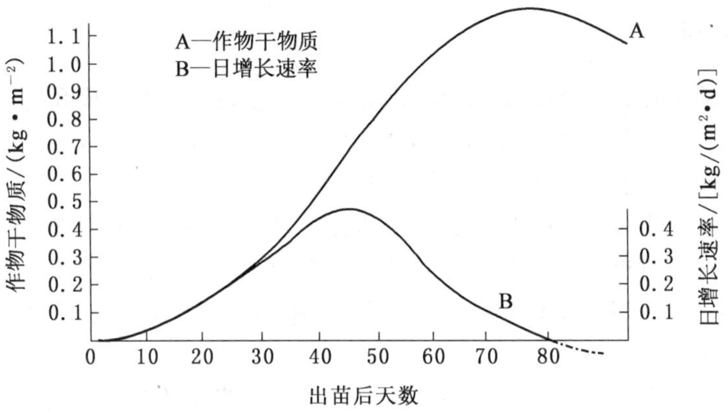

图 2-1　作物的 S 形生长曲线

禾本科作物的根系由初生根和次生根组成。从胚根发育的根称为初生根，从地下茎节处产生的根称为次生根，玉米、高粱等作物在地上 2～3 节还能产生气生根，起到支持植株，扩大根系吸收范围等作用。禾本科作物根系主体是次生根。

双子叶作物是直根系，在生长前期，主根生长较快，下扎也较深，至开花期达最大值，之后生长减慢而逐渐停止。一般侧根生长迟于主根，其生长伴随着主根下伸而发生扩展。

根系在土壤的分布状态，决定于作物本身根系发育特性及土壤环境条件(如土壤质地、温度、通透性、湿度、紧实度等)。

作物根系在土壤中的扩展范围很大，禾谷类作物稻、麦在分蘖期，发生大量的不定根，整个根系的横向发展显著，拔节期后便转向纵深发展，根系最深可达 150 cm 以上。双子叶作物根系入土深度更深，可达 200～300 cm。

(二)茎的生长特点

禾本科作物的茎为圆形，其茎枝由许多节和节间组成，每段茎的节间基部有细胞分裂旺盛的居间分生组织，节间靠居间分生组织分化而伸长，使茎秆长高。禾本科作物的茎节分为两种，一种是节间不伸长的基部茎节，密集于土内靠近地面处，称为分蘖节，其上着生的腋芽可在适宜条件下长成分蘖；另一种是地面以上的伸长节，其上各节腋芽一般不萌发，处于休眠状态。茎节由下向上逐渐加长，小麦的基部茎节长度低于 2 cm，有利于抗倒伏。

分蘖节上产生的分蘖实际是禾本科作物的分枝，发育良好的分蘖可以抽穗开花，构成产量。分蘖的产生有一定的规律性，如小麦的分蘖，第 4 叶露尖，第 1 叶腋芽长出成为分蘖。

双子叶作物的茎叶可分为地下茎和地上茎。地下茎可分为根茎、块茎等；地上茎有直立茎、匍匐茎、缠绕茎等，一般为直立茎，其上产生分枝，主茎顶端有较强的顶端优势。分枝对作物产量影响大，分枝性强的作物，一般最多可发生 4 次分枝，而以第 1 次分枝对作物产量的作用最大；分枝弱的作物，分枝对产量和品质不利，栽培中要抑制其发生。

不同品种分枝的数量、节位(上、中、下部)、长度及与主茎所成角度的大小，决定着品种的植物形状和株型，这是栽培上确定适宜种植密度的主要依据。

栽培作物茎和分枝的生长除由遗传性决定之外，还受到种植密度、肥料供应等因素的影响。栽培中，为了达到高产优质的目的，可以通过整枝人为地改变作物茎的生长状态。

（三）叶的生长特点

作物的叶片是主要的光合器官，在作物栽培上一向重视叶片的建成和创造适宜的叶面积。

叶片由叶原基发育而成，叶片的大小取决于细胞分裂的数目和细胞的增大，凡是影响到叶片细胞分裂和增大的因素都会对叶片大小造成影响。

作物主茎发生新叶的速度称为出叶速度，常用主茎发生一片新叶所需的天数或有效积温（GDD）来表示。温度对出叶速度影响最大，在适宜温度范围内，温度越高，出叶速度越快。其次，氮素对出叶速度也有影响，氮素供应充足则出叶速度快。此外，土壤水分、播种以及栽培方式等也影响出叶的速度。

叶片在伸展前处于异养状态，叶伸展一直到叶片1/2发黄为叶片的功能期。双子叶作物中部叶片的功能期最长，单子叶作物以上部叶片的功能期最长，作用最大。叶片的功能期长短与生育期、光照、水肥条件、病虫害等有关。作物栽培中要尽量延长功能叶片的功能期，使其制造更多的光合产物，最终能有效提高作物产量。

三、生殖器官的建成

作物的一生不仅要分化生长出营养器官，而且生长到一定程度还要分化、生长出生殖器官。与茎叶一样，生殖器官也是由顶端分生组织分化而来的。

（一）花器的分化与发育

1. 禾本科作物的穗分化和发育

禾本科作物的花序统称为穗，按植物学分类，水稻、高粱、玉米雄穗等为圆锥花序；小麦、大麦等为穗状花序；玉米雌花序为肉穗花序。下面以圆锥花序为例介绍其分化发育过程。

（1）生长锥伸长期　生长锥体积增大，叶原基停止发生，生长锥的高度显著超过宽度。

（2）枝梗分化期　生长锥由下而上分化出第一枝梗原基，再由一次枝梗原基上分化出二次枝根原基……直至末次枝梗原基分化完毕。

（3）小穗分化期　在末次枝梗分化接近完毕时，开始从枝梗上分化小穗原基。

（4）小花分化期　小穗原基分化出颖片，然后小穗内小花继续发育，按由外而内的顺序分化护颖→外稃→内稃→雄蕊→雌蕊。

（5）胚囊母细胞和花粉母细胞形成期　雄蕊的花药长度增加，在花粉囊中形成花粉母细胞，在子房内形成胚囊母细胞。

（6）胚囊母细胞和花粉母细胞减数分裂期　胚囊母细胞和花粉母细胞各自进行减数分裂，经一次形成二分体，经两次形成四分体。

（7）胚囊和花粉形成期　胚囊母细胞形成的四分体，3个消失，1个发育成胚囊；花粉母细胞形成的四分体，每个四分体分散形成4个独立的花粉粒，再经单核期、二核期发育成熟为三核花粉粒。

需要说明的是，各作物的具体穗分化发育过程在时间、形式、顺序上都各具特点，在此不再细述，可参阅各作物栽培育种相关资料。

2. 双子叶作物的花芽分化和发育

可以分为以下几个阶段：

(1)花萼形成期　作物营养生长达到一定时期,在外界温、光诱导和内部激素的作用下,开始形成花原基,在花原基上首先分化出苞叶、花萼原基。

(2)花冠和雌雄蕊伸长期　花萼原基伸长后,内侧陆续发生花瓣、雄蕊和雌蕊原基。分化的顺序是雄蕊在前,雌蕊在后,但花瓣原基和雌雄蕊原基分化顺序前后不尽一致。

(3)花粉母细胞和胚囊母细胞形成期　雌雄蕊伸长,雄蕊先分化出花药,花药内的孢原细胞发育形成花粉母细胞;雌蕊的子房内逐渐形成胚珠,又由胚珠内的孢原细胞进一步发育形成胚囊母细胞。

(4)胚囊母细胞和花粉母细胞减数分裂期　胚囊母细胞和花粉母细胞各自进行两次减数分裂,形成四分体。

(5)胚囊和花粉形成期　胚囊母细胞形成的四分体,3 个消失,1 个发育成胚囊,这个胚囊有进一步分裂成为具有卵细胞、助细胞、极核和反足细胞的 8 细胞胚囊;花粉母细胞形成的四分体,每个四分体分散形成 4 个独立的花粉粒,花粉粒内容物逐渐充实,由单核花粉粒发育成二核(如棉花)或三核(如油菜)花粉粒。

各作物的具体花芽分化发育过程可参阅其栽培育种相关资料。

(二)开花和授粉

1. 开花习性

具有分枝习性的作物,一般是主茎先开花,然后依次为第一分枝,二次分枝……。在同一花序上的花,有 3 种开花顺序:①下部花先开,然后向上,如棉花、油菜等;②中部先开,然后向上向下,如小麦、玉米等;③上部先开,然后向下,如水稻、高粱等。

2. 授粉方式

稻、麦、大豆、豌豆、花生是自花授粉作物;玉米等作物为异花授粉作物;棉花、高粱、蚕豆为常异花授粉作物。

(三)受精和结实

多数作物受精在授粉后 24 h 完成。结实过程基本为:籽粒(或果实)体积迅速膨大→光合产物运输,光合产物迅速积累→脱水成熟 3 个阶段。

四、器官生长的相关性

作物器官、组织、细胞之间在生长发育上的相互影响,称为生长的相关性。作物生长相关性的原因多种多样,有的是因为受同化物供应和分配的影响,有的是受水分和矿质营养的影响,但更多的生长相关性与植物激素等物质影响有关。

(一)地下部和地上部的相互关系

1. 根系与地上部器官之间的生长关系

地上部器官和根系之间的关系主要是通过茎节相互联系,其通道是维管束,而中心则是节。研究发现,稻、麦发根节位与节间伸长和出叶之间存在下列规律:

$$N\text{ 叶的出叶期} \approx [(N-2)-(N-3)]\text{节间伸长期} \approx (N-3)\text{节发根期}$$

上式表明，任何一个叶片出叶的时期，就是这个叶片向下数的第 2 叶与第 3 叶节之间的节间伸长期，同时也是这个节间下端节发根的时期。因此，发根节与出叶节有 3 个节位的间隔。

2. 根系重量与地上部重量的相互关系

根系与茎叶(冠部)重量之间的比例称为根冠比。根冠比在作物生产上可作为控制和协调根部与冠部生长的一种参数。根冠比大，表示根系相对于冠部量大。不同作物、不同品种的根冠比不同。即使同一品种不同生育时期根冠比也不一致，应该根据经验数值来对比其数值，以此判断根系与茎叶的生长协调情况。

(二)营养生长与生殖生长的相互关系

1. 营养器官和生殖器官形态发生的相互关系

生殖器官的发生要在一定的营养体生长基础上开始。作物幼穗和花芽分化过程与营养器官特别是展开叶存在着一定的相关性。如春小麦在第 4 叶露尖时开始幼穗分化；棉花在 2～3 叶展开时，开始花芽分化，而且可以根据主茎展开叶片数，找出与花蕾分化的关系。了解每种作物器官发生的同步序列性可以指导栽培实践，使管理措施更具有预见性和针对性。

2. 营养生长和生殖生长养分运转的关系

营养器官与生殖器官之间也存在着矛盾，主要是彼此间养料的竞争。营养生长过旺，消耗较多的养分，便会影响生殖生长；生殖生长过旺，影响营养器官的建成，反过来又影响到对生殖器官养分的生产供应。如棉花，营养生长过旺，易造成棉株徒长，蕾铃脱落；相反，易造成早衰。

第三节　作物群体特征

一、作物群体的基本概念

(一)作物群体的概念

作物生产的基本形式是以群体为对象进行种植管理的。作物群体是指该种作物的许多个体的聚集体。在作物群体中，个体与个体之间、个体与群体之间存在着密切的相互关系，虽然作物群体是由个体组成的，但不是单纯个体简单相加，而是每个个体被组合成一个有机的整体。

作物栽培的对象是作物群体，在作物生产上就必须根据作物群体与个体及群体中个体与个体之间的相互关系，采取有效的农业措施，调控群体发展过程，提高群体的光合作用与物质生产能力。

(二)作物群体的特点

1. 群体的自动调节功能

禾本科作物，在密度较大的群体中，其分蘖数目会较早达到高峰，且分蘖高峰维持的时间较短；相反，在密度较少的群体中，分蘖数目达到的高峰时间比较晚，分蘖高峰维持的时间较长。在缺苗处，其周围的个体会生长发育更旺以弥补空缺，最终使群体的穗数基本一致，使群体处于栽培条件所能承担的产量结构群体范围内。这就是群体的自动调节能力。

2. 个体与群体、个体与个体的关系

群体的结构和特性是由个体数及个体生育状况决定的，而个体的生育状况又反映出群体的特性。这是因为群体内部诸如温度、光照、二氧化碳、湿度、风速等环境因素是随着个体数量而变化的，群体内部的环境因素又反过来影响单株数目和生长发育。

另外，在同一群体中，作物个体与个体之间普遍存在着对环境条件的竞争，竞争的结果必然导致个体间获得量的差异，从而导致个体之间生长发育的不平衡，部分较弱的个体生长发育受到抑制，甚至成为无效个体。

二、作物群体结构与指标体系

作物的群体结构主要是指群体的组成、大小、分布、长相、动态变化以及整齐度等，与产量和品质有密切关系，既反映群体的特性，又是影响个体生长发育状况的主要因素。

（一）作物群体组成

作物的群体组成是指构成群体的作物种类以及主茎与分枝（蘖）的比例和分布情况。同一作物组成的群体叫单一群体，不同种或品种（尤指生育期不同的品种或株高差异大的品种）组成的群体，叫作复合群体。

（二）群体大小

作物群体大小的衡量指标有密度、干物质积累量、茎枝（蘖）数、叶面积指数、穗（铃、角、荚）数、根系发达程度等。除密度外，群体大小是随生育进程而动态消长的。

1. 密度

密度是决定群体大小的最基本要素，是作物群体发展的起点，对生育进程中群体大小的动态变化有着深刻的影响。因此，在作物栽培中，确定合理的群体起点（密度）是一个重要的内容。

2. 干物质积累量

干物质积累量不仅可以反映出个体生育状况，而且也是反映群体物质生产和运输分配的常用指标。例如，在群体较大的情况下，群体干物质可能也大，而个体干物质积累量可能较小。

3. 叶面积指数

叶面积指数（LAI）是指单位面积上所有绿色叶面积的总和，是反映群体光合面积大小的指标。一般 LAI 是随生育进程而动态变化的，最大 LAI 一般出现在初花期（孕穗期）。LAI 不是越大越好，高产群体要求有一个适宜的 LAI 和动态消长进程。

4. 茎蘖动态

茎蘖动态是指群体内茎蘖随生育进程的消长动态状况，反映群体的大小、个体健壮程度、有效分蘖（枝）的比例以及对产量的贡献等。

5. 穗（铃、角、荚）数

穗数是作物群体及产量构成因素之一，是群体中与产量关系非常密切的指标。

6. 根系发达程度

根系发达程度包括单位体积土壤中根系扩展度、根系数目及根系长短粗细、根系活力、根系干物质积累量等。

(三)群体分布

群体分布是指群体内个体以及个体各器官在群体中的时空分布和配置。

1.群体时间分布

群体时间分布是指随着生育进程的群体发展状况,实际上就是群体的动态变化,例如棉花的“三桃”就是按时间进行划分的。这一指标,一方面反映群体结构的动态发展,另一方面从这种动态发展与生育进程的同步与否,可反映出群体与个体的关系。

2.群体的水平分布与配置

群体的水平分布与配置主要是指个体分布的均匀度、整齐度、株行距、套作的预留行宽度等。

3.群体空间分布

群体空间分布是指群体垂直立体分布。群体生育中前期可分为3个层次:光合层、支持层、吸收层。生育中后期还要加上结实层。光合层包括叶片、嫩茎等绿色光合面积;支持层主体是茎枝;吸收层是指根系。不同作物结实层分布层次不同。

(四)作物高产群体的特点

(1)产量构成因素协调发展,有利于保穗(果),增粒增重;

(2)主茎和分枝(蘖)间协调进展,有利于塑造良好的株型,减少无效枝(蘖)的消耗;

(3)群体与个体、个体与个体、个体内部器官之间协调发展;

(4)生育进程与生长中心转移、生产中心(光合器官)更替、叶面积指数(LAI)、茎蘖(枝)消长动态诸进程合理一致;

(5)叶层受光态势好,功能期稳定,光合效能大,物质积累多,转运效率高。

三、作物群体的“源”“库”“流”

(一)“源”“库”“流”的概念

根据作物生理学原理,作物产量的形成必须:①具备一个制造产量内容物的场所或工厂;②有一个容纳产量内容物的容器或仓库;③有一个从工厂制造出的物质转运到仓库去的输导系统。此外,在作物生长发育和产量形成过程中,工厂、仓库和运输三者比例适当、功能协调,才能获得理想产量。在作物生理学上,把上述3种具有不同功能和形成产量的器官分别称为“源”“库”和“流”。

“源”是指光合产物供给源或代谢源,是制造和提供养料的器官,主要指作物的茎、叶为主体的绿色光合面积。

“库”是指光合产物贮藏库或代谢库,也就是接纳或最后贮藏养料的器官,如籽粒、块根、块茎、幼叶、根系等。

“流”是指控制养料运输的器官——输导系统。

(二)“源”与作物产量

作物的产量中直接由光合作用生产的有机物占到90%~95%。作物生理学提出的作物产量与光合作用物质生产的实质关系式如下:

产量＝[（光合面积×光合强度×光合时间）－呼吸消耗]×收获指数

由上式可知，光合作用的面积、光合强度、光合时间和光合产物消耗 4 个方面，均属产量的“源”，而且在一般情况下，凡“源”大，即光合面积大、光合能力强、光合时间长、光合产物呼吸消耗少，加上光合产物积累和运转至收获产品部分比例高，产量就高。

1. 光合面积与产量

叶片是作物进行光合作用和制造有机物的主要器官，此外还包括叶鞘、茎秆的绿色部分，开花后生殖器官的颖壳、芒、荚果皮等绿色部分，如小麦、油菜等作物后期穗部和角果的绿色部分对产量的贡献都在 30％左右，其作用不可低估。

在一定的范围内，作物同化物和产量是随着“源”即叶面积指数的增加而提高。但当“源”超过最适宜的范围后，由于作物下层叶片被遮阳，下部叶片变成了消耗叶片，光合效率降低，群体的光合生产率不再进一步提高。这个最高点就是作物的最适叶面积指数。

作物的叶层结构（受光态势或受光角度）即叶片配置方式，与叶面积指数一样，对作物的同化效率和产量也有很大的影响。许多研究表明，作物上部叶片叶身挺立、短宽，下部叶片稍水平有利于作物冠层对阳光的截获，光合生产效率高。

2. 光合能力与产量

光合能力是指单位叶片面积在单位时间里干物质增加的数量，也称光合生产率。由于作物在光合作用生产物质的同时，还有呼吸消耗，因此，实际上净得的干物质不是全部光合作物的产物，而是扣除呼吸消耗后的净增加量，故光合生产率又称为净同化率（NAR）。

作物净同化率在物种之间有很大差异。如 C_4 作物净同化率明显高于 C_3 作物，被称为高光效作物。

3. 光合作用持续时间与产量

作物的生物产量与光合作用持续时间成正相关。生产实践证明，作物生育期长的品种常常比生育期短的品种高产。作物在灌浆成熟过程中，灌浆时间持续时间的长短对产量高低的影响更为明显。例如，我国青藏高原地区小麦灌浆时间可持续 60～70 d，长江流域以南地区小麦灌浆期仅 35 d 左右，其千粒重相差可达 10 g。

（三）“库”与作物产量

1. “库”的大小与产量

作物光合器官制造的同化物，必须有适当的“库”来接纳才能形成产量，作物要获得高产必须有足够大的“库”与之相适应。

作物库容的大小受到两方面的影响：一是遗传特性；二是在库容形成的过程中受到不良环境的影响，致使生殖器官或其他贮藏器官的分化受到影响，使库容降低。生产中，在“库”分化形成时采用相应的栽培管理措施，是充分挖掘库容潜力的一个重要方面；通过育种途径，从遗传特性上扩大库容更显得重要。

2. “库”对“源”的反馈作用

国内外许多学者的研究表明，产量容器——“库”不单纯是被动接纳光合产物的场所，而且还具有主动影响和控制“源”的生产效率和“流”的运转方向及速率的功能。如小麦除去穗部，旗叶的光合强度会降低 50％；把甘薯的块根暴露在阳光下抑制其膨大，则叶片中淀粉积累，从而抑制叶片的光合作用。

这种“库”对“源”的作用,有人称为“吸力”或“拉力”,其生理实质是“库”对同化物具有较强的竞争力,因为一个生长旺盛、代谢活跃的器官,生长素、细胞分裂素等激素含量较高,能够引导光合产物向这些部位运输,所以其竞争力强。

(四)“流”与产量内容物的运输和分配

作物叶片光合作用形成的产物,除一小部分供自身需要外,大部分都运往植物的其他器官,供其生长发育或贮存。很明显,从叶片制造有机物到有机物的消耗或贮藏之间,必然有一个有机物的运输和分配过程。养分运输和分配的畅通是作物高产的必备条件。

1. 同化物的运输

同化物的运输主要通过作物体内韧皮部的筛管进行。此外,韧皮部的薄壁细胞也是运输同化物的重要组织。韧皮部运输的同化物主要是碳水化合物(主要是蔗糖),此外,还有少量的有机含氮化合物,主要是氨基酸和酰胺。

作物同化物的运输速度,C_4 比 C_3 作物快,光强、温度和光照强度提高,“库”对同化物的需求量增加,能增加同化物的运输速度。据测定,植物体内同化物的运输速度一般在 40～80 cm/h 之间。此外,作物体内的物质运输不单纯是物质在细胞内的被动运输,还有利用细胞的胞间连丝作为通道,借呼吸产生的能量进行主动运输。凡是能影响细胞内能量积累和释放过程的因素,都会影响同化物的运输速度。例如,适宜的温度和激素能促进呼吸作用,从而提高同化物的运输速度;肥水充足、光照强,可使光合作用加强,合成较多的同化物,运输量也会加大;矿质元素磷能促进光合和呼吸作用,与蔗糖合成磷酸蔗糖,有利于蔗糖的运输。

2. 同化物的分配

同化物的分配方式取决于各种“库”的吸力大小及其“库”与“源”相对距离的远近;同时,在一定程度上还受到维管束通道之间的联系方式和环境条件的制约。

一般来说,新生的幼嫩器官和代谢旺盛的器官竞争力较强,同化物分配较多;“库”离“源”的距离越近,同化物分配得也越多。

维管束的联结方式也影响着同化物的分配。有试验表明:甜菜每片叶可能只供应根内某一部分的养分;向日葵每片叶也只供应花盘中某一部位的种子;大豆叶片主要供应其相应腋生的花荚及上、下节腋生花荚。此外,输导组织的畅通程度和数目、维管束的连通关系也同样影响着同化物的分配走向。

根据这些同化物分配的规律,在栽培上可设法调节和改善同化物分配方向和数量。例如稻、麦等作物分蘖的促控,拔节孕穗肥的施用,棉花整枝、打杈、摘心,生长调节剂在多种作物上的应用等,都能影响作物生长中心和代谢方式的转移,控制茎叶徒长,促进同化物向收获贮藏器官分配,从而提高作物产量和品质。

第四节 作物产量的形成

一、作物产量的概念

作物产量包括两个概念:生物产量和经济产量。

生物产量是指作物在生育过程中生产和积累的有机物质的总量,即整个植物(一般不包括根系)总干物质的收获量。在植物干重中,光合作用的产物一般占到 90%～95%,从土壤中吸收的无机营养仅占5%～10%。可见，光合作用形成的有机物质是形成产量的主要物质基础。

经济产量是指作物栽培目的器官的收获量。由于栽培目的不同，利用作物的产品部分也不同。如禾本科作物的产品是籽实，薯类作物的产品是块根、块茎，棉花的产品是种子的纤维，甜菜的产品是块根，绿肥的产品是整株等。

作物的经济产量是生物产量的一部分或全部，从其关系来看，经济产量是以生物产量为基础的。高的经济产量必须以高的生物产量为基础，但高的生物产量未必有高的经济产量，这要看生物产量转化为经济产量的效率，这个转化效率称为经济系数（或收获系数，HI），即：

$$经济系数=经济产量/生物产量$$

经济系数是综合反映作物品种特性和栽培技术水平的一个通用指标。经济系数越高，说明植株对有机物的利用越经济，栽培技术措施应用得当，单位生物产量的经济效益也就越高。

经过人们对作物品种选择、培育，目前所栽培的作物，其经济系数已达到了相当高的水平。例如，薯类作物为70%～80%，甜菜可达60%，水稻、小麦为35%～50%，玉米为30%～40%，油菜为28%左右，大豆为20%左右，棉花皮棉为13%～16%。在目前栽培的主要作物中，我们可以看出其经济系数有较大的差异，这主要与我们所利用的经济器官的部位和化学成分有关。一般来讲，以利用营养器官为经济产量的作物，如薯类、甜菜等，其经济系数较高；以生殖器官作为经济产品的作物，如禾谷类、豆类、油菜等，由于其经济产量的形成需要在营养器官形成的基础上形成，光合作用所产生的有机物质，要经过较复杂的转化过程才能形成经济产量，因而经济系数较低。另外，由于产品的化学成分不同，其经济系数也不同。产品以贮藏碳水化合物为主的，由光合产物直接运输转化而成，所消耗的能量也少，其转化效率高，经济系数也高；产品中以贮藏蛋白质、脂肪为主的作物，因其形成过程是在碳水化合物的基础上进一步分解转化，形成过程复杂，消耗的能量也多。如大豆、油菜等，经济系数就较低。但从产品中的能量贮藏来看并不低。如1 g碳水化合物氧化分解后仅产生17.56 J的热能，1 g蛋白质氧化分解后可产生 22.99 J的热能，而1 g脂肪氧化分解后则可产生39.71 J的热能。

作物的生物产量、经济产量、经济系数三者是密切相关的。在正常栽培情况下，作物的经济系数是相对稳定的。生物产量高，则经济产量也较高。栽培中就是要在足够的生物产量的基础上，能最大限度地促进有机物质的转化和运输，以提高转化率，使产品器官积累更多的有机物质，从而增加经济产品的数量和提高经济产品的品质。

二、产量构成因素

作物产量是按单位土地面积上的产品数量计算的，构成产量的因素是单位面积上的株数和单株产量，即：

$$产量=单株产量\times单位面积上的株数$$

作物种类不同，其产量构成因素也有所差异，主要表现在单株产量的组成上（表2-2）。

作物生产的对象是作物群体。在一定栽培条件下，产量诸构成因素存在着一定的矛盾。如群体密度增加，个体发育变小就是普遍存在的现象，也就是说单株产量会降低；在单株产量构成诸因素中，各因素对密度的敏感程度也不同，如粒重变化就比较小。在生产中，我们要研究各构成因素的相互关系，以各因素乘积最大为最佳的产量构成因素方案。

表 2-2 不同作物的产量构成因素

作物种类	代表作物	产量构成因素
禾谷类	稻、玉米、高粱、小麦	穗数、每穗实粒数、粒重
豆类	大豆、蚕豆、绿豆	株数、每株有效荚数、每荚粒数、粒重
薯类	马铃薯、甘薯	株数、每株薯块数、单块薯重
纤维类	棉花	株数、每株有效铃数、铃重、衣分
油料类	油菜	株数、每株有效分枝数、每分枝有效角果数、每角果粒数、粒重
绿肥类	苜蓿、紫云英、草木樨	株数、单株鲜重

三、产量形成过程及影响条件

产量形成过程是指作物产量的构成因素形成和物质积累的过程，也就是作物各器官的建成过程及群体的物质生产和分配过程。

（一）禾谷类作物产量形成

禾谷类作物穗数的形成是从播种开始，分蘖期是决定阶段，拔节、孕穗期是巩固阶段。

每穗粒数的多少取决于分化的小花数、退化的小花数、可孕小花数的受精率及结实率 4 个因素。每穗结实数形成于分蘖期，决定于幼穗分化至抽穗期及扬花、受精结实过程。

粒重取决于粒容积和充实度，主要决定时期是受精结实、果实发育成熟时期。

（二）双子叶作物产量形成

不同双子叶作物的产量构成因素不同，其形成过程也各有特点。一般而言，单位面积果数（如棉花铃数、油菜角果数、大豆的荚数）取决于密度和单株果数。因此，自播种出苗已开始形成这一产量构成因素，中后期开花受精过程是决定阶段，果实发育期是巩固阶段。每果种子数开始于花芽分化，决定于果实发育。粒重（衣分、油分）决定于果实种子发育时期。

（三）影响产量形成的因素

1. 内在因素

品种特性如产量性状、耐肥、抗逆性等生长发育特性及幼苗素质、受精结实等均影响产量的形成过程。

2. 环境因素

土壤、温度、光照、肥料、水分、空气、病虫草害对作物产量形成的影响较大。

3. 栽培措施

种植密度、群体结构、种植制度、田间管理措施等，在某种程度上是作物取得群体高产优质的主要调控手段。

四、产量潜力及增产途径

（一）作物的产量潜力

作物生活因子中光和热是宇宙因素，目前人类尚难以控制。而水分和矿物营养元素来自于土壤，可以通过人类的施肥、灌溉、耕作等措施加以控制和调节。因此，作物的产量潜力取决于作物对光和热的利用效率。

作物对光和热的利用主要通过光合作用来实现。目前作物对太阳能的利用效率还很低，一般只有1%～2%，我国耕地全年太阳能的平均利用率仅为0.4%左右，而现代植物生理学已阐明，植物吸收光能的最大利用率，理论上应为太阳总辐射的21%。

以北方地区为例，作物生长季节(4—11月)，光能转化率为21%，作物冠层叶绿体截获82%的可见光，呼吸消耗占光合产物的33%，经济系数为30%，农产品含水量为12%，则可以计算出在其他条件完全符合作物生长情况下的理论产量为4 133 kg/667 m^2。目前新疆玉米吨粮田也只达到作物生产潜力的25%～30%。可见目前限制作物产量的不是太阳辐射的问题，而是农业技术问题。只要我们进一步改良品种，改进栽培措施，提高作物对光能的利用率，作物增产潜力还是很大的。

(二)作物增产的途径

在作物生产中，要实现上述光合潜力的理论值，必须同时具备4个条件：①具有充分利用光能的高光效品种；②空气中 CO_2 的浓度处于 CO_2 饱和点以上；③其他环境因素处于最适状态；④具备最适于接受和分配阳光的群体结构。

1.培育高光效品种

如叶面积适当，叶片、株型都有利于最大限度利用光能的特点，高光合力、低呼吸消耗、长光合时间等。

2.合理安排茬口

充分利用生长季节，采取间套作和育苗移栽等措施，提高复种指数，使一年中在耕地上有尽可能多的时间生长作物，尤其是在阳光最强的时期，使作物群体具有较大绿色叶面积，达到最适生长发育与最佳光温季节的同步，有助于提高作物群体的光能利用。

3.采取合理的栽培技术措施

如选用合理的种植密度，保证作物群体适宜，最大限度地利用光能；正确采用肥水措施，保证满足作物各生育阶段对外界环境的要求，使叶面积维持较长的时间和具有较强的光合力，促进光合产物多积累并顺利运转到收获器官。

4.提高光合效率

如补施 CO_2，人工补给光照，抑制光呼吸消耗等。

第五节　作物品质的形成

一、作物产品品质

(一)作物产品品质的含义

作物产品的品质是指其利用质量和经济价值。

作为人类食用的粮食作物(包括饲料作物)，根据实际内容可以分为食用品质和营养品质两个方面：①食用品质，指蒸煮、口感和食味等特性。如稻谷加工后的精米，其内含物的90%

左右是淀粉，因此稻谷的食用品质很大程度上决定于淀粉的理化性状，如直链淀粉含量、糊化温度、胶稠度、胀性和香味等。②营养品质，指蛋白质含量、氨基酸组成、维生素含量和微量元素含量等。一般来说，有益于人类健康的营养元素含量越高，则产品的营养品质就越好。

对于大多数经济作物而言，评价品质优劣的标准通常为工艺品质和加工品质。另外，很多食用作物，实际上也需经过初加工或深加工后才能作为食品食用，因此也存在加工品质问题。①工艺品质，指影响产品质量的原材料特性。如棉花纤维的长度、细度、整齐度、成熟度、扭曲、强度等。②加工品质，一般是指不明显影响产品品质，但对加工过程有影响的原材料特性。例如糖料作物的含糖率、油料作物的含油率、棉花的衣分等。

（二）作物产品品质指标

1.作物产品品质的生化指标

常用的生化指标有蛋白质、氨基酸、脂肪、淀粉、糖分、维生素、矿物质、芥酸、硫代葡萄苷、棉酚含量，以及有害物质如化学农药残留等。

2.作物产品品质的物理指标

如产品的形状、大小、滋味、香气、色泽、种皮厚薄、整齐度、纤维长度、纤维强度等。各类作物按其利用方法的不同，各有其不同的品质要求，例如，水稻的出米率、米的形状、米的心腹白及透明度等，小麦籽粒的面筋含量，油料作物的含油量及脂肪酸组成等。

作物品质通常是用形态指标和理化指标综合来评价其优劣的。生化指标与物理指标也不是彼此独立的，某些生化指标与形态指标密切相关。例如优质啤酒大麦的特点可以概括如下：发芽率和发芽势高，千粒重高，浸出率大，蛋白质含量低，淀粉含量高。

二、作物产品品质的形成过程

一般而言，与作物产量的形成过程相比，作物品质的形成和决定过程在时间上要短得多，主要集中于产品器官的物质积累阶段。以下主要叙述各类有机化合物在作物产量器官中的积累过程和一般规律。

1.糖类的积累过程

作物产量器官中贮藏的糖类主要是蔗糖和淀粉。蔗糖以液态的形态，淀粉以固体（淀粉粒）的形态积累于薄壁细胞中。蔗糖的积累过程比较简单，叶片等器官的光合产物以蔗糖的形态经维管束输送到贮藏组织后，先在细胞壁部位分解成葡萄糖和果糖，然后进入细胞质合成蔗糖，最后转移至液泡中贮藏起来。淀粉的积累过程与蔗糖有些类似，经维管束输送的蔗糖分解成葡萄糖和果糖后，进入细胞质，在细胞质中果糖转化变成葡萄糖，然后葡萄糖在淀粉合成酶的作用下合成直链或支链淀粉，形成淀粉粒。由非产量器官内暂贮的一部分蔗糖（如麦类作物茎、叶鞘）或淀粉（如水稻叶鞘），也能以蔗糖形态（淀粉需预先降解）通过维管束输送到产量器官后被贮藏起来。

2.蛋白质的积累过程

在作物种子发育成熟过程中，氨基酸等可溶性含氮化合物从植株的其他部位输出转移到种子中，然后在种子中转化为蛋白质，以蛋白质的形态贮藏于细胞内。蛋白质的合成与积累，通常在整个种子的形成过程中都可以进行，但后期蛋白质的增长量可占到成熟种子蛋白质含量的一半以上。在豆类种子成熟过程中，果实的荚壳常起到暂时贮藏物质的作用，即从植物其他部位运输而来的含氮化合物及其他物质先贮藏在荚壳中，到种子发育后期才转移到种子中去。所以，在果实发育早期，荚壳中蛋白质含量较高。在果实、种子形成前，植物体内一半以上的蛋白质和含氮化合物都贮藏于叶片中，并主要存在于叶绿体内。一般叶片充分伸展时，其蛋白质含量达到高峰。

3. 脂类的积累过程

作物种子中贮藏的脂类主要为甘油三酯，包括脂肪和甘油，它们以小油滴的状态存在于细胞内。在种子发育初期，光合产物和植物体内贮藏的同化物以蔗糖的形态被输送至种子后，以糖类的形态积累起来，以后随着种子的成熟，糖类转化为脂肪，使脂肪含量逐渐增加。油料作物种子在形成脂肪的过程中，先形成的是饱和脂肪酸，然后变成不饱和脂肪酸，所以脂肪的“碘价”(每 100 g 植物油可吸收的碘的克数)随种子成熟而增大。同时，种子成熟时，先形成脂肪酸，以后才逐渐形成甘油酯，因而“酸值”(中和 1 g 植物油中游离脂肪酸所需要的 KOH 的毫克数)随种子的成熟而下降，种子只有达到充分成熟时，才能完成这些转化。

4. 纤维素的积累过程

纤维素是植物体内广泛分布的一种多糖，一般作为植物的结构成分存在。纤维素的合成积累过程与淀粉基本类似，它们不属于贮藏物质，也不能被人类作为食物利用，而是重要的轻工业原料。作为纤维作物被人类利用的主要是棉花和麻类。棉花的纤维形成具体见棉花栽培技术章节。

三、作物产品品质的影响因素

(一)遗传因素

稻、麦、棉、油等作物的主要经济性状，包括蛋白质、淀粉、脂肪、维生素的含量，食味和蒸煮品质等，都受遗传基因的控制。如近年来不少学者研究了稻米香味的遗传，认为其香味受一个隐性基因的控制。这样，由于作物品质性状受基因控制，使作物保持了其经济性状和产品质量的相对稳定性；同时，作物品质性状在遗传上一般都是数量性状，容易受环境条件的影响。

(二)生态因素

1. 地理因素

同一作物产品的优劣，因种植的地理环境条件不同有很大的差异。如小麦籽粒的蛋白质含量随地理位置的南移而逐渐降低。

2. 季节因素

种植与成熟的季节不同，导致产品品质差异很大。如早稻与晚稻相比，一般早稻的米质较差。

3. 温光因素

温度和光照也影响产品的品质，如棉花生产后期，温度降低，使棉桃成熟度低，纤维强度差。

4. 栽培措施

同一品种的品质表现因栽培环境条件而异，合理的栽培技术通常能起到改善品质的作用。

对于大多数作物而言，适当稀植能起到改善个体营养的作用，从而在一定程度上可提高作物品质。而对于收获韧皮部纤维的麻类作物而言，适当密植可以抑制分枝生长、促进主茎伸长，从而起到改善品质的效果。

在所施的肥料中，N、P、K都能起到改善品质的作用，其中氮肥作用最大，特别是在地力较低的中低产田，适当增施氮肥通常能提高作物籽粒蛋白质含量，起到改善品质的作用，但氮肥施用过多，易引起倒伏，反而导致品质下降。

根据作物需水规律，适当地进行补充灌溉，通常能改善植株代谢，促进光合产物的增加，因而能改善作物的品质。对于大多数旱地作物来说，追肥后进行灌溉，能促进肥料的吸收，有增加蛋白质的作用。作物在干旱逆境中，作物籽粒的蛋白质含量相对会增加，但总体产量会降低。

适时收获是作物获得高产优质的重要保证。如禾谷类作物大多数在蜡熟期或黄熟期收获，产量最高，品质最好。再如棉花，收获过早，棉纤维成熟度不够、扭曲减少；收获过晚，则由于光氧化作用，不仅会使扭曲减少，而且纤维强度降低、长度变短。

提高作物产品品质最根本的办法是培育选用品质优良的品种，其次是通过改善栽培技术措施，创造适宜产品品质形成的栽培环境条件。

【知识延伸】

1. 参阅相关网站或书籍，以玉米为例计算新疆北疆、南疆的最大理论产量。

2. 参阅相关网站或书籍，提出提高新疆小麦、玉米、棉花、甜菜、油用向日葵等主要作物产品品质的具体措施。

【课后作业】

1. 什么是作物的生长、发育？它们有什么关系？
2. 什么是生长中心？作物各生育阶段的生长中心、代谢特点是怎样的？栽培目标是什么？
3. 生育期、生育时期、生育阶段3个概念有何不同？
4. 生产中如何解除种子的休眠？休眠对作物有什么作用？
5. 作物营养器官和生殖器官生长发育有何不同？
6. 作物器官生长的相关性表现在哪些方面？在作物栽培中有何用处？
7. 用哪些指标来描述作物的群体？说出作物高产群体的特点。
8. 说出“源”“库”“流”的概念，阐述作物高产对“源”“流”“库”的要求。
9. 说出作物生物产量、经济产量、经济系数的关系，为什么不同的作物经济系数差异很大？
10. 作物品质的含义是什么？作物产品品质的指标主要有哪些？
11. 作物栽培过程中哪些因素会影响作物品质的形成？

第三章

作物与环境

作物生产系统由作物、环境、技术和经济 4 个子系统组成。其中，作物与环境的关系处于中心位置。作物是生产系统的主体，环境是作物生存的条件，为作物提供能源、物质和生存空间。因此，了解作物与生态因子的关系，有助于认识和把握环境条件及技术措施对作物生育和产量形成的调控作用，为优质、高产、高效作物生产奠定基础。

第一节　作物的生态因子与调控

一、作物的生态因子

处于大气圈、岩石圈、水圈和土壤圈界面上的生物圈是由许许多多生态系统组成的，作物存在的生态系统称为农田生态系统，它是地球上陆生生态系统中的一种。农田生态系统与其他生态系统一样也是由生物因子和非生物因子所组成，农作物本身就是这个系统生物因子中的一个种群。但从作物栽培角度来看，作物是生产系统的主体，其他生态因子是作物的环境生态因子。作物的生态因子大致可以分为以下 5 类。

1. 气候因子

气候因子包括光照、温度、水分、空气等诸多因子，对作物的生长、发育、形态、结构、生理、生化以及地理分布均有很大作用。气候因子随地理纬度和地势的变化而变化。

2. 土壤因子

土壤因子包括土壤的物理性质、化学性质、土壤肥力、土壤生物等。土壤的物理性质又因土壤水分、土壤空气、土壤质地、土壤结构等因素而异。土壤的化学性质则可细分为土壤酸碱度、土壤有机质等。

3. 生物因子

生物因子包括农田中的动物(如哺乳动物、禽类、昆虫等)、植物和微生物。其中动物中的昆虫对作物影响较大；植物中除作物本身外还有各种杂草，它们与作物存在着生存竞争的关系；微生物中包括对作物有益的微生物(如固氮菌等)和有害的病原菌。

4. 地形因子

地形因子是间接因子，其本身对作物没有直接影响，但它通过影响气候和土壤，从而影响作物。地形因子又可以分为高原、山地、平原、低地以及坡度的大小和坡向等。

5.人为因子

人为因子是一类特殊的因子。人类栽培农作物是有意识、有目的的，具有完全的支配能力。人类栽培农作物所采取的各种农业技术措施都属于人为因子的范畴。

二、作物生态因子的作用规律

农田生态环境中的各个生态因子，是不断变化和彼此联系的，作物生长的优劣主要是这些因子综合作用的结果。但是，各个生态因子对作物生长的影响并不是等同的，起主导作用的往往是某一个或几个关键的限制性生态因子。

(一)生态因子的基本作用机制

1.生态因子作用的主次效应

在一定的环境条件下，众多的生态因子中总有一两个因子起主导作用，而其他因子处于次要的地位。例如，生产中出现的棉花立枯病，只有在低温高湿和病原菌大量繁殖时才会发生。因此，低温高湿和病原菌是棉花立枯病发生的主要生态因子，而其他生态因子则是次要因素。

2.生态因子的交互作用效应

当作物受到多个生态因子的作用时，由于因子之间的交互作用，各个生态因子对作物的效应也会出现某种交互作用。如同时给旱地作物灌水和施肥，其效应通常大于单独灌溉和单独施肥两者累加的效应，即表现出水分与肥料的互作效应。一般来说，某个生态因子对作物的作用是不能由别的因素代替的。但在一定的范围内，由于因子间的交互作用，某一因子在数量上的不足，可以由另一些因子的加强而得到调节。如增施肥料可以在一定程度上缓解水分的不足，这种交互作用也称为因子间的补偿作用。

3.生态因子作用的阶段性

在农田环境中，各个生态因子及其组合会随着时间的推移而发生阶段性和连续性的变化，加上不同生育阶段的作物对生态因子有不同的反应，因此生态因子的作用往往表现出一定的阶段性特点。如作物生长前期因大量的肥水供应通常会导致作物群体过大，但作物生长中期以后这种现象就基本不再发生。

(二)同等重要与不可代替定律

作用于作物的光、热、水、气和养分等基本生态因子，都具有各自的特殊作用和功能。每个生态因子对作物的影响都是同等重要不可代替的，如果缺少了某一项生态因子便会引起作物生长发育的失调。光是作物不可欠缺的能量来源；热是作物生命活动的动能，只有在温度适宜的范围内，作物才能顺利地进行全部生命活动；水是作物体的重要组成部分，是一切生命活动的媒介；气是作物赖以生存的原料和条件；矿物营养元素是构成有机物质的基础。总之，作物生态因子的每一方面都是作物生命代谢不可欠缺的，它们对作物生活的作用各不同，相互之间不能替代。即使作物对它们要求的数量悬殊，但从重要性上看还是缺一不可，同等重要。例如，作物生长发育需要大量的水(占作物重量的50%～98%)，微量的铁(仅占作物重量的0.000 4%)，但两者在作物生理功能方面都同等重要。

需要指出的是，生理上的同等重要，不能与生产中各生态因子的相对重要性等同起来。水和铁在生理上是同等重要不可替代的，而在生产实践中满足作物需要的大量水分，要比满足微量的铁困难得多。

(三)生态因子的限制定律

1. 李比希最小因子定律

1840 年,德国化学家李比希提出了“植物的生长取决于数量最不足的那一种营养元素”的观点,即为最小因子定律。这一定律表明,某一数量不足的营养物质,由于不能满足作物生长的需要,不但会限制作物的生长,同时也将限制其他处于良好状态的因子发挥效应。这一因子又称为限制因子。

李比希之后的许多研究表明,为了在实践中有效地应用这一规律,还必须补充两点。第一,这个定律只能在相对稳定的条件下才能运用。第二,必须考虑因子间的相互作用。由于因子间的交互作用,即一些因子对另一些因子具有部分替代性和补偿性,因此会削弱甚至抵消某些因子的限制作用。

2. 谢尔福德耐性定律

在最小因子定律的基础上,人们发现某些因子的过量也会成为限制因子。1913 年,谢尔福德把最大量和最小量限制作用的概念合并为耐性定律,即对某些作物而言,各种生活因素都存在一个生物学上的上限和下限,它们之间的幅度就是该种生物对某一生态因子的耐性范围(又称耐性限度)。

耐性定律的基本内容包括以下几点:①一种作物对各种生态因子的耐性范围不同,如作物对磷、钾肥的耐性范围一般比对氮肥的耐性范围要宽;不同作物对同一生态因子的耐性范围也不同。②同一作物在不同发育阶段对生态因子的耐性范围也不同,通常在生殖生长期对生态因子严格,耐性范围最窄。③由于生态因子间的相互作用,在某个生态因子不是处于最适状态时,则作物对其他一些生态因子的耐性范围将会缩小。如当土壤有效磷不足时,作物的抗旱能力会下降,即对土壤水分的耐性范围缩小。④对主要生态因了耐性范围宽的作物,其分布范围广。⑤同一作物内不同品种,由于长期生活在不同的生态环境下,会形成对多种生态因子的不同耐性范围,从而形成生态型的分化。如水稻、陆稻的分化,早稻、晚稻的分化。

(四)报酬递减律

报酬递减律本是一条经济学的规律,后来一些学者把它移植到农业生产上来。该规律的一般描述是:从一定的土地上所得到的报酬随着向该土地投入的劳动和资本量的增大而有所增加,但随着投入的单位劳动和资本量的增加,报酬增加的幅度却在逐渐减少;即最初的劳动和投资所得到的报酬最高,以后递增的单位投资和劳力所得到的报酬是渐次递减的。这一规律在生态因子与作物的关系上,尤其是作物与营养元素的关系上普遍存在。

三、作物生长环境的调控

作物生产系统是由作物、环境和农艺措施组成的系统。在这一系统中,作物是主体。某一地区某种作物的产品形成,就是该作物遗传潜力及其与环境条件相互作用的综合表现。作物的遗传潜力是作物利用环境条件形成产品的潜在能力。作物与环境的相互作用,通过作物生育过程中的生理生化反应,最终表现在作物的数量和质量上。

人类所采用的农业技术措施分为两类:一类是直接作用于作物,改变作物形态、结构和生理

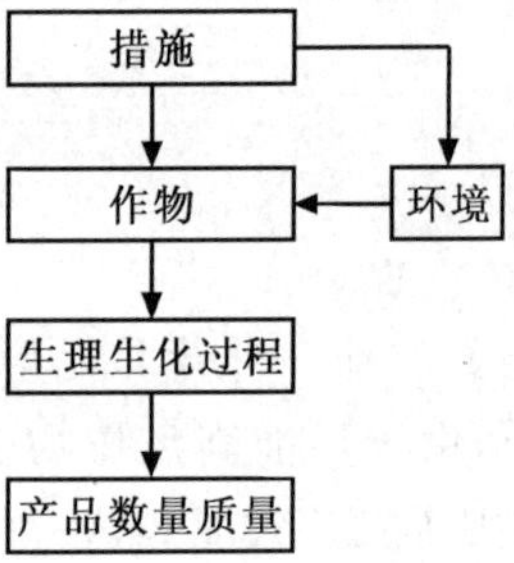

图 3-1　作物—环境—农艺措施系统示意图

生化过程从而影响作物的生长发育及产量形成，如整枝、打杈、人工辅助授粉、化学调控等；另一类则是通过改变环境，间接地影响作物，如耕地、耙地、施肥、灌溉等措施都属于这一类(图 3-1)。

对作物生长环境的调控，目的是充分利用环境的有利条件，克服环境的不利因素，优化作物生育进程，最终达到优质高产。农业技术措施是调控和利用作物与环境关系的必要技术手段，在调控作物与环境的关系时必须注意以下几个问题。

(1)作物生产所面对的是千差万别的作物和品种，它们都有各自的环境要求和适应性，遇到的又是千变万化、错综复杂的环境条件，各个环境因子都有其本身的变化规律，在数量上、质量上以及对作物的效应及持续时间上等都随地区和时间有所差异，因此只有采用各种“应变”措施，处理好作物与环境的相互关系，既要让作物适应当地当时的环境条件，又要使环境满足作物的要求，做到“天时、地利、人和”，运筹帷幄，才能取得大面积持续丰收。

(2)环境因子在自然界中并非孤立存在，而是相互影响相互制约的。例如，当光照增强时，温度也会相应提高，同时土壤湿度将会减少。各因子之间就是这样密切地相互联系而综合地影响作物。各环境因子对作物来说并非起着同等作用。在一定时间、地点条件下，以及在作物某一生长发育阶段，在综合的影响因子中，总有一两个因子起着主导作用。因此，在具体生产实践上，既要注意环境对作物的综合影响，又要极力找出影响作物生长发育的主导因子，从而为制定合理的调控措施提供依据。

第二节　作物与光照

地球上的一切生命过程，包括农业生物在内，基本的能量源泉为太阳辐射能。人类生命活动所需要的能量也都来自于太阳辐射能。绿色植物吸收太阳光能，通过绿色植物的光合作用合成有机物质，将一部分太阳光能转变为贮藏于有机物中的化学能，它不仅供给植物自身的需要，而且维持着生态系统食物链中全部成员以及人类的生命。太阳辐射由于其光强、光质和光周期随时间和空间而变化，它深刻影响着作物的形态、结构、生长、发育、生理、生化和地理分布。

一、光照强度对作物的影响

太阳光照强度在地球大气层上方基本是恒定的，大约为 1 367.69 W/m^2，这一数值称为太阳常数。太阳光通过大气层时，由于散射、反射和被水蒸气、空气中的尘埃所吸收，强度大大减弱，直射辐射只剩下 26%，通过天空中的云、大气圈辐射到地面的占 25%，所以总共到达地球表面的太阳辐射为 51%。在穿过作物冠层时，太阳辐射又会大大减弱。在自然界中，光照强度和光合有效辐射(PAR)是随时随地变化的，这些变化与天气、太阳高度角、纬度、海拔、坡向等密切相关。如当太阳高度角越小，也就是说太阳距地平线越近，太阳到达地面所通过的大气层厚度也就越大，光线被吸收、散射的也越多，光照强度也就越弱。

1. 光强与作物的光合作用

光是光合作用的能源，光强对光合速率的影响如图 3-2 所示。在黑暗中作物叶片不进行光合作用，只有呼吸作用释放CO_2（图中OD为呼吸速率）。随着光强的增高，光合速率相应提高，当达到某一速率时，叶片光合速率与呼吸速率相等，净光合速率为零，这时的光强称为光补偿点。在一定范围内（低光强区），光合速率随光强的增加而呈直线比例增加（比例阶段，直线A）；超过一定光强后，光合速率增加缓慢（曲线B）；当达到某一光强时，光合速率就不再随光强的增加而增加，呈现光饱和现象。开始达到光合速率最大值时的光强称为光饱和点。此点以后的阶段称为光饱和阶段（直线C）。不同的作物光强-光合曲线不同，光补偿点和饱和点也有差异。C_4植物比C_3植物有更高的净光合强度。

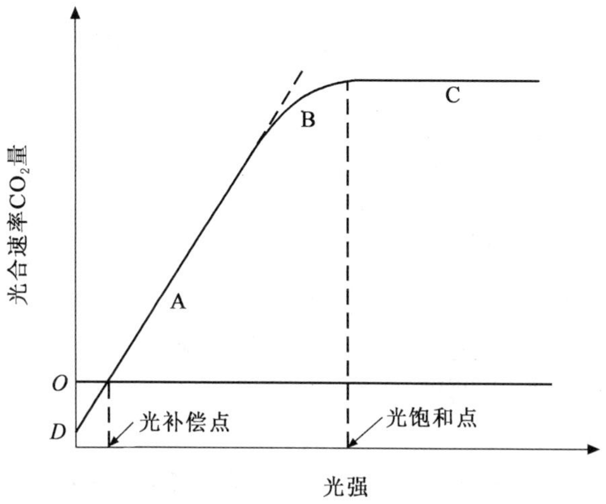

图 3-2　光强-光合曲线模式图

A. 比例阶段　B. 过渡阶段　C. 饱和阶段

2. 光强对作物生长的影响

一般在高等植物中，光是叶绿素形成的必要条件。在黑暗中生长的植物，其节间特别长，叶片不发达，侧枝和侧芽不发育，体内水分含量很高，薄壁细胞发达，机械组织和维管束发育很差，不形成叶绿素，只能形成胡萝卜素和叶黄素，植株呈现黄色或黄白色，这就是"黄化现象"。

光对作物也有一定的伤害——光抑制。光抑制在自然条件下是经常发生的，晴天作物冠层叶片常处于光饱和点以上，这就会造成光抑制。很多C_3作物如水稻、小麦、棉花、大豆等，在中午前后经常会出现光抑制（又称为午休现象），轻者光合速率暂时下降，过后尚能恢复，重者叶片发黄，光合活力不能恢复。如果强光与其他不良环境（如高温、低温、干旱等）同时存在，光抑制现象更为严重。

3. 光强对作物发育的影响

光照对花发育影响很大。在作物完成光周期诱导，开始进行花芽分化的基础上，光照时间越长，强度越大，形成的有机物质越多，越有利于花的发育。光强也有利于果实和种子的成熟。在作物生长后期，充分的光照条件可以使籽粒饱满，粒重增加。水果颜色变红是成熟的标志之一，它是由叶制造的色素转运到果实中，经过氧化酶在氧气充足及较高温度的条件下，受感光作用（短波光最有效）产生花色素苷显色所致。此外，光照充足也有利于增加水果的含糖量和水果的香味，这是果实成熟的标志。

4.作物对光照强度的反应

根据对光照强度的反应差异，作物生态类型可以分为3种：

(1)阳性作物　在强光下才能发育良好，在遮阴和弱光下生长发育不良，要求全光照，一般在水、热条件适合的情况下，不存在光照过强的问题，如常见大田作物都属此类。

(2)阴性作物　需要在较弱的光照条件下生长，不能忍耐高强度光照，如人参、姜等。

(3)耐阴作物　既能在全日照下生长良好，又能忍受不同程度遮阴，如某些豆类、马铃薯等。

二、日照长度对作物的影响

除赤道以外，地球上各纬度的白昼长度，都随季节而变化，自然界中一昼夜间的光暗交替称为光周期。

大量的试验证明，植物的开花与光周期有关，许多植物必须经过一定时间的适宜光周期后才能开花，否则就一直处于营养生长的状态。根据作物的光周期反应，大致可以分为以下几种。

1.长日照作物

这一类作物要求日照长度长于某一临界日长才能成花，如果对这一类作物延长光照时间，可以促进和提早开花；相反，如延长黑暗，则不能成花。属于这一类的作物主要是夏季收获籽实的作物，如小麦、油菜、甜菜、菠菜等。

2.短日照作物

这一类作物要求日照长度短于某一临界日长才能成花，如果对这一类作物延长黑暗，缩短光照时间，可以促进和提前开花；反之，如延长光照时间，则不能开花。属于这一类的作物主要是秋季收获籽实的作物，如水稻、玉米、大豆、高粱、烟草等。

3.日中性作物

这一类作物的成花对日照长度不敏感，在任何长度的日照下均能开花。如棉花、黄瓜、茄子、番茄等。

了解作物光周期理论，对引种工作极为重要。如水稻是感光性强的品种，在一定范围内日照越短，抽穗越早；日照时数越长，抽穗越迟。所以，水稻从南向北引种，应引种早熟品种或对光周期迟钝的品种。同时，光周期理论对花期控制、调节营养生长和生殖生长也有很多应用。例如“南麻北种”就是把我国华南生产的大麻、黄麻及红麻在北方种植，由于延长了营养生长，延迟了开花，不仅提高了产量，麻纤维的质量也相应提高。

三、太阳光谱成分对作物的影响

大气对太阳辐射的吸收和散射具有选择性。当太阳辐射穿过地球大气时，随着辐射强度的减弱，光谱成分也会发生变化。太阳高度角增大，太阳光中的短波光如紫外线和可见光的比例增大，长波光如红外线比例减少；低纬度地区短波光多，高纬度地区长波光多；海拔高的地区短波光多，海拔低的地区长波光多；一年中夏季短波光多，冬季长波光多；一天中中午短波光多，早、晚长波光多。不同光谱成分对作物的影响如下。

1.对光合作用的影响

在光合作用中，作物只能利用在可见光范围内380～760 mm的光。这部分能被作物质体色素所吸收的可见光，被称为光合有效辐射，光能占太阳总辐射的40%～50%。在光合有效辐射中,红、橙光是被叶绿素吸收得最多部分,具有最大的光合活性,也有人称红、橙光为生理有效光。蓝、紫光也被叶绿素、胡萝卜素等强烈吸收。在光合作用中,同样能量的光,红、橙光的量子数目多,光合作用强度也大些。绿光由于被作物叶片反射和透射,在光合作用中很少被利用,所以被称为生理无效光。

不同波长的光对光合产物也有影响。当光强度增加并且长波光占优势时,能促进糖类的合成;当短波光占优势并且增加氮素营养时,能促进氨基酸和蛋白质的合成和积累。不同光谱成分对作物生育和产量形成的作用见表 3-1。

表 3-1 不同光谱成分对作物生育和产量形成的作用

波段/nm	光色	对作物的作用
600～700	橙黄色	具有最大光合活性,是光合作用主要的能源,促进叶肉质、根茎形成,使开花、光周期过程等以最大速率完成
500～600	绿色	光合活性最小,略有造型作用,刺激茎延长、叶扩展、色素形成
400～500	蓝紫色	是正常生长必需的,辐射效率是橙黄色光的 1/2,叶绿素和叶黄素吸收最强,有造型作用,促进蛋白质合成
300～400	紫外线	对产量影响不大,但影响植物的化学成分,可提高组织中蛋白质及维生素含量,尤其对维生素 E 有重要作用,提高种子萌芽率,促进种子成熟

2. 对作物生长的影响

蓝紫光与青光能抑制作物伸长生长,使作物形态变矮变粗;波长 465 nm 的蓝光对禾本科作物的胚芽鞘的向光性作用最大,蓝光引起叶绿体运动的效应也特别高。红光有促进作物茎伸长的作用。同时,在作物光周期现象中红光的作用也最强。

3. 不可见光的作用

紫外线能使作物体内某种生长激素的形成受到抑制,从而也抑制茎的伸长;还能促进花青素的形成,使水果着色良好。红外线则能促进作物茎的伸长生长,促进作物种子的萌发和提高作物体的温度。

第三节 作物与温度

作物所需要的热量大多直接或间接来自太阳辐射,一般用温度来表示。作物生长发育都需要一定的温度条件。作物或同一作物不同发育阶段,对热量的需要与忍耐极限是不同的,通常在 0～30℃范围内,温度上升则生长加快,温度降低则生长减慢。

一、温度对作物的影响

(一)作物的温周期现象

作物对温度有节奏的昼夜变化的反应称为温周期现象。大多数作物在变温条件下种子萌发较好,春季作物播种后常遭受温差十几度的变化,但幼芽能够适应,且往往能提高种子发芽率。作物在生长期间,变温对作物体内物质转移和积累具有良好的作用,夜间适当的低温使呼吸作用减弱,净光合积累增多,同时有利于提高产品品质,表现在蛋白质和糖分含量提高。

(二)作物的春化作用

有些作物必须经过一定时间的低温刺激后才能完成生长发育周期,开花结实,这种过程称为作物的春化阶段。这些作物必须经过一定时间和一定温度的低温过程,否则不能进入生殖生长。如冬小麦夏播就因没通过春化阶段而不能抽穗。

二、作物生育的温度范围

(一)温度的三基点规律

在作物生长发育过程中,每一生理过程对温度条件的要求有最适、最低和最高之分,这被称为三基点温度。在最适温度范围内,作物生长发育最好,而超过作物正常生活的最高点和最低点温度后,作物生长发育就停止并产生伤害,这就是作物的温度三基点规律。不同的作物有不同的三基点温度要求(表 3-2),同一作物不同生育时期所需要的三基点也不同。总体来说作物萌芽的温度低于营养器官生长的温度,而后者又低于生殖器官发育的温度。

表 3-2 几种作物的温度三基点 ℃

作物	最低温度	最适温度	最高温度
小麦	3～4.5	25	30～32
大麦	3～4.5	20	28～30
玉米	8～10	30～32	40～44
水稻	10～12	30～32	36～38
烟草	13～14	28	35
甜菜	4～5	25	28～30

(二)温度临界值

作物性细胞进行减数分裂和作物开花时,对外界温度最敏感,如遇低温或高温都会导致严重减产。这种对外界温度最敏感的时期称为温度临界期(表 3-3)。

表 3-3 几种作物开花期的温度三基点 ℃

作物	最低温度	最适温度	最高温度
小麦	10	20	32
棉花	18～20	25～30	35
玉米	18	25～28	38
水稻	20	25～30	40～45
油菜	5	14～18	30
大豆	13	25～28	29

三、农业指标温度与积温

生产上常用的指标温度有日平均温度，如0℃、5℃、10℃、15℃。日平均气温≥0℃的持续期为农耕期，是田间耕作开始至结束的时间。日平均气温≥5℃的持续期为喜凉作物生长期，如小麦、大麦、燕麦、马铃薯、胡麻、甜菜以及大多数牧草作物等。日平均气温≥10℃的持续期为大多数喜温作物生长期，如玉米、谷子、高粱、大豆、甘薯、水稻等，也是多数作物活跃生长期，故日平均气温10℃又称为活动温度。日平均气温≥15℃的持续期是喜温作物（尤其是棉花）的安全生长期，也是一些对低温特别敏感的喜温作物如棉花、花生安全播种的温度，也是大部分热带作物组织分化的临界温度。

人们可以根据一定的农业指标温度的持续期长短，考虑选择适当的作物、品种以及种植模式，制定作物布局和栽培方案。

积温是指某一生育时期或某一阶段内，逐日平均气温累积之和。作物生长发育除了要求适宜的温度范围外，对热量的总量也有一定的要求。

积温有两种表达方式。一种是活动积温，是指高于最低生物学有效温度的日平均气温的总和，通常用日平均气温≥10℃的日平均气温积累而得的积温来衡量大多数作物的热量条件。另一种是有效积温，它是将日平均温度与生物学最低温度的差值累加起来，其准确性更高。如某日的平均气温为14.2℃，某作物生物学最低温度为5℃，则该日有效温度为14.2－5＝9.2（℃），将稳定通过≥5℃期间的所有天数的有效温度累加，即为≥5℃的有效积温。

积温在农业生产上应用十分广泛。首先，用它可以估计作物的生育速度和各生育期到来的时间，并可确定作物安全播种期。其次，参考历史资料，根据积温与农作物产量的相关性，用它可以对一个地区某年产量进行预测，确定是属于丰收年还是歉收年。最后，一个地区的积温代表了此地区的热量资源，为正确制定农业区划、安排作物布局、确定种植制度提供依据（见第五章作物布局和复种等内容）。

四、作物对温度逆境的适应和对温度逆境的防御

对作物不利的温度（低温或高温）叫作温度逆境。低温对作物的危害分为冷害和冻害，高温对作物的危害分为直接伤害（蛋白质变性、脂溶）、间接伤害（蛋白质合成受阻、有毒物质积累）。

（一）作物对低温的适应

作物对低温的适应主要表现在其生理特性的改变上。这种改变，首先是原生质体特性的改变，特别是原生质体保水力的增加。保水力越大，抵抗结冰和干燥的性能越强。细胞中水分减少，细胞质浓度增加，以及淀粉的水解，使细胞液内逐渐积累糖分，这有利于细胞渗透压的增加；细胞内糖类、脂肪和色素物质增加，能降低植物冰点，防止原生质萎缩和蛋白质的凝固。植物的抗寒性以细胞液的浓度高低及细胞水分多少为转移，因此在低温来临前，作物就要有充分的时间来蓄积这些物质，逐步减少水分。所以，低温的突然来临，对植物危害严重。另外，在温度较低时，作物生长减缓，酶的分解大于合成，分解物质增多，细胞的渗透压增加，有利于抗寒。

(二)作物对高温的适应

作物生理上适应高温首先要降低含水量,使细胞内原生质浓度增加,增强抗凝结能力。细胞内水分减少,也使植物代谢减慢,同样增强了抗高温能力。含水量降低,促进作物进入休眠状态,干燥的种子更能抵抗高温。其次要加强蒸腾作用,使体温降低,避免高温对植物的伤害,但当气温升到40℃以上,则作物会因失去蒸腾能力而受害。

(三)作物对逆境温度的防御

作物抵抗逆境温度的能力是有限的,为了保证作物高产,减轻低温或高温的危害,需要采取一些必要的措施。

1.培育和选用抗寒、耐热的作物品种

不同品种在抵御逆境温度的能力方面差异很大。在经常发生低温或高温的地区,培育和选用抗寒、耐热品种可有效减少损失。

2.低温锻炼

低温锻炼指将作物在一定的低温条件下,经过一定时间的适应,提高其抗寒能力。这在作物育苗中是经常采用的方法,如在甘薯育苗的后期,采取的低温炼苗措施可提高薯苗的抗寒能力。

3.化学诱导

化学药物诱导可以提高作物的抗寒性,如对玉米、棉花种子播前用福美双处理可提高幼苗的抗寒性,植物生长物质如CTK、ABA、2,4-D等也能提高作物的抗寒性。

4.合理的肥水配比

适当增施磷肥和钾肥,少施速效氮肥,有明显提高作物抗寒力的作用。用磷酸二氢钾喷在作物叶面上,可减轻低温冷害的影响。

第四节　作物与水分

水是作物体最重要的组成部分,占作物鲜重的50%~98%。水也是作物细胞原生质的重要组成部分,很多对生命重要的有机物和无机物皆易溶于水。水参与植物体内许多生理生化过程:水分是作物进行光合作用制造有机物不可替代的原料;水可以保持细胞的膨压,使细胞保持挺直状态。作物对水分的蒸腾,既可以促进作物对水分及溶解在水分中的无机盐的吸收和运输,又可以起调节作物温度的作用,所以作物需要大量的水分,水分缺乏,作物就会萎蔫,严重缺乏,就会死亡。

一、作物对水分的吸收

自然界中的水是在土壤—植物—大气系统中不断循环的(图3-3)。土壤水分的主要来源是大气降水,主要散失是通过径流、渗漏和植物吸收蒸腾。在整个水循环中,通过作物散失的水分占重要部分。

作物在其一生中,要通过根系从土壤中吸取大量水分,同时也将体内一些物质排出体外。水分是通过扩散和渗透作用进入作物体内的。作物蒸腾作用使植物对水分产生一种由下向上的“拉力”,使根系源源不断吸水。根系是作物吸水的器官,幼根的根毛区和伸长区是对水吸收

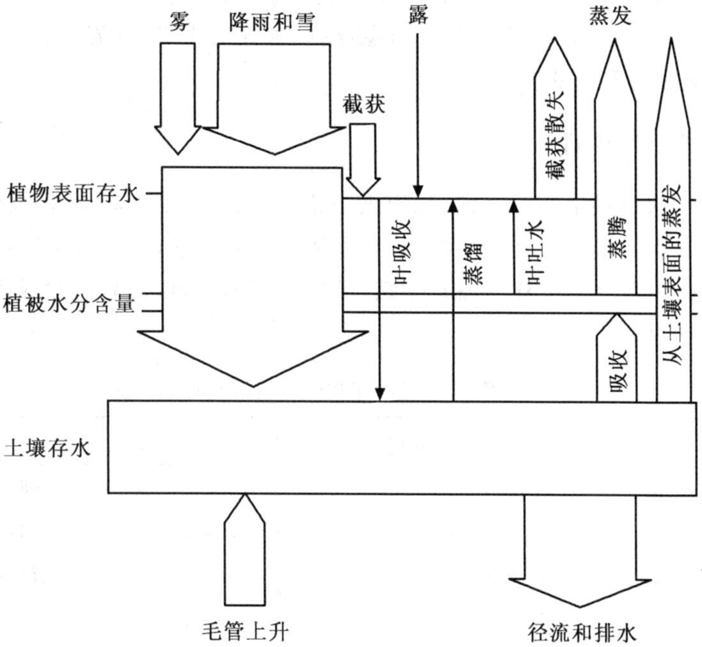

图 3-3 土壤—植物—大气系统中的水分循环

最旺盛的区段。

水分通过作物活体表面的散失叫蒸腾作用。蒸腾作用可形成叶片的吸水拉力,使进入植物体内的无机盐等合理流动,满足作物生长发育的需要,同时可避免叶片过热和灼伤。作物的蒸腾作用主要是通过气孔来实现,气孔主要分布在叶片上,在茎、花、果实和芒上也有分布。

二、作物的需水量与需水临界期

(一)作物的需水量

作物的需水量通常用蒸腾系数表示。蒸腾系数是指作物每形成 1 g 干物质所消耗的水分克数。表 3-4 是国内外的试验结果所概括的几种作物的蒸腾系数幅度。作物的蒸腾系数不是固定不变的,同一作物的不同品种的需水量也不一样,同一品种在不同条件下种植,需水量也各异。

表 3-4 几种作物的蒸腾系数

蒸腾系数	200～400	300～600	400～600	400～800	500～600	500～800	600～900	700～900
作物	高粱、糜子、谷子	玉米、大麦、棉花	小麦、甜菜、马铃薯	黑麦、蚕豆、豌豆	荞麦、豇豆、向日葵	燕麦、水稻	大豆、苜蓿、苕子	油菜、亚麻

作物一生中对水分的需求规律大体上是生育前期后期较少,生育中期因生长旺盛,气温高,需水较多。以棉花为例,据测定棉花的日平均耗水量(m^3/hm^2)因生育时期而异,播种至现

蕾为 16.2,蕾期为 28.2,开花结铃期为 72.15,吐絮期为 26.7。

影响作物需水量的因素很多,主要是气象条件,如大气干燥、气温高、风速大、蒸腾作用强,作物需水量多,反之则需水量少。

(二)作物的需水临界期

作物一生中对水分最敏感的时期,称为水分临界期。在临界期内,若水分不足,对作物生长发育和最终产量影响最大。在此时期内,植株体内代谢旺盛,细胞液浓度低,吸水能力小,抗旱能力弱,如果缺水,其幼穗分化、授粉、受精、胚胎发育都受阻,最后造成减产。几种常见主要作物的需水临界期见表 3-5。

表 3-5 几种作物的需水临界期

作 物	需水临界期	作 物	需水临界期
小麦、大麦、燕麦、黑麦	孕穗—抽穗	水稻	抽穗—扬花
玉米	开花—乳熟	高粱、糜子	抽穗—灌浆
豆类、荞麦、花生、油菜	开花期	棉花	花铃期
瓜类	开花—成熟	马铃薯	开花—块茎形成
向日葵	葵盘的形成—灌浆		

在作物生产实践中,确定作物的灌溉时期和灌溉量,除了要考虑需水临界期这个因素外,还应该注意当地降水多少和土壤的墒情好坏。

三、水分逆境对作物的影响

(一)干旱对作物的影响和作物的抗旱性

干旱是一种严重缺水现象,干旱可分为土壤干旱和大气干旱两种。大气干旱的特征是温度高而空气的相对湿度低(10%~20%),它使作物的蒸腾大于水分的吸收,从而破坏了作物的水分平衡。大气干旱如果长期存在,便会引起土壤干旱。土壤干旱是指土壤中缺乏作物能吸收的水分,此时作物生长困难甚至停止,受害程度比大气干旱严重。

1. 干旱对作物的影响

(1)降低作物的各种生理过程 干旱时,作物气孔关闭,减弱了蒸腾降温作用,引起叶温的升高,使光合作用降低并扰乱氮素和脂类的代谢,从而损伤细胞膜。当叶片失水过多时,原生质脱水,叶绿体受损伤和气孔关闭,抑制光合作用,同时抑制叶绿素的形成。

(2)引起作物体内各部分水分的重新分配 干旱时,不同器官和不同组织间的水分,按各部分的水势大小重新分配,即水分从水势高的部位流向水势低的部位。例如,幼叶在干旱时向老叶夺水,促使老叶死亡,以致减少有效光合面积。更严重的是,当作物体内的水分不足时,胚胎组织细胞的水分就分配到成熟部位的细胞中去,从而使生殖器官分化受阻,甚至败育、脱落。

(3)影响作物产品的品质 果树在水分不足的情况下,果实小,果胶质减少,木质素和半纤维素增加,淀粉含量减少,糖的含量相对略有增加;油料作物种子含油率降低,碘值降低,饱和脂肪酸含量增高;麦类作物淀粉含量降低,但蛋白质含量略有增加。

2.作物的抗旱性

在自然条件下，干旱常伴随高温发生，所以植物的抗旱性与抗热性常常密切相关。从广义上说，作物的抗旱性包括抗脱水的能力和抗高温伤害的能力。

作物在生理上对干旱的适应，表现在当水分供应不足时，作物体内的半纤维素和纤维素增加，导致旱生结构的形成；淀粉转化成糖，以提高细胞的渗透压和吸水保水能力。作物在缺水时，蛋白质水解，脯氨酸含量增加，有利于其抗旱。在干旱时，内源激素 ABA 可引起气孔关闭，抗旱作物含有大量 ABA 已被实验证实。

(二)水涝对作物的影响

1.水涝对作物的危害

(1)根系涝害　土壤水分过多或积水，作物生长便很快停止，叶片自下而上开始萎蔫，接着枯黄脱落，根系逐渐变黑，整个植株不久枯死。其原因主要是根系处于缺氧环境，抑制了有氧呼吸，阻止了水分和矿物元素的吸收。在土壤显著缺氧情况下，由于嫌气性土壤微生物的活动加强，有机物嫌气分解，逐渐使 CO_2 大量积累。高浓度的 CO_2 使原生质及质膜发生变化而降低透性，使水分通过皮层向木质部的移动减缓，根的活动受到抑制。

土壤积水，特别是温度较高的季节，在土壤有机质较多的情况下，由于有机质的嫌气分解，土壤的氧化—还原电位势下降，土壤中会积累对根系有害的还原物质，如 H_2S、Fe^{2+}、Mn^{2+} 以及有机酸(如丁酸等)，直接毒害根系。

(2)地上部分的涝害　作物的地上部分如果水淹，首先是光合作用停止，其次是植株内部空气的含氧量降低，有氧呼吸衰退，而无氧呼吸增加，最后无氧呼吸代替有氧呼吸。无氧呼吸所消耗的呼吸基质总量增加，而释放的能量却减少，使呼吸基质消耗殆尽，植物呼吸便停止而死亡。无氧呼吸所产生的酒精在作物体内积累，对作物细胞也有毒害作用。

2.作物对水涝的适应

逐步淹水引起土壤中的氧慢慢下降，植物根系也相应木质化。这种木质化了的细胞吸收养分和水分虽比较困难，却也限制了还原物质的侵入，故木质化的根对土壤还原物有较强的抗性，耐湿性增大。

有些耐涝作物的通气组织，特别是根系通气结构与耐涝性密切相关。此外，根系还可向根际土壤分泌氧，使根际氧化—还原电位较根外土壤高，能有效适应土壤的还原状态。

第五节　作物与空气

空气是许多气体的混合物，主要由氮气(约占 78%)和氧气(约占 21%)组成，此外还有一定量的二氧化碳(约占 0.03%)以及其他气体。空气中的氮气必须通过一定的转化(如固氮菌的作用)才能被作物利用，而氧气和二氧化碳是作物生存的重要因素。

一、作物与二氧化碳的关系

二氧化碳是作物进行光合作用的主要来源，农作物的干物质中 90%～95%是由空气中的二氧化碳和水合成的有机物构成的。

(一)田间 CO_2 浓度的变化

在一天之内，作物群体内的 CO_2 浓度呈规律性的变化。午夜和凌晨，群体内 CO_2 浓度最高，清晨日出之后，光合作用逐渐加强，CO_2 浓度逐渐下降；到中午，光合作用旺盛，CO_2 浓度降至最低点，傍晚日落后，光合作用停止，CO_2 浓度又复上升。

从 CO_2 的垂直分布来看，在作物群体内部，近地面层的 CO_2 浓度经常是比较高的。在一天中，午夜和凌晨越接近地表面，CO_2 浓度越高；白天，由于光合作用消耗，群体上部和中部的 CO_2 浓度较小，下部稍大些。作物群体上层光照充足，但 CO_2 浓度相对较低，下层 CO_2 浓度较大，光照却又较弱，各自都成了增加光合作用的限制因素，这也是作物生产上要十分重视通风透光的原因所在。

(二)CO_2 浓度与作物的产量

CO_2 浓度直接影响作物的光合作用。C_3 和 C_4 植物外界 CO_2 浓度与光合速率曲线(图 3-4)与光强—光合曲线相似，也存在比例阶段和饱和阶段。在比例阶段，光合速率随 CO_2 浓度增高而增高，当光合速率与呼吸速率相等时，环境中的 CO_2 浓度即为 CO_2 的补偿点。当 CO_2 浓度达到某一值时，光合速率达到最大值，光合速率不再随 CO_2 浓度的增加而增加，开始达到最大光合速率的 CO_2 浓度被称为 CO_2 饱和点。C_4 植物的光补偿点在 0～10 μL/L，光饱和点在 400～600 μL/L；C_3 植物的光补偿点在 30～60 μL/L，光饱和点在 1 500～2 000 μL/L。而目前大气中，清晨 CO_2 浓度最高在 350～360 μL/L，到傍晚时降至 300 μL/L 左右。可见，在全日照条件下，CO_2 供给不足，已成为光合生产率的限制因素。因此，适当增加 CO_2 的浓度，能够显著提高作物的产量，目前在温室栽培中这一措施可以实现。

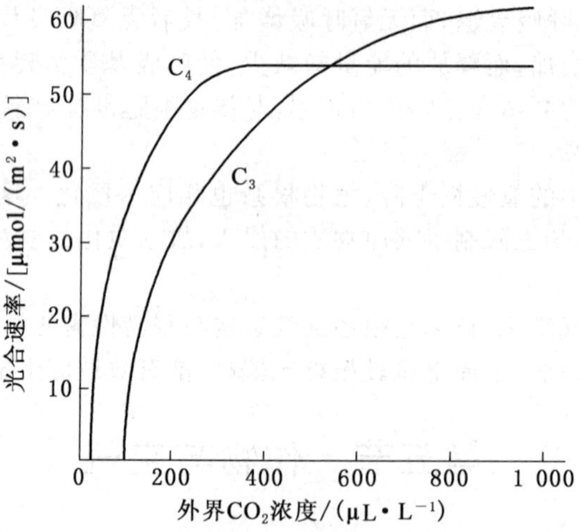

图 3-4 C_3 和 C_4 植物外界 CO_2 浓度与光合速率曲线

二、作物与氧气的关系

作物需要不断地吸进氧气，进行呼吸作用，将固定了太阳能的一部分有机物转化为能量和一些小分子有机物，供植物体其他有机物的合成、物质的吸收、运输和作物生长及繁殖等生命活动能量的需要。

氧气的供给直接影响作物呼吸速率和呼吸性质。氧气不足不仅使呼吸速率下降，还会使无氧呼吸增强。短时间内无氧呼吸对作物影响不大，长时间无氧呼吸会使作物死亡。其原因有三个：一是无氧呼吸产生酒精，引起蛋白质变性；二是无氧呼吸产生的能量少，物质消耗多；

三是没有丙酮酸氧化过程，许多中间产物不能合成。如作物在种子萌芽出苗时，土壤中缺氧，种子就会进行无氧呼吸，在种子中积累对种子有毒害的物质，容易造成“粉种”现象。

三、风速对作物的影响

风速的大小与大气的水分输送、叶面和冠层的物质和热量交换、作物的体温和生理功能、作物花粉的传播和田间杂草种子的传播都有直接关系。当风速大到一定程度时，就会影响农业生产，对作物产生机械损伤以及对土壤产生风蚀。干热风对很多作物危害也很大，常出现高温逼熟、授粉不良、叶片青干等现象。

农田小气候中，作物冠层是风的下垫面，在冠层以下越靠近地面风速越小，作物冠层 CO_2 的交换速率随风速的加大而增加，使作物群体的同化率提高。这是因为 CO_2 通过叶片的气孔进行交换，在无风或微风的情况下，就会在叶面形成很厚的、相对停滞的界面层，形成 CO_2 浓度梯度，影响 CO_2 交换，气孔口 CO_2 浓度最低，能降到 100 μL/L。当然，高风速同样也会降低光合作用强度。

四、空气中其他气体与作物的关系

（一）氮气

豆类作物通过与其共生的根瘤菌能够固定并利用空气中的氮气。据研究，大豆每年固氮量为 57～94 kg/hm^2，三叶草为 104～160 kg/hm^2，苜蓿为 128～600 kg/hm^2。根据豆类作物根瘤菌固氮的作用，可以在作物轮作中加入这类作物，以便恢复土壤地力，使土壤用养结合。

（二）有毒气体

大气污染产生大量的有毒气体，主要有 SO_2、HF 和 O_3，这些有毒气体可以通过气孔进入叶片，扩散到叶肉组织，然后通过筛管运输到作物的其他部位。

1. SO_2

SO_2 进入细胞后，使细胞液 pH 发生改变，使叶绿素失去 Mg 而丧失功能。SO_2 还能与细胞中的羧酸形成羟基磺酸，破坏细胞结构和功能，抑制代谢的生理过程，危害极大。

2. HF

HF 对作物的杀伤力更强。如果空气中 HF 浓度大于 3×10^{-3} μL/L，叶肉组织将发生酸型伤害，细胞内含物穿过受害细胞进入细胞间隙，叶脉间隙组织首先发生水渍斑点，以后逐渐干枯，变为棕黄色或淡棕黄色，且在健康组织和坏死组织间有一条明显的过渡带。

3. O_3

O_3 与细胞膜接触后，能将质膜上的氨基酸、蛋白质的活性基团和不饱和脂肪酸的双键氧化，使细胞膜丧失选择半透性功能，内含物大量外渗。

第六节 作物与养分、土壤

养分是构成作物有机体的基础物质，它们以溶于土壤水分中的离子状态通过作物根系被作物利用。虽然说农作物需要这些元素的数量不多，但作物生长的好坏、产量的高低、成熟的早晚、抗逆性的强弱和产品的品质无不受养分状况的影响。不同的土壤，各种养分的含量相差很大，养分的形态和释放的能力也不相同，但共同的特点是可给态养分数量少，经常表现为养分供应不足。

一、作物必需的营养成分

作物体内许多化学元素含量不同，而且不是所有这些元素都是生活所必需的，有些元素是偶然被作物吸收的，有些可能会大量被积累；相反，有些元素作物需要极微，然而却是作物生长不可缺少的营养元素。一般而言，当植物缺少某些元素，就不能正常生长发育时，这些元素即为必需营养元素。研究分析确定了植物不可缺少的矿质营养元素有 N、P、K、Ca、Mg、S、Fe、Mn、Zn、Cu、Mo、B、Cl，加上非矿质态的 C、H、O 共 16 种。钠、硅、钴、硒为部分高等植物生活必需。在以上各种必需营养元素中，植物对矿质营养中的 N、P、K 的需求量最大，又称为作物的营养“三要素”。

根据对营养成分的需求量特点和敏感程度，作物分为喜氮作物（如水稻、小麦、玉米、高粱等）、喜磷作物（如油菜、大豆、花生、蚕豆等）、喜钾作物（如甜菜、烟草、薯类、麻类等）。另外，一些作物对一些营养元素有特殊需求，如水稻需要 Si，玉米需要 Zn，油菜需要 B 等。

二、作物的需肥规律

（一）作物的需肥量

作物的需肥量是合理施肥的重要依据，不同作物的需肥量会有较大差别。即使是同一作物，由于产量水平不同，需肥量也会有所不同。因此，衡量某一作物的需肥量通常以该作物单位产量（如每 100 kg）从土壤中所吸收的养分量作为指标。表 3-6 为部分作物对 N、P、K 的需求量。

表 3-6 部分作物对 N、P、K 的需求量

作 物	收获物/100 kg	需要养分量/kg		
		氮(N)	磷(P_2O_5)	钾(K_2O)
中稻(籼)	籽粒	2.1	0.9	2.6
中稻(粳)	籽粒	2.5	1.1	2.1
小麦	籽粒	2.5～3.0	1.0～1.4	2.0～2.8
大麦	籽粒	3.0	1.0	2.0
春玉米	籽粒	2.6～4.0	0.9～1.6	2.2～2.8
高粱	籽粒	2.5	1.3	3.0
棉花	皮棉	17.7	6.4	15.5
油菜	菜籽	6.0～8.0	2.5～4.7	5.0～9.1
大豆	籽粒	5.3～8.7	1.6～3.6	2.6～6.3

（二）作物各生育期的营养特征

一般作物在生长发育的中期对养分的吸收量大，而在苗期和后期对养分的吸收较少。但不同作物有其不同的营养特征。作物对养分的需求特点可以用作物营养临界期和养分最大效率期来表示。

作物营养临界期是指营养元素过多、过少或营养元素间不平衡，对作物生长发育起着显著影响的那段时间。养分最大效率期是指营养元素对产量能起最大作用的那段时间。这两个时期都是施肥的关键时期。

作物一般在生长初期对外界环境敏感性较强，如这时养料不足，即使后期施用大量的肥料也难以补救。因此在作物生长初期施用少量的速效肥料能起到很好的效果。生产表明，大多数作物的磷的营养临界期出现在幼苗期，氮的营养临界期出现在营养器官大量产生和营养生长与生殖生长的并进阶段。

三、新疆农业土壤的养分含量

土壤中的养分含量，主要是指土壤的有机质和 N、P、K 含量。新疆土壤受干旱气候的影响，有机质积累少，消耗快，土壤肥力不高。据土壤普查资料，新疆农田土壤有机质平均含量为 1.09%，北疆地区为 1.29%，南疆地区仅为 0.85%，缺 P 少 N。土壤耕作层 N 含量为 30 mg/kg，P_2O_5 含量为 3.9 mg/kg。按照全国土壤分级标准，新疆的土壤只能列为 3、4、5 级。

四、作物与土壤

土壤是指地球表面具有肥力且能够生长植物的疏松表层。就土壤形成的过程而言，未经人工开垦的土壤称为自然土壤，经过开垦耕种以后，土壤的性状随之发生变化，称为农业土壤。土壤具有生长作物的能力，能够在作物生长期间为作物充分、全面、持续地供给水、肥、气、热的需求，这种能力称为土壤肥力。土壤提供水、肥、气、热的能力越好，土壤肥力越高，越有利于作物生长。

（一）土壤的质地

土壤质地按照土壤粗细土粒的搭配不同，一般分为 3 大类。

1. 沙土类

含沙粒多，土壤通透性好，但保水保肥性差，含养分少，易造成作物后期脱肥，昼夜温差大，属“热性土”，适宜种植花生、块根和块茎类等作物。

2. 黏土类

含黏粒多，沙粒少，土壤通透性不良，但保水保肥能力强，土壤所含养料多，肥劲稳而长。黏土昼夜温差小，属“凉性土”，作物在黏性土上生长表现为“发大不发小”，适宜种植水稻、小麦、玉米等作物。

3. 壤土类

沙粒适中，兼有沙土和黏土的优点，性质介于沙土和黏土之间，适合种植各种作物。

（二）土壤的酸碱度

土壤的酸碱度是指土壤溶液的酸碱度，常用 pH 表示。土壤 pH 影响到土壤的结构、养分活化和离子交换。一般土壤 pH 为 6～7，即微酸条件下，养分的有效性最高，对作物生长最有利。过酸的土壤往往引起 P、K、Ca、Mg 的缺乏，在多雨地区还会缺 B、Zn、Mo 等元素。

反之，在碱性土壤中易出现Fe、B、Cu、Mn、Zn等元素的缺乏。在pH>7.5的石灰性土壤中，矿质磷由于和钙结合而降低了有效性。

各种作物对土壤酸碱度都有一定的要求。多数作物适于在中性土壤上生长，但有些作物对土壤酸碱具有一定的耐受能力，如荞麦、甘薯、烟草、花生等就比较耐酸性土壤，而甜菜、高粱、向日葵、紫花苜蓿等能忍耐轻度盐碱的土壤。新疆的土壤偏盐碱，适合种植耐盐碱的作物，如棉花、甜菜、枸杞、向日葵、高粱等。

【知识延伸】

1. 参阅相关网站或书籍，总结归纳提高作物抗旱性的农业措施。
2. 结合新疆实际，分析提出利用植物开发利用盐碱地的方法途径。
3. 查阅资料收集10种以上的温度逆境防御或补救措施。

【课后作业】

1. 从环境生态因子的角度分析，如何才能使作物获得最高产量？
2. 人类对作物生长环境调节措施主要有哪些？必须注意哪些问题？
3. 太阳光中哪些光是作物所能利用的？如何提高对光的利用效率？
4. 不同光谱对作物有什么作用？为什么高原地区的植物都比较矮小？
5. 作物对高温逆境的适应与对低温逆境的适应有何不同？
6. 作物是怎样利用水分的？怎样“吸水”的？作物吸水有什么意义？
7. 说出作物的需水规律，在水分有限的情况下，如何实现最高的产量？
8. 解释为什么植物淹水后根系会变黑、沤烂？
9. 列出提高二氧化碳浓度从而提高作物产量的途径。
10. 说出常见作物的需肥特点，总结作物生育期间的需肥规律。
11. 列表写出常见作物适应的土壤质地和适应的土壤酸碱度。

第四章

新疆土壤耕作

土壤是作物生活的基质，它能给作物以物理支持，同时起着作物生活所必需的水分和养分贮藏库的作用。土壤肥力条件和肥力因素决定着作物产量的高低。在土壤肥力特性复杂的关系中，土壤物理性质起着主导作物。正确的土壤耕作是调节土壤物理性质、改善肥力条件和提高肥力因素的重要措施。所以，土壤耕作是现代农业土壤管理的重要组成部分。

第一节　土壤耕作的技术原理

一、土壤耕作的概念和任务

（一）土壤耕作的概念

土壤耕作泛指运用农具作用于土壤以调节土壤肥力条件和肥力因素存在状况的过程与方法。而具体实施耕作过程和方法则是土壤耕作措施和土壤耕作方法。

土壤耕作措施是指以相应的农机具对土壤起特定作用的单项耕作作业。如以犁作用于土壤，使土壤松碎和翻转，称为犁地或翻耕；又如，用镇压器压实土层称为镇压。土壤耕作措施是土壤耕作的体现和直接手段。

只以一项土壤耕作措施往往很难为作物创造良好的出苗、生育所需要的土壤条件。因此，必须科学地把几种土壤耕作措施根据其作用相互配套，有序作用于土壤，为作物出苗、生育创造适宜的土壤条件，这一配套的土壤耕作措施称为土壤耕作法。

（二）土壤耕作的任务

为了保证作物生产的顺利进行，土壤耕作有以下几个方面的任务。

（1）为作物创造一个深度和三相比适宜的耕层结构，即为作物创造一个良好的种床层和根际层；

（2）根据作物需要，将地面筑成特殊形状，如起垄、做畦、开沟等；

（3）处理残茬和有机肥，使地面清洁，适于播种；

（4）平整地面，防治土壤侵蚀，保蓄土壤水分或排除土壤积水；

（5）防除、抑制杂草和病虫害；

（6）有利于土壤熟化和土壤有机质积累；

(7)有助于盐碱地改良。

总的要求是为作物播种、出苗、根系良好发育、生长创造一个“松、净、暖、平、肥”的土壤环境。

二、土壤耕作的技术原则

农业生产过程中,由于人、畜、机具进地作业以及因降雨、灌水的压力、土壤自身重力作用,每当作物收获后,土壤出现板结,通透性变差,即土壤的三相比失调,不通过耕作进行调整对下季作物生产通常不利。所以,土壤耕作是一项频繁进行的作业,也是作业繁重、成本较高的生产环节。因此,正确运用土壤耕作措施和方法,达到耕作质量高,功效高,成本低,就必须遵循基本的技术原则。具体运用时,要考虑以下几方面。

(一)根据作物对土壤条件的要求

作物对土壤的要求,实际指的是作物根系对土壤物理条件的要求。作物生育状况极大程度取决于根系发育的好与差,而根系发育的好坏又取决于土壤物理性质的优劣。比较直接影响植物生长的土壤物理条件是土壤孔隙度、通气性、温度、湿度和土壤强度(土壤机械阻力)。

1.土壤的孔隙与根系生长

土壤孔隙是根系伸展的空间,也是水分和空气的贮存场所。通常,耕层结构中总孔隙的比例以50%较为适宜。大多数作物根系适宜的容重在1.2～1.5 g/cm^3,沙质土壤数值略高些,黏质土壤略低些。

土壤中孔隙和裂隙根据其直径可以分为若干等级。>0.3 mm的孔径是水分能从中自由移动的孔隙,是许多植物幼根可以顺利通过的孔隙;0.03～0.06 mm的孔径是根毛能伸入和土壤中原生生物、粗真菌菌丝、较大型的微生物活动场所;>0.001 mm的孔隙有较高的毛管传导度,根系较容易从中汲取水分。一般认为既有利根系生长又有利于通气、透水,土壤孔隙孔径以>0.03 mm为好。

过于疏松的土壤对作物并不有利,它会加速干旱、高温、多风地区土壤水分的蒸发,根系不易附着土粒而吸水困难以及漏水、漏肥。

土壤孔隙对农业生产来讲,最重要的是其稳定性,它取决于土壤结构的稳定程度。增加土壤有机质能从根本上提高土壤结构稳定性,否则只有借助经常性的土壤耕作以维持土壤的孔隙度。

2.土壤的通透性

土壤的通透性是指土壤孔隙与大气之间二氧化碳、氧气的交换性能。土壤孔隙直接支配土壤的通透性状,影响着作物根系生长。作物的通气孔隙一般在8%～18%,不能过大。

3.土壤湿度、土壤强度对根系的影响

土壤湿度对作物根系的生长影响,直接影响是作物的生理需水,间接影响是对土壤组成和土壤强度的影响。

土壤中水的增减,首先反映在对养料的利用上。干旱情况下,增加土壤水分不仅能保证作物需水,而且能增加对磷的吸收。土壤水分有利于养分扩散,促进根系吸收,对干旱半干旱地区提高养分利用率极为重要。

土壤强度是土壤对植物根系穿透的阻力。植物根系在土层中延伸取决于细胞内膨胀压克服细胞壁与土壤阻力的结果。当土壤阻力大,根系向前很难伸展,并消耗大量能量,从而导致地上部分产量的降低。在富有孔隙的土壤上，如含水量不足，土壤强度会明显增大；反之，如水分充足，土壤孔隙虽小，但其强度也相对减弱，可见土壤水分对土壤强度具有一定的调节作用。

4. 土壤热条件

土壤的温度受制于土壤孔隙度和含水量，但主要还是随季节变换而变化。作物根系对土温要求各不相同。Niafsem（1970）曾报道了各种作物生长最佳的土壤温度：小麦 20℃，大麦 18℃，玉米 25～30℃，棉花 28～30℃，紫花苜蓿 28℃，马铃薯 20℃，水稻 25～30℃。在适宜温度范围内，根系吸收养分能力增加。土温过高或过低，都会影响对养分的吸收。

土壤温度除随季节变化外，因为水分的热容量能调节土温，土壤有机质影响土壤的颜色从而也影响土壤对光能的吸收和微生物的活动，所以土壤耕作无论是调节土壤本身或调节土壤水分和养分，最终都要尽量做到在高温季节防止土壤温度过高，在早春季节则促进土温升高。

5. 耕层厚度和扎根

作物根系需要一个适宜的深度的“活”土层。“活”是指土层内水、肥、气、热等肥力因素协调活化，土壤理化、生物性质都能配合作物生命活力，满足作物生长的需要。

研究表明，耕层深度影响水分和养分的积蓄，因此它与作物产量成正比，当然不是耕层越深越好。据研究，作物的根系主要集中在 20 cm×20 cm 的土壤范围内，耕层深度超过 35 cm 对作物产量就没有相关性了，只是增加了犁地的能耗。

（二）根据土壤特性

各类农业土壤，它们都有自己的理化、生物特性和剖面构造。土壤耕作措施必须根据这些特点正确应用，才能创造出适于作物的土壤环境。

新疆境内分布大面积的盐碱地，土壤耕作要依据盐碱在土层中的运动规律和盐碱地“板”“瘦”的特点来进行，所有耕作措施都要有利于排水、脱盐、防止水分蒸发、保全苗等。

对于质地黏重、结构差、通透性不良、潜在肥力高的土壤，耕作特点是采用伏耕秋翻，晒垡冻垡，早春及早耙耱保墒等措施。地下水位高的下湿土壤，耕作要有利于排水散墒，提高地温，播种期避开土壤返浆期。

（三）与气候条件相适应

气候条件不仅影响作物，也深刻地影响土壤，土壤耕作在一定程度上也可协调由于气候引起的土壤与作物需求上发生的矛盾。对土壤耕层构造有较大影响的气候条件主要有以下几方面。

1. 降水和蒸发

利用降水是补充土壤水分的有效形式，干旱地区可通过雨前疏松土壤，增强土壤对雨水的渗透能力，防止地表径流；土壤合墒后及时耙耱保墒等措施来提高土壤的含水量。

蒸发是土壤湿度大于空气湿度的必然现象。新疆平原农区的年蒸发量超过 2 000 mm，蒸发所损失的水分在农业生产中占有相当大的比例。在新疆春季由于耕作措施不当，使土壤表层水分快速蒸发，易造成“跑墒”，播种层土壤水分散失，影响出苗。新疆降雨少，蒸发量大，在地下水位高的地区，地下水源源不断地在地表汽化，使水中的矿物质在地表富集，造成土壤盐渍化。

土壤水分蒸发的数量和速度决定于 3 个条件：一是有不断的热能补给来满足汽化热的要

求。二是近地面大气水汽压低于土壤水汽压，即存在水汽压梯度。以上两个条件即为气温、风速、空气湿度、太阳辐射等，是土壤水分蒸发的外在条件。三是土壤内在的条件，即土壤含水量和土壤的导水能力。

2. 干湿交替和冻融交替

干湿交替是根据土壤胶体遇湿膨胀，干燥收缩的特性，在一个地区利用水、热因素的季节变化，引起土壤水分的变化，使土壤变得松碎，促进团聚体的形成。

冻融作用是利用冬季低温，当土壤冻融有相当充足的水分因结冰而体积膨胀，使整个土体崩解。土壤冻融时有利于土壤团粒的形成和土壤松碎。

干湿交替和冻融交替，对提高土壤耕作质量起到辅助作用，并能补救由于耕作失误而带来的严重质量问题，对降低作业成本也十分有利。

3. 水蚀和风蚀

当降雨量过大，超过土壤的下渗速度，就易形成地面径流，地面如果没有覆盖植被易造成对土壤的冲刷；灌溉农区灌溉水流量过大，也能造成耕地的水土流失，坡度大的耕地更为严重。

造成水蚀的原因，除一次降水速率超过土壤渗透速率而又无拦截流水的地面障碍外，另一原因是多次降雨过程中，水分将地表细土淋洗至耕层，填入土壤的大孔隙，形成板结不透水层，影响水分下渗。

我国北方地区，尤其是春旱地区不同程度存在风蚀现象。有风蚀地区的土壤耕作，应创造紧密的表土层，减少耕作次数，保持表土良好结构，采用留茬和覆盖，或增加地面粗糙度以降低地面风速。

（四）配合有关农业技术需要

农业生产的其他技术措施也要求有相应的土壤耕作措施配合，才能发挥其最大效益。作物对土壤的影响不同，如大豆茬起到养地作用，故称肥茬、软茬，收获后不需进行翻耕，采用耙茬就可以播种下一茬作物，而对高粱、甜菜、谷子等硬茬、瘦茬就必须进行耕翻疏松耕层、熟化土壤。

第二节　土壤耕作措施及耕地质量要求

各项土壤耕作都是由相应的农机具来完成的，由于它们对土壤影响的深度和强度各有特点，所以通常把它们划分为基本耕作措施和表土耕作措施。

一、土壤基本耕作措施

土壤基本耕作措施是指从较深的部位和以较强的作用影响土壤，能显著地变动耕层物理性状，而且其后效延续时间较长。但是，基本耕作一般必须配合表土耕作才能准备好作物播种所需要的土壤条件。基本土壤耕作包括犁耕、深松耕和旋耕。

1. 犁耕

指用犁铧将土层抬起，通过犁壁，将土垡扭曲并上下翻转，所以犁耕又称为翻耕（图 4-1）。它对土壤具有翻土、松土和碎土的作用。首先是将土壤上下层换位，在土层换位的同时将施用的肥料、作物残茬、杂草及草籽、病虫、绿肥和牧草等一并翻埋至土壤底层并清洁地面；其次是通过抬起和翻转土层，使耕层土壤散碎、疏松，改善土壤通透性，熟化土壤和强化土壤微生物活动。

图 4-1　犁耕

要将土层上下翻转，必须运用犁壁的扭曲形状（图 4-2）而达到不同的翻转效果。由于采用的犁的结构和犁壁的形式不同，垡片的翻转有半翻垡、全翻垡和分层翻耕 3 种方法（图 4-3）。

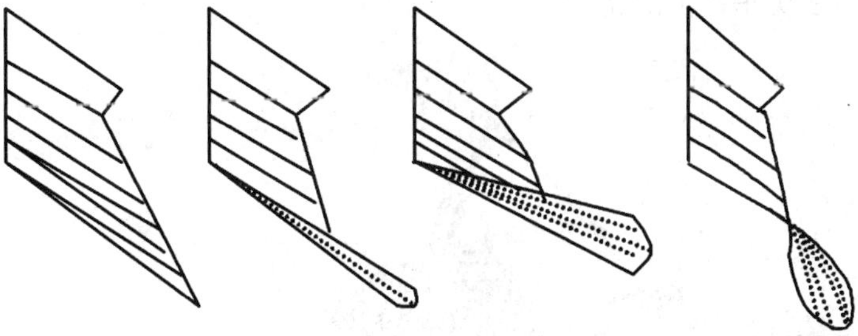

图 4-2　犁壁的扭曲形状类型

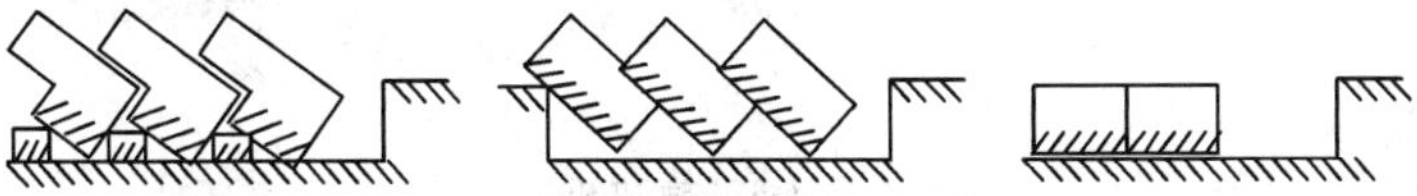

图 4-3　3 种翻耕方法示意图

2. 深松耕

用深松机（图 4-4）、深松铲对耕地进行全面或局部的深层松土，但不翻转土层。其松土深度可达 30～50 cm，对土壤影响较大，且松土效果持久。

与犁耕相比，深松耕的特点是上下土层不乱，松土层深厚，能打破犁底层和不透水黏质层，对接纳降水、防止水土流失、提高透水性及改良盐碱土有良好效果。深松耕耕后能留茬保护地面，防止风蚀。同时，能提高工效，节约能耗，经济效益高。

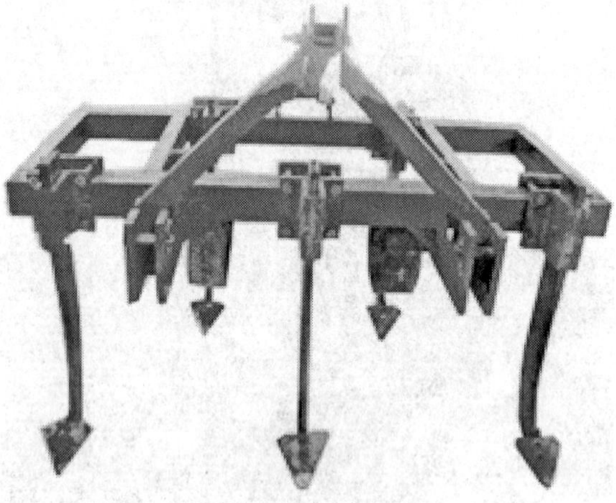

图 4-4 深松机

3. 旋耕

旋耕兼有基本耕作和表土耕作的双重功能，既可用来进行基本耕作，又可用来进行表土耕作。旋耕机（图 4-5）犁刀在旋转过程中，将土壤切碎、掺和，并向后抛掷，作用是松土、碎土，可将相当于犁、耙、平 3 次作业 1 次完成。

图 4-5 旋耕机

二、表土耕作措施

犁耕和深松耕后土壤耕层松散，孔隙度过大，甚至还有大量土块。因此，必须进行表土耕作以破碎土块，压缩过多孔隙，平整地面，有草时还要用来消灭杂草，创造土层适宜的播种状态。所以也称表土耕作为辅助耕作。表土耕作深度一般不超过 10 cm。

1. 浅耕灭茬

浅耕灭茬是在夏收作物收获后，深耕或播种之前的一种表土作业。浅耕灭茬具有切割残茬、浅翻、松土保墒、消灭杂草以及减轻深耕阻力和提高耕地质量的作用。

浅耕灭茬工具有重型圆盘耙、缺口耙或钉齿耙等。

2. 耙地

耙地是表土作业中常用的一项重要措施。耙地具有浅松土、浅混土、平土、碎土和轻微踏实土壤等作用。在不同的情况下耙地的作用不同：早春顶凌耙地或冬麦春耙，有减少土壤水分蒸发、蓄水保墒、防止盐分上升、提高表土温度、消灭杂草等作用；雨后或灌水后耙地有破除土壤板结、保墒保温、有利于种子发芽及幼苗出土生长等作用；犁地后及播种前耙地有耙碎土块、平整地面、保墒、便于播种的作用。在整地前撒施基肥，可以通过耙地与表土均匀混合。

耙地的工具有圆盘耙（图 4-6）、缺口耙、钉齿耙等。采用什么方法和工具，要根据作业的具体任务和目的来决定。耙地的方式有顺耙、横耙和斜耙（对角线耙）3 种。

图 4-6　圆盘耙

3. 耱地

耱地经常与耙地一起联合作业，耱连接在耙后起到碎土、平地和轻度镇压土壤的作用，以达到保墒的目的。播种后耱地能促进种子与土壤紧密接触，又可在表土上形成一层极薄的细碎干土覆盖层，有利于保墒。旺长冬麦田，春季拔节前耱地，起到抑制基部节间伸长、防止倒伏的作用。

耱地的工具称耱（耢），多用各种树条编成，如新疆用的柳条耱、榆条耱，也有木制和铁制的耱。应用时也可加上重物，以增加重量。

4. 镇压

镇压的作用是压碎土块，缩小土粒间空隙，减少土壤水分散失，使表土和心土紧密结合，增强毛管作用，使土壤水分由下层不断上升到种子所在的土层中来，便于种子吸水萌发；压碎土块，平整地面，便于播种，尤其是在抗旱播种或中、小粒作物播种后镇压效果更好。另外，镇压还能起防止作物冻害和徒长的作用。镇压虽然是保持土壤水分的一种措施，但镇压必须在土壤合墒时进行。当土壤水分过多，土粒过黏时，不能进行镇压，否则会造成土壤板结。沙性大、表土又干燥的土壤也不要镇压，以免压后土壤不实反而会更松。盐碱地一般不宜进行镇压。

常用的镇压工具有铁制的环形镇压器和石制或木制的滚子。镇压器的重量与作业的效果有关，应用时可以根据要求来进行调节。

5. 中耕

中耕主要指作物播种后及生长过程中的表土作业，中耕可以结合间定苗、除草、追肥进行。中耕可疏松表土，改善通气状况，提高地温；切断土壤毛细管，减少水分蒸发，防止返盐；接纳雨水，增加土壤蓄水量；雨后或灌水后及时中耕，可保墒防旱，土壤湿度大时又具有散表墒、蓄底墒的作用；中耕可以有效地消灭杂草；中耕结合追肥、开沟培土，有利于作物施肥、灌水以及防止作物倒伏的作用。

中耕工具有手锄、耘锄、中耕机等。中耕的时间、次数、深度应与作物、土壤情况、气候相适应，但所有的作业都要在一定的土壤含水量下进行，以保证作业质量。

三、土壤耕地质量

（一）土壤耕性和耕作质量

影响土壤耕作难易和土壤耕作质量的土壤属性叫土壤耕性。决定和影响土壤耕性的主要因素是土壤质地、土壤有机质含量、土壤结构和土壤水分。质地轻、有机质多、结构好、含水量恰当的土壤，耕作容易，消耗动力小，耕作质量好。反之，则耕作困难，质量也差。对于质地黏重难耕的土壤掺沙、增施有机肥料、秸秆还田等，能改善其耕作性能和提高耕作质量，效果良好，并能维持较长的时间。但在一般情况下，在土壤宜耕期内耕作，是保证耕作质量的有效方法。

（二）土壤水分和土壤宜耕期

土壤适于耕作的时期叫作土壤宜耕期。任何一种土壤都有一段适宜于耕作的宜耕期，而且在宜耕期内含水量也比较一致，为其田间含水量的 40%～60%。若水分含量低，土壤颗粒之间胶结物黏结很紧，结持力大，土粒不易移动，加压则破，但不变形，表现为干硬。此时耕作，犁难入土，犁的磨损大，勉强耕翻易形成干土坷垃或粉末状土粒，所需动力大、速度慢、效率低、成本高。当土壤水分含量超过 60%，加外力于土壤后，土体可滑动不散，土壤的黏着力大，可塑性强，耕翻时犁铧承受力大而易损坏，土体很易变成“泥条”，干后则为硬坷垃。此时翻耕也不合适，进行耕作会影响耕作质量和作物生长。水分更多，则全部土粒便泡在水中，黏着力加大，结持力减少。旱地已不宜翻耕，易打滑、陷车，阻力也大。但水分继续增加土壤泥泞成浆后，结持力、黏着力和可塑性又都变小，此时水田耕作较为适合。

（三）耕地质量的检查

1. 耕深及有无重耕或漏耕的检查

检查一般用犁沟尺或卷尺在犁地时进行。将犁沟尺底座平置于未耕田的地表面，紧靠犁沟移动游尺，垂直插入已耕地的沟底，读出游尺上的刻度，即为测定的耕地深度。如果用卷尺测量，注意读数时，要与未耕地面水平，以保证读数准确。

测定耕深，一般应在拖拉机正式耕地后，每隔一定距离测定一次，不能在地头和转弯处取点，测 3～5 处，求出平均值。如发现耕深不合要求，应立即通知犁地人员及时纠正。

可用测量耕幅的方法检查重耕、漏耕情况。在耕过的田地上，数出一定距离的垡片数，量出长度，算出每个垡片的宽度，即每个犁幅，然后乘以犁铧数就是耕幅。测 3 个点，求平均数。

如果实际耕幅比理论耕幅大，就有漏耕；反之，就有重耕。二者差在±5 cm 的范围内为正常。

2. 耕地的疏松程度检查

疏松程度用疏松系数表示，指的是耕过的土层（疏松层）深度和实际耕地深度的比值。犁后疏松系数最高，可达 1.2，一周后，松土层会下沉，一般为 1.15 左右。可以根据这个系数，通过测定疏松层深度，估算耕地深度。疏松系数的测定在田间取 3～5 个点，求其平均数。

3. 适耕期检查

在适耕期进行犁地作业，翻耕土壤疏松、细碎，无大土块和"泥条"。如果地面干燥，有大的干土块，说明土壤过干；如果出现"泥条"，说明土壤过湿。一般取耕地 10 cm 左右的土壤用手能捏成团，从 1 m 高度落下能散开称为土壤"合墒"，是土壤耕作的宜耕期，此时土壤含水量壤土在 10%～15%，沙土在 5%～8%，黏土在 20%～25%。土壤捏不成团，说明土壤过干，反之，土壤落下不能散开，说明水分过多，不宜耕作。

4. 杂草、残茬、肥料掩埋情况检查

良好的翻耕质量应完全掩埋杂草、残茬和肥料。如耕地质量不好，有重耕、漏耕、翻垡不良、垡片零乱，则必然掩埋不良。

检查的方法是沿耕地对角线行走，检查没有被掩埋的残茬、杂草、肥料的数量。一般采用目测评定，记合格、基本合格、不合格。

5. 犁沟、犁壁情况检查

观察犁沟、犁壁是否整齐、正直，记整齐正直、一般或不整齐正直。

6. 地头、地边回垡、立垡整齐情况检查

观察犁在地头起落是否一致，地边是否整齐，记整齐、基本整齐、不整齐。耕翻中是否有回垡、立垡现象，记没有、个别、多等。

7. 地面平整和垄沟、垄背检查

土地平整是指地块内不能有高包、洼坑、脊沟存在。土地平整度检查，以地耕后田间高差不超过耕深为合格，超过为不合格。垄沟和垄背与耕地方式有关，耕地时要尽量减少垄沟及垄背，目测 50 m 内只有一个为正常，否则为多。

8. 填表

准备耕地质量检查的用具（铅笔、纸、卷尺、犁沟尺、皮尺），观察正在耕翻的现场，按照以上步骤对正在翻耕的土地进行耕地质量检查，并填写表 4-1。

表 4-1　耕地质量检查

地块名称	耕地面积	检查日期
机车型号	机车号	驾驶员
犁型号	田间状况	翻耕方法

项目	犁地及时性	实际耕深/cm	疏松程度	重耕、漏耕情况		残茬掩埋情况	犁沟、犁壁情况	地头、地边、回垡、立垡情况	垄沟、垄背情况	备注
				数目	面积					
检查结果										

耕地质量综合评价：

日期：　年　月　日　　　　　　　　　　　　　　　　检查人：

第三节 新疆农区的土壤耕作

新疆地域辽阔，各地土壤气候条件不同，作物种类、种植制度不一样，土壤耕作方式多种多样。新疆一般农区的土壤耕作时间：北疆农区土壤耕作，从春季(3 月中下旬)开始到秋末封冻为止约 8 个月；南疆开始要早，停止也晚，达 9 个月左右，并且还有夏种，耕作内容更加丰富。在一年里，按耕作时间顺序可分为春季土壤耕作、夏季中耕除草、伏耕晒垡和秋季耕作。

一、春季土壤耕作

新疆春季土壤耕作的主要内容是春耙、春耕和春播。春季土壤耕作要围绕着保墒、防旱这个中心环节。在保墒、防旱的基础上为春播作物准备好良好的播种、发芽条件，使土壤上松下实，提高地温，提供充足的养分和水分，以利于幼苗出土和扎根，出苗后迅速生长。

1. 春耙

新疆在早春、雨后以及播前耙地是必不可少的。春耙可根据不同的土壤、机具、劳力等条件，灵活采用。

准备播种早春作物的地，如果已进行了秋耕冬灌且有足够的雪墒，土壤解冻 3～5 cm 时，应及时进行春耙。根据人、畜、机力做好安排，可以“人耙点、畜耙片、机子耙全面”，劳力不足时也可以“白天播种，夜耕赤地”，千方百计不失时机地做好耙地保墒工作。对于没有经过秋翻但土壤墒情较好的地，为了争取时间，保证及时播种，也要采取圆盘耙耙地，深度为 12～15 cm，注意耙耱结合，及时播种。春耙一般用钉齿耙交叉进行，连续几次，耙细耙平，注意耙地深度，一般不应超过播种深度。春耙是春季土壤耕作的第一步措施，时间短、面积大、任务重，早晚春作物播种前后，冬麦春耙等，都要在短短的几天内完成。因此，必须事先做好准备，争取在短期内突击完成，才能收到应有的效果。

2. 春耕

春耕效果没有秋耕好，但是，在生产实践中，往往由于机力、劳力、气候等原因而来不及秋耕，所以生产中总有一部分地要进行春耕。春耕时间越早越好，因为这时土壤水分较多，温度较低，蒸发量少，有利于蓄水，避免水分过多的损失，且可争取时间以利于土壤熟化。但是，时间早晚还要根据土壤墒情，严格掌握宜耕时间，才能保证耕作质量。春耕深度一般比秋翻要浅，以不超过 20 cm 为限，要在熟土层内进行，切忌将生土翻到地表，造成僵块。春耕最好采用联合作业，犁后面带耙、耱，并及时镇压，以免“跑墒”。

春耕的时间，北疆地区一般在 3 月中下旬即可开始，南疆更早，于 2 月中旬就可陆续开犁。

3. 春播

包括播前准备、适期播种和播后检查几个环节，要搞好春播，必须抓好以下各项具体工作。

(1)播前对整地质量的要求：通过犁、耙、耱、镇压等一系列的田间作业，使土壤达到待播状态 生产上对待播地块要求达到“齐、平、松、碎、净、墒”六字标准。所谓“齐”，就是地头、地边、地角要整齐，不能有漏耕、重耕的地块、地段；“平”是指地面平整，在一畦的等高线地段上，高差不能超过 2～5 cm，这样才能保证播种深浅一致，机车运行稳当，上水均匀；“松”是要求土壤疏松，上松下实，便于机播出苗；“碎”是指土壤细碎，没有明暗坷垃，土块直径大小不能超过 5 cm；“净”是要求地面干净，无杂草和作物根茬；“墒”是要求土壤有适宜的含水量，不仅有充足的底墒，而且要有良好的面墒，以利于种子发芽出苗，扎根长苗。如果达到了六字标准，即为播种、种子发芽、幼苗出土以及生长创造了良好的土壤条件。

(2)对播种质量的要求与检查：播种前对播种机等农机具要进行检修和调试，对农机手要进行培训　春耕生产是一年的关键，春耕春播十分繁忙，但要忙而不乱，有条有理，特别要重视准备和检查工作。对于播种质量的要求与检查，因作物不同而不一样，具体要求将在各个作物中叙述。

二、作物生长期间的土壤耕作

中耕除草是作物生长期间田间管理中提高作物产量的中心环节，特别是对中耕作物而言，是获得丰产必不可少的措施。在机械化生产中，生产上对中耕总结出了"早、勤、深、宽、平、碎"六字要求。所谓早中耕，即当作物幼苗破土现行时，就要立即锄地松土，破壳提温，如棉田的锄"梦花"，每次中耕都要及早进行；勤中耕，就是要做到地板必锄、有草必锄、雨后必锄，经常保持土壤疏松，无杂草，一般要求 2～3 次，棉田达 4～5 次；深中耕，指中耕要深，在 10 cm 以上，最大 18 cm；宽、平、碎是指中耕质量，即工作幅要宽，护苗带尽量少留，控制在 10～15 cm，配合人工锄地，达到全田中耕。中耕时土壤要合墒，配铲要符合技术要求，耕时不托堆、不压苗，更不能铲苗，确实保证质量，以促进苗株生长健壮。在进行中耕时要经常检查，以确保耕作质量。最后一次中耕结合追肥，开沟培土，准备进行灌溉。中耕质量检查见表 4-2。

表 4-2　中耕质量检查

地块名称			耕地面积		检查日期		
机车型号			机车号		驾驶员		
田间作物			作物生长阶段		生长状况		
项目	深度/cm	护苗带/cm	杂草存活数	伤、埋、铲苗率/%	土壤细碎度	作业及时性	其他
标准	按要求	10～15 cm	<5 株/m^2	<2%	<5 块/m^2		
结果							
中耕质量综合评价：							
日期：　年　月　日						检查人：	

注：土壤细碎度中 5 块是指直径大于 5 cm(鸡蛋大小)的土块。

三、伏耕晒垡

在夏季进行的土壤耕翻称为伏耕。土地通过伏耕，能更有效地利用夏季高温的作用来熟化土壤。伏耕的时间宁早勿晚，群众有"头伏金，二伏银"的农谚，也是强调要早。早做准备早伏耕，则更有充足的时间来进行土壤暴晒熟化，效果越好。

伏耕的方法，老农有"头铲划破皮，二铲加重犁，三铲不见犁(浅耕)"的说法。即在一般条件下，夏季收割作物后，先进行浅耕灭茬。为了提高效率，用圆盘耙切地，深度掌握在 12～15 cm。第一遍浅耕暴晒几天后，即抓紧时间深翻，可耕到 20 cm，最高达 23 cm。深耕后进行较长时间的暴晒，以加强土壤的熟化。到播种前再犁第三遍，深度不超过原来的耕深，一般

15～20 cm 即可，这样使土壤上松下实，以利于播种，伏耕“宁干勿湿”，以利提高地温，加强土壤熟化。但如果前作物收割较迟，来不及浅耕灭茬，为了争取时间，可以直接伏耕，及早暴晒。

四、秋深翻

秋深翻是指从秋收后到封冻前这一段时间的土壤耕作。秋耕是新疆土壤耕作中的一项关键措施。各地经验证明，秋耕地面积多少，是影响来年产量高低的重要因素之一。由于秋耕后的土壤，能有一个漫长冬季的冰冻风化，加强熟化过程，给作物增产创造很多有利条件。主要表现在：①土壤经冻融交替后，即改善了土壤结构。在冬季低温下，土壤经深翻后利于消灭杂草和病虫害。②秋耕可以将地表残株落叶等有机物埋入土中，以利腐熟分解。③秋耕结合冬灌并采取相应的保墒措施，可大量积蓄水分，翌年春天即可及时播种。这样做使其他各项栽培措施能准时进行，不但可以保证苗全苗壮，而且还能调节春季水量不足，缓和越冬作物与春播作物用水的矛盾。

秋耕的时间原则上以早为好，早耕可以积蓄土壤水分，防止蒸发和返盐，防止晚秋杂草后期结实。据调查，在同样的条件下，早秋耕比晚秋耕可增产 10%。所以应积极创造条件，尽量争取早耕、多耕、耕好。

秋耕的深度，一般 25 cm 左右，秋耕深度在可能的条件下应尽量加深。秋耕要结合施肥，将基肥深耕翻入土中。

【知识延伸】

参阅相关网站或书籍，解释什么是少耕法、免耕法，懂得它们的技术原理是什么。

【课后作业】

1. 请说出土壤耕作、土壤耕作措施和土壤耕作法含义的不同。
2. 土壤耕作的任务是什么？
3. 土壤耕作的技术原则是什么？
4. 什么是表土耕作措施、基本耕作措施？它们的本质区别是什么？
5. 复述新疆一般农区一年的土壤耕作过程，并提出关键措施的技术指标。

第五章

新疆种植制度

种植制度是耕作制度的核心部分，指一个地区或生产单位的作物布局与种植方式的综合。它包括确定种什么作物，各种多少，种在哪里，作物的组成及其配置，即作物布局问题；作物在耕地上一年种一茬还是多茬，采取什么样的种植方式，如单作、间作、混作和套种，这是种植模式问题；耕地不同年份作物的种植顺序如何安排，即轮作问题。

第一节　作物布局

作物布局是指一个地区或生产单位作物组成与配置的总称。作物组成包括作物种类、品种、面积与比例等；配置是指作物在区域或农田上的分布，即解决种什么作物，种多少与种在哪里的问题。作物布局决定了种植制度的主要内容，是种植制度的基础。

作物布局所指的范围可大可小，大到一个国家、省、市、县，小到一个自然村甚至一个农户；时间上可长可短，长的可指5年、10年、20年的作物布局规划，短的可以是1年或1个生长季节。

一、作物布局的影响因素

一方面，一个地区的作物布局在很大程度上取决于作物的生态适应性，即作物对环境的要求是否与当地的光、热、水、土等自然条件相适应，这是大范围作物布局的基础；另一方面，作物与自然植被不同，它的组成与分布在很大程度上受社会经济、生产与技术等人为因素的影响，两者不能偏废。

(一)作物的生态适应性

作物的生态适应性是长期自然选择和人工选择的结果，实际就是指作物对环境生态因子的适应性(内容详见第三章作物与环境)。

(二)经济社会因素

1. 农产品的社会需求及其价格因素

农业生产的主要目的是满足社会对农产品的需求，而农产品的社会需求又是农业生产不断发展的原动力。农产品的社会需求可分为两个部分：一是自给性的需求，即生产者本身对粮食、饲料、燃料、肥料、种子等的需要；二是市场对农产品的需要，包括国家和地方政府订购的粮食及各种经济作物产品、农民自主出售的商品粮及其他农产品。为满足社会需求,根据国家、地方的统筹安排,用价格这一杠杆来调节作物布局是一个非常有效的途径。

2.社会发展水平

社会发展水平包括经济、交通、信息、科技等多方面的因素。例如,与西方发达国家相比,我国经济水平较低,交通、信息产业落后,因而生产区域性分工和专业化生产现象尚不太明显,"小而全"的作物布局仍在全国农村存在。这种作物布局在自给性经济条件下可以充分保障供给,有利于全年均衡地利用劳力等社会资源,并可增加生产与收入的稳定性和减少风险等。但其不利方面是显而易见的。作物布局"小而全",面面俱到就很难进行专业化生产,因而影响技术水平的提高和产业化进程,农产品的商品率低,扩大再生产慢。随着我国农业生产的发展和农产品的日益丰富,作物生产区域化、专业化将是一个不可避免的过程,特别是对于一些商品性较强的经济作物而言尤其如此。

除了经济、交通、信息等方面的因素外,农业科技的发展也能在较大程度上改变作物布局。如新品种和地膜覆盖技术的推广,使水稻、玉米种植区域北移。

另外,饮食结构的习惯及其变化等文化因素也能对作物布局产生一定的影响。

二、种植业结构调整

种植业结构的基本功能是保证市场供应,满足社会需求,增值增效,发挥其国民经济基础作用。为此,在温饱没有解决、总量短缺的时候,种植业结构调整应以增加粮食等主产品的总量,解决人民的吃饭问题为主,基本是为吃穿而种,为生存而种,确保丰衣足食、国泰民安。在温饱基本解决,人民生活进入小康,农业生产从自给自足转变为商品生产,就要求种植业转变为生活提高质量、为工业提供原料、为畜牧业提供饲料、为外贸提供商品、为农业增效增收,基本上是为富而种,为发展而种,确保民富国强。

种植业结构调整不论在任何阶段,都要满足人民吃饱、吃好,满足国民经济发展的全面需要。确保 14 亿以上的人需要的量、小康生活的质、工贸发展需要的专用品种,满足量与质的要求,解决吃与用、增产与增收的问题,应当是新阶段种植业结构调整的出发点和归宿。

种植业结构调整的基本指导思想是:面向市场、发挥优势、多点发展、重点突破、搞出特色、形成规模,种植、养殖、加工、贸易协调发展。

种植业结构调整应遵循以下几个原则。

1.整体最大效益原则

即经济效益、社会效益、生态效益宏观上均要争取最大化。

2.比较优势原则

发挥优势,扬长避短,适地适作,合理布局。

3.市场导向原则

弱化指导性计划,以国内国外市场信息的准确分析为依据,为卖而种、为用而种、为种而种。

4.科技先行原则

围绕调整,要坚持培训先行,种子先行,防止因品种不当、技术不当造成损失。

5.渐变原则

整体上坚持大稳定、小调整。结构调整要适应市场发育、适应当地生产条件改善、适应技术进步和劳动者素质的逐渐提高，大范围的突变往往会因一系列不适应，造成损失，事与愿违。小范围，如一村一乡，尚可快点。在整体上、宏观上要坚持大稳定、小调整的渐变原则，防止急于求成，急功近利。

6. 配套调整、协调发展原则

围绕种植变化，实现产前、产中、产后配套服务，种、养、加、贸等相关产业协调发展，以确保增产、增值、增效、增收。

7. 可持续发展原则

合理规划，依靠科技，提高资源利用率，切忌盲目发展、杀鸡取卵、竭泽而鱼。

8. 农民自主自愿原则

要深入细致地做好工作，把政府经济决策变成农民的自觉行为，是调整成功的保证。防止强迫、命令，把好事办坏。

根据新疆维吾尔自治区种植业"十三五"发展规划，按照自治区"稳粮、调棉、优果、兴牧"的总体思路，南疆以棉花、设施农业、瓜果和特色园艺生产为重点；北疆沿天山一带以棉花、加工番茄、设施蔬菜为发展重点，继续围绕畜牧业发展调优粮食产业结构；东疆吐哈盆地以哈密瓜、设施蔬菜为发展重点；伊犁、塔额盆地、阿勒泰等区域以优质小麦、玉米、杂豆、设施蔬菜和籽用瓜为发展重点；乌鲁木齐、地州中心城市和大型工矿开发区所在县市积极发展"菜篮子"工程和休闲观光农业。到2020年自治区粮食播种面积保持3 500万亩左右（含复播面积），建成国家级玉米制种基地100万亩；棉花面积调减到2 200万亩左右，其中优质棉基地不少于1 000万亩；大力发展南疆高效戈壁设施农业，设施农业面积达到200万亩；规划建设哈密瓜、加工番茄、加工辣椒、香料、中草药等区域特色农产品生产基地1 000万亩；规划建设1 000万亩饲草料基地。

第二节　复种与间混套种

种植模式是指一个地区在特定的自然、社会条件下，在同一耕地上形成的规范化的种植方式。它由两部分组成：一是作物结构，有单一的作物结构和复合的作物结构；二是熟制，有一年一熟的单熟制，也有两熟以上的多熟制。两者组合就有4种种植模式，即单作一熟、单作多熟（复种）、多作一熟（间混作）和多作多熟（套种）。

一、复种

（一）复种的概念

复种即接茬种植，是指在同一块地上，在一年内有两次以上的单一种作物收获。复种有两种方式，一种是接茬复种，另一种是套种复种。

在农业生产中，常用种植指数来判断土地利用率的高低。即：

$$种植指数=全年播种面积/耕地面积\times 100\%$$

当种植指数为100%时，属于没有复种；小于100%表示尚有休用或撂荒，土壤没有充分利用；大于100%，说明有一定程度的复种。在有复种的条件下，种植指数往往被称之为复种指数。

(二)复种的条件

复种的目的是充分利用生产季节的各项生产资源,扩大播种面积,提高作物的产量。其最基本的条件是要有丰富的热量资源,还需要有一定的水、肥、劳、机等条件。

1. 热量资源

热量资源是一个地区能不能复种和复种程度的先决条件。如果能够满足上下两茬作物对热量的要求,才有提高复种指数的可能性。所以,在具体安排复种时,应根据当地多年的热量资料,计算上茬和下茬所需的积温,再加上收获到播种期间的农耗积温(100～150℃),来判断是否具备复种的热量条件,其保证率要在80%以上。一般按积温计算,在我国,≥10℃积温低于3 600℃为一年一熟,3 600～5 000℃可以一年两熟,5 000℃以上可以一年三熟;在2 600～3 600℃ 的地区可实现两年三熟。根据作物热量指标,结合新疆热量资源来看,南疆大部分地区可以两年三熟或一年两熟;北疆准噶尔盆地南缘和伊犁谷地,可以做到两年三熟或一年两熟。

2. 水肥条件

除热量外,水分是一个决定性条件,肥料是作物增产的重要保证。因此,应根据灌溉条件和作物需水量来安排复种面积。同时,对进行复种的耕地须增施肥料,以满足两茬作物对土壤矿质营养的需求。

3. 劳畜力及农机具条件

复种要求精耕细作,需较多的人力、物力,才能做到不误农时,精种细管,提高产量。否则,劳畜机力条件尚差,种管粗放,贻误农时,再加之肥料不足造成减产,结果是多茬不如一茬,没有实际效益。

(三)复种技术要点

复种最突出的特点是抢时间、赶季节,它的技术要点就是处处要围绕着一个"早"字。

(1)要选择好作物及品种组合　例如,前茬是冬小麦,其成熟期是越早越好,这样能给下茬作物提供更多的时间和热量,保证安全成熟,获得较高的产量。

(2)要早收早种早管,力争早熟丰产　如适当加大作物密度、控制水量促进前茬早熟;重施氮磷底肥,避免后期追肥;及早安排劳力机具,在前茬作物收前灌好底墒水,成熟后抓紧时间收获和整地播种;播后加强管理,在保证下茬作物安全成熟的基础上,再创高产。

(3)采用育苗移栽,延长后茬苗龄,争取多复种并达到安全成熟。

(4)采用套种,延长后作的生育期。同时采用地膜覆盖技术,增温保墒,提高出苗质量,促进作物早熟。

(四)新疆的主要复种方式

1. 小麦—玉米(南疆)

小麦复种玉米是南疆"吨粮田"的主要攻关途径。冬麦选用早熟品种'新冬20号'、'新冬22号'、'新冬60号'等,玉米选用'新玉29号'、'新玉35号'、'新玉54号'、'新玉80号'等。复播玉米于6月20日至7月5日播完,小麦收后立刻切地播种,播后灌溉,保苗6.75万～8.25万株/hm^2。小麦收后也可复种高粱、油葵等作物。

2. 小麦—大豆

南疆大豆品种选用'新大豆 10 号'、'中黄 30 号'等。大豆行距 30 cm，保苗 33.75 万～45 万株/hm^2。北疆伊犁地区、乌伊公路沿线可复种特早熟大豆。小麦选用早熟品种，大豆选用'合丰 51 号'、'垦鉴豆 7 号'等。大豆于 7 月 5 日至 15 日播完，行距 15～20 cm，保苗 60 万～67.5 万株/hm^2。

3. 小麦—玉米＋大豆(油葵)

小麦收获后及时复种玉米间作大豆或油葵。北疆地区如玛纳斯等地 6 月 21 日前复种早熟油葵品种可成熟。其他地区小麦收获后及时撒播油葵，然后耙地浇水，初花期翻压作绿肥。

4. 小麦—蔬菜(大白菜、胡萝卜等)

麦收后于 7 月 20 日以前下种。

二、间混套种

间作、混种、套种统称为间混套种，作物种植方式示意图见图 5-1。它们是在空间上实行种植集约化，具有充分利用空间的作用。

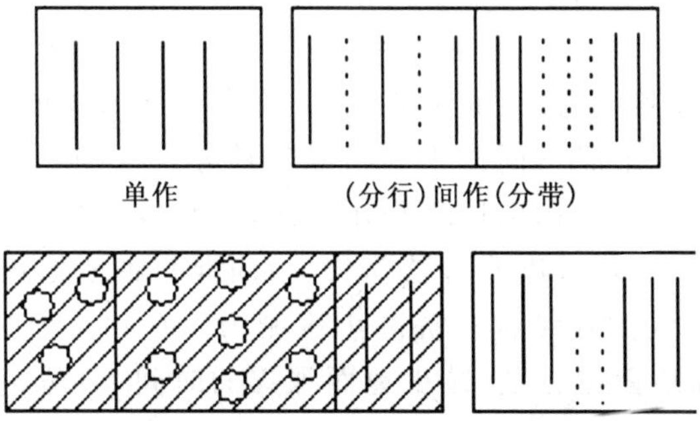

图 5-1　作物种植方式示意图

1. 间作

间作是指在同一块地里成行或成带间隔种植两种或两种以上的生育期相近的作物。

2. 混种

混种是指在同一块地里同时混合种植两种或两种以上生育期相近的作物，它们之间没有明显的行排列。

3. 套种

套种是指在前一作物收获之前，把后一作物套种进去的种植模式。

实践证明，正确运用间混套种，不仅有明显的增产、稳产效果，而且在一定的程度上可以解决作物争地以及争肥争水和争劳力等矛盾，有利于全年生产平衡，农活兼顾，种养结合，省工、省费用，产品多样化，劳动效率高，经济效果好。

(一)间混套种增产的原因

间混套种增产的原因是多方面的，归纳起来是充分利用了地上空间、地下土壤以及作物之间的有利条件。

1.增加了叶面积系数

由于间混套种把不同的作物适当地搭配起来，构成复合群体，其密度和叶面积系数可以超过单作的限度，而不像单作那样矛盾突出和尖锐。在一定范围内，密度和叶面积系数增大，在单位面积上合成和积累较多的光合产物，可以获得比单作较高的产量。例如，在同样的条件下测定单作玉米叶面积系数是4.45，玉米、大豆混作叶面积系数可以达到5.14，这是间混作增产的一个重要原因。

2.利用边行优势，改善光合条件

不同作物间混套种，构成立体田间结构，增加“边际效应”。把高矮不一样或生长期早晚不同的作物搭配起来种植，改变了作物群体的深层结构。矮秆作物（或处于矮秆地位的作物）生长的地方成了高秆作物（或处于高秆地位的作物）的通风透光“走廊”，光线可直射到作物的中、下部。同时由于矮秆作物的反射，上层的漫射光也大大增加。据测定，玉米、大豆按2∶1、3∶1、4∶1间作的平均透光率比单作玉米高10%～20%。

3.更加充分均衡地利用生长季节中的光热等自然条件

间混套种组成的复合群体，既能减少苗期的漏光损失，又能使光合作用高效期在一块地里延续出现，几乎布满整个生长期，从而争取作物有限的生长期。

4.用地和养地相结合

间混套种不仅能充分利用地力，而且在一定的条件下还有养地作用，使用地养地更好地结合起来。例如，有选择地组成不同作物的间混套种方式，有利于对土壤养分和水分的合理利用；豆科作物具有共生根瘤菌的固氮作用。因此，豆麦混播、玉米间作大豆、正确的粮肥间套作，不但通风透光，而且可以改善营养状况；间混套种使根系增多，从而可增加土壤中的有机物质，创造和恢复团粒结构来提高土壤肥力。在水土流失严重的丘陵地区和山区，实行间混套种能增加地面覆盖度，减少地面裸露的时间，对防止水土流失、保持水土有很大的作用。

5.利用不同作物的抗逆性，稳产保收

不同作物对恶劣的环境有不同的反应，在生产条件差和技术水平低的情况下，单作抗御自然的能力低，当发生严重灾害时，往往会给产量带来巨大的损失，甚至颗粒无收。运用间混套种的方法，可利用作物的不同抗逆性和适应能力，减轻灾害影响，产量比较稳定。例如在干旱山区，由于降雨不稳定，往往把胡麻和芸芥进行混播，胡麻喜湿，芸芥耐旱，在雨水多的年份可多收胡麻，而在干旱年份则多收芸芥，总产比较稳定。

间混套种还有利于减轻某种作物受病虫的危害。洋葱与棉花间作，洋葱产生的分泌物可抑制棉蚜为害；大蒜与油菜间作，大蒜产生的大蒜素能抑制油菜菌核病的发生和发展；豌豆与麦类混播，由于麦芒的保护，可以减轻棉铃虫对胡麻的为害等。

6.利用不同作物间分泌物的相互利用

各种作物生育期间，不断地向周围释放出特有的分泌物，这种物质对别的作物生长发育有的有利，有的不利，有的可能没有影响。如鹰嘴豆根系的分泌物可抑制玉米生长，而小麦与豌豆、马铃薯与菜豆、洋葱和食用甜菜可相互刺激生长。

在运用间混套种这一增产措施的同时，也要看到一些不利的因素，如作物配置不当出现的矮作物光热条件恶化、作物之间的争水争肥以及一些病虫害的发生加剧等，必须引起足够重视。

(二)间混套种技术

间混套种既有互利协调的一面,也有互相矛盾的一面,在技术上又须妥善处理。要从具体的条件出发,在作物种类和品种、比例、密度、种植方式、水肥供应和田间管理等方面进行全面考虑。

1.作物及其品种选配

(1)生态适应性的选择　各种作物及品种均要求相应的生活环境。在复杂群体中,作物的相互关系极其复杂。为了充分发挥间混套种复合群体内作物的互补作用,缓和其竞争矛盾,需要根据生态适应性来选择作物及其品种。根据生态位完全相同的物种不能共存于一个生态系统内的高斯原理或竞争排除原理,合理选择不同生态位的作物或提供不同生态条件是取得间混套种全面增产的重要依据。也就是说,在生态适应性大同的情况下,还要生态适应性小异。

(2)特征特性对应的选配　所选择作物的形态特征和生育特性要相互适应,以利于互补地利用环境。例如高秆和矮秆作物搭配、深根与浅根作物搭配、耐阴作物与喜光作物搭配、株型紧凑与松散搭配、长叶与圆叶搭配、生育期长短前后交错等。广大农民在生产实践中形象地总结为“一高一矮”“一肥一瘦”“一圆一尖”“一深一浅”“一阴一阳”“一长一短”和“一早一晚”。

(3)要求经济效益高于单作　间混套作选择的作物是否合适,在增产的情况下,也要看其经济效益比单作是高还是低。如果低于单作,必然会被单作代替。

2.田间结构配置

在作物种类、品种确定后,合理的田间结构是能否发挥复合群体充分利用自然资源的优势,解决作物间一系列矛盾的关键。只有田间结构恰当,又有较好的通风透光条件,才能增加群体密度,发挥其他技术措施的作用。作物群体在田间的组合、空间分布及其相互关系构成作物的田间结构。间混套种的田间结构是复合群体结构,既有垂直结构又有水平结构。

合理的作物配制方式、配制比例、保苗株数(密度)乃至株行距、穴苗数及行向等,在田间种植结构上需妥善地加以解决。配置方式可以是条状,也可以是带状,条带距离多宽,采用哪种方式好,要根据作物特点来决定。配制比例要根据生产需要、作物特性、土壤气候等,来确定主副作物和它们的种植比例。

3.作物生长发育调节技术

(1)适时播种,保证全苗　间混套种的播种时期与单作相比具有特殊意义,它不仅影响到一种作物,而且会影响到复合群体内的其他作物。套种时期是套种成败的关键之一,套种过早或前一作物迟播晚熟,延长了共生期,抑制后一作物苗期生长;套种过晚,增产效果不明显。

(2)加强水肥管理　间混套种的作物由于竞争,需要加强管理,促进生长发育。在间(混)作的田间,因为增加了种植密度,容易造成水肥不足,应加强追肥和灌水,强调按株数确定施肥量。在套种田里,矮位作物受到抑制,生长弱,发育迟,容易形成弱苗或缺苗断垄。为了全苗壮苗,要在套种之前施用基肥,播种时施用种肥,在共生期间做到“五早”,即早间苗、早补种、早中耕除草、早施肥、早治虫,并注意土壤水分的管理。前作物收获后,及早进行田间管理,水肥猛促,以补足共生期间所受亏损。

(3)应用化控技术　实践证明,应用植物生长调节剂,如缩节胺、802等,对复合群体条件下的作物生长发育进行调节和控制,具有控上(高层作物)促下(低层作物)、调节各种作物生长发育、塑造理想株型、促进发育成熟等一系列综合效益。

(4)综合防治病虫害　间混套种可以减少一些病虫害,也可增添或加重某些病虫害,对所发生的病虫害，要对症下药，认真防治，特别要注意防重于治，不然病虫害的发生会比单作更加严重。

(5)早熟早收　削弱复合群体内作物之间的竞争关系，促进各季作物早熟、早收，特别是高位作物，早熟早收是不容忽视的措施。

(三)新疆间作套种的主要方式

1. 间作

(1)玉米＋大豆　玉米、大豆间作，玉米为主作物，一般常见 2∶1 和 4∶2，据试验后者产量较高(图 5-2)。

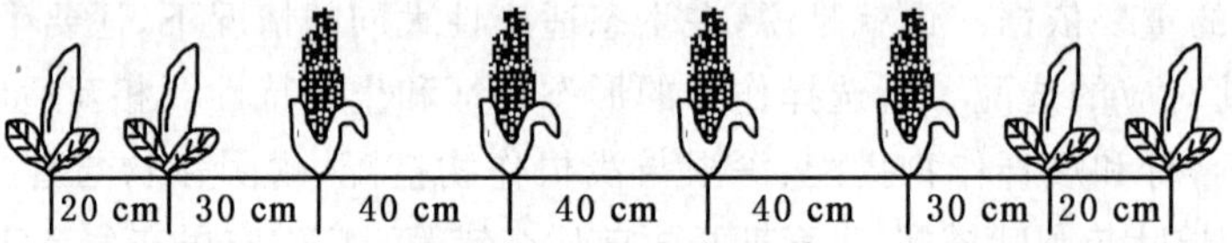

图 5-2　玉米间作大豆

(2)玉米＋马铃薯　玉米喜高温，马铃薯耐阴喜凉，玉米与马铃薯间作一般 2∶1 或 4∶2。

2. 混种

(1)豌豆⊕大麦(或春麦)　大麦(或春麦)为主体。

(2)油菜⊕麦类　冬麦越冬死亡严重，在缺苗处撒播油菜，提高效益。

(3)春麦(或油菜)⊕草木樨　春麦(或油菜)收获后生产绿肥，草木樨初花期翻压。

3. 套种

(1)小麦∽玉米　南疆三地州“吨粮田”采用的方式。小麦选用‘新冬 20 号’、‘新冬 22 号’、‘新冬 60 号’等品种，玉米用中晚熟品种‘新玉 41’、‘新玉 66 号’、‘沈玉 2002’等。套种方式一般

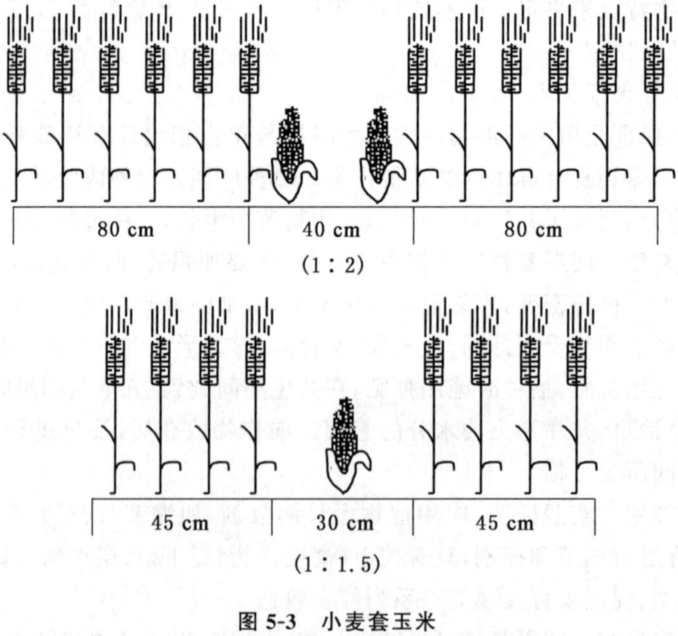

图 5-3　小麦套玉米

采用 8∶2（图 5-3）。小麦带宽 120 cm，种 8 行小麦；留空行 50 cm，5 月上中旬套种 2 行中晚熟玉米。玉米株距 20～25 cm，保苗 6.75 万～7.5 万株/hm^2。

（2）小麦∽大豆　北疆沿天山一带冬麦沟植沟播区常采用此法增收大豆。小麦 4 沟 6 行，4 月 15～30 日土壤合墒，垄背点播，播深 4～6 cm，株距 12～15 cm，大豆保苗 2.7 万～3 万株/hm^2。大豆品种选用北疆 1 号、黑农 33、吉林 20 等。小麦收获时留茬 25～30 cm，不伤大豆枝叶。

（3）其他形式　油菜∽大豆、棉花∽茴香、早玉米∽冬萝卜等。

第三节　轮作与连作

一、轮作与连作的概念

轮作是在同一土地上在一定年限内，按照一定的顺序，逐年轮换种植不同的作物或复种形式的种植方式。如：豌豆→春小麦→谷子；油菜—水稻→小麦—水稻→绿肥—水稻→小麦—水稻。

与轮作相反，连作是在同一农田上连年种植相同作物或采取相同复种形式的种植方式。

生产上把轮作中的前作物（前茬）和后作物（后茬）的轮换，统称为“换茬”或“倒茬”，连作也称“重茬”。轮作中如遇有土地全年休闲，休闲仍为该轮作的一个组成部分。

二、轮作的作用

轮作是一项被世界各国广泛采用的农业技术，轮作具有很好的效益。

1. 轮作可以均衡地利用土壤养分

不同作物的根系分布以及从土壤中吸收各种养分的数量、比例、难易不同。根据这种特性组成轮作，就能均衡地利用土壤中的养料，既有利于作物增产，又不至于使土壤中每种养料过度缺乏。

2. 轮作可以改善土壤理化性状，调节土壤肥力

不同种类的作物留给土壤的有机质数量、成分不同，各类根系活动、发育特性不同。例如，豆类作物提高土壤含氮量，十字花科作物能分解土壤中难溶解的磷，麦类作物的根系细，有利于土壤小孔隙的形成。

3. 轮作可以调节土壤微生物的活动

以土壤有机质为基础的土壤微生物群及其活动，因作物残渣及分泌物不同而受到影响，其后效也不同。轮作更换了作物，微生物群和它们的活动产物也发生改变，这种改变对后茬往往是有利的。

4. 轮作有利于防治农作物病虫害

很多病虫在土壤中栖息，数月或 2～3 年不死，成为以后作物的侵染源。同时病虫害的发生与环境密切相关，实行轮作可以改变病虫环境，有效防止病虫害的发生与发展。

5. 轮作可以减轻田间杂草的危害

不同作物由于生育特性和相应的农业技术不同，因而对田间杂草的抑制能力、防除效果也不一样。某些作物更有其难以除尽的伴生或寄生性杂草，如水稻的稗草、春小麦的燕麦草、大豆的菟丝子等。进行轮作，通过农业措施或生境的改变，就能有效地消灭或抑制杂草的危害。进行水旱轮作也是防除杂草的重要措施。

6.合理轮作可以提高生产的经济效益

合理轮作改善了作物与土壤环境的关系,能够提高作物的产量,降低生产成本,表现出良好的经济效益;同时,合理轮作还可以使作物布局相对稳定,有利于进行计划管理和各项技术措施的落实。

三、轮作的成分及作物在轮作中的作用

科学地安排参加轮作的作物是实行轮作的关键。为此,我们必须了解各类作物的茬口特性及其在轮作中的地位。茬口特性是指栽培某一作物后的土壤性能,它是作物生物学特性及其栽培措施共同的结果,一般从土壤养分(包括有机质)、水分、气热状况以及土壤耕性等方面来进行分析。轮作的成分是指参加轮作的各项作物及休闲。轮作的成分根据茬口特性可以分为以下几类。

1.养地作物

养地作物包括豆类、绿肥作物和多年生牧草等,种植后起到养地作用,可以直接增加某些土壤养分和有机质的含量。

2.用地作物

用地作物包括禾本科作物,块根、块茎类作物,麻类作物及烟草等。这类作物需要消耗大量氮、磷、钾养分,且籽实和秸秆随收获而离开农田,只能给农田留下为数不多的根茬。因此,种植此类作物,特别是连续种植时,必须多施有机肥和化肥以补充养分的损失。

3.兼养作物(准养作物)

兼养作物包括棉花、油料等经济作物及饲料作物。这类作物有大量的落叶、落花和根茬等残留物,常常还有饼粕可以还田,或有大量茎叶做饲料后再用作厩肥返还土壤的情况,在一定程度上可以维持原有地力,加上它们的经济价值高,管理精细,地内杂草少,对后茬作物生长有利。

4.休闲

休闲是指作物在可以生长的季节里,田间不种植作物,但仍进行一定的土壤耕作,是轮作中的一种特殊茬口。休闲的主要作用在于晒垡、恢复地力、消除杂草,是较好的茬口。

四、安排轮作的原则

(1)轮作中的所有作物都要适应当地的气候条件及其所处的轮作地段的地形、土壤、水利条件。

(2)轮作中的主要作物应保证粮食的安全供给。

(3)根据各类作物的茬口特性,安排好用地作物、养地作物和兼养作物的适宜比例,作物安排时坚持用养结合的原则,提高生产效益。

(4)轮作中各作物的种植面积应互成倍数或相等,以便组织轮作,使每年各种作物有近似的面积。轮作区数要与轮作周期年数相等,轮作年限的长短要适宜。

(5)轮作中各类作物的比例和复种指数的高低要和生产单位的水、肥、劳力、畜力、农机具等生产条件相适应。

五、连作

(一)不同作物对连作的反应

按照不同作物对连作的反应敏感性差异,可把作物分为以下几种。

1. 忌连作作物

忌连作作物基本上可分为两种耐连作程度略有差异的亚类。一类以茄科的马铃薯、烟草、番茄，葫芦科的西瓜及亚麻、甜菜等为典型代表，它们对连作反应最为敏感。这类作物连作时，作物生长严重受阻，植株矮小，发育异常，减产严重，甚至绝收。另一类以禾本科的陆稻，豆科的豌豆、大豆、蚕豆、菜豆，麻类的大麻、黄麻，菊科的向日葵，茄科的辣椒等作物为代表，其对连作反应的敏感程度仅次于上述极端类型。

2. 耐短期连作作物

甘薯、紫云英、苕子等作物，对连作反应的敏感程度属于中等类型，生产上常根据需要对这些作物实行短期连作，这些作物在连作 2～3 年受害较轻。

3. 耐连作作物

这类作物有水稻、甘蔗、玉米、麦类及棉花等作物。它们在采取适当的农业技术措施的前提下耐连作程度较高。

(二)连作的危害

合理轮作可以增产，不适当的连作则引起减产，这是普遍规律。连作减产的原因有以下几方面。

(1)连作加重某些由土壤感染的病虫害的为害，即使多施农药也不能解决减产和品质下降问题；连作将加重某些可以由土壤传播的伴生性杂草的危害，虽然多花劳力、机力等进行防除，有时也不能完全解决问题。

(2)连作将会使土壤理化性质恶化，片面消耗土壤中的某些易缺养分，使水、肥效果降低，经济效益降低，即使多用水、肥，有时增产效果也不明显。

(3)连作常常使土壤积累某些有毒、有害物质，妨碍作物自己或其他作物生长。

(4)当一个生产单位连作较多时，种植某些作物的比重必然过大，将给经营管理带来困难，如农活高度集中，用水、用肥难以调剂等，从而降低经济效益。

但是，在农业生产中，连作不可避免，这主要是因为：①某些地区适宜发展某些作物，或因社会需要，某些作物的种植比例较大，不可避免出现连作；②一个单位经营的农作物种类比较少时，所需农业设施可以简化，从而可降低生产成本，提高效益；③在特定条件下采用适当的技术措施，连作弊端小且农业生产可以取得较好的整体效益；④在某些特殊条件下，只能种植某种农作物，不得不实行连作。

六、新疆轮作类型

(一)根据轮作的任务及其作物组成划分

1. 大田轮作

以生产粮食和工业原料为主要任务的轮作，是一般农业生产轮作类型的主要部分。由于各地自然及社会条件差异较大，轮作的方式多种多样，变化很大。

(1)山旱地：休闲(1～2 年)→麦类→糜谷→豌豆→胡麻。

(2)北疆农区：

①小麦→小麦→棉花→棉花→玉米；

②小麦∽绿肥→棉花→棉花→玉米→油菜；

③小麦∽绿肥→甜菜→豆类→小麦。

(3)南疆农区：

①小麦—早熟玉米→小麦∽绿肥→棉花→棉花→玉米；

②小麦∽绿肥→棉花→棉花→玉米→小麦—早熟玉米；

③小麦∽中熟玉米→小麦∽中熟玉米+绿豆。

2.饲料轮作

饲料轮作是为满足畜牧业对饲料的需求而建立的轮作。典型的饲料轮作以饲料生产为主，饲料作物(主要是青贮和多汁饲料等)占有较大比重，它与其他饲料来源配合，保证对养殖业的饲料供应。如石河子总场种畜队的饲料轮作为：小麦—大豆→燕麦(干草)→甜高粱(青贮)→饲用甜菜。

3.蔬菜轮作

以生产蔬菜为主的轮作，主要在城郊，满足居民蔬菜供应。如：菜用豌豆—大白菜→番茄→豇豆。

(二)根据主要养地手段划分

1.草田轮作

草田轮作又称苜蓿轮作。如：苜蓿(离区3年)→小麦→小麦→玉米。

2.绿肥轮作

新疆主要是种植填闲绿肥。如：小麦∽油葵绿肥→小麦→瓜。

3.休闲轮作

轮作中安排休闲地，在土地休闲期间仍有计划进行耕翻等工作，用以清除杂草，恢复地力，农业用水不足的地区常采用。如：冬麦→冬麦→玉米→休闲。

另外，按农田所处生态环境不同把轮作划分为水田轮作、旱田轮作及水旱轮作，按熟制划分为一年一熟轮作、二年三熟轮作及一年两熟轮作等。

【知识延伸】

1.参阅相关网站或书籍，说出什么是“比较优势”，新疆为什么提出发展特色农业的种植业结构调整思路。

2.参阅相关网站或书籍，对新疆南、北疆轮作情况进行对比分析研究，撰写一篇调查报告。

【课后作业】

1.农业农村部目前推行的优势作物区域布局、“一村一品”有什么意义？

2.影响作物布局的因素有哪些？

3.复种要具备哪些条件？技术要点是什么？

4.分析间混套种增产的原因，实施时要注意协调好哪些技术问题？

5.轮作和连作有什么不同？为什么要提倡进行轮作？

第六章

作物栽培新技术应用

第一节　地膜覆盖栽培技术

地膜覆盖栽培是一项成功的农业增产技术，是我国传统农业向现代化、集约化发展的重要技术改革，被称为“白色革命”。地膜覆盖栽培，全称塑料薄膜地面覆盖栽培技术，又称护根栽培，是将聚乙烯塑料地膜在作物播种或移栽前覆盖在畦或垄的表面，配合其他栽培措施，以改善农田生态环境，促进作物生长发育，提高作物产量和品质的一种保护性栽培技术。地膜栽培可增产 30%～50%，由于增加了有效积温，使作物适宜临界纬度向北推移 2°～4°，从而对我国品种布局和多熟种植产生了深远的影响。地膜栽培由于可抑制水分蒸发，可使我国干旱半干旱地区、盐碱地区农业得到新的发展。我国地膜覆盖技术的推广应用已取得巨大的经济效益和社会效益。

地膜覆盖技术与专用地膜、地膜覆盖机三者配套。地膜覆盖使土壤充分获得并蓄积太阳能，抑制土壤表面水分蒸发，提高地温，促进土壤微生物活动，加快土壤养分转化，改善土壤理化性质，防止水土流失，防止土壤返盐，提高作物出苗率，改善作物近地光照条件，从而优化农田生产条件，促进作物早熟、高产。但是，地膜覆盖也给农业生产带来了负面作用，最为严重的是土壤残存地膜的“白色污染”，其次是地膜加速了土壤养分的分解利用，如果不及时补充有机养分，会对土壤造成一定的影响。

一、地膜的种类与性能

当前，我国农业生产上使用的地膜主要是聚乙烯地膜。地膜种类分类方法较多，如按生产材料分为低密度聚乙烯地膜（LDPE）、线性低密度聚乙烯地膜（LLDPE）、高密度聚乙烯地膜（HDPE）和聚乙烯共混地膜及草纤维地膜等；按颜色可分为无色透明地膜、有色地膜和双色地膜等；按厚度可分为普通地膜、微薄地膜、超薄地膜等；按功能可分为除草膜、反光地膜、营养地膜等；按降解方法可分为可控光降解地膜、生物降解地膜、可控光生物降解地膜等。

（一）普通透明地膜

普通透明地膜具有透光增温性好、保水保肥、疏松土壤等多种效应，制造工艺简单、成本低，既适用于我国北方低温寒冷地区，又适用于南方早春作物覆盖，是使用量大、应用广的地膜种类，约占地膜总用量的 90%。生产上使用较多的有以下 4 种。

1.低密度聚乙烯地膜(LDPE)

LDPE地膜透光性好,光反射率高;保温性强,热传导率较低,白天蓄热多,夜间散热少,增温保温效果显著;柔软性和延伸性好,不易破损;化学稳定性好,耐酸耐碱,不会因沾染化肥、农药而变质;质轻厚度小,用量少,成本低。

2.线性低密度聚乙烯地膜(LLDPE)

其特点是力学性能好,拉伸、撕裂和冲击强度、抗穿刺性、延伸性均优于LDPE地膜,适于机械化铺膜;减薄性好,达到LDPE地膜相同覆盖效果,厚度可减薄30%~50%,可大大降低覆膜成本;耐候性优良。

3.高密度聚乙烯地膜(HDPE)

除具有LDPE地膜各种性能外,最大特点是强度大,减薄性好,每亩使用量更少,成本更低。但耐候性不如LDPE地膜,更不如LLDPE地膜。

4.聚乙烯共混地膜(PE)

以LDPE、LLDPE、HDPE 3种树脂的2种或3种与聚乙烯混制而成,可以彼此取长补短,使强度、透明性、耐候性、加工性、可回收性等比较均衡,综合性能优良。其使用量不断扩大,其中以LDPE/LLDPE共混居多。用LDPE、LLDPE与PE共混都可以制成微薄(超薄)地膜,厚度为0.005~0.008 mm,透明性好,强度大,耐老化,可以大幅度降低覆膜成本。

(二)有色地膜

有色地膜是以聚乙烯树脂为主要原料,分别加入一定量的各种颜色母料制成,可分为黑色及半黑色膜、银灰色膜、反光膜及其他各种颜色的地膜。与普通地膜相比,有色地膜通用性较差,但可以弥补普通地膜性能不足,适应生产上的各种需要。黑色地膜可见光透过率在5%以下,覆盖后灭草率可达100%,其除草、保湿、护根效果稳定可靠。绿色地膜可降低杂草的光合作用,达到抑制杂草生长的作用,对土壤增温作用强于黑色膜,但不如透明膜。银灰色膜可以反射紫外光,能驱避蚜虫,减轻因蚜虫而传播的病毒病的发生和蔓延,并用于抗热栽培。银灰色膜能提高烟草根系活性,增加烟碱含量,提高烟叶品质。此外,银色反光膜、黑白双面膜、配色膜等有色地膜都具有反光、隔热、降地温、除草、避蚜、防病毒病、保湿护根等功能,可以根据不同作物的特殊需要而选用。

(三)除草膜

除草膜是在地膜制造过程中加入除草剂母料或直接加入除草剂而制成。覆盖地面后,附着在地膜下表面的除草剂溶解于水中,滴落于土表,在地表形成除草剂药膜,杀死杂草幼苗。除草膜药效期长,能更有效地控制杂草危害。不同作物对除草膜有严格的选择性,若用错除草膜则对作物造成伤害。使用前应了解除草膜的性能,正确选用。

(四)耐老化长寿地膜(耐候性地膜)

耐老化长寿地膜是在地膜中加入耐气候剂制成的。长寿地膜较普通地膜寿命延长1.5~2个月,使用后可以全部清除;可以推广“一膜两用”和“一膜多用”,增加使用茬次;对降低成本、提高效益、根除地膜残留污染具有重要意义。

(五)降解地膜

地膜覆盖后，经过一定时间，地膜高分子结构降解，成为小碎片或粉末状，最后被微生物吸收利用，这种地膜称为降解地膜。其优点是节省回收废旧地膜用工，防止残膜污染环境，保持农田整洁。降解地膜分为光降解地膜、生物降解地膜以及光/生物降解地膜。光降解地膜为在聚乙烯中加入光敏化合物、助降解剂等制成。生物降解地膜可分为淀粉添加型不完全生物降解地膜、以淀粉或纤维素为主要原料的完全生物降解膜。光/生物降解膜是兼有光降解和生物降解的双重作用，可以达到完全降解的目的。降解地膜在完全降解性、生产成本、生产工艺等方面还需要进一步研究改进，才能在生产上取代普通地膜的使用。在降解地膜中添加作物所需的营养成分成为营养膜，随作物生长养分逐步释放出来，起到追肥作用，肥效长，肥料利用率高。

(六)微孔地膜和有孔地膜

连年进行地膜覆盖，土壤有机质含量减少，夏、秋季节地温高，土壤氧气含量低，植株易早衰。在已制成的各种地膜上按 3 cm×3 cm 的孔眼距均匀打微孔，孔径 2 mm，覆盖地面后能有效调节土壤及近地面的水、气、热状况，不仅防止温度急剧升高，而且增加土壤通透性，防止二氧化碳积累，促进氧气补给。早春低温可增加地表辐射，提高地温，防止霜冻；地膜微孔可接受少量自然降水，缓解干旱，促进发根，对保证作物健壮生长、防止早衰均有良好的作用。

在地膜上按不同作物所需要的株行距和孔径打孔成为有孔地膜。有孔地膜是不同作物的专用地膜。覆膜后可直接在孔内播种或移植，节省播种移栽时打孔的劳力。地膜孔排列整齐，分布均匀，保证作物生长整齐一致。有孔膜规格可随农业生产的需求而变化。

二、地膜覆盖的增产机理

地膜覆盖栽培改善农田生态环境，为作物旺盛的生理活动提供有利的基础。地膜覆盖能促进作物优质高产，主要原因是增进了作物营养吸收和加强了作物光合作用。

1. 促进根系生长，增强生理机能

根系在作物整个生命活动中，有极其重要的作用，它不仅具有吸收水肥、输导和保存养料的功能，还有合成氨基酸、蛋白质和激素的功能，根系的代谢状况与地上植株关系密切，对各器官的生长产生强烈的影响。据测定，地膜覆盖的棉花根系发达，干重和体积均较露地大大增加，对硝态氮吸收能力提高，表示根系活力和吸收能力的呼吸强度和伤流都比对照提高，根系的核糖核酸(RNA)和脱氧核糖核酸(DNA)增加。

2. 增加叶面积，提高光合作用

地膜覆盖作物叶面积增长快，有效、高效叶面积大，叶绿素含量增加，光合强度提高。

3. 地膜覆盖对作物体内酶活性的影响

山西农业科学院研究发现，棉花现蕾期 6-磷酸葡萄糖脱氨酶活性比对照增加 42.2%，开花期增加 16.1%，有利于营养物质的转化和运输，促进早现蕾、早开花。山西农业大学测定玉米叶片硝酸还原酶比对照提高 107%，促进氮素养分的吸收和转化；游离脯氨酸含量比对照增加 34.1%，能增加作物的抗逆性。

三、地膜回收

废旧地膜大量残留土壤，造成严重的土壤污染，据研究每亩的土壤残膜量超过 9 kg 就会严重影响作物种子吸水萌芽和根系下扎，同时破坏土壤结构，影响耕作质量。所以，回收地膜，防止“白色污染”十分必要，关系到土地的可持续利用。

对于地膜回收主要是在作物收获后，人工或拾膜机（图 6-1）集中清除，收回的残膜可加工再利用。中耕作物可以在头水前结合开沟施肥时，人工回收，此时地膜韧性较好，回收干净彻底，效果好。

图 6-1　拾膜机去除土壤残膜

第二节　节水农业技术

我国农业发展的主要制约因素之一是水资源不足。我国水资源总量居世界第 4 位，人均占有量仅 2 200 m^3，不足世界人均占有量的 1/4，居世界第 121 位。新疆是灌溉农业区，气候干旱，降雨稀少，年平均降水量 145 mm，仅为全国平均水平的 23%，且降水在时空分布上也极不均匀。全年降水主要集中在夏季，而且降水的 80%左右分布在阿勒泰、天山和昆仑山的山区，在广大平原地区干旱少雨，呈现荒漠景观。新疆农业灌溉用水主要是河水和地下水，而且占到全疆用水总量的 97%，农业用水一方面缺乏，一方面利用不经济，浪费严重，已经成为严重制约新疆绿洲农业发展的重要制约因素。发展节水农业已成为新疆地区农业生产可持续发展的一项重要措施。

节水农业是充分合理利用各种可用水源，采用水利、农业、管理等技术措施，使区域内有限水资源总体利用率提高、效益最佳的农业。节水农业技术不是一项单一技术，而是包含多种技术措施的一套技术体系，主要有水资源的合理开发技术、节水灌溉技术、农艺节水技术和节水管理技术。

一、水资源合理开发利用技术

1. 水资源优化分配技术

对水资源进行综合评价，提出能充分利用水资源并发挥最大效益的优化分配方案，进行水资源的开发利用。

2. 多水源联合运用技术

利用系统工程理论和模糊数学方法，建立多水源调度模型，并采用计算机管理，提高水资源的利用率，充分发挥水资源的效益，实现节水增产和保持灌溉区水资源的良性平衡。

3. 雨水汇集利用技术

在干旱缺水的地区，汇集雨水，引入修建好的水窖内贮存，经过净化处理，供人畜饮水和农作物灌溉用水。

4. 地下水利用技术

在维持地下水生态平衡的前提下，确定开采强度，合理利用地下水。并注意提高机井的出水效率和装置效率，降低能耗。

5. 劣质水利用技术

劣质水包括城市生活污水、工业废水、微咸水和灌溉回归水。城市生活污水、工业废水必须经过严格净化处理达到灌溉水质标准，才能用于灌溉非直接食用性的农作物。微咸水灌溉，要根据土壤积盐状况、农作物不同生育期耐盐碱能力，直接利用或和淡水掺混后使用；要注意掌握灌水时间、灌水量、灌水次数，并与农业耕作栽培措施紧密结合，防止土壤次生盐碱化。由于灌区渠系和田间渗漏水、退水、跑水产生的回归水，化验确认其水质符合灌溉水标准，可重复利用或作下游灌区水源。

二、节水灌溉工程技术

1. 低压管道输水灌溉技术

用塑料管或混凝土管等管道输水代替土渠道输水对农田实施灌溉，可以大大减少输水过程中的渗漏、蒸发损失，水输送有效利用率可达 95%。管道输水可减少渠道占地，提高浇地效率，缩短轮灌周期，有利于控制灌水量。管道输水系统由地埋管道、给水栓和地面移动管道组成，采用低压输水。

2. 渠道防渗技术

渠道防渗技术是对渠床土壤处理或建立不透水防护层，如混凝土护面、浆砌块石、塑料薄膜防渗和混合材料防渗等工程技术措施，减少输出渗漏损失，加快输水速度，提高浇地效率。与土渠相比，浆砌块石防渗可减少渗漏损失 60%～70%；混凝土护石减少损失 80%～90%；塑料薄膜防渗可减少损失 90%以上。

3. 沟畦改造技术

沟畦灌是我国最重要的田间灌水方式，为了节水增产，可在精细平整土地的基础上大畦改小畦，长沟改短沟，使沟畦规格合理化。一般可减少灌溉定额 50%，增产 10%～15%。有条件的地方可采用间歇灌溉或通过平地实现水平畦田灌溉，以大幅度提高田间灌水利用率。

4. 喷灌技术

喷灌就是以喷洒方式灌溉农田。它是利用一套专门的设备将灌溉水加压或利用地形差形成的压力，并通过管网输水至喷头，再由喷头把水喷射至空中，分成细小的水滴，均匀降落到灌溉田间或喷射到作物植株上再落入土壤中，像下雨那样湿润土壤的灌溉方法。因此，有人称喷灌为“人工降雨”，但与人工降雨不同之处在于喷灌能人为地控制降水时间和降落强度，不产生地表径流和地下水深层渗漏。

喷灌系统一般由水源、首部枢纽、输配水管网及喷头4部分组成。

(1)水源　喷灌与其他灌溉系统一样，只要水质符合农田灌溉水的要求及提供的水量、流量能满足喷灌的需要，河流、湖泊、沟渠、井泉、池塘及水库等均可作为喷灌的水源。

(2)首部枢纽　首部枢纽是由水泵、动力、控制阀门、施肥装置、过滤器、测量和保护设备等组成。如果水源含有大体污物、杂质等还要设置水质拦污和净化装置。

(3)输配水管网　各级管道与连接件组成一个喷灌输、配水网络，起着向田间及向作物配水的作用。目前，我国常用的管道材料有铸铁管、钢管、钢筋混凝土管、石棉水泥管、塑料管等；连接管网的连接件有弯头、三通、四通、四通变径接口、闸阀和堵头等。

(4)喷头　喷头是喷灌系统的主要组成部分。它的作用是把有压力水流喷射到空中，形成细小的水滴并均匀喷洒在灌溉的田地上或作物上，湿润土壤，浇灌作物。喷头的种类有很多，主要有孔管式、旋转式、固定式和伸缩式等。

喷灌一般节水30%～50%，适于不同作物，对地形要求不严，同时可以节省田间修渠占用的土地，提高土地利用率，一般可提高7%～10%。其缺点是投资成本高、能耗大，同时灌溉时易受到风的影响。

5.滴灌技术

滴灌是从地下灌溉发展起来的，它属微灌范畴。1982年国际灌溉排水委员会提出微灌技术包括滴灌和微喷灌。滴灌是利用一套专门的设备，把有压力的水(可由水泵加压或利用地形落差所产生的压力)经过过滤后，通过各级输水管网到滴头，水自滴头以点滴的形式，一滴一滴直接缓慢滴入作物根际耕层土壤；水滴入土后，借助重力入渗，在滴头下方形成很小的饱和区，并向四周湿润逐渐扩散至作物根系发达区的灌水方式。因滴灌是用少量的水，而且是湿润作物根部活动层土壤，所以，滴灌又称为局部灌溉。

滴灌系统由水源、首部枢纽、输配水管网及滴水器4部分组成。水源和首部枢纽和喷灌要求相似；输配水网管一般包括干管、支管和毛管三级。

滴水器的作用是把末级管道系统的压力水流均匀而又稳定地分配到田间作物，以满足作物生长对水分的需要。滴水器一般有内嵌式、插剑式、重力式、渗灌式、滴灌带、可调式、发丝滴灌等方式。目前，我国节水灌溉技术还有脉冲式微灌系统等。

滴灌节水、节能性能优越，省工、省肥。由于在地面缓慢滴入，能保持土壤良好的通透性，土壤结构良好，可明显提高早春地温；田间能保持相对低的空气湿度，病虫害发生也较轻。

三、农艺节水技术

1.选用节水作物品种

调整作物布局，根据当地降水分布、干旱发生规律和灌溉条件，因地制宜压缩需水量大、易受旱灾的作物，扩大耗水量少、水分利用率高的作物，建立节水型高效种植制度。在优化种植制度下，选用抗旱、节水、高产品种一般可增产10%～25%，水分利用率可提高10%～20%。

2. 耕作保墒技术

采用深耕松土、镇压、耙耱保墒、中耕除草等耕作措施，可以疏松土壤，加深耕层，增强雨水入渗速度和入渗量，减少径流，切断毛细管减少土壤蒸发，使土壤水的利用率得到显著提高。

3. 覆盖保墒技术

耕地表面覆盖塑料薄膜、秸秆和其他覆盖物可以抑制土壤蒸发，减少地表径流，蓄水保墒，提高地温，培肥地力，改善土壤理化性状，对提高水分的利用率，促进作物增产具有良好效果。

4. 水肥耦合技术

通过对土壤肥力的测定，建立以肥、水、作物产量为核心的耦合模型和技术，合理施肥，培肥地力，以肥调水，以水促肥，充分发挥水肥协同效应，提高作物抗旱能力和水分利用效率，可在不增加施肥量的条件下，获得较大的经济效益，节约水肥资源，减少污染，改善生态环境，增产增收。

5. 化学制剂保水节水技术

合理使用保水剂、复合包衣剂、黄腐酸、多功能抑蒸抗旱剂和 ABT 生根粉等，可在作物生长过程中抑制过度蒸腾，减轻干旱危害，促进根系生长，提高对深层次水的利用，显著增强作物抗旱能力和提高水分利用效率。如小麦、玉米用保水剂拌种，出苗率可以提高 20%～30%，增产 15%～25%；喷黄腐酸能使作物叶片蒸腾速率降低 19%～27%，田间耗水量减少 7%～9%，水分利用率提高 25%～35%，增产 9%～12%。

四、新疆膜下滴灌技术

膜下滴灌技术是将覆膜种植技术与滴灌技术相结合的一种高效节水灌溉技术。滴灌利用管道系统供水，使灌溉水成滴状、缓慢、均匀、定时、定量地浸润作物根系发育区域，使作物主要根系区的土壤始终保持在最优含水状态。地膜覆盖则进一步减少了作物棵间水分的蒸发。膜下滴灌系统工作时，加压的水流经过滤设施滤"清"后，进入输水干管（常埋设在地下）、支管、毛管——铺设在地膜下方的滴灌管（带），再由毛管上的灌水器滴入作物根层土壤，供作物根系吸收。

目前，新疆膜下滴灌技术比较成熟，作物对象除棉花占绝大多数外，甜菜、玉米、加工番茄、油葵、小麦等大田作物，果树、蔬菜、瓜类、生态林、经济林等均有应用。

（一）膜下滴灌系统的组成及类型

膜下滴灌系统一般由水源工程、首部枢纽、输配水管网、灌水器及控制、量测和保护装置等组成，如图 6-2、图 6-3 所示。

滴灌工程根据毛管（即滴灌带/管）在田间的布置方式、移动与否以及进行灌水的方式不同，可分为地面固定式滴灌、地下固定式滴灌、移动式滴灌；根据控制系统运行的方式不同，可分为手动控制、半自动控制和全自动控制 3 类。目前以地面、手动或半自动为主。其中，固定式多用于农田，而移动式多用于林业和园艺作物生产。

同样，目前所生产应用的滴灌带品种也较多。按毛管结构分滴灌带和滴灌管两类；按灌水器结构特点分内镶、外接式两类；按出水情况分高、低压等。灌水器大都采用"迷宫"式结构以降低出水口压力和平衡首尾两端的出水流量。其中用量较大的是单翼迷宫式滴灌带（简称：边缝式）和内镶式滴灌带或管（简称：内镶式）两大品种。边缝式结构简单、造价低廉，是目前最主

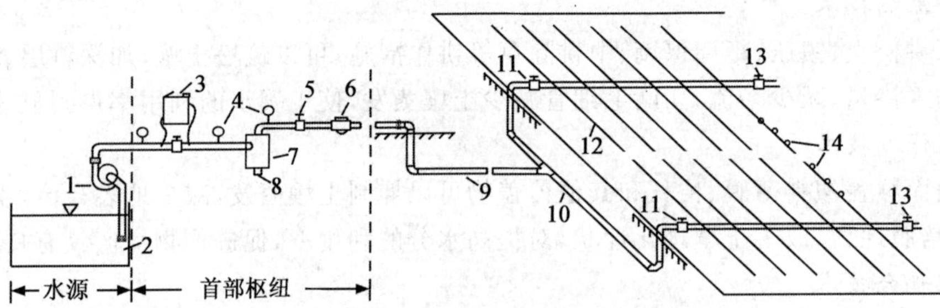

图 6-2 膜下滴灌系统示意图

1.水泵 2.蓄水池 3.施肥罐 4.压力表 5.控制阀 6.水表 7.过滤器 8.排沙阀 9.干管 10.分干管 11.球阀 12.毛管 13.放空阀 14.灌水器

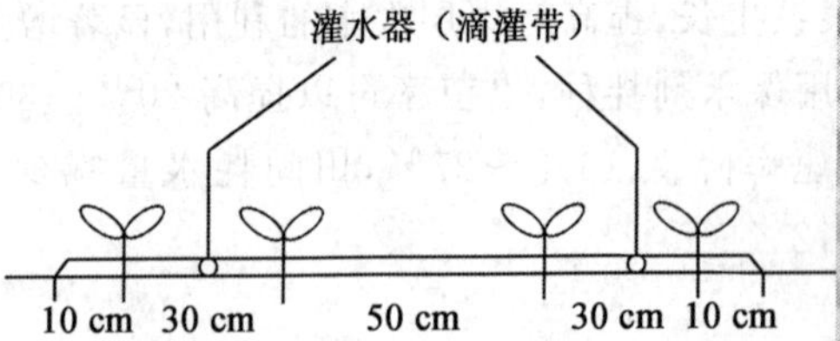

图 6-3 膜下滴灌一膜两管四行铺设方式

要品种，多用于农作物。而内镶式以节水效率较高，可多年使用，主要用于林果园艺，近年来有快速发展的趋势。

(二)膜下滴灌技术的优缺点

新疆膜下滴灌技术与地面灌相比有以下10个方面的明显优点。

(1)省水　滴灌是一种可控制的局部灌溉，可适时适量地灌水，而且滴灌系统采用管道输水，减少了渗漏，同时采用覆膜栽培，可有效抑制棵间蒸发。如棉花采用膜下滴灌比地面灌可省水40%～50%。

(2)省肥　肥料随滴灌水流直接送达作物根系部位，易被作物根系吸收，提高了肥料的利用率和利用效率；也可做到适时适量，对作物生长极为有利，平均可省肥20%左右。

(3)省农药　水在管道中封闭输送，避免了水对虫害的传播。另外，地膜两侧较干燥，无湿润的环境滋生病菌。因而除草剂、杀虫剂用量明显减少，可省农药10%～20%。

(4)省地　由埋入地下及地面移动的输水管道代替地面灌溉的渠道，可节省土地5%左右。

(5)省工和节能　地面灌溉，需要挖土堵口，工作条件差，劳动强度大，而采用滴灌后，主要工作是观测仪表、操作阀门，工作条件好。同时，滴灌能随水施肥、施药，膜下及旁侧杂草难以生长，土壤不板结，田间人工作业(包括锄草、施肥、修渠、平埂、病害治理等)和机械作业大大减少，人工管理定额大幅度提高。如棉花管理，地面灌溉一个人工可以管理2 hm^2 左右，而滴灌可管理4～6 hm^2。

(6)有利于利用盐碱地作物生产　膜下滴灌可使作物根系周围形成低盐区，利于幼苗成活及作物生长。由盐碱地上的试验可看出，滴灌不仅脱盐效果好，而且脱盐用水量比地面灌明显减少，还能获得较高产量，这对盐碱地的使用很有价值。

(7)有较强的抗灾能力　因作物从下种、出苗起，就得到适时、适量的水和养分供给，作物生长健壮，抵抗力强。

(8)增产　由于科学调控水肥，土壤疏松，通透性好，并经常保持湿润，作物生长条件优越，均表现增产趋势。如棉花普遍可增产 10%～20%，低产田可增产 25%以上。

(9)作物品质明显提高　膜下滴灌营造了作物良好的生长条件，因而不但产量高，而且品质好，如棉花的成熟度明显提高，纤维长度可增加 0.4～0.7 mm，纤维整齐度高，外观光泽好。

(10)经济效益明显提升　以棉花为例，膜下滴灌棉花增产 10%～20%，按籽棉国家保护价 8.4 元/kg，每公顷增收 3 000～6 800 元。节省水、肥、农药、人力、机力，每公顷约 1 500 元，除去工程投资年折旧费和年运行费每公顷 3 225 元，则每公顷净增收 1 275～5 075 元。

膜下滴灌的主要缺点有：①由于现采用的覆膜材料是不可降解的塑料薄膜，每年地面上的残膜难以清理干净，长此下去可能会对土壤造成一定污染，也会破坏土壤结构；②播种、铺管和覆膜比较复杂，需要配套的农业机械支持。

第三节　无土栽培技术

无土栽培泛指不用土壤进行栽培植物的方法，可以不需陆地，不受土地资源的限制。一般用培养液进行水培、沙培(沙砾、蛭石、珍珠岩等)、喷雾栽培、锯末、椰糠、腐殖质、炉渣或硼化塑料等栽培都称为无土栽培，由于都必须采用一定的培养液进行栽培，广义上又统称为水培。

一、无土栽培的优点

1. 长势好、产量高

无土栽培可以解决土壤种植条件下不易协调水、肥、气之间的供需矛盾，植物生长迅速、良好。由于长势好，无土栽培的作物产量一般比土壤种植高出 5～10 倍。

2. 品质优、收益大

无土栽培的植物，不但产量高，而且品质优。如无土栽培的番茄，个大、色鲜、味道好、营养价值高，受到消费者的普遍欢迎。无土栽培的花卉不但生长快速，而且色艳味浓，花期长，开花数量多，市场价格高，经济效益高。如无土栽培的仙客来花丛直径达 0.5 m，花高达 40 cm，一株开花 20 朵，一年可开 120 朵以上，而且水培液的水分蒸发能使仙客来凉爽，又能使空气保持适宜的湿度，从而易于越夏。

3. 用水少、无杂草

土壤栽培的作物通常需要多次灌溉，但蒸发、流失和渗漏了大部分水分，植物根系吸收利用得少。据意大利进行的小面积对比试验，水培条件下每生产 1 kg 的茄子只需要 46 kg 水，而土壤栽培条件下用水高达 400 kg。无土栽培条件下一般无杂草危害。

4. 省肥料、用工少

土壤栽培必须施用大量肥料。据试验分析，肥料一般利用率在 30%左右。无土栽培条件下,可按植物所需要的营养成分进行合理配置,营养液都置于不渗漏的水培容器中,损失较少。无土栽培不在土壤中进行,简化了耕作措施,摆脱了繁重的体力劳动,采用自动化操作,可节省大量劳力。

5. 病虫害少

土壤栽培作物病虫害多,需大量使用农药进行防治,对土壤和环境造成污染。无土栽培大大减轻了病虫害的土壤传播途径,病虫害不易发生,保护了生态环境。

二、无土栽培的基本技术

无土栽培与土壤种植的最大差别在于前者是人工创造的无土环境条件,进行作物栽培,可以人为给作物正常生长发育创造良好的环境条件,并且可有意识地加以调控,达到预想的生产目的。目前世界各国的无土栽培主要用于温室、大棚等保护地栽培,主要栽培经济价值高的蔬菜、瓜果、花卉以及苗木等。此外,这一技术在植物组织培养、生物工程技术、作物营养生理研究和化学调控技术上,以及宇宙航天、航海事业等方面,都得到日益广泛的应用。

无土栽培的装置简单,只要具有一定的设备和必要的技术条件即可进行栽培。在盛装营养液的容器底部垫基质以固定植物根系,植物通过根系直接吸收营养液中的养料和水分。植物生长所需要的营养液组成成分和浓度必须相对稳定,栽培设施适用、简易、价廉。植物生长发育所需的培养液,依据不同植物、同一植物不同生育时期的变化,随时调整配方和 pH 以及通气状况等。各作物的具体营养液配方要注意 N、P、K 等大量元素和 Fe、B、Zn 等微量元素的配合。

无土栽培从原理上看可以适用于所有的植物,但据研究水培最适宜的是根系与整株重量比值在 1∶(4～8)的植物,蔬菜、花卉、牧草和苗木比较适合无土栽培。

三、无土栽培技术要点

1. 选择基质、严格消毒

为达到低廉、固根、保水、通气等目的,一般就地选用适宜的基质材料,通常以沙砾、炉渣等为宜。对基质要进行严格的消毒,方法是先对基质进行漂洗,然后用漂白粉、高锰酸钾、福尔马林等杀菌剂浸泡。

2. 备好容器、建立苗床

无土栽培的容器可用木料、水泥、金属、塑料等材料,一般用混凝土做成的容器比较适宜。不管用何种材料,容器内层都须涂上相应的保护层涂料,以防止酸碱侵蚀。容器一般深 25 cm,宽 1～1.5 m,长约 10 m。为节约成本,可内垫塑料布,有保温和省水的作用。

无土栽培的种植床可用泥炭和炉渣混合,根据不同作物来决定二者的混合比例。泥炭可保水,炉渣利通气,泥炭和炉渣的比例一般为 1∶1。

3. 营养液配制

营养液配制前应掌握有关化肥成分,准确称量,测知需要的 pH。为了节约生产成本,应根据栽培作物的面积、水培营养液用量,计算好化肥、化学药品及水的数量,正确配制。为了充分利用有限的栽培空间及设施,可实施间作、套种,进行立体栽培。经筛选,适用于多种蔬菜生长的两种配方见表 6-1。

表 6-1　蔬菜水培营养液配方

配方 1/(g/1 000 kg 水)			配方 2/(g/1 000 kg 水)		
KNO_3	540		KNO_3	330	
$Ca(NO_3)_2$	910		$Ca(NO_3)_2$	910	
KH_2PO_4	370		$(NH_4)_2HPO_4$	400	
$MgSO_4$	500		$MgSO_4$	500	
			KCl	600	

微量元素配方(通用)/(g/1 000 kg 水)	H_3BO_3	$MnSO_4$	$CuSO_4$	$ZnSO_4$	$(NH_4)_2MoO_4$	$FeSO_4$
	6	3.5	0.35	0.8	0.15	25

所配制的营养液浓度不得超过 0.2%，把制备好的溶液注入种植床循环 5～10 min，需测试 pH，调至 6.0～6.5 为佳。一般在作物生长期间，每 1～2 周进行 pH 测试，调整营养液浓度和酸碱度。

作物生长的营养液温度以 20～25℃为宜，并注意通气，采用喷灌、滴灌可以加大含氧量，有利于提高根系活力。

4. 适时播种、移栽，确保全苗

无土栽培的作物以直接在种床上播种为好。播种时温度稍高于所需生长温度 2～3℃为宜。依据种子大小可采用适当覆盖。在出苗或移栽后，可进行适当灌溉。依据气温和床内水分蒸发状况，每天灌溉 1～2 次。

5. 管理技术

根据不同作物，可适时捆扎、吊秧上架；有些不结果实的营养枝需摘除，进行必要的整枝打杈；为防止落花落果，提高坐果率，可采用化学调控技术。

第四节　化学调控技术

我国 20 世纪 70 年代中期农业生产中开始出现植物生长调节剂，随后进入迅速发展时期。目前植物生长调节剂的使用量已经达到了农药使用量的 39%。植物生长调节剂的应用已对我国农业生产作出了巨大贡献，今后重点要向提高作物抗逆性、提高对作物的针对性和与栽培技术的配套性、无公害环保型等方面发展。

一、植物激素与植物生长调节剂

植物生长调节物质是调节植物生长的化学物质。它可分为两类：植物激素和植物生长调节剂。

1. 植物激素

植物激素又称为植物内源激素，是指在植物体内合成，其微量存在就对植物的生长发育产生显著调节作用的生理活性物质。植物激素可在植物体的任何部位起作用，且同一激素有多种不同的生理效应，不同激素之间还有相互促进和相互拮抗作用。

2. 植物生长调节剂

植物生长调节剂又称植物外源激素。由于植物体内植物激素含量很少，难以提取，价格昂贵，所以无法在农业生产中应用。随着科学技术的发展，人们已经通过人工合成和微生物发酵等方法，研究并生产出一些与植物激素有相似作用的物质，称为植物生长调节剂。植物生长调节剂与植物激素在化学结构上相似，也可以有很大不同，但其生理效应基本相同，有些本身就是激素。有些生长调节剂与除草剂和农药之间也没有截然的区别。例如，2，4-D、2，4，5-T 等在低浓度时有调节植物生长发育的作用，但在高浓度时起除草作用；有些杀虫剂（如西维因）和杀菌剂（如甲基氨基甲酰、粉锈宁）也有类似生长调节剂的效应。

二、植物激素的种类与作用

迄今公认的植物激素有生长素、赤霉素、细胞分裂素、脱落酸、乙烯等 5 大类。油菜素内酯、水杨酸、茉莉酸和多胺等也具有激素性质，故有人将其分为 9 大类。

1. 生长素

生长素是最早被发现的植物激素。天然存在的生长素有吲哚乙酸（IAA）、吲哚乙腈、4-氯吲哚乙酸等至少 24 种。人工合成生长素类植物生长调节剂有 2，4-D、α-萘乙酸（NAA）等，是较稳定的化合物，作为生长调节剂和除草剂在农业中广泛应用。

生长素具有多种生理功能，它可以促进根、茎的生长，促进发根和不定根的形成，在低浓度下可促进生长，而在高浓度时则抑制生长；促进顶端优势，诱导花芽分化；促进着果和果实生长；促进愈伤组织分化和形成层细胞向木质部细胞分化；促进光合产物的运输、叶片和气孔的开放等。此外，生长素还可抑制花朵脱落、叶片老化和块根形成等。

2. 赤霉素

赤霉素（GA）是在研究水稻恶苗病时被发现的。它广泛分布在植物界，到 1998 年为止，已发现 121 种赤霉素，是植物激素中种类最多的一类激素。商品赤霉素主要是通过培养不同的赤霉菌的无性世代而获得，有赤霉酸（GA_3）以及 GA_4 和 GA_7 的混合物。

赤霉素最显著的生理效应是促进细胞伸长，促进整株植物生长，促进节间伸长，但不增加节数。赤霉素不存在超过最适浓度的抑制作用，即使浓度很高，仍能表现出最大促进效应。赤霉素能诱导开花，起低温春化和长日照诱导开花作用，但对短日照植物的花芽分化无促进作用。赤霉素能打破作物种子休眠，对需低温和需光才能萌发的种子，如莴苣、烟草、李和苹果等的种子，用 GA_3 处理可代替光照和低温打破休眠。对于雌雄异花同株植物，用 GA_3 处理后，促进雄花分化，使雄花比例增加；对于雌雄异株植物的雌株，用 GA_3 处理也会开出雄花，这与生长素和乙烯的效应相反。另外，赤霉素还可加强 IAA 对养分的动员效应，促进某些植物坐果和单性结实，延缓叶片衰老，促进细胞的分裂和分化，但对不定根的形成起抑制作用。

3. 细胞分裂素

细胞分裂素（CTK，CK）是以促进细胞分裂为主的一类植物激素，其作用类似动物的激动素。最早发现的天然细胞分裂素是玉米素（Z，ZT）。目前，在高等植物中至少已发现了 30 多种细胞分裂素。

细胞分裂素的主要生理功能是促进细胞分裂。细胞分裂包括核分裂和胞质分裂两个过程。细胞分裂素主要对细胞质的分裂起作用，其促进细胞分裂的效应只有生长素存在时才能表现出来。促进芽的分化是细胞分裂素最重要的生理效应之一，细胞分裂素和生长素的相互作用控制着愈伤组织根、芽的形成。当培养基中 CTK/IAA 比值高时，诱导愈伤组织形成芽；比值低时，愈伤组织形成根；二者浓度相等，愈伤组织保持生长而不分化。通过调整二者的比例，可诱导愈伤组织形成完整的植株。此外，细胞分裂素还有促进细胞扩大（横向增粗），促进侧芽发育，消除顶端优势，延迟叶片衰老，打破种子休眠等作用。

4. 脱落酸

脱落酸（ABA）是指能引起芽休眠、叶脱落和抑制生长等生理作用的植物激素。脱落酸存在于全部维管植物中，包括被子植物、裸子植物和蕨类植物。高等植物各器官和组织中都有脱落酸，以将要进入脱落或进入休眠的器官和组织中较多。在逆境条件下 ABA 含量会迅速增多。

脱落酸的生理效应是促进休眠，使用脱落酸可使旺盛生长的枝条停止生长而进入休眠。脱落酸也可引起气孔关闭，降低蒸腾，是植物体内调节蒸腾的激素，可作抗蒸腾剂使用。此外，脱落酸也能抑制生长、促进脱落和增加抗逆性。脱落酸能抑制整株植物和离体器官的生长，也能抑制种子的萌发。在遇干旱、寒冷、高温、盐渍和水涝等逆境时，植物体内 ABA 迅速增加，同时抗逆性增强。因此，ABA 也被称为应激激素或胁迫激素。

5. 乙烯

乙烯（ET，ETH）是一种不饱和烃，其化学结构为 $CH_2{=}CH_2$，是各种植物激素中分子结构最简单的一种。种子植物、蕨类、苔藓、真菌和细菌都能产生乙烯。

乙烯对植物生长的典型效应是抑制茎的伸长生长、促进茎或根的横向增粗及茎横向生长，这是乙烯改变植物生长习性所特有的“三重反应”。乙烯最显著的效应是催熟，也称为催熟激素。乙烯可促进开花和雌花分化，可诱导扦插枝条不定根的形成，促进根的生长与分化，打破种子和芽的休眠，诱导次生物质（如橡胶树的乳胶）的分泌。

6. 其他植物生长调节物质

植物体内除有上述 5 大类激素外，还有很多微量的有机化合物对植物生长发育表现出特殊的调节作用。

油菜素甾体类（BR，BRs）在植物体内含量极微，但生理活性极强，具有促进细胞伸长和分裂，促进光合作用，提高抗逆性，减轻环境胁迫，增加农作物产量的作用。此物质也可用于扦插生根和花卉保鲜。

茉莉酸类（Jas）是广泛存在于植物体内的一类化合物，现已发现 30 多种。茉莉酸（JA）和茉莉酸甲酯（MeJA）是其中最重要的代表。茉莉酸具有抑制生长和萌发，促进生根，促进衰老，抑制花芽分化和提高抗性的作用。

水杨酸（SA）是从柳树树皮中分离出的活性成分，是分布很广的一类芳香化合物。现已发现水稻、大豆、大麦等 34 种植物叶片和生殖器官含有水杨酸。水杨酸具有生热效应，外源施用水杨酸可使天南星科植物佛焰花成熟上半花序温度增高 12℃。此外，水杨酸能诱导开花，增强抗性，抑制顶端优势，促进侧枝生长。水杨酸也可用于切花保鲜、水稻抗寒等方面。

多胺类（PA）是一类脂肪族含氮碱，包括二胺（腐胺和尸胺）、三胺（亚精胺）、四胺（精胺）及其他胺类，广泛存在于植物体内。多胺能够促进植物生长，抑制乙烯的生成而延缓衰老、提高抗性。此外，多胺类也能调节植物开花过程，提高种子活力和发芽力，促进根系对无机离子的吸收。

三、植物生长调节剂在农业生产中的应用

对植物的生长发育具有调节作用的外源生理活性物质，包含天然的或人工合成的都可以称为植物生长调节剂。根据对作物生长的效应可以分为植物生长促进剂、植物生长抑制剂和

植物生长延缓剂。

(一)植物生长促进剂的种类和应用

促进细胞分裂、分化和伸长的化合物属于植物生长促进剂,如生长素类、赤霉素类、细胞分裂素、油菜素内酯等生长调节剂。

1. 生长素类

生长素类主要有吲哚乙酸(IAA)、萘乙酸(NAA)、吲哚丁酸(IBA)、2,4-D、增产灵、2-甲基-4-氯苯氧乙酸(MCPA)等。这类生长调节剂能促进作物扦插生根、促进果实生长、形成无籽果实及防止果实脱落等,也可用于苗木花卉、番茄等作物。水稻、棉花分别用 10 mg/L 的 NAA 浸种 6 h 和 24 h 可促进种子萌发,提高发芽率;棉花开花期用 10～20 mg/L 的浓度喷施 2～3 次可防止蕾铃脱落,促进生长。用 30 mg/L 的 2,4-D 溶液浸玉米种子,可以促生根和出苗,生长健壮;棉花盛花期用 30 mg/L 的溶液喷洒,可防止棉花落蕾,提高坐桃率,提高产量。用 30 mg/L 浓度的增产灵在棉花开花期和盛花期、水稻扬花期和油菜开花期喷施,可增产 10%～15%。在水稻育秧后期,喷洒一定浓度的 2-甲基-4-氯苯氧乙酸溶液,可使秧苗老根发生断根,生长受到抑制,便于起秧。

2. 赤霉素类

生产上应用最广的"920"就是赤霉素。赤霉素是多效唑、矮壮素等生长抑制剂的拮抗剂。用 10 mg/L 的"920"溶液浸种水稻和棉花,可促进种子萌发,提高出苗率。从抽穗始期开始用 25～55 mg/L 的"920"喷杂交制种的母本,至齐穗期喷 1～3 次,可促进母本抽穗,减少包颈,提高柱头外露率,从而增加有效穗数、粒数,提高结实率,增加制种产量。用 10 mg/L 的"920"可解除 2,4-D 除草时对双子叶作物的毒害。

3. 乙烯利(ETH)

乙烯在常温下呈气态,使用十分不便,而乙烯利是一种乙烯发生剂,是水溶性的强酸性液体。乙烯利在 $pH<4$ 的条件下稳定,$pH>4$ 时可以分解出乙烯。pH 越高,放出的乙烯愈多。乙烯利被植物吸收后,能在植物体内释放乙烯。乙烯利具有调节生长、促进开花、促进雌花分化、催熟果实、疏花疏果、刺激次生物质分泌和化学杀雄等多种用途。棉花常用乙烯利催熟,促进茎、叶中的营养物质向棉铃及纤维中输送,加快棉铃生长发育进度和纤维充实,可提早 7～10 d 吐絮,提前 10 d 左右收获。用 40%乙烯利 267～800 倍液在小麦孕穗期至抽穗期喷施一次可产生雄性不育。

植物生长调节剂类还有防落素、CPPU、6-苄基胺基嘌呤(6-BA)、引熟酯、三十烷醇(TRIA)等。

(二)植物生长抑制剂的种类和应用

植物生长抑制剂能抑制顶端分生组织细胞的伸长和分化,破坏顶端优势,增加侧枝数目,使植株生长矮小,叶片变小,生殖器官发育也受影响。外施生长素可以逆转这种抑制效应,但外施赤霉素无效,因这种抑制作用不是由于缺少赤霉素引起的。常见的生长抑制剂有三碘苯甲酸、脱落酸、青鲜素、水杨酸、增甘膦、整形素等。

1. 三碘苯甲酸

三碘苯甲酸可以抑制生长素运输,抑制植物的顶端生长,使植物矮小,分枝和花芽分化增加，结荚率提高，增产显著。花生盛花期用 200 mg/L 药液喷施，马铃薯现蕾期用 100 mg/L 药液喷施，甘薯用 150 mg/L 药液喷施，皆有促进结荚和增加块茎块根产量的作用。

2. 青鲜素

青鲜素药剂从叶片进入植物，能抑制芽和茎的生长，降低光合作用和蒸腾作用，提早结束生长和促进成熟，可以防止贮藏期间的马铃薯、洋葱、大蒜、萝卜等发芽，控制烟草侧芽生长。

3. 脱落酸

脱落酸能控制由生长素、细胞分裂素和赤霉素引起的生理效应；促进叶片脱落，诱导种子和芽休眠，抑制种子发芽和侧芽生长；使作物提早结束生长，便于机械采收。此外，脱落酸还可促进果实着色和增强抗旱能力。晚春马铃薯用 20 mg/L 药液喷施，可降低马铃薯致死温度。

4. 增甘膦

增甘膦能使植株延缓生长，改变同化物在器官间的分配，对酸性转化酶具有专一性作用，从而减少蔗糖的转化和消耗，增加糖分的积累和贮藏。甜菜收获前 30～50 d 用 0.2%～0.3% 浓度的增甘膦，可提高甜菜含糖量 0.6%～7.5%。

(三)植物生长延缓剂的种类和应用

植物生长延缓剂是抑制茎顶端下部区域的分生组织细胞分裂、伸长和生长的化合物，其主要作用是抑制赤霉素的生物合成，使植物节间缩短、叶色浓绿、植株变矮，但一般不影响叶片的发育和数目，也不影响花的发育。使用赤霉素可以逆转这种矮化效应。常见植物生长延缓剂有矮壮素、多效唑、皮克斯、比久(B_9)等。

1. 矮壮素

矮壮素是赤霉素的拮抗剂，能抑制赤霉素的生物合成，并可抑制植物细胞伸长，使节间缩短、植株变矮、茎变粗、叶色加深。生产上可用于防止小麦倒伏，防止棉花徒长，减少蕾铃脱落，也可促进根系发育，增强作物抗旱、抗盐能力。

2. 多效唑

国外称 PP_{333}。多效唑能抑制赤霉素生物合成，降低内源吲哚乙酸的含量；能控长促蘖，缩短节间、增粗茎秆，提高抗倒能力，提高作物抗低温、干旱能力和移栽后抗植伤能力。多效唑还可以防治水稻恶苗病、棉花立枯病、油菜菌核病等。在油菜 3～4 叶期用 100～200 mg/L 的多效唑药液喷施，可使苗株矮壮、抗寒耐寒，提高移栽成活率，增产 10%～15%。

3. 皮克斯

皮克斯又名缩节胺、助壮素。它能抑制赤霉素生物合成，是棉花生长调节剂，用于控制棉花徒长，使节间缩短，叶片变小，并且减少蕾铃脱落，增加棉花产量。

4. 比久

比久可控制内源激素赤霉素和生长素的生物合成，抑制新枝徒长，缩短节间长度，因此可以代替人工整枝。比久还有利于花芽分化，防止落花，提高坐果率。

(四)复合型和专用型植物生长调节剂种类和应用

1. 复合型植物生长调节剂

复合型植物生长调节剂主要有 ABT 生根粉、植物活力素、叶面宝、喷施宝、丰产灵等。

ABT 生根粉是一种复合高效广谱植物生长促进剂。ABT 生根粉可加速作物代谢，增强呼吸强度，提高酶的活性，促进根系和幼苗生长；用于叶面喷施，可增加叶绿素含量，提高光合效率，提高根系活力，促进养分吸收和转化，从而促进生长发育。生产上常用 10 mg/L 浓度的生根粉浸种或在移栽前蘸根，可促进生根，苗期根数、根长和根重增加。

植物活力素是含有 N、P、K 和各种微量元素及其活化助剂的复合型植物生长促进剂，可促进生根、生芽、分蘖分枝，增强光合作用，促进植物开花，提高坐果率，促进早熟，提高产量和品质。此外，植物活力素还能增强作物抗旱、抗寒、抗病、抗早衰、抗倒伏能力。

叶面宝、喷施宝、丰产灵等都属于腐殖酸盐类的复合型植物调节剂，含有作物生长所需的大量元素和微量元素、腐殖酸及多元无机酸等物质，作物容易吸收利用。

2. 专用型植物生长调节剂

专用型植物生长调节剂包括甘薯膨大素、玉米健壮素等。

甘薯膨大素可提高甘薯苗发根势和发根数，促进移栽薯苗成活；使茎增粗，增加分枝，有利于光合产物向薯块运输；还能提高薯块的贮藏性能和出苗量。甘薯等作物使用后一般可增产10%以上。

玉米健壮素是含有乙烯利的复合型植物生长调节剂，可以降低植株高度，抑制茎秆节间伸长，增强抗倒伏能力，促进根系生长发育，促进果穗增长增粗，减少秃尖，增加粒数和粒重。在玉米大喇叭口期用 600～800 mg/L 浓度喷施，具有一定的增产作用。

要注意正确合理地使用植物生长调节剂，因为植物生长调节剂不是营养物质，不能代替其他农业措施，只有和肥、水管理措施配合使用，才能发挥其效果。

第五节 作物智能栽培技术

信息技术是研究信息的产生、采集、存储、交换、传递、处理及利用的高新科技。随着计算机、通信、人工智能等技术的迅速发展，信息技术正在对社会、经济和生活环境产生着强大和深远的影响。农业信息技术正是在信息科学和农业科学不断发展的推动下建立起来的新兴技术领域。

当今的作物栽培体系主要涵盖作物生理学、作物生态学和作物管理学 3 个相互联系的学科领域，又分别以作物产量生理、环境生理、技术原理为理论基础，以技术—环境—产量的动态关系为生长调控主线，以高产高效优质的作物生产为主要目标。作物栽培一方面应用植物生理和生态的方法与技术，围绕作物生产上急需解决的关键问题开展应用基础性研究；另一方面应用系统分析的原理和计算机技术，对作物生产系统进行综合的动态模拟、科学决策和优化管理。

一、作物智能栽培技术的定义和基本特征

随着信息技术的发展及农业新科技革命的兴起，计算机和信息技术为作物栽培管理提供了新的方法和手段。运用农业信息技术，可以对复杂的作物生产成分进行系统的分析和综合，建立动态的计算机模拟模型和管理决策系统，实现作物生产管理的定量决策，从而促进作物栽培的规范化、信息化、科学化。作物智能栽培技术就是将系统分析原理和信息技术应用于作物栽培研究，着重以作物栽培智能决策支持系统来指导作物生产的科学管理。因此，作物智能栽培是一门现代计算机技术和信息科学与传统的作物栽培技术相结合的新

兴科学技术。

作物智能栽培技术具有 8 个基本特征，即定量化、系统化、模型化、信息化、知识化、动态化、集成化、产品化。

作物智能栽培技术使作物栽培技术工作从定性理解向定量分析、概念模式向模拟模型、专家经验向优化决策转化。作物智能栽培技术首先必须依赖于作物模拟模型及智能决策支持系统来实现对作物生长系统的动态预测和管理决策，提高生产技术的定量化、规范化和集成化程度。同时，作物智能栽培技术也需要应用数据库技术、网络技术和信息服务系统来提高农业信息获取、处理和应用的能力。此外，3S 技术的应用可对作物生产环境和状况、自然和生物性灾害等进行实时监测和预测以及定时、定量、定位的智能化农作管理。

作物智能栽培技术的理论基础广泛，但主要是将系统动力学、知识工程和智能管理的方法与技术创造性地应用于作物生长系统。其核心和基础的研究内容是作物生长系统的计算机模拟模型及智能化决策支持系统，关键是将生长模型的预测功能、专家系统的推理决策功能、资源环境系统的信息管理功能相融合，对不同环境下的作物生长状况做出实时预测并提供优化管理决策，实现作物生产的高产、高效、优质、持续发展。

作物智能栽培技术的应用系统既可成为农业领导的办公系统，也可用于不同类型的技术指导部门及生产单位，服务于农业生产管理及推广教育；既可进入信息网络系统，也可以利用计算机软件进行单机决策服务，从而改变传统栽培的服务方式，实现现代化的作物生产知识工程和智能化信息服务。

二、作物智能栽培技术的支持系统

（一）作物生产数据库及信息系统

综合的农业生产信息系统应能提供全面反映农业资源环境条件、种植业结构、作物品种特性、农业科技成果、生产设施、运行状况及市场动态等各类信息，开展全方位的农业生产信息咨询服务。农业信息系统作为一种农业现代化的载体，通过数据库的系统化、标准化和信息化可以形象而及时地传播各类实用的农业生产知识、信息和农业高新技术成果，从而极大地促进科技成果的推广和应用，提高广大农民和农村干部的科技文化素质。智能化农业信息系统可以综合多种单项农业信息技术，实现高层次的技术集成和综合指导。例如，应用地理信息系统的信息管理功能，通过资源、环境、作物、技术信息的收集、输入、处理、分析、评价、咨询与管理，可建立规范化的农业资源环境和作物生产的空间信息系统。

（二）作物生长预测和监测系统

随着计算机信息科学的迅速发展和作物科学研究成果的深化与积累，作物生长模型得到成功的开发和应用，成为信息农业的主要动力和载体。理想的作物生长模拟模型能够定量描述作物生育过程及其与环境因子的动态关系，具有综合知识、分析定量关系、测验假说、动态预测和支持决策的功能，从而促进了对作物生育规律由定性描述向定量分析的转化过程，成为作物生理生态、栽培、育种等学科的一种有效的研究手段，并为生产管理决策提供了科学工具。

作物生长预测和监测系统的基础是作物—环境—技术系统的计算机模拟模型，包括作物生长模型、农业气象模型、养分利用模型、水分平衡模型、病虫草害模型、农业经济模型等，也可统称为作物系统模型。例如，国内引进欧盟作物长势检测系统（CGMS），就是集作物测产机理模型和卫星遥感测产一体化的作物长势监测系统，在欧盟农业经济的科学决策中发挥重要参考作用。目前，综合运用作物生长机理的模拟技术和遥感测产技术在作物长势监测和产量预测应用方面已成为主流。CGMS由世界粮食研究（WOFOST）子模型、遥感测产（RS）子模型、趋势产量和基于GIS的综合管理控制子系统4部分构成，需要完备的气象数据、作物生育期数据、土壤类型数据、历年区域作物单产数据和卫星遥感植被指数数据，通过数据处理、确定模型参数、预测检验等过程实施作物生长预测和监测。

(三)作物管理决策支持系统

作物管理决策支持系统是在农业信息系统、作物模拟模型和农业专家系统的基础上发展起来的，包括基于模拟模型的决策支持系统、基于规则的专家系统、基于模拟模型和知识系统的智能决策支持系统等不同类型。这些决策系统以数据库、模型库、知识库及推理机为基础。其中，模型库和推理机处于核心的地位，在很大程度上反映了系统的智能水平。

基于农业专家系统的作物管理决策支持系统是运用人工智能（专家知识）的决策支持系统。它不仅能保存、传播各类农业信息和农业知识，而且能综合各单项农业技术，实现高层次的农业技术集成。目前国际上已正式公布的农业专家系统有近百个，广泛应用于作物生产管理、灌溉、施肥、品种选择、病虫害控制、温室管理、牛奶生产管理、牲畜环境控制、土壤保持、食品加工、粮食储存、环境污染控制、农业机械选择、农业机械故障检测等众多方面，许多系统已经得到应用，一部分已成为商品进入市场，发挥出高新技术的巨大优势。

基于知识模型的作物管理决策支持系统是针对传统专家系统适应性窄、知识库庞大、使用不方便、无预测功能等缺陷，由南京农业大学农业信息技术研究所提出的。作物管理知识模型是利用数学算法和量化模型替代了专家系统中的一条条知识规则，应用系统建模方法描述气象、土壤等环境条件与作物生育状况的关系，理论上能够应用于不同的环境，解决了模型的广适性和通用性；同时在实际使用中，知识模型不必要替换和添加知识体系中的专家知识，用户提供当地的气候和土壤等环境条件数据就可以运行知识模型，应用很方便。

(四)基于3S的作物空间信息系统

现代信息技术的突出代表是3S技术，包括遥感（RS）、地理信息系统（GIS）和全球定位系统（GPS）。其中，遥感主要是指在高空和外层空间的平台上，运用各种传感器获取地表信息，通过数据的传输和处理，从而研究地面物体的特性及关系，是调查、监测和分析环境、资源、灾害的有效手段。例如，遥感技术可以将各种地面的农业景观（地形、地貌、土壤、作物、水文、村落等）反映出来，变成数字信息与卫星图像。目前，遥感技术广泛用于农作物长势和产量、土壤水分含量和分布、作物水分亏缺、作物养分、农作物病虫害等方面的监测。

地理信息系统是处理空间信息的软件系统，能够储存、管理、集成和处理各种来源的农业系统数据，进行空间数据分析、预测预报、地理作图、辅助决策等，特别适用于组织、分析和图示同一区域内各种类型的空间信息资料。应用该系统可以将土地边界、土壤类型、地形地貌、灌水系统、历年的土壤测试结果、化肥和农药等使用情况以及历年产量结果做成各自的地理信息系统图管理起来。通过历年产量图的分析，可以看出田间产量变异情况，找出低产区域，然后通过产量图与其他因素图层的比较分析，找出影响产量的主要限制因素，在此基础上制定出该地块的优化管理信息系统，用于指导当年的播种、施肥、除草、防治病虫害、中耕、灌水等管理措施。同时，当前的各项管理措施又作为一个新的地理信息系统图层储存起来，用于下一季作物管理的决策参考。

全球定位系统是一种全气候、高精度、全球性无线电导航定位系统。它利用地球上空24个通信卫星和地面上的接受系统形成全球范围的定位系统。全球定位系统是精确农业技术体系的关键部分，可以精确定位水、肥、土等作物生长环境的空间分布，以及作物长势和病、虫、草害的空间分布。同时，它还可以精确绘制作物产量分布图，自动导航田间作业机械，实现变量施肥、灌溉、喷药等作业。

（五）精确农作支持系统

精准农业又称精确农业，是指按照田间每一操作单元的环境条件和作物产量的时空差异性，精细准确地调整各种农艺措施，最大限度地优化水、肥、种子、农药等的量、质和时机，以期获得最高产量和最大经济效益，同时保护农业生态环境，保护土地等农业自然资源。精准农业要求实时获取地块中每个小区（1～100 m^2）土壤、水、农作物、光、热等信息，以诊断作物长势和产量空间上存在的差异，并按每个小区作出决策，实现3个精确：一是定位的精确，精确确定灌溉、施肥、杀虫等的地点；二是定量的精确，精确确定水、肥、药、种子等的使用量；三是定时精确，精确确定各种农艺措施实施的时间，从而精确地进行施肥、播种、灌溉、杀虫、除草、收获等。

精准农业技术是在现代信息技术、生物技术、工程技术等一系列高新技术最新成果的基础上发展起来的一种重要的现代农业生产形式。它由10个系统组成，即全球定位系统（GPS）、农田信息采集系统、农田遥感监测系统（RS）、农田地理信息系统（GIS）、农业专家系统、智能化农机具系统、环境监测系统、系统集成、网络化管理系统和培训系统。其核心是“3S”（即GPS，GIS，RS）技术和计算机自动控制系统。

【知识延伸】

1. 查阅有关资料，提出解决“白色污染”的措施。

2. 参阅相关网站或书籍，绘出喷灌、滴灌的流程示意图，并写出主要的部件及目前使用的主要型号。

3. 你知道土壤墒情监测技术中的强力法、中子法、电阻法的原理和方法吗？查阅资料，把它弄清楚。

4. 查阅有关资料，在实验室配制营养液，自己水培一瓶花卉。

5. 有些植物生长调节剂是有毒性的，查阅有关资料，说出本章所列举的植物生长调节剂哪些对人体有毒害作用，哪些对环境能造成影响。

6. 参阅相关网站或书籍，详细总结世界精确农业的发展现状，提出我国精确农业的发展之路。

7. 我国原本就是一个精耕细作的国家，我国的国情又与精确农业发达的美国、加拿大不同，你认为我国面对这项农业高新技术，如何来利用发展，走哪样的道路。

【课后作业】

1. 简述目前主要的地膜类型和特点。

2. 简述目前主要的节水工程技术。

3. 结合土壤耕作知识,分析农艺节水措施的实质是什么。

4. 综合分析标志现代高新农业技术的喷滴灌与其他节水技术的区别。

5. 分类说明生产中使用的生长调节剂及其使用技术。

6. 生产中一农民使用2,4-D丁酯防除小麦杂草,因技术失误,造成隔壁农田棉花中毒,出现鸡爪叶。请提出解决的办法。

第二部分

新疆农作物栽培技术实训

职业岗位工作过程描述

作为农业技术管理人员在新疆农作物生产技术管理工作中，主要开展以下职业活动：

(1)制订(或根据)生产计划，预算生产成本；

(2)根据地域种植条件，科学选择种植前茬；

(3)指导播前土地准备工作，并选择(或推荐)优良栽培品种；

(4)指导、检查耕作、播种、间定苗及中耕等农事活动质量；

(5)根据作物田间长势，指导确定追肥、灌溉用量和适宜时间；

(6)识别常见病虫害，调查病虫害发病情况，指导农民合理施药；

(7)测定作物生长发育各项指标和作物产量，核算生产经济效益；

(8)在作物生产中就土壤、耕作和农事操作质量、种子质量、灌溉、施肥、病虫害、自然灾害等因素对作物生长发育、产量、品质造成影响的原因进行分析，并能提出有效补救技术措施；

(9)总结生产经验，撰写栽培作物生产技术总结。

职业岗位能力要求

从事以上职业活动除了需要掌握作物栽培基础理论知识外，还需要具备以下职业能力：

(1)农村工作经历和工作经验，能与农户进行有效沟通，有效落实生产技术；

(2)适应农业企业组织管理环境，熟知劳动生产安全规定，以企业员工身份进行团队工作，能有效交往沟通；

(3)熟知新疆主要作物生长发育规律、高产栽培需要的环境条件、主栽品种特性，根据作物生产计划，制订作物高产栽培技术管理工作计划，及时按照技术指标要求落实并检查各项技术实施情况；

(4)掌握作物生产各项农事作业质量检查、生长发育指标测定技术，有效收集作物生产信息，分析解决生产中的技术问题；

(5)识别常见作物病虫害，并调查预测及时进行防治。

第七章

新疆小麦栽培技术实训

第一节　岗位技术概述

小麦是世界上分布最广、种植面积最大、商品率最高的粮食作物，面积和总产量均占世界粮食作物的1/3。全世界有1/3以上的人口以小麦为主粮。

在我国，小麦播种面积在粮食作物中居第三位，每年在2 400万 hm^2 以上。在新疆，小麦播种面积在粮食作物中居第一位，种植面积在100万 hm^2 以上。

小麦的营养价值很高，籽粒中含蛋白质11%～14%，高的接近20%，高于一般的禾谷类作物；富含淀粉、脂肪等多种营养成分，还含有麦胶蛋白（面筋），可制成疏松多孔、伸展性强、适口性好的多种食品，如拉面、拌面、馒头等，是北方地区人民喜食的细粮。

小麦籽粒除作为加工食品外，还能作为酿造和制取各种营养物质等产品的轻工业原料；其副产品秸秆可作为编织和造纸的原料，也可以作为畜牧业的粗饲料；麸皮则是畜牧业的优质精饲料。

小麦品种类型较多，适合于不同的土壤和气候条件，耐寒、耐旱、稳产、高产。小麦适合于机械作业，生产成本低，劳动效率高。在生长期较长的地区，既可以与夏作物复种，又可以与春、夏作物间作、套种，提高种植指数；从而提高土地的利用率。小麦籽粒水分含量较低，便于运输和贮藏，降低贮藏运输成本。

一、新疆小麦生产概况

据考古资料表明，新疆在距今4 000年以前，就有小麦的种植。

新疆各地均有小麦种植，以喀什、伊犁地区种植面积最大，其次是昌吉州、塔城和阿克苏地区，再次是阿勒泰地区、巴州地区和和田地区，其他地区种植面积较小。总产最高的是伊犁地区，单产最高的是石河子。近年来新疆小麦生产概况见表7-1。

表7-1　新疆小麦种植面积和产量情况

年份	播种面积/$\times10^3$ hm^2	总产量/万 t	每公顷产量/kg
2016	1 289.5	723.1	5 608.0
2017	1 132.6	612.6	5 436.6
2018	1 121.2	571.9	5 544.35

二、新疆小麦区划

根据新疆气候条件、土壤条件和耕作制度，冬、春小麦分布现状和发展趋势，将全疆种植小麦的地区划分为3个主区8个亚区。

(一)春麦区

本区主要分布在新疆北部、准噶尔西部山区和东疆地区、焉耆盆地，又可以细分为如下几种：

1. 阿勒泰—博乐—巴里坤春麦亚区

包括阿勒泰地区，博乐塔拉州的全部，塔城地区的北部5县，哈密地区的巴里坤和伊吾，吐鲁番地区及兵团农五师、九师和十师所属兵团农场。本地区占春麦总种植面积的75%。

2. 吐鲁番—哈密盆地春麦亚区

包括吐鲁番、托克逊、鄯善和哈密4个县市及所属的兵团农场。

3. 焉耆盆地春麦亚区

包括焉耆、和静、和硕、博湖4个县及兵团农二师所属的兵团农场。

(二)冬麦区

新疆的冬小麦多集中在南疆。由于生长期较长，可一年两熟或两年三熟，是新疆实施“两早”配套的主要地区。

1. 阿克苏冬麦亚区

包括阿克苏地区各县、市和兵团农一师所属兵团农场。本区近几年由于棉花种植面积较大，为便于倒茬，春小麦的种植面积有所增加。

2. 喀什—和田冬麦亚区

包括克孜勒苏、喀什、和田和农三师及和田管理局所属农场。本地冬小麦的种植面积占全疆总面积的1/3左右。春小麦种植面积占全疆总面积的5%左右。

(三)冬春麦兼种区

1. 伊犁河谷冬春麦兼种亚区

包括伊犁地区各县、市和兵团农四师所属农场。冬小麦主要分布在河谷西部的霍城、察布查尔、伊宁县和伊宁市，越往东部春小麦的比重越大。

2. 乌苏—石河子—昌吉—奇台冬春麦兼种亚区

本区从东到西包括沿天山北麓至准噶尔盆地腹地之间的各县、市及所属兵团农场。冬小麦种植面积占60%左右，积雪不稳定的地区以春小麦为主。

3. 轮台—库尔勒—若羌—且末冬春麦兼种亚区

包括巴音郭楞蒙古自治州中南部的库尔勒、轮台、尉犁、若羌、且末5个县、市和兵团农二师所属兵团农场。本地区冬春麦比例各占一半。

第二节　新疆冬小麦栽培技术实训

一、基本知识

小麦为禾本科小麦属（*Triticum* L.），一年生或越年生草本植物。世界上作为粮食栽培的主要为普通小麦和硬粒小麦。我国栽培的主要是普通小麦。

（一）小麦的一生

1. 生育期

小麦生育期的长短，因品种、气候生态条件和播种早晚而有很大差异。新疆的冬小麦生育期一般为 260～300 d；春小麦的生育期一般为 90～110 d，在个别山区，生育期会更长，主要是延长了灌浆时间。

2. 生育时期

在生产上为便于栽培管理和研究，根据器官形成的顺序和易于掌握的明显特征，一般把小麦的整个生育期分为若干个生育时期，即出苗、三叶、分蘖、越冬、返青、起身、拔节、孕穗、抽穗、开花、灌浆和成熟等生育时期（图 7-1）。

春小麦的生育时期没有越冬期、返青期和起身期。小麦的生育时期，因年份、地区、品种和栽培条件不同，出现的时间及持续的时间有所差异。

3. 生育阶段

根据小麦各个时期的生长中心不同，为了管理上的方便，又可将小麦一生归纳为 3 个生育阶段，即以长根、叶、蘖为主的营养生长阶段，以根、茎、叶生长与幼穗分化同时进行的并进生长阶段，以及以开花受精、籽粒形成和灌浆成熟为主的生殖生长阶段（图 7-1）。3 个阶段分别决定着小麦的穗数、粒数和粒重，前一阶段是后一阶段的基础，后一阶段是前一阶段的发展。

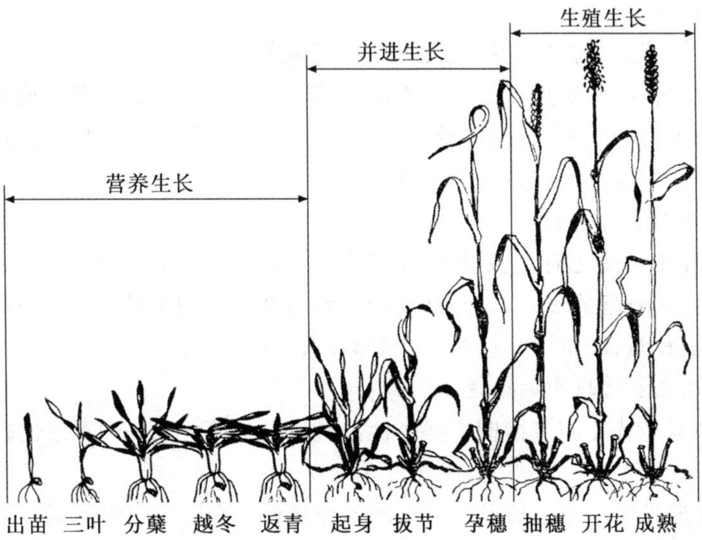

图 7-1　小麦生育时期与生育阶段

(二)小麦的阶段发育

1.春化阶段

一定时间的低温是小麦通过春化阶段的主导因素。根据小麦通过春化阶段要求温度的高低和时间长短不同,可将小麦品种分为以下3种类型。

(1)冬性品种　春化阶段的适宜温度为0～3℃,经历35 d以上(有的品种长达50～60 d);0℃时春化速度降低,-4℃时基本停止进行。不满足春化条件,不能正常抽穗。新疆冬小麦均属于此类型。

(2)弱(半)冬性品种　春化阶段适宜温度为0～7℃,经历15～30 d。未经过春化处理的种子春播后不能正常抽穗或抽穗不整齐,在新疆北疆地区的越冬性较差,死苗率较高。

(3)春性品种　春化阶段的适宜温度为0～12℃,经历5～15 d;北方春播品种在5～20℃条件下,可完成春化阶段发育。不经低温春化处理,春播也能正常抽穗。新疆种植的春小麦均属于此类型。

新疆冬小麦一般在平均气温为14～18℃时播种,有利于发芽,但不进行春化发育,当气温降至10℃以下时,才进入春化阶段发育。当小麦穗发育进入到二棱期时基本结束。处于春化阶段时期,小麦的抗寒性较强。

2.光照阶段

小麦通过春化阶段后,在适宜的条件下即可进入光照阶段。每日一定的日照时数是小麦通过光照阶段的主导因素。根据小麦不同品种对光照长短的反应,可分为以下3种类型。

(1)反应迟钝型　在每天8～12 h日照条件下,经历16 d以上能正常抽穗。一般春性品种属此类型。

(2)反应中等型　在每天8 h日照条件下不能抽穗,但在12 h日照条件下,经历24 d可以抽穗。弱冬性品种属此类型。

(3)反应敏感型　在每天12 h以上日照条件下,经历30～40 d才能通过光照阶段而抽穗。冬性品种一般属此类型。

在田间条件下,光照阶段发育除受光照时数影响外,还取决于温度及养分等条件。光照阶段发育的最低温度为4℃,温度为15～20℃最适宜。因此,新疆冬小麦完成春化阶段后,由于温度低,光照阶段发育暂时不能进行,处于春化阶段的小麦具有较强的抗寒能力,能安全越冬。小麦进入到光照阶段发育后,抗寒能力下降。

3.阶段发育与器官的建成

小麦在通过春化阶段之前,主要是分化形成根、茎节、节间和分蘖等营养器官,春化阶段的长短决定了叶片数和分蘖的多少。光照阶段开始,植株转入到生殖生长,即穗的发育,因此,光照阶段发育时间的长短,决定了小穗和小花的数目。

4.阶段发育理论在栽培中的运用

(1)根据品种温光特性调节播期　强冬性品种春化阶段时间长,耐寒性较强,可较冬性弱品种适当早播。

(2)根据品种温光特性确定播量　品种的温光特性与分蘖、成穗数、穗粒数关系很大,一般冬性偏强的品种,分蘖成穗率较高,相对穗粒数较少。反之,春性偏强的,则分蘖力弱,但穗粒数较多。据此,若精播高产,可选用冬性偏强、分蘖成穗率偏高的品种。而晚播独秆栽培,则可选用春性较强的大穗型品种。

(3)肥水管理　在光照阶段进程中，供给小麦必要的氮素和水分，可促进穗部器官的分化和麦苗的生长，利于形成壮秆、大穗，获得高产。

(三)小麦种子萌芽与出苗

1.种子的形态及结构

(1)种子形态　麦粒的顶端有一簇茸毛叫"冠毛"，胚位于背面基部皱缩部分；腹面有腹沟，其深浅与品种、灌浆程度有关。种子形态可分为圆形、卵圆形和椭圆形；颜色有白色与红色两种。

(2)麦粒的基本结构　种子是由皮层、胚和胚乳组成。胚乳是麦粒的主要部分，占总重量的82%～86%。由于淀粉和蛋白质贮积情况不同，胚乳可以分为粉质(软质)、角质(硬质)和半角质3种。胚乳的性质除受品种影响以外，还与环境条件有关系，如温凉的地区蛋白质含量高。小麦品质的好坏取决其用途。小麦籽粒各组成部分示意图见图7-2。

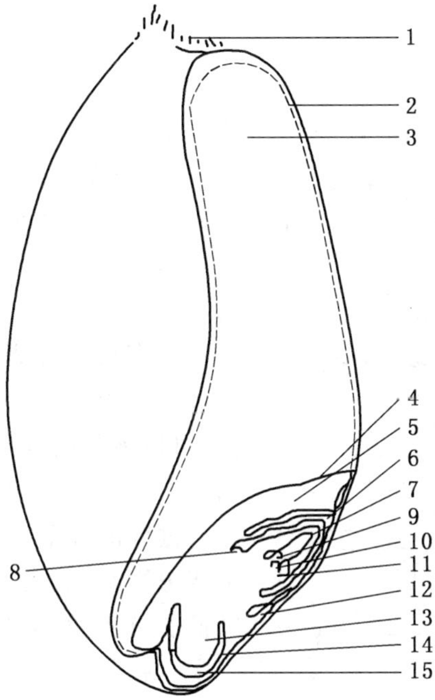

图7-2　小麦籽粒各组成部分示意图

1.冠毛　2.胚乳　3.皮层　4.盾片吸收层　5.盾片　6.胚芽鞘　7.第一绿叶原基
8.胚芽鞘蘖芽原基　9.第二绿叶原基　10.胚芽生长点　11.第三绿叶原基
12.外子叶　13.胚根　14.胚根鞘　15.根冠

2.种子发芽出苗

种子在适宜的温度和湿度条件下，便会吸水膨胀萌动出苗。当田间相对含水量为70%～80%时，种子发芽速度最快；种子萌发的最低温度为1～2℃，最适宜的温度为15～20℃，最高温度为30～35℃。除了温度和湿度以外，还需要满足空气条件。

从播种到出苗所需要的天数及幼苗的质量，与播种后的温度、土壤含水量、整地质量、覆土深度及质量等有关系。温度为最主要的因素，一般情况下，小麦自播种到出苗≥0℃的积温为120℃。可用以下公式计算：

$$\sum t = 50 + 10n + 20$$

式中：$\sum t$ 为播种到出苗所需要的积温；50 为种子吸水膨胀到萌发所要积温；10 为幼芽在土壤中每生长 1 cm 所需要的平均积温；n 为种子覆土深度(cm)；20 为幼芽鞘出土到第一片绿叶露出芽鞘长达到 2 cm 时所需要的积温。

从播种到出苗所需的天数为：

$$D = \sum t / E$$

式中：$\sum t$ 为播种到出苗所需要的积温；E 为当时的日平均温度。

(四)小麦的分蘖与成穗

1.小麦的分蘖规律

分蘖是小麦重要的生物学特性之一，分蘖的多少及壮弱，是决定群体结构好坏和个体发育健壮程度的重要标志，分蘖也是组成产量的一部分(图 7-3)。

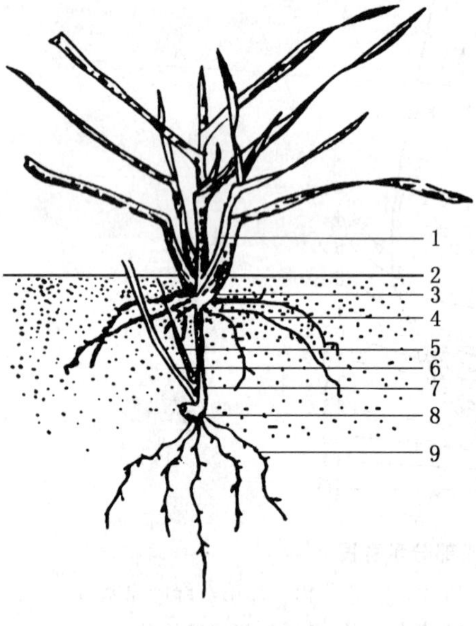

图 7-3 小麦的分蘖

1.鞘蘖 2.地面 3.分蘖节 4.次生根 5.胚芽鞘分蘖 6.胚芽鞘 7.地中茎 8.种子 9.种子根

(1)分蘖的作用 分蘖是构成小麦产量的重要部分。一般田间分蘖成穗，构成产量的 20%左右，丰产田中分蘖成穗能形成产量的 50%～60%。

小麦具有分蘖是个体发育良好的标志。分蘖具有大量的次生根，扩大了植株营养吸收范围，可以促使正常生长。因此具有分蘖的小麦生活力更强，能为丰产奠定良好的基础。

健壮的分蘖节有利于安全越冬。越冬以前，形成分蘖后，在分蘖节中积累大量的保护物质，降低了冰点，可以抵抗和忍耐较低的温度，有利于安全越冬。

同时，分蘖是环境与群体的“缓冲者”。分蘖对环境条件变化反应比主茎敏感。基本苗确定后，群体的大小主要取决于分蘖的多少。因此在生产中可以通过调节肥水条件来调节群体的大小。分蘖具有再生作用。如果小麦主茎受到病虫或其他因素的危害而死亡后，只要条件适合，仍然可形成新的分蘖，再形成产量。

(2)分蘖规律 适期播种的冬小麦，一般在出苗后幼苗长出 3 片叶时，开始长出胚芽鞘分蘖，但此蘖在大田条件下出现的概率很小。当主茎伸出第 4、5、6 叶时，分别从主茎第 1、2、3 叶腋长出第 1、2、3 个一级分蘖。与此同时，当分蘖伸出第 3 叶时，也同主茎一样，发生二级分蘖。

依此类推，随着叶片的增加，新的分蘖不断发生，形成了出叶与出蘖的同伸关系（图 7-4）。这样，主茎叶龄分别是 3、4、5、6、7…… 时，单株可能出现的分蘖数（含主茎）分别是 1、2、3、5、8……即单株分蘖数为前两个叶序发生的分蘖数之和。

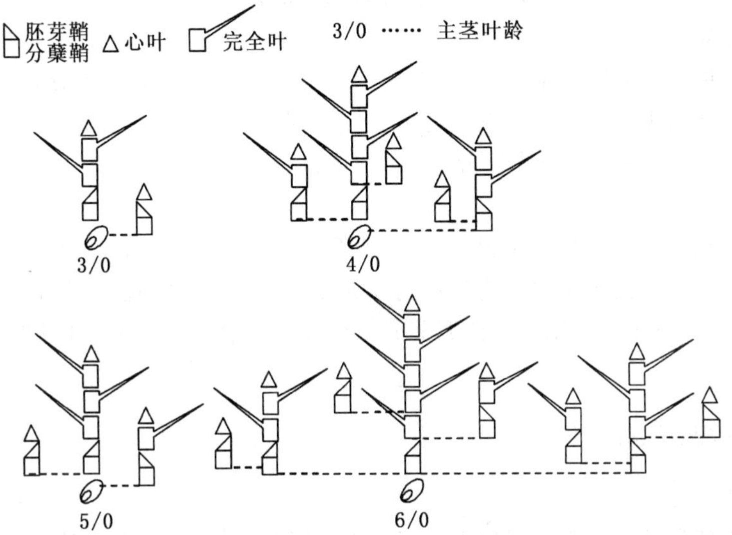

图 7-4　小麦分蘖与主茎叶片的同伸关系示意图

蘖、叶同伸关系是对条件适宜情况下形成的壮苗而言的。如条件差，苗情弱，实际分蘖数会减少。此外，早期分蘖的发生基本符合同伸规律，而晚生高位蘖则发生较少。生产中常利用蘖、叶同伸关系，预测分蘖发展趋势，判断苗情壮、弱，作为合理促控的依据。

2. 小麦分蘖的消长与成穗

新疆冬小麦分蘖的消长规律可以概括为"两个盛期、冬季停止生长、一个高峰、集中死亡"（图 7-5）。

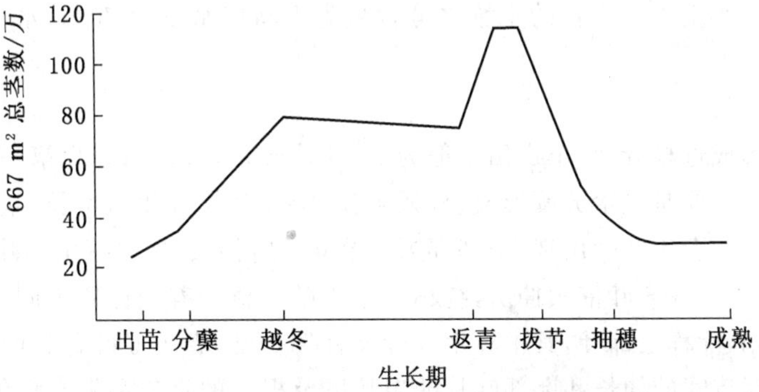

图 7-5　新疆冬小麦分蘖消长动态图

"两个盛期"指的是适期播种的冬小麦，有两个分蘖盛期，一个是冬前从开始产生分蘖到越冬，一般为 20～30 d；另一个是第二年春返青到拔节，一般为 10～20 d。

"冬季停止生长"指的是新疆冬季严寒，越冬期间停止生长，不形成分蘖。

“一个高峰”指的是新疆冬小麦一生中总茎数的变化只有一个高峰，正常麦田在拔节前后达到高峰值。

“集中死亡”指的是冬小麦拔节以后，无效分蘖在较短的时间内集中死亡，大体时间为15～20 d，空心蘖和缩心蘖出现，标志着分蘖的停止和分蘖向两极分化的开始。孕穗后，田间的总茎数基本稳定。

小麦一生分蘖很多，能成穗结实的分蘖叫有效分蘖，反之，称为无效分蘖。有效分蘖占分蘖总数的百分数叫分蘖成穗率。分蘖成穗的一般规律是正常情况下，主茎及冬前大穗成穗率高，冬前较晚出现的分蘖和春季晚生分蘖成穗率低，一般多不能成穗。低位蘖比高位蘖成穗率高。

小麦分蘖活动受外界条件影响很大，分蘖适温为13～18℃，低于3℃停止分蘖，高于18℃分蘖受抑制。适于分蘖的土壤水分为田间持水量的70%～80%，过低、过高均不利于分蘖发生，所以生产上常用浇水或控水的方法调节分蘖的发生。氮、磷合理配合可促进分蘖，氮肥过多易形成旺苗。

（五）小麦的根、茎、叶生长

1. 根的生长

小麦的根为须根系。小麦初生根也叫胚根或种子根，在胚芽中已发育完成，多为5条，最多为7～8条，主要在苗期发挥作用。次生根是小麦的主要根系，发生在分蘖节上，其数量大，吸收能力强，对产量形成和防止倒伏有特别重要作用。次生根数目与分蘖多少有密切关系，从3叶期开后，正常条件下主茎每产生一个分蘖在其相应的节上长出1～3条次生根，分蘖本身长到3片叶以后，在相应节上也会长出1～2条次生根。次生根的数目可达几十条甚至上百条，次生根比初生根粗壮，出生后与地面成锐角向四周扩展，然后向下延伸，分布广。次生根的发生有两个高峰，一是冬前分蘖盛期，二是拔节期前的分蘖高峰期。

根系生长的最低温度为2℃，最适温度为16～20℃，最高30℃。氮、磷配合适量，利于根系的生长发育；氮肥不足，根系生长不良；氮肥过多，地上部生长过旺，消耗大量有机养分，影响根系的生长。适于小麦根系生长的土壤水分含量为田间持水量的70%，水分过少、过多均不利于根系的生长。

2. 叶的生长

冬小麦冬前形成近根叶片，丰产田一般为7～8片叶；返青以后春生第一和第二片叶也为近根叶。这些叶片主要是供给分蘖形成、根系生长、中部叶片分化与生长、基部节间生长和幼穗初分化所需养分。春生3叶出现后，基部第一节间同时伸长，所以春生3叶是离开地面的茎生第一叶，以后春生4、5、6叶依次伸出，统称为茎生叶。根据着生位置不同，春生3、4叶又称为中部叶，春生5、6叶称上部叶，其中春生5叶又称倒2叶，春生6叶称旗叶。中部叶片的光合产物主要为中部节间的伸长和上部叶片的生长以及根系的生长和发展提供营养基础，是促进小花发育，防止小花退化，提高结实率的物质基础。上部叶片为上部节间伸长、穗器官、花粉和胚囊的发育提供营养，是开花后籽粒的形成、灌浆和成熟中养分的重要来源。据测定，灌浆期旗叶同化物的70%以上，倒2叶同化物的50%都输送到穗部。保护小麦中上部叶片，延长叶片寿命，提高光合面积和光合时间是小麦高产的基本保障。一般高产田叶面积系数适宜指标大体如下：冬前1左右，起身期1～1.5，拔节期3.5～4，抽穗期4.5～5，灌浆期3～4。

3. 茎的生长

小麦的茎由节和节间两部分组成，可分为地下茎和地上茎。地下茎一般由6～7个不伸长的节和节间组成，即为分蘖节；地上茎即为通常所说的茎秆，一般由4～6个伸长的节和节间组成。基部1～2节节间短、壁厚，有利于抗倒伏。植株高矮取决于品种与栽培条件。

小麦的茎秆具有背地曲折性，当小麦倒伏后由于趋光生长素的作用，茎秆从最旺盛的居间分生组织处向上生长并在弯曲处形成木质化的节，小麦倒伏时期与曲折部位如图7-6所示。生产上可以利用这一特性。高产田在起身或起身后，碾压迫使其背地曲折，使基部节间变短、增厚，降低植株高度，有利于防止倒伏。麦田倒伏后，令倒伏植株自行背地挺起，不破坏其自然结构，利于光合作用的正常进行。

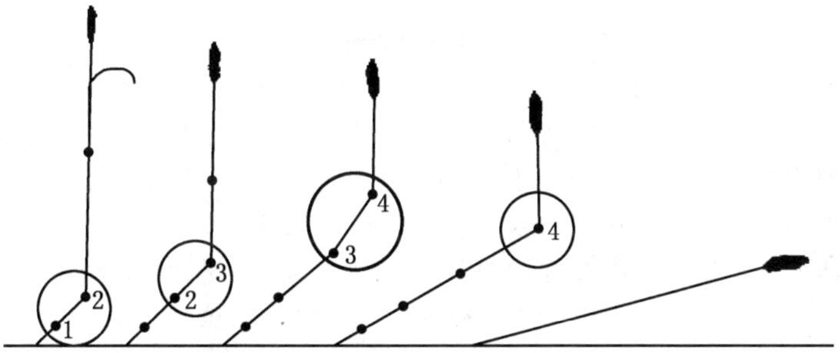

图 7-6 小麦倒伏时期与曲折部位

(六)小麦穗的形成与穗大粒多

1. 幼穗分化及其影响因素

小麦为复穗状花序，包括小穗和穗轴两大部分(麦穗结构见图7-7，小麦小穗的结构见图7-8)。穗轴和小穗的多少取决于品种特性、栽培条件和环境条件。小麦穗的分化过程按分化特点分成8个时期：初生期、伸长期、单棱期、二棱期、小花原始体分化期、雌雄蕊分化期、药隔分化期、四分体形成期。小麦穗分化进程，因品种、播期及气候条件不同而有较大差异。冬性较强、迟播、温度较低地区，穗分化开始较晚；反之，则开始较早。早者以伸长期、单棱期甚至二棱期越冬，晚者年前不开始穗分化。

图 7-7 麦穗结构

1. 穗轴 2. 小穗 3. 小花

小麦的幼穗分化与外部叶片具有对应同伸关系，可以通过观察外部叶片的生长判断内部幼穗的分化阶段，根据幼穗的分化阶段采取相应的栽培措施。其对应关系见表7-2。

影响幼穗分化的外界因素主要有温度、水分、养分和光照。在其他条件相同的情况下，春季温度在10℃以下，光照阶段的发育速度减慢，延长了幼穗分化发育的时间，每穗分化的小穗、小花数就多，往往形成大穗。所以春季温度回升慢的年份及播种较早的情况下，形成的麦穗要大一些。

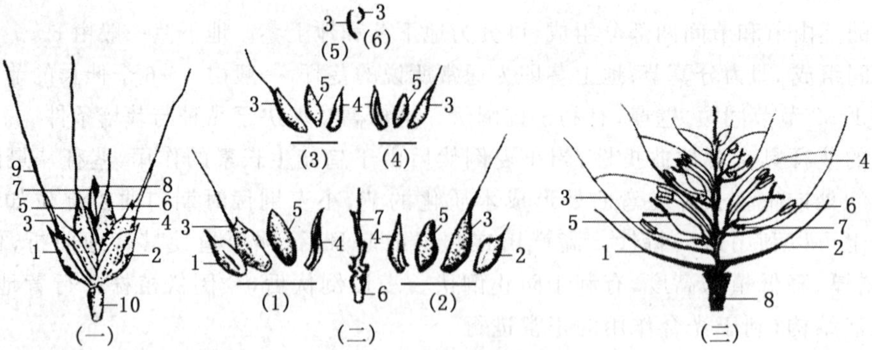

图 7-8 小麦小穗的结构示意图

(一)小穗外形 1.下位护颖 2.上位护颖 3.第1小花 4.第2小花 5.第3小花 6.第4小花 7.第5小花 8.第6小花 9.芒 10.穗轴盾片

(二)各组成部分 (1)～(6)代表小花 1.下位护颖 2.上位护颖 3.外颖 4.内颖 5.籽粒 6.穗轴节片 7.小穗轴

(三)各组成部分发生部位 1.下位护颖 2.上位护颖 3.外颖 4.内颖 5.雌蕊 6.雄蕊 7.鳞片 8.穗轴节片

表 7-2 小麦幼穗分化与外部叶片对应关系

分化时期	伸长期	单棱期	二棱期	护颖分化期	小花原始体分化期	雌雄蕊分化期	药隔形成期	四分体形成期
春生叶片	春1叶露尖	春1叶展开	春2叶露尖	春3叶露尖	春4叶露尖	春5叶露尖	春6叶露尖	春6叶展开

小麦是长日照作物,因此,短日照能延缓光照阶段发育时间和幼穗分化速度,使穗长、每穗小穗数及小花数都有所增加。在四分体期前后,特别需要强光照,这时光照不足,会产生不孕的花粉和不正常的子房,导致小花不孕。在四分体期对植株遮光,会减少结实小穗数、每穗粒数和穗粒重。因此,高产麦田实行合理密植,改善光照条件,对争取穗大粒多非常重要。

幼穗分化过程中,在不同时期受旱,会缩短相应器官分化的时间,使穗部性状相应变劣。如在小花分化过程中遇旱,可使小花数目减少,每穗粒数也受影响;在雌雄蕊、药隔期及四分体期遇旱,会影响性细胞的发育,显著地增加退化小花数目,结实率下降。四分体形成期是小麦一生对水分要求最迫切、反应最敏感的时期,一般称为需水“临界期”。因此,生产上在拔节期到孕穗期及时浇水,对促进穗大粒多甚为重要。

幼穗分化过程中,需要有充足的养分。氮肥能延长穗部各器官分化持续的时间,在相应的发育时期追施适量氮肥可增加该期器官的数目,如在小花分化初期或二棱期追肥浇水,能显著增加每穗的小花数。在雌雄蕊分化期和药隔期追肥浇水,能显著减少退化小花数,提高结实率,但增加小花数的作用不如前期。但氮肥施用过多,也会因植株旺长而使穗部器官发育受到影响。氮、磷配合,能显著增加小穗数、小花数和穗粒数。钾肥有促壮秆穗大的作用。

2.争取穗大粒多的途径

小麦提高穗粒数的潜力很大。一般认为，在增加每穗小穗数和每穗小花数的基础上，减少退化小花数目，提高结实率，是提高穗粒数的关键。在大田生产上，不同地力、肥水条件和苗情侧重点又有所不同。四分体期是小花向两极分化的转折期，一个穗上发育最早的小花进入四分体期后，凡能 1～2 d 内进入四分体期的各小花都集中进入此期，进一步形成花粉粒，成为有效花；凡未能进入四分体期的小花，则停止发育转向退化。已形成四分体或花粉粒的小花，可通过栽培措施调节争取成粒。生产实践表明，雌雄蕊分化期和药隔期施肥浇水可显著减少小花退化，四分体期施肥浇水，可使胚珠和花粉粒发育良好，显著提高小花结实率。

（七）籽粒形成、灌浆、成熟

1.籽粒形成、灌浆、成熟

小麦通常挑旗后 10～14 d 抽穗，一个麦穗抽出需要 3～5 d，全田需要 6～8 d。抽穗后 2～4 d 开花，一个穗开花需要 3～5 d，开花顺序是先中间小穗，然后向上、下开放。全田花期 6～8 d。小麦是自花授粉作物，开花时鳞片吸水膨胀，颖壳张开，花药徐徐伸出，同时花药破裂而散粉，以后逐渐闭合，从开花到闭合约 5～15 min，也有闭花授粉的。花粉粒落到柱头上 1～2 h 即可发芽，经 24～36 h 即可完成受精作用。开花授粉后，便进入籽粒形成与灌浆过程。小麦从开花受精到籽粒成熟，根据籽粒变化情况可分为籽粒形成、灌浆与成熟三个过程（图 7-9）。

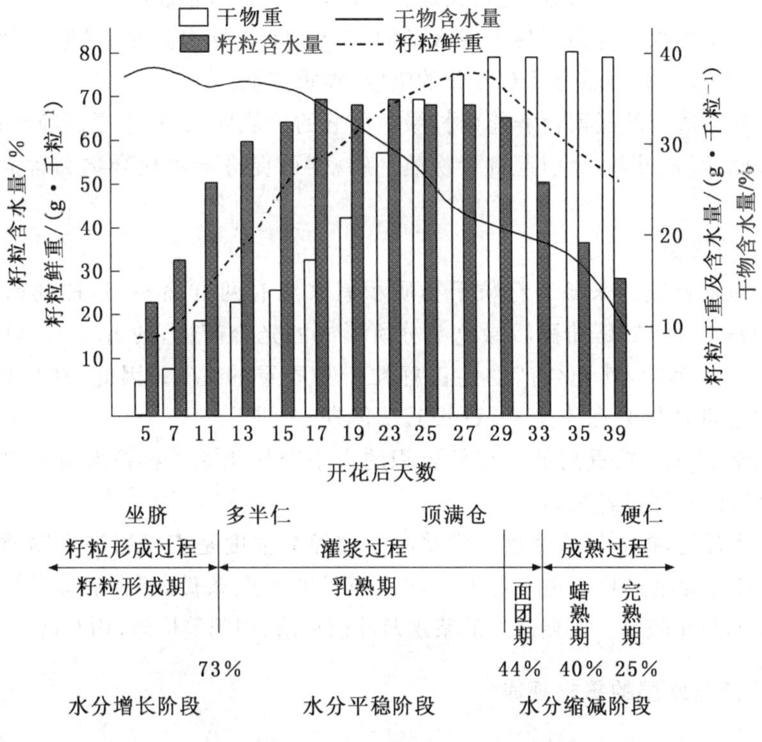

图 7-9　冬小麦籽粒形成、灌浆、成熟过程干重和含水量变化示意图

从受精后子房膨胀，约 2 d 形成灰白色、无光泽的倒锥体，称为坐脐；从坐脐到多半仁（籽粒的长度达到最大值的 3/4，外形基本形成）为籽粒形成阶段。籽粒形成期干物质积累很少，

含水率达到70%左右。

灌浆过程籽粒从多半仁到面团期为灌浆过程，历时20 d左右，是干物质积累的主要时期，含水量处于平稳下降阶段。从多半仁到顶满仓（籽粒的体积达到最大值）为乳熟期，一般经历15～18 d，为主要灌浆阶段，干物质积累较快，含水量处于平稳下降阶段。生产中，此期经历的时间长有利于提高籽粒的千粒重，改善品质。这时应注意防治病虫害、预防干热风的影响，合理运筹肥水，有利于提高灌浆强度。乳熟期后3～4 d为面团期，含水量下降速度较快，干物质积累量下降，胚乳转为面筋状。灌浆即将结束时，上部叶片与茎、叶、穗开始变黄。

成熟过程包括蜡熟期和完熟期两个阶段。蜡熟期一般经历5～7 d，大部分籽粒变黄，含水量急剧下降，穗干重达到最大值，是人工收获的适宜时期。完熟期一般经历3～5 d，干物质停止积累，植株干枯，籽粒缩小、变硬，并呈现出本品种的特性，适宜机械收获。

2.影响籽粒发育的环境条件

(1)温度　籽粒形成和灌浆的最适温度为20～22℃，温度超过25℃以上，会促使叶片早衰，灌浆过程缩短，千粒重降低。在小麦灌浆过程中常出现30℃以上的高温，使叶片过早死亡，灌浆停止，对粒重影响很大。新疆在灌浆初期常发生干热风，不仅影响授粉结实，而且造成高温逼熟，导致减产。

(2)光照　灌浆期间要求天气晴朗、光照充足。光照不足，影响光合作用强度，降低粒重。除天气外，高产田群体过大造成株间光照不足，也是粒重降低的主要原因。

(3)土壤水分　土壤水分适宜，能延长绿叶功能期，保证正常灌浆，提高粒重。籽粒形成和灌浆期间，适宜的土壤水分为田间最大持水量的75%左右。水分过低，灌浆时间缩短，影响粒重；水分过多，也会影响根系活力及对养分的吸收，粒重降低。

(4)矿质营养　适当的氮素营养能延长绿色部分的功能期，有利于提高粒重；氮素不足，植株早衰，粒重降低；氮素过多，会引起贪青晚熟。磷、钾可促进碳水化合物和含氮物质的转化，利于增加粒重。

3.提高粒重的途径

(1)增加籽粒干物质的来源　籽粒干物质积累来源有两方面：一是抽穗前在茎、叶鞘中的贮藏物质，约占1/4。二是抽穗后绿色部分所形成的光合产物，约占3/4。其中，上部叶片起重要作用，尤其是旗叶，其光合产物约占籽粒干物质重的1/3。因此，在后期应保持一定的绿叶面积，防止青枯早衰和病虫害，延长其功能期。

(2) 扩大籽粒容积　粒重高低与籽粒容积的大小密切相关。籽粒形成期水分供应充足，可促进胚乳发育，扩大籽粒容积。

(3)延长灌浆时间，提高灌浆强度　灌浆时间和灌浆强度是直接影响干物质积累的关键，除品种特性外，还受灌浆过程环境条件的影响。充足的光照条件，昼夜温差较大，日均温度较低，则灌浆时间长，粒重较高。后期浇好灌浆水及叶面喷磷、钾肥等措施，均有增加粒重的效果。

(八)小麦高产与水肥的需求规律

1.小麦高产对土壤养分的需求

小麦高产需要土层深厚、土壤结构良好的土壤。土壤容重为1.1～1.3 g/cm^3，总空隙度为50%～55%，非毛管孔隙15%～20%的土壤适合小麦高产。高产麦田一般要求麦田有机质含量在1.5%以上，土壤总氮量在0.1%左右，速效氮30～40 mg/kg，速效磷20 mg/kg以上，土壤 N/P 和 P/K 分别在 1.07 和 0.29 为宜。

(1)小麦对肥料的需求　高产小麦每生产 100 kg 籽粒，植株从土壤中所吸收的 N、P_2O_5、K_2O 的量分别是 2.5～2.7 kg、0.9～1.2 kg、2.5～2.7 kg。

小麦不同生育时期对养分的需求量不同。小麦一生对氮的吸收有两个高峰，一个是从分蘖到越冬，需要量占到总需量的 13.5%，另一个是从拔节到孕穗，需要量占总量的 37.33%；对磷的吸收，随着小麦生长逐渐增多，到拔节期后大为增加，其中以孕穗成熟期为最多，约占总量的 40%。相比之下，钾的吸收高峰出现较早，麦苗起身以后，体内积累的钾素大量增加，开花前后达到最大值，籽粒形成阶段植株体内钾素含量有明显下降，成熟后期的积累量一般是最大值的 70%～80%。

(2)小麦合理施肥技术

第一，以底肥为主，施好种肥。底肥和种肥应占到总施肥量的 70%～80%。磷肥除留少量做种肥外，应全部做底肥。种肥的数量按有效成分计算，氮和磷各 30～45 kg/hm^2。

第二，注意氮、磷配合，深施肥。氮、磷肥比在 1∶(0.6～0.8)为宜。底肥深施，追肥要沟施，并覆盖严密。

第三，因地制宜，看苗追肥。土壤性质不同，追肥和施肥量也不同。沙土地施肥要“少食多餐”，防治脱肥；黏土地保肥性强，一次追肥量可大些，但施肥要提前，以防贪青晚熟。

2.小麦高产对水分的需求

新疆小麦高产田每公顷耗水量在 5 250～6 000 m^3。小麦拔节至灌浆这段时间是小麦需水高峰期，占总耗水量的 50%～60%，平均每天耗水量可达 45～50 m^3/hm^2。从小麦一生耗水规律看，冬小麦冬前耗水量约占 20%，返青到抽穗约占 40%，抽穗到成熟约占 40%。

小麦根系吸收水分的土层深度一般在 1 m 左右，但主要吸收 30 cm 耕层中的水分。合理灌溉以 30 cm 耕层含水量为依据，各生育时期灌水标准如下。

(1)播种出苗期　以田间最大持水量的 80%为宜，低于 75%则出苗不齐，55%以下不能出苗。

(2)越冬期　田间最大持水量应保持在 80%以上，利于麦苗越冬。

(3)返青到拔节期　田间最大持水量保持在 60%～70%为宜，低于 60%时才应该考虑灌溉。

(4)拔节到抽穗期　小麦需水高峰期，田间最大持水量应保持在 80%以上。

(5)抽穗到成熟期　缺水影响物质转运，水多易引起倒伏和病虫害大发生。田间最大持水量保持在 70%～75%为宜。

二、职业岗位能力训练

(一)播前准备

1.职业岗位工作

选择适宜种植小麦的地块，制定出生产计划，做好备耕工作。检查土地的准备质量，选择适宜的栽培品种，并进行种子处理；调试好播种机的排种量和排肥量。

2. 工作程序及操作技术和质量要求

工作环节	工作程序及操作技术和质量要求
土地选择	小麦对土壤的适应性较强，但小麦要高产需要耕作层深厚、结构良好、有机质丰富、养分充足、通气性与保水性良好、含盐量 0.25%以下的中性土壤。小麦对前作要求不严，但以绿肥、豆科植物为好。
土地准备	(1)休闲地春播结束后，要及早耕翻，以消灭杂草和及时暴晒。 (2)夏收作物地(如小麦、油菜、豌豆、胡麻)前作物收后，要及早趁墒浅耕灭茬，再消灭杂草和残茬，晒几天后，并抓紧进行早深耕，以利于土壤熟化和贮热。 (3)苜蓿地，在头茬苜蓿收割后，先进行一次浅耕暴晒，将根颈晒死后再进行深翻。 (4)绿肥作物地(如草木樨、柽麻、油葵等)，整地的关键要深翻且覆盖严密。在翻压之前，犁铧前应安装圆切刀，直接进地翻压，即使绿肥高达 1.5 m，仍可翻压良好；秋作物地更要抓紧时机，边收获、边腾地、边耕翻，以便早播。 小麦播前整地质量要求达到"深、细、透、平、实、足"六字要求。深耕达到 20～25 cm。
备足肥料，施好底肥	结合土地耕翻，每公顷施尿素 300 kg 左右，重过磷酸钙或磷酸二铵 225 kg 左右作为底肥。
种子准备	当前，新疆栽培的冬小麦品种，北疆主要有'41'、'42'、'43'、'44'、'45'、'46'、'49'、'55'号，'石冬 0358'、'垦冬 200565'、'YND03102'、'新粮 201'、'阿农冬 4 号'等；适合盐碱地种植的品种有'新冬 26'、'新冬 34 号'等。专用强筋小麦品种主要有'新冬 23 号'、'中优 9507'、'Y20'、'新春 21'号和'新春 26 号'等；专用中强筋品种主要有'新冬 22 号'、'新冬 18 号'、'新冬 28 号'、'新春 6 号'、'新春 17 号'和'新春 27 号'等；中弱筋小麦品种主要有'新冬 20 号'、'新冬 24 号'、'新春 12 号'和'新春 15 号'等；新疆专用粉小麦品种品种特性单一，加工工艺还不能完全满足市场和加工工艺需求，须加快引进或培育。 播种前应进行选种、晒种和拌种。拌种按照每 100kg 麦种用 3%敌委丹悬浮种衣剂 200 mL，兑水 1.5 kg 拌匀，可防治小麦矮腥黑穗病、全蚀病、根腐病、雪腐病及早期锈病等；或每 100 kg 麦种用卫福 200FF 种衣剂 250～350 mL，兑水 1.5 kg 快速拌匀即可，可防小麦黑穗病、白粉病、锈病；或每 100 kg 麦种用 2.5%适乐时悬浮种衣剂 200 mL，兑水 1～2 kg 稀释药液，快速拌匀，可防小麦黑穗病、全蚀病、根腐病；或用 20%粉锈宁可湿性粉剂按种子量 0.3%拌种，可防小麦锈病、白粉病。生产中严禁在播种箱中边拌种边播种。
灌足底墒	底墒充足、表墒适宜，是小麦苗全、苗齐、苗壮的重要条件。新疆一般在播种前 10～15 d 进行沟灌补足底墒，赤地每公顷灌溉量在 1 200～1 500 m^3，秋茬地 900～1 200 m^3，灌后湿润深度 60～80 cm。
调试播种机	根据播种的要求，安装、调节、配置好农机具，具体要求是： (1)播种机各部件、零件要完好无损，易于损坏的零部配件要有足够的储备，以免临时损坏，停工待料。播前进行维修保养，保证运转正常。 (2)播种机的开沟器、圆盘、输种管、覆土环、划行器、镇压器、糖等必须按要求配齐。安装要符合技术要求，以保证播种质量。 (3)播种机必须带有肥箱及排肥装置。 (4)播种前要进行播深、播量、行距、交接行、下种均匀性、施肥量等技术参数的调试，然后进行试播，达到技术要求后，才能正式播种。

3.常见技术问题处理

(1)选地和整地(包括施肥)不到位对小麦有何表现和影响?

①选择贫瘠的地块种植小麦,表现为有机质、养分含量低,耕作层薄,结构差;

②底肥施用量不足或施肥不太合理;有机肥用量不足,施氮较多,施磷偏少;

③整地粗放。

由以上问题可以产生下列结果:

①播种质量不高,出苗率低,麦苗在田间分布不均匀,影响后期生长;

②幼苗生长质量差,抗逆能力下降。

(2)小麦种子为什么要晒种?

①伏晒麦种的目的在于促进后熟、防虫、防霉;

②播前晒种的目的在于增强种子生活力,提高发芽率。

(3)选择小麦栽培品种应避免哪些误区?

①片面求新。正规的农作物新品种一般是指经过区域试验、生产试验并经省(区)农作物品种审定委员会审(认)定,在产量、品质、抗性等方面表现优异的品种。但在市场上,一些单位和个人受利益驱动往往将刚培育出来、未经过区域试验及生产试验的新品系就以新品种的名义向农民宣传,有的甚至将已被淘汰的品系也冠以新品种的名义大量推销,结果使一些农民引种后造成减产或绝收。

②不看适应范围,盲目追求大穗型品种。大穗型小麦,其籽粒较大,同时种子外观也好看些,一般情况下也具有较高的增产潜力,但并不是说种植大穗型小麦品种就一定能获得高产。因为每个小麦品种都具有一定的地域适应性,外地的好品种不一定适宜在本地种植。通常情况下,越区种植品种,一般不能保证应有产量水平,且多数不能获得高产。科学的做法是根据市场需求,因地制宜选择商品性好、优良性状突出,且与当地的生态条件、土壤肥力相适应的品种。

③不看地力条件,片面追求高肥水品种。每个品种都有其适宜的地力水平,高肥水品种只有种在高肥水地块才能发挥其增产潜力,如果在中低产田种植,往往会出现早衰、干枯、籽粒不饱满、出粉率低、产量低等现象。同样,中肥水或旱地品种在高肥水地块种植,因其增产潜力有限,往往会发生倒伏现象,产量也上不去。

④偏听偏信广告宣传,盲目追风。一些地方的农民朋友往往会偏听偏信广告宣传,追求“新、奇、特、贵、高”品种,盲目认为品种越新越好,越奇越好,价格越贵越好,产量越高越好,这些观点都是错误的。科学的做法应是根据自家土地的种植茬口、地力水平、施肥水平等情况科学地选择品种,只有这样才能获得高产。也就是说科学选用品种是科学种田获得高产的关键。在选用品种时,应采取高产品种与稳产品种搭配,新品种与老品种搭配的方法,对从未种植过的新品种,不能偏听偏信广告宣传,第一年可少量购买进行试种,成功后第二年方可大量购买使用,以免因种子适应性差等原因造成经济损失。

(4)什么是优质小麦?

优质小麦通常指营养品质和加工品质优良,具有专门用途的小麦,比如面包小麦、饼干小麦等。

关于小麦品质的优劣,目前为各行业人士共同接受的品质评价主要指标是小麦的容重、湿面筋的含量和质量(收储企业以籽粒蛋白、湿面筋含量和稳定时间作为三大必备指标)。不同指标的小麦可分别加工强筋、中筋和弱筋面粉。一般籽粒蛋白高、湿面筋高的为强筋粉,反之为弱筋粉。

(二)播种

1. 职业岗位工作

选择适宜播期播种,监督播种技术落实,实现“一播全苗”。

2. 工作程序及操作技术和质量要求

工作环节	工作程序及操作技术和质量要求
适期播种	新疆由于棉花种植面积较大,收获较晚,轮作倒茬困难,导致小麦种植时间偏晚,出苗率低,幼苗瘦弱,往往达不到丰产长势长相要求。选择适宜品种、适期播种是新疆小麦实现丰产的前提。 确定适宜播期的依据: (1)品种特性　一般认为冬性品种16~18℃,半冬性品种14~16℃播种为宜。 (2)冬前积温　播种到出苗需积温120℃左右(播深4~5 cm),冬前主茎达到6叶左右,需要有效积温480~550℃。 (3)栽培体系及苗龄指标　不同栽培体系要求苗龄指标不同,因而播种适期也不同。精播栽培,主要依靠分蘖成穗,要求冬前6~7叶龄,播期要早。独秆栽培,要求控制分蘖,以主茎成穗为主,要求冬前3~4叶龄,播期要晚。 新疆北疆地区适宜播种时间9月15—25日,南疆适宜播种时间9月25日至10月5日。
精量播种	采用精量半精量播种:一般中产田播量195~225 kg/hm^2,高产田120~150 kg/hm^2。滴灌高产小麦要求基本苗600万~675万株/hm^2,最高茎蘖数1 500万/hm^2左右,有效收获穗数750万~825万穗/hm^2,播量一般达到450 kg/hm^2左右。
带好种肥	施用种肥能显著增产,是因为在小麦幼根旁施用速效养分,幼苗吸收快,生长健壮;磷肥促进小麦根系生长,可增加其抗逆性和根系吸收力。种肥施用30~45 kg/hm^2已足够,不必多施。播种时带种肥箱,不能与种子接触以免烧苗。
播种方式确定	条播是目前应用最多的一种方式,可分为等行距条播、宽窄行条播、宽幅条播和沟植沟播。 目前条播均采用24行播种机进行,播深3 cm。滴灌小麦播种与布毛管同时进行,1根毛管4行小麦,小麦行距为15 cm,毛管间距为60 cm,毛管埋深(覆土)1~2 cm。
播种质量	提高播种质量是培育冬前壮苗的一项重要措施。小麦播种质量的要求是: (1)播行端直　就是不论条田多长,播行看上去是笔直的一条线,不能弯弯曲曲,这样才便于管理。要想播直,要把土地规划好,插好起播线,保证第一趟播直。 (2)下籽均匀　指的是每个排种杯排出的种子在播行上要分布均匀。排种杯之间播量相差不能超过10%,不能有“疙瘩苗”和缺苗断片现象。要做到下籽均匀,种子必须精选干净,播种机手必须认真负责,经常检查排种杯的下种情况。 (3)接茬准确　指的是前后两个播幅之间的衔接要不重不漏恰到好处,允许误差为±3 cm。划行器要调节好,固定牢,采用梭播,避免套播。

续表

工作环节	工作程序及操作技术和质量要求
播种质量	(4)深浅一致 即播种深度要基本一致。冬小麦播种的适宜深度为 5 cm 左右。播种中要防止过深或过浅,一般限定在 4～6 cm。播种圆盘要调整好,土地要平整。播种机手要根据土质松紧和地势高低,随时调节深浅。 (5)覆土良好 指的是播下的种子,一定要盖上细土,不能有“浮籽”。地要疏松一致,细碎整齐,平播要带耱,覆土环要配齐。 (6)镇压确实 指的是播种覆土后必须要及时镇压,使种子和土壤接触紧密,便于吸水、扎根、发芽。要按照畦带好镇压器。墒情差播种后要及时“收地”。 (7)行距不变 指的是播种过程中,圆盘开沟器的距离要固定不变,以保证行距准确。行距要事先调整好固定牢,发现松动要随时纠正。 (8)提放整齐 指的是播种机手要认真负责在地头的起落线处及时升降,保证播种不重不漏。
播种后的管理	播种后 3 d 内要抓紧时间开挖并修好毛渠,毛渠两边还可补种,以防损伤和缺苗。毛渠间距因灌水方法和地形而异。坡度大的细流沟灌地宜长些,平原地区则宜短些,以保证均匀上水和灌匀灌适。做好渠系配套,并在地中打好横埂。

3.常见技术问题处理

(1)麦农咨询:什么是小麦精量、半精量播种,有什么要求?

小麦精量、半精量播种技术是一套高产、稳产、低耗、经济效益高和生态效益好的栽培技术体系。其中精量播种技术是在地力、肥水条件较好的基础上,适当降低基本苗(120 万～180 万基本苗/hm^2),依靠分蘖成穗为主,并运用综合配套栽培技术,使穗足、穗大、粒多、粒重、高产。精量播种每公顷用种量只需 75～80 kg。在中等肥力田块或高肥力的晚播田块,以及栽培技术条件和管理水平较差的田块,采用半精量(195 万～240 万基本苗/ hm^2)播种技术,在一定穗数基础上,主攻穗重,获得高产。

采用精量、半精量播种,要求选择土壤肥沃的土地,土壤有机质(%)>1.5,土壤全氮(%)>0.10,土壤速效氮(mg/kg)>80.0,土壤速效磷(mg/kg)>20,土壤速效钾(mg/kg)>300.0;并施优质农家肥 30～37.5 t/hm^2,纯氮 225 kg/hm^2,P_2O_5 150～225 kg/hm^2,K_2O 75～112.5 kg/hm^2,氮、磷、钾的比例为 1.0∶(0.7～1.0)∶(0.3～0.5),增施锌肥 15～30 kg/hm^2。施肥方法:氮素化肥的 50%作基肥,其余作追肥,磷、钾、锌肥及有机肥全部作基施。推广化肥深施技术及“氮肥后移”技术,追肥时间推迟到拔节、孕穗期前后。大力推广秸秆还田技术,还田秸秆 3 000～4 500 kg/hm^2。

(2)如何确定小麦适宜的播种量?

由于小麦易出苗,加之对小麦播前整地不太重视,一般田间出苗率在 70%左右,有些地区农民盲目加大播种量,甚至达到 375～450 kg/hm^2,造成小麦出苗后田间密度偏大,幼苗相互拥挤,单株发育较差,有效分蘖量减少,既浪费良种,又不便管理,而且影响产量。科学确定小麦播量要考虑以下几个因素。

①地力和水肥条件:地力基础较高、水肥充足的麦田,小麦的分蘖及单株成穗较多,基本苗

应少些；反之，肥力水平较低、水肥条件较差的麦田，小麦的分蘖和成穗都受到一定限制，单株分蘖少，成穗率也较低，基本苗应多些。

②品种特性：分蘖力强的品种基本苗宜少，分蘖力弱的品种基本苗宜多。

③播期早晚：适时播种，单株的分蘖和成穗数多，基本苗可适当少些，随着播期的推迟，单株分蘖数及成穗数都要减少。因此，随着播期的推迟，基本苗应逐渐增加。

④高产途径：精播栽培，以分蘖成穗为主夺高产，播种偏早，基本苗宜少，120 万～180 万株/hm^2；独秆栽培，以主茎成穗为主，由于播种晚，基本苗宜多，应增加到 600 万株/hm^2；常规栽培，播期适宜，主茎与分蘖成穗并重，基本苗数居中。

为了确保计划苗数的实现，要做好种子质量检验，还要根据当时土壤墒情和整地质量估计田间出苗率，然后计算确定播种量。计算公式如下：

$$\text{播种量}(\text{kg/hm}^2)=\frac{\text{计划每公顷基本苗数}\times\text{千粒重}}{1\ 000\times1\ 000\times\text{发芽率}\times\text{种子净度}\times\text{田间出苗率}}$$

(3)小麦播种影响麦苗质量最主要因素是什么？

小麦是很易出苗的作物，播种过程中覆土深浅对麦苗影响很大。覆土过深，出苗晚，幼苗弱，分蘖发生晚；覆土过浅，种子易落干，影响全苗，且分蘖节离地面太近，遇旱时影响根系发育，也不利于安全越冬。播种深度，应从防旱、防寒和促早苗、壮苗两方面考虑。播深以 3～5 cm 为宜。在土壤湿度较高的情况下，应适当浅播，一般在 2～4 cm。此外，播后要适时镇压，以使种子与土壤密切接触，便于种子吸水，有利于提高出苗率。

(三)前期管理

1. 职业岗位工作

前期管理是从小麦出苗到起身拔节前这一阶段的管理。要求及时开展苗情调查工作，根据苗情采取相关技术措施使麦田基本苗稳定在 225 万～275 万茎/hm^2，越冬前群体在 1 125 万～1 225 万茎/hm^2，单株具有 3 片叶以上的分蘖 2～3 个，次生根 6～7 条，达到植株匍匐，叶色为绿色，不发黑发黄；叶面积指数冬前为 0.5～1.0，返青期 1～1.5 的壮苗标准。

2. 工作程序及操作技术和质量要求

工作环节	工作程序及操作技术和质量要求
查苗补种	麦苗出土后，要及时查苗，发现缺苗严重的地方应立即用浸泡过的种子补种。对播后遇雨板结的麦田，应及时耙地破除板结，以利于出苗。
防治病虫害	较早播种的麦田，灰飞虱、蚜虫等虫害常发生较重，除为害麦苗生长以外，还易引起病毒病的蔓延，应及时防治。在积雪较厚的地区应注意防止全蚀病、雪腐病和雪霉病的发生。
分蘖期肥水的运用	对抢墒播种、基肥不足的麦田，于 3 叶期追分蘖肥，浇生根水，有促弱转壮、利于分蘖的作用。追肥量 30 kg/hm^2 左右，浇水量不宜太大。浇水后要及时中耕松土，防止土壤板结。对于已经施过基肥、水足的一般麦田或高产麦田，则不需施肥。

续表

工作环节	工作程序及操作技术和质量要求
适时冬灌	冬灌以“夜冻昼消”时最为适宜，在大面积生产上要提早进行，一般以日平均气温7～8℃时开始。浇水过晚，地面积水结冰，使麦苗窒息造成死苗，还可由于土壤表层水分饱和，因冻融原因而产生的挤压力使分蘖节受害，甚至把麦苗掀起断根，形成“凌抬”死苗。浇水过早，失墒较多，易受旱冻危害。如果越冬前土壤含水量相当于田间持水量的80%以上，可不冬灌。对于底墒充足的晚茬麦，为了利用初冬和早春两个冻融时期间歇的有效积温来提高地温，争取较多分蘖，也不宜冬灌。要不要结合冬灌追冬肥，可因地、因苗而定。地力差，基肥不足，冬前群体偏小，长势较差的缺肥弱苗，一般应结合冬灌进行追肥，氮肥用量占总追肥量的20%～30%。这次施肥实际上是冬施春用，作用与返青肥相似。
返青期肥水的运用	对冬前群体适宜的壮苗或偏旺苗，在冬前肥水充足的情况下，返青期应以控制春季分蘖为主，不追肥，不浇水。在南疆对基肥不足又未施冬肥的弱苗，应早施返青肥；墒、肥均缺时，应及时追肥浇水。浇返青水的时间，一般掌握5 cm地温稳定通过5℃，地完全化冻后进行，不可过早，以免降低地温，地表板结，形成“小老苗”，对麦苗生长不利。但对于严重缺墒地块应适当早浇。 破雪追肥施药防病：对于适期播种冬麦，在早春当积雪即将融化，连续2～3 d最高气温在－2～0℃、雪层厚度在5 cm以上时，采用条播机条播尿素120～150 kg/hm^2；同时在尿素中混拌15%三唑酮可湿性粉剂120 g＋50%多菌灵粉剂150 g于雪层中，促苗及防治雪腐雪霉病等危害。
耙地、镇压、中耕除草	麦田耙地或中耕是麦区返青期的重要作业，可增温、保墒、通气，促进麦苗早发。对于生长过旺的麦苗可进行深中耕，切断部分根系，抑制地上部生长，减少分蘖，壮秆防倒。春季对单株分蘖多、群休大、叶片长、苗高的旺长麦田，或春季有可能出现旺长趋势的麦田，要及早采用石磙等方法进行镇压，控制旺长。尤其是对于整地粗放、坷垃多，或采用旋耕播种，或秸秆还田量大的麦田，必须全面进行镇压。镇压时要掌握压干不压湿、不压冻，并与中耕结合起来，最好是先压后锄，使土壤上虚下实，以达到提墒保墒增温的效果。
麦田化学除草与化控	化学除草是麦田除草经济有效的措施。一般在返青以后，随着气温的增高，杂草生长比较快。麦田杂草主要为十字花科、藜科等双子叶植物杂草。拔节前要及时化控，一般用矮壮素3～3.75 kg/hm^{2}兑水240 kg进行叶面喷施；或用多效唑40 g兑水16 kg进行叶面喷施，若麦苗仍然偏旺，7 d左右还需再化控一次。防除野燕麦、狗尾草、稗草等禾谷类杂草，用炔草酯20 g＋苯磺隆30 g/hm^{2}兑水450 kg喷雾；或用15%精吡氟禾草灵乳油750～900 mL/hm^{2}兑水450 kg喷雾。

3.常见技术问题处理

(1)冬小麦冬灌有什么好处？

适时冬灌有多方面的作用，如可以缓和地温的剧烈变化，防止冻害；为返青保蓄水分，做到冬水春用；可以踏实土壤，粉碎坷垃，防止冷风吹根；可以消灭地下害虫。总之，冬灌是冬小麦在越冬期和早春防冻、防旱的关键措施，对安全越冬、稳产增产有重要作用。

(2)冬前旺长麦田怎么管理?

旺长麦田一般分为两类:一类是播种偏早的麦田,植株较高,叶片较长,小麦生育进程较快,小麦可能提早拔节,会遭受春季倒春寒的危害;第二类是适期播种,播量偏大的旺长麦田,植株密集窜高生长,如不控制生长,在拔节期间会造成田间郁蔽,光照不良,招致倒伏危险。对这两种旺长麦田,春季应采取先控再促,控促结合的措施,主要抓好以下几项措施。

①适时镇压。在小麦返青期和起身期镇压,能控制地上部生长和过多分蘖的发生,在早春气温偏高的情况下,还能抑制小麦生育进程过快,避免其过早进入拔节期,是控旺转壮的好措施。镇压时要在上午10时以后无霜时开始,注意有霜冻麦田不压,以免损伤麦苗;盐碱涝洼地麦田不压,以防土壤板结,影响土壤通气;已拔节麦田不压,以免折断节间,造成穗数不足。

②喷施化控剂。对于旺苗麦田,在小麦起身期前后喷施壮丰安等化控药剂,可有效缩短基部第一节间的伸长,控制植株过旺生长,促进根系下扎,防止生育后期倒伏。

③适当推迟春季追肥浇水时间。对于旺长麦田,没有出现脱肥现象的,返青期不要施肥浇水,注重镇压、化除和喷施化控剂等措施。

春季追肥浇水时间依苗情分类进行:第一,播种期偏早形成的旺长麦田,由于年前植株营养体生长过旺,叶片薄而长,抗寒力差,消耗过大,春季很容易由旺转弱,如果这类麦田群体不大,早春每公顷总茎数在1 200万以下,可以看苗情在起身初期追肥浇水;如群体偏大,可在起身后期追肥浇水。第二,适时播种因播种量偏大形成的旺长麦田,往往长势旺盛,春季应适当蹲苗控制,避免过多春季分蘖发生,并在拔节初期施肥浇水。

(3)案例:吴俊和李宝两家的麦地相邻,2019年两人均在春季用矮壮素进行化控,两家购买的矮壮素是相同的品牌,用量也相同,有所不同的是时间;但是后期李宝家的麦地还是倒伏,他们去咨询了专家,问其原因。

专家通过询问两家矮壮素的应用量、应用时间和其他管理技术措施的应用等发现,在相同的管理模式下,由于李宝错过了最佳化控时间,作用不理想,又由于今年的雨水多,还是出现了倒伏。

专家建议:喷施矮壮素方法是在小麦拔节前,每公顷用25%矮壮素水剂1.2～1.5 L和磷酸二氢钾2.25 kg,兑水450～600 kg,均匀喷雾。小麦化控可以和春季除草相结合,但是应注意使用的除草剂种类,避免对周围的双子叶作物产生药害。

(4)哪些因素会造成新疆冬小麦越冬死苗?

①内因:种植了抗寒、抗旱、抗雪腐病能力差的品种,或播种过早,冬前穗分化到二棱期的麦苗,耐寒能力减弱,遇冻害常严重死苗,一些晚弱苗,本身积累的糖分少,遇寒、旱也容易出现死苗。

②外因:A. 土壤底墒不足,冬春又少雨雪、多寒风,加剧土壤干旱,使小麦分蘖节处在冷暖骤变的土层中,致使小麦严重死苗、死蘖;B. 盐碱土壤中的盐分也可导致小麦生理脱水而死亡,再如冬性弱、分蘖节较浅的小麦品种,易遭受地温温差大的危害;C. 欠墒播种,麦株生长发育不良,而播种过晚、过深、过密易形成弱苗,不利于小麦安全越冬,在底墒不足的情况下,不浇冻水,而导致旱寒交加而死苗;D. 土地不平整,冬灌积水或春季融雪积水,积水处小麦容易窒息死亡。

(四)中期管理

1.职业岗位工作

中期管理是从小麦起身拔节到开花期这一阶段的管理。根据生产技术管理计划、田间苗情诊断,确定适宜管理技术措施,并做好田间档案记录,实现穗大粒多,壮秆不倒,同时为籽粒形成和成熟奠定良好基础的栽培目标。管理的麦田拔节期群体总茎数控制在 1 350 万～1 500 万茎/hm^2,孕穗期群体总茎数在 600 万～650 万茎/hm^2,叶面积指数拔节期在 3.0～4.0,挑旗期在 5.0～6.0。

2.工作程序及操作技术和质量要求

工作环节	工作程序及操作技术和质量要求
根据拔节期不同苗情,搞好水肥管理	(1)对"马耳朵"苗大力促　"马耳朵"苗是指拔节期的弱苗,这种苗植株矮小,叶片瘦小发黄,直立如马耳状,表明其水肥营养不良。对这种苗要吃饱喝足往前赶,由弱变壮。一般应在拔节期或拔节前施肥浇水,孕穗期如若叶片仍发黄,二水时再追施尿素 30～60 kg/hm^2。 (2)对"猪耳朵"苗要严格控制　"猪耳朵"苗是指旺苗,即群体过大(总茎数为 1 500 万～1 800 万/hm^2),叶片肥大发"黑绿",叶片自中部柔软下垂如猪耳,表明肥水营养过剩。对此类苗,头水尽量拖至基部 1、2 节定型后再浇,二水相应延迟;还可以在拔节前镇压,或喷施矮壮素、多效唑、壮丰安等加强控制。喷施矮壮素方法是在拔节前 1 周和后 1 周各喷一次,每次用量为 1.5～1.8 kg/hm^2。 (3)对"驴耳朵"苗则要以促为主,促控结合,巧管理　"驴耳朵"苗指壮苗,即群体合理,植株矮壮,叶色青绿,叶片宽窄挺拔,顶端部稍有下垂,呈驴耳状,表明肥水营养恰到好处。对这类苗要巧管理,一般头水拔节后 1 周后浇,如果 1 周后叶色变淡,结合头水追尿素 90～120 kg/hm^2;如果仍浓绿,暂时不追,二水转黄,补追尿素 30～45 kg/hm^2。 麦田追肥一般都是在浇水前撒施,在小麦拔节前也可利用条播机在田间条施,效果较好。近几年随着品种的更换,早熟品种种植比重越来越大,小麦的头水时间有所提前,一般在 4 月 20 日左右开始上头水,南疆地区更早。二水与头水时间不要间隔太长,一般不超过 10～15 d。
防治病虫害	病虫害主要有小麦皮蓟马、蚜虫、麦秆蝇、白粉病和锈病。病虫防治时,应抓住时机提早防治。

3.常见技术问题处理

(1)为什么小麦根外追肥能够增产?

小麦根外追肥是一项简便有效的增产措施,增产幅度一般都在 10%以上。对于一般麦田,可在小麦扬花期和灌浆初期,用 3%氮、磷二元复合肥或氮、磷、钾三元复合肥叶面喷施;对于后期脱肥或有早衰趋势的麦田,可在小麦抽穗期、灌浆初期和中期,用 2%尿素溶液各喷一次;对于高产麦田,为了防止倒伏,可在小麦抽穗后用 0.3%～0.4%磷酸二氢钾溶液连喷 2～3 次即可。

(2)小麦缺素症的识别及采用的措施。

①缺氮症:植株矮小瘦弱,生长缓慢,叶片狭窄,叶色淡绿,严重时叶片由基部向上变黄,尖端干枯致死,多无分蘖,次生根数目少,茎秆细弱。

矫正:苗期、返青期缺氮,每公顷可追施尿素 75 kg,拔节期再追施 150～225 kg。

②缺磷症:麦苗生长缓慢,叶片呈现暗绿色,无光泽,新叶蓝绿,叶尖紫红,茎秆瘦弱,少分蘖,根系发育不良,抽穗扬花时间推迟,小麦空秕粒增多,千粒重下降。

矫正:苗期缺磷,每公顷可追施磷酸二铵 150～225 kg;中后期缺磷,在孕穗扬花初期每公顷用磷酸二氢钾 3～3.75 kg,兑水 750 kg 叶面喷施,每隔 7～10 d 喷一次,连喷 2～3 次。

③缺钾症:麦苗下部老叶的叶尖、叶缘先变黄,而后逐渐变褐色,远看似火烧状,严重时整叶干枯,茎秆细小柔弱,易倒伏。

矫正:苗期每公顷施用 150 kg 氯化钾;也可在小麦生长中后期叶面喷施 0.2%～0.3%磷酸二氢钾水溶液 750 kg,每隔 7～10 d 喷一次,连喷 2～3 次。

④缺锌症:麦苗叶片失绿,心叶白化,中后期植株矮小,叶小而脆,根系变黄,空秕粒多,千粒重低。

矫正:在苗期和拔节期每公顷用 2.25～3 kg 硫酸锌兑水 750 kg 进行叶面喷施。

(五)后期管理

1.职业岗位工作

后期管理是从小麦开花到成熟这一阶段的管理。根据生产技术管理计划、田间生长情况诊断,确定适宜管理技术措施,并做好田间档案记录,尽量延长上部叶片功能期,提高光合效率,促进灌浆,实现粒多、粒重的栽培目标。这样管理的麦田灌浆期间叶面积指数能较长时间保持在 3.0～4.0,叶片变黄枯死较慢。

2.工作程序及操作技术和质量要求

工作环节	工作程序及操作技术和质量要求
浇好灌浆水	小麦开花期间是体内新陈代谢最旺盛时期,日耗水量最多,对缺水反应敏感。开花后的籽粒形成期对水分要求较多,缺水会导致籽粒退化。此期土壤水分应保持田间持水量的 75%左右。因此,土壤干旱时应浇一次抽穗扬花水。小麦进入灌浆以后,适时浇好灌浆水,有利于防止根系衰老,达到以水养根、以根保叶、以叶促粒的目的。后期浇水应注意天气变化,防止浇后遇风雨倒伏。
根外追肥	小麦后期还需要一定数量的氮素和少量的磷素营养。对有脱肥现象的麦田,可于抽穗开花期喷施 1%～2%的尿素溶液或 2%～3%的过磷酸钙浸出液,有贪青晚熟趋势的麦田,可喷 0.2%的磷酸二氢钾溶液,以加速养分向籽粒中运转,提高灌浆速度。
防治病虫	白粉病、锈病、蚜虫、吸浆虫等是小麦后期常发生的病虫害,对于粒重和品质影响很大,应及时防治。
防御干热风	对于易发生干热风的地区,在预测预报的基础上,除保证后期需水外,也可以采用石油助长剂等,在扬花期和灌浆期各喷一次,用量为 1.5 kg/hm^2;或用磷酸二氢钾防御。

3.常见技术问题处理

(1)案例:李强在电视中看见别的地区农民介绍,在小麦开花后,结合防治病虫害和干热风,田间叶面施肥,可以增产,2019年也按照电视上介绍的方法应用,发现就是比邻居家的小麦生长好。

小麦中后期保持良好的营养可以延长上部叶片的功能期,提高光合效率,促进光合产物的转化运转,有利于小麦籽粒灌浆饱满和增重。特别是在小麦生育后期,根系进入衰老阶段,吸收能力减弱,根系施肥利用率低,但小麦生长发育还需要适宜的营养水平,这时采用根外追肥将肥料直接喷洒在叶面上被植株吸收利用,可防止后期缺肥而造成减产,是小麦夺取高产的一项关键措施。

小麦根外追肥时期、选择的肥料品种和喷施浓度,要根据小麦长势、土壤养分状况和气候等具体情况来确定。

一般灌浆初期至乳熟期进行叶面喷氮都有较好的效果。抽穗到乳熟期如叶色发黄、脱肥早衰麦田,重点喷施氮肥,用1%~2%的尿素溶液进行叶面均匀喷洒,用量为450 kg/hm^2,增产效果十分显著。喷洒时间一般在晴天下午6时以后或上午9时以前喷施较好,风雨天或正午不宜喷施,切忌在中午前后喷洒,以免烧叶。没有早衰现象的高产麦田和有可能贪青晚熟的麦田不要喷施氮肥。对于高产麦田,为了防止倒伏,可在小麦抽穗后用0.3%~0.4%磷酸二氢钾溶液,用量为450 kg/hm^2,连喷2次即可。

(2)如何有效防御干热风对小麦生产的影响?

新疆是我国干热风最严重的地区之一。在小麦开花灌浆成熟期,遇到干热风,轻者穗芒尖干枯,上部叶片凋萎;重者穗、芒、颖壳、茎秆全部干枯,整个植株灰白,籽秕瘦,腹沟深,皮层厚,千粒重下降而减产。

干热风对小麦的危害是干燥、高温和风3个气象因素综合作用的结果,使小麦的正常生理功能破坏,造成植株死亡而减产。干热风的指标各地不一,新疆干热风的综合指标主要依据干热风强度、持续时间、小麦的受害程度而定。

干热风的预防措施,除了选用抗干热风品种,营造防护林带,合理灌水,加强管理外,还有以下几方面措施。

①巧浇麦黄水。在小麦成熟前10 d左右浇一次麦黄水,可以明显改善田间小气候条件,减轻干热风危害,并有利于麦田套种和夏播。

②叶面喷肥。在小麦开花至灌浆初期,用1%~2%尿素溶液、0.2%磷酸二氢钾溶液、2%~4%过磷酸钙浸出液作叶面喷肥,每公顷喷洒750~1 500 kg,可以加速小麦后期的生长发育,预防或减轻干热风危害,一般增产8%~15%。

③叶面喷醋。在小麦灌浆期,用0.1%醋酸或1∶800食用醋溶液叶面喷施,可以缩小叶片上气孔的开张角度,抑制蒸腾作用,提高植株抗旱、抗热能力;同时,醋酸还能够中和植株在高温条件下降解产生的游离氨,从而消除氨对小麦的危害。

④叶面喷激素。在小麦齐穗期和扬花期,用0.5 mg/kg三十烷醇溶液各喷一次,可使穗粒数增加8.1%,千粒重提高5.6%~6.8%,增产10%~20%;在小麦扬花至灌浆期,每公顷喷1 000倍液石油助长剂溶液750 kg,能防御干热风,增加千粒重,平均增产7.8%;在小麦灌浆前,每公顷喷40 mg/kg萘乙酸溶液750 kg,能增加千粒重;在小麦灌浆期,每公顷喷60 mg/kg苯氧乙酸溶液25 kg,也能防御干热风,增加千粒重。

⑤氯化钙闷种。播种之前将小麦种子用1%的氯化钙溶液(10 g氧化钙兑水10 kg闷种100 kg)均匀地喷在种子上,拌匀,然后堆起闷种4～6 h后,摊开晾干即可播种。

⑥喷硼。以硼砂为原料,浓度为0.1%;以硼酸为原料,浓度为0.05%～0.1%,每公顷用溶液120～1 500 kg,于开花灌浆期各喷1次,可增强光合强度,促进麦株对氮、磷、钾的吸收,减少不孕,增强穗粒数和千粒重。

(六)病虫害防治

麦田常见虫害主要有小麦皮蓟马、麦蚜、锈病、白粉病、雪腐病等。

1.职业岗位工作

按照小麦病虫害发生规律,在小麦不同生育时期识别调查发生情况,及时采取有效防治措施。

2.工作程序及操作技术和质量要求

病虫害	形态识别	防治方法
小麦条锈病 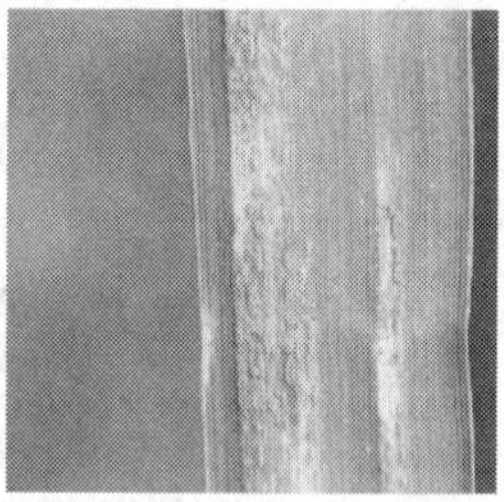 	主要发生在叶片上,发生严重时叶鞘、茎秆、穗部、颖壳及芒上也有发生。发病叶片上产生铁锈状物(夏孢子堆)。病斑为小长条状,鲜黄色,椭圆形,与叶脉平行,且排列成行,像缝纫机轧过的针脚一样,呈虚线状,后期表皮破裂,散出铁锈色粉状物。	(1)选用抗病品种。 (2)药剂防治:①药剂拌种。用种子重量0.30%(有效成分)三唑酮(粉锈宁)拌种。②春季叶面喷雾。小麦拔节或孕穗期病叶普遍率达2%～4%,严重度达1%时开始喷洒20%三唑酮乳油可湿性粉剂1 000倍液、25%敌力脱(丙环唑)乳油2 000倍液,做到普治与挑治相结合。可兼治条锈病、秆锈病和白粉病,隔10～15 d喷1次,防治1～2次。
小麦叶锈病 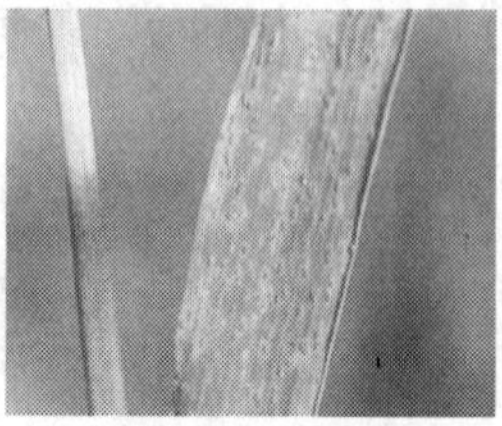	主要危害小麦叶片。病斑色泽与条锈病相似,只是病斑排列比条锈病散乱。	同小麦条锈病的防治方法。

续表

病虫害	形态识别	防治方法
小麦白粉病 	该病可侵害小麦植株地上部各器官，但以叶片和叶鞘为主，发病重时颖壳和芒也可受害。该病发生时，叶面出现白色霉点，后逐渐扩大为近圆形至椭圆形白色霉斑，霉斑表面有一层白粉，遇有外力或振动立即飞散。	(1)种植抗病品种。 (2)药剂防治　①用种子重量0.3%的25%三唑酮(粉锈宁)可湿性粉剂拌种。②当小麦白粉病病情指数达到1或病叶率达10%以上时，开始喷洒20%三唑酮乳油1 000倍液或40%福星乳油8 000倍液。
小麦散黑穗 	主要在穗部发病，病穗比健穗较早抽出。最初病小穗外面包一层灰色薄膜，成熟后破裂，散出黑粉(病菌的厚垣孢子)，黑粉吹散后，只残留裸露的穗轴。	药剂拌种。用种子重量63%的75%萎锈灵可湿性粉剂拌种，或用种子重量0.08%～0.1%的20%三唑酮乳油拌种。拌后堆闷6 h，可兼治腥黑穗病。
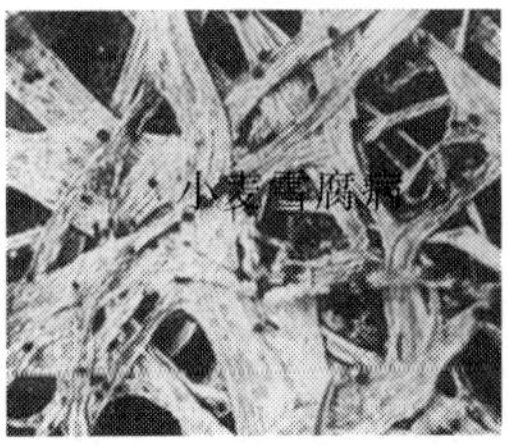	小麦雪腐病发生于冬麦苗期，为害根、叶和叶鞘。病苗在积雪下腐死，似开水烫过，柔软、色深。受害部位上生有灰白色的松软菌丝体。积雪融化后，病苗呈枯死状，病部可见许多大小、形状不等的黑色小菌核。	(1)轮作倒茬。 (2)重病区避免在低洼的下潮地种冬麦。融雪后及时排除积水。 (3)适期播种，搞好水肥管理、培育壮苗。 (4)用种子重量的0.3%的敌克松或甲基托布津拌种。 (5)降雪前7～10 d喷洒70%敌克松800倍液或波尔多液预防。
麦蚜 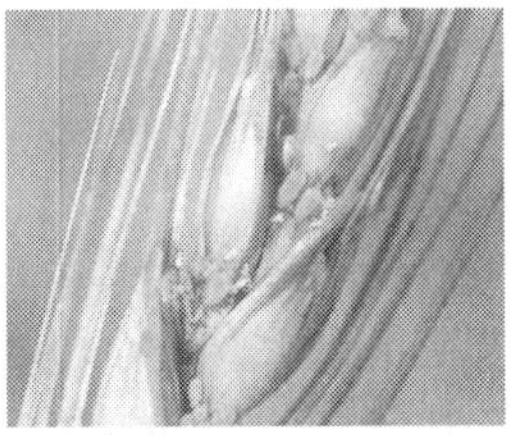 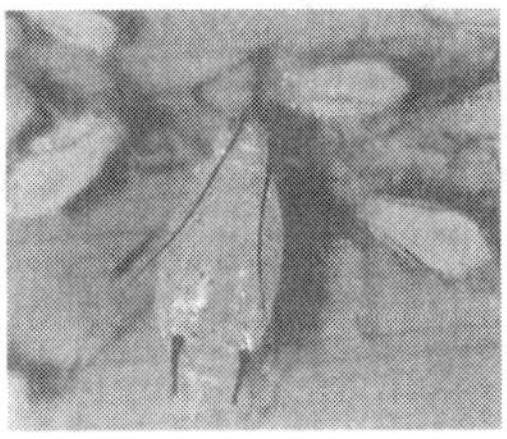	新疆常见的麦蚜有麦二叉蚜和麦长管蚜。	(1)保护利用天敌　新疆捕食麦蚜的天敌很多，如多种瓢虫、草蛉、食蚜蝇、蚜茧蜂、蜘蛛等。七星瓢虫成虫日食蚜量100头，每亩有七星瓢虫500头以上，即可控制麦蚜。 (2)药剂防治　防治麦蚜时应注意保护利用天敌，最好选择高效和对天敌伤害小的药剂，如20%抗蚜威、2.5%的敌杀死1 500～2 000倍液等。

续表

病虫害	形态识别	防治方法
小麦皮蓟马 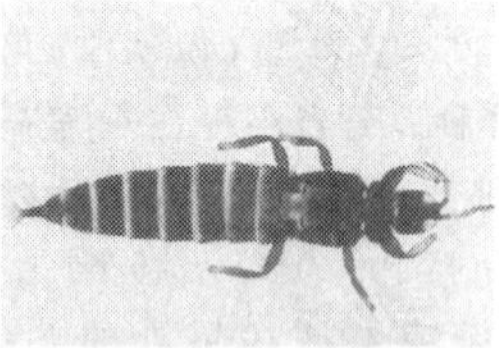	成虫体长 1.5～2.2 mm，体黑褐色。初孵若虫浅黄色，后变橙红色。主要潜伏在颖壳内为害。	(1)在小麦孕穗期，大批皮蓟马成虫飞到麦田产卵时，及时喷洒10%吡虫啉可湿性粉剂、1.8%爱比菌素乳油。 (2)在小麦扬花期，注意防治初孵若虫。可喷洒 2.5%保得乳油2 500 倍液。
麦秆蝇 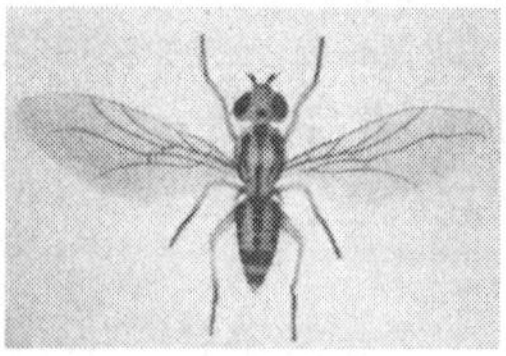	雄成虫体长 3～3.5 mm，雌虫 3.7～4.5 mm，体为浅黄绿色，复眼黑色，胸部背面具 3 条黑色或深褐色纵纹，中间一条纵纹前宽后窄，直连后缘棱状部的末端，两侧的纵纹仅为中纵纹的一半或一多半，末端具分叉。末龄幼虫体长6～6.5 mm，黄绿色或淡黄绿色，呈蛆形。	当麦秆蝇成虫已达防治指标，应马上喷洒 10%吡虫啉可湿性粉剂2 500 倍液，或阿立卡(22%)噻虫·高氯氟 3 000 倍液。

3.常见技术问题处理

(1)小麦条锈病、叶锈病和秆锈病三者病斑的区别：条锈整齐，叶锈乱，杆锈是个大红斑。

(2)病害防治以预防为主，特别是小麦散黑穗病，主要通过种子带菌而发病。因此，防治小麦散黑穗病重在选择无病原的种子和药剂拌种，当在田间发现散黑穗病株时，喷药防治已经不起作用，也就不必再喷药。

(3)在产棉区，如果麦蚜、小麦皮蓟马等害虫的为害不是很严重的情况下，麦田最好不要喷洒杀虫剂，以利于保护麦田的天敌，为后期控制棉田害虫打下良好的基础。

(4)麦田使用 2,4-D 丁酯进行化学除草时，一定要选择无风和麦田周围种植的阔叶作物出苗之前使用，以免发生药害。

(七)收获贮藏

小麦收获过早，千粒重低、品质差，脱粒也困难。收获过晚，易掉穗、掉粒，还会因呼吸作用及遇雨淋洗，使粒重下降。在小麦植株正常成熟情况下，粒重以蜡熟末期最高。

但在大田生产条件下，因品种特性(落粒性)、天气、收割工具等不同，适宜收获期又有所变化。人工收割或机械分段收割的，割后至脱粒前，有一段时间的铺晒后熟过程，可在蜡熟中末期收割，或提早到蜡熟中期收割。机械直接收获(联合割脱)，则宜在完熟初期进行，过早籽粒含水量高，导致脱粒过程的机械损伤和脱粒不净，过晚会因掉穗、掉粒等增加损失。用作种子的收获期也应以蜡熟末期和完熟初期为适宜期。

新疆北疆冬小麦的收获时间一般在 7 月初，南疆比北疆早 15～20 d。收获后小麦应及时干燥，使籽粒含水量降至 13%以下方可入仓。

【知识延伸】

1. 参阅相关资料,了解冬小麦生长发育、品种特性各项指标调查技术。

2. 参阅相关资料,学习掌握冬小麦主要病虫害病情指数、为害率调查技术。

3. 参阅相关资料,了解新疆有哪些主栽冬小麦品种,各品种特性和栽培技术要点。

4. 参阅相关资料,了解世界小麦技术发展趋势。

【课后作业】

1. 研究制订冬小麦 7 500～9 000 kg/hm^2 高产栽培技术规程。

2. 研究北疆博尔塔拉滴灌小麦高产栽培技术规程,对比滴灌与非滴灌小麦播量,施肥和灌溉技术的差异,并分析技术原理与原因。

三、顶岗实习工作过程作业记录单

<table>
<tr><td colspan="6">1. 生产计划与成本预算</td></tr>
<tr><td>种植面积</td><td></td><td>种植户</td><td></td><td>地块编号</td><td></td></tr>
<tr><td>选用品种</td><td></td><td>预计产量</td><td>kg/hm²</td><td>预计售价</td><td>元/kg</td></tr>
<tr><td rowspan="8">生产投入</td><td colspan="2">土地承包费</td><td>元/hm²</td><td rowspan="4">成本合计</td><td rowspan="4">元/hm²</td></tr>
<tr><td colspan="2">种子</td><td>元/hm²</td></tr>
<tr><td colspan="2">化肥</td><td>元/hm²</td></tr>
<tr><td colspan="2">农药与施药</td><td>元/hm²</td></tr>
<tr><td colspan="2">水费</td><td>元/hm²</td><td rowspan="4">预期效益</td><td rowspan="4">元/hm²</td></tr>
<tr><td colspan="2">机耕费(耕、耙、播、收)</td><td>元/hm²</td></tr>
<tr><td colspan="2">雇工</td><td>元/hm²</td></tr>
<tr><td colspan="2">其他</td><td>元/hm²</td></tr>
<tr><td colspan="6">根据生产计划制订冬小麦高产栽培技术方案(丰产计划)</td></tr>
</table>

<table>
<tr><td colspan="3">2. 备耕检查</td></tr>
<tr><td>检查项目</td><td>检查记录</td><td>评价</td></tr>
<tr><td>土地耕翻墒情(耕地质量、灌溉情况)</td><td></td><td></td></tr>
<tr><td>种子质量与种子处理</td><td></td><td></td></tr>
<tr><td>播前整地质量(墒情、土壤平整、细碎等)</td><td></td><td></td></tr>
<tr><td>播种机调试准备(播量调试、机械工作状况等)</td><td></td><td></td></tr>
</table>

续表

3.田间管理与作业质量检查

项目		时间	检查记录（技术措施、指标、作业质量）	评价
播种质量（种肥、下种量、播深、覆土、镇压、浮籽、漏重播等）				
冬前灌溉与管理情况				
春季耙地				
追肥（追肥种类及用量、深度、均匀度、覆盖等）				
灌溉（灌溉量、技术标准）	头水			
	二水			
	三水			
	四水			
	五水			
化控与化学除草				
收获（收获方式、损失）				

4.病虫害调查与防治记载

病虫害名称	病情指数、为害率调查	防治措施	效果

5. 生育期及品种特性记载

	播种期	出苗期	分蘖期	越冬期	返青期	起身期	拔节期	孕穗期	扬花期	成熟期
生育期										

	株高/cm	倒伏率/%	成穗率/%	腹沟	冠毛	粒色	籽粒容重/(g/L)	含水量/%
品种特性								

6. 测产与效益分析

<table>
<tr><td rowspan="5">测产</td><td rowspan="3">产量构成因素法</td><td>穗数/hm^2</td><td>穗粒数</td><td>千粒重/g</td><td colspan="2">产量/(kg/hm^2)</td></tr>
<tr><td></td><td></td><td></td><td colspan="2"></td></tr>
<tr><td colspan="5">计算公式:穗数×穗粒数×千粒重×0.9/1000</td></tr>
<tr><td rowspan="2">实测法</td><td colspan="3">按照种植面积取150 m^2 测产样点若干,收取麦穗自然风干,取籽粒称重,测籽粒含水量。</td><td colspan="2">产量/(kg/hm^2)

</td></tr>
<tr><td colspan="5">计算公式:150 m^2 测产样点产量(kg)平均数×10 000×水分校正系数/150</td></tr>
<tr><td rowspan="10">效益分析</td><td rowspan="8">实际发生成本核算</td><td colspan="2">土地承包费</td><td colspan="3">元/hm^2</td></tr>
<tr><td colspan="2">种子</td><td colspan="3">元/hm^2</td></tr>
<tr><td colspan="2">化肥</td><td colspan="3">元/hm^2</td></tr>
<tr><td colspan="2">农药与施药</td><td colspan="3">元/hm^2</td></tr>
<tr><td colspan="2">水费</td><td colspan="3">元/hm^2</td></tr>
<tr><td colspan="2">机耕费(耕、耙、播、收)</td><td colspan="3">元/hm^2</td></tr>
<tr><td colspan="2">雇工</td><td colspan="3">元/hm^2</td></tr>
<tr><td colspan="2">其他</td><td colspan="3">元/hm^2</td></tr>
<tr><td>平均产量</td><td>kg/hm^2</td><td>市场价格</td><td colspan="2">元/kg</td></tr>
<tr><td>副产品收入</td><td>元/hm^2</td><td>种植效益</td><td colspan="2">元/hm^2</td></tr>
</table>

续表

7. 生产技术问题处理记录				
时间	生产问题	原因分析	处理措施	效果

8. 冬小麦高产栽培技术总结

第三节　知识拓展

一、春小麦生育特点及栽培技术要点

新疆春小麦的种植面积占总种植面积的 30%～40%，随着产业结构的调整及生产的需要，春小麦的种植面积会增大。

(一)春小麦的生长特点

1. 生育期短，生长速度快，器官形成量少

新疆种植的春小麦品种生育期一般为 90～110 d，营养生长和生殖生长时期都比冬小麦显著缩短，主要是苗期缩短；从开始产生分蘖到拔节一般为 15～20 d，根系量和分蘖均较少，且分蘖成穗率低。一般春小麦的叶片数为 6～7 片，节间数为 5～6 节，均比冬小麦少，数目较稳定。因此，要获得高产必须密植。

2. 分蘖与幼穗分化同时进行

在正常条件下，春小麦出现 3 片叶后，便开始产生分蘖，与此同时，幼穗分化也开始进行。春小麦 3 叶期是春小麦生长的转折期，也是生长的高峰期。因此，3 叶期前后的肥水管理，是形成高产的关键措施。

3. 幼穗分化早，进程快

春小麦在 3 叶期前后，幼穗开始分化。幼穗分化的进程较快，分化的总日数一般为 35～45 d，尤其是小花分化以前的各个时期均比冬小麦幼穗分化的时间缩短，形成的小穗数目较冬小麦形成的小穗数目少。春小麦要高产，必须特别注重适期早播，以延长幼穗分化前期时间，争取形成大穗。

4. 不同地区，生长时间差异较大

冬小麦生长速度的快慢主要取决于日照时数和温度的高低，而春小麦生长速度的快慢主要取决于温度。因此，在温凉的地区，春小麦生长期较长，尤其是生育后期长，利于灌浆，成熟好，品质优；而平原地带的春小麦，生长速度加快，后期遇到较高温度条件时，易受干热风危害，灌浆时间短，成熟差，品质劣。

(二)春小麦的栽培技术要点

春小麦不同种植区，气候、土壤、地形地势差异较大，栽培制度、栽培水平均有较大的差异，但与冬小麦相比，在栽培上有着共同的特点。

1. 适期播种，提高播种质量

(1)适期早播增产的原因

①适期早播，有利于抢墒播种，获得全苗壮苗，为丰产奠定基础。盐碱地在返浆之前播种，既能正常播种，不延误播种期，又有利于争取全苗及壮苗。

②早播分蘖期延长，有利于提高分蘖成穗率。适期早播，分蘖期提前，且时间延长，分蘖多，质量好，有利于实现增穗、增产。

③适期早播，生育期延长，产量增加。春小麦生育天数与产量呈正相关，播种期早，生长发

育处于较适宜的温度条件下，利于各器官的正常发育。播种晚，温度较高，生长发育速度加快，各器官发育时间短，有机物质积累少，产量低。

④适期早播，有利于形成大穗。春小麦是长日照植物，播种早，温度低，日照时间较短，能延长幼穗分化的时间，有利于增加穗粒数，形成大穗。

⑤适期早播，生长发育提前，能减轻自然灾害，增强抵抗能力。春小麦适期早播，其抽穗期和成熟期相应提前，可以减轻高温和干热风的危害，有利于灌浆，增加粒重。在冷凉的山区适期早播，可以提早成熟，有利于提高品质，躲避冰雹的危害。适期早播，春小麦在较低的温度条件下，根系发育良好，入土深，根系量大，吸收能力强，提高抗旱和抗倒伏能力，有利于增产稳产。

春小麦适期早播的时间，一般以当地昼夜平均气温稳定在0～2℃、表土化冻5～7 cm时为适宜的播种期。新疆各地春小麦适宜的播种期，阿克苏地区一般为2月下旬，吐鲁番地区一般为2月下旬至3月上旬，哈密和焉耆春麦区一般为3月中旬至4月上旬，阿勒泰至巴里坤及各地山区一般为3月下旬至4月中旬。

(2)适期早播的措施

①冬前将麦田整成待播状态。新疆春季气温回升较快，风多，土壤蒸发失水严重，春小麦适宜播种期较短，春季整地质量较差。冬前将土地准备工作做好，达到地平、肥足、墒好的状态，春季耙耱播种，是保证适期早播、提高播种质量、保证苗全苗壮的基础和前提。

②顶凌播种。冬季积雪较少的麦区，土壤经过冬季的冻融交替、蒸发，地表均有2～3 cm的干土层，春季当土壤表层解冻5～7 cm，而地下仍然结冻时，机车即可进地播种。这种方式适合于灌溉春麦区、沼泽春麦区及河流沿岸的低洼地区。冬前必须将土壤整成待播状态。

③破除雪层。积雪较厚、开春较晚的地区或年份，采用人工耙耢、撒粪肥、撒煤灰和沙土等，促使积雪融化，提前播种。尤其是黏土地撒沙土效果好，既利于积雪融化，又利于改良土壤，一般用量为30 t/hm^2。

④种植“抱蛋麦”。在一些早春干旱、春季较短、夏季高温的春麦区，为延长春小麦的生育期，可以在冬前当气温下降到5℃左右时播种，一般只萌动、发芽而不出苗。第二年春季，气温回升后即可生长。种植“抱蛋麦”必须掌握良好的时间，过早温度高，易出苗，越冬死苗；播种过晚，种子不能萌发，越冬期间易霉烂。播种宜浅，一般为3～4 cm。播种量必须增加10%左右，春季及时耙地保墒，破除板结，减少水分蒸发，利于保全苗。

2.合理密植，增苗增穗

根据不同气候条件、不同土壤条件、不同品种和不同产量水平，确定合理的基本苗数、总茎数、分蘖成穗数和单穗重，促使群体和个体的协调发展，是春小麦合理密植的核心问题。新疆高产田一般大穗型品种基本苗为450万株/hm^2，最高茎数为1 050万茎/hm^2，成穗数为480万～525万穗/hm^2，单穗重1.2～1.4 g为宜。多穗型品种基本苗为525万～600万株/hm^2，最高茎数为1 200万～1 350万茎/hm^2，成穗数为570万～630万穗/hm^2，单穗重0.8～1.0 g为宜。

近年来，新疆维吾尔自治区品种审定委员会审定通过的春小麦品种有‘新春29号’、‘新春30号’、‘新春31号’、‘新春32号’、‘新春33号’、‘新春34号’、‘新春35号’、‘新春44号’等。

3.田间管理

春小麦生育期较短，生长速度快，幼穗分化早，田间管理应前期早管促早发，拔节期肥水应足，后期加强防治病虫害及干热风。

(1)松土除草　苗期松土除草，可破除板结，改善通气状况，防止盐分上升，提高地温，促进器官及幼苗生长。

(2)合理施肥　春小麦施肥应注意3个主要时期，即苗期、拔节期和孕穗期。追肥量应掌握"前期重、后期补"的原则，防止后期早衰。一般宜于3叶期施苗肥，促进分蘖的形成和幼穗分化；结合头水施尿素45～75 kg/hm^2，未施底肥和种肥的地块，施肥量应加大到225～300 kg/hm^2；孕穗期应注重补施尿素75～90 kg/hm^2，防止脱肥早衰。

(3)适时灌水　春小麦较冬小麦需水少，灌水方案一般为3叶期灌头水，与施肥相结合；有些地块可以提前到二叶一心，可促进根系和分蘖的形成。头水后，二水要连上，三水应在拔节后，基部节间定型、无效分蘖已死亡后浇，有利于促进穗部的分化，形成大穗。三水后，四水、五水连着灌。

(4)防除野燕麦　野燕麦是麦田伴生性恶性杂草，要采取综合措施防除，生产中应避免自留种而加重传播。

二、啤酒大麦栽培技术

啤酒大麦是啤酒工业的重要原料，新疆啤酒大麦因品质优良而享誉全国。新疆啤酒大麦主要集中种植在奇台、额敏、塔城、巴里坤等市、县境内的兵团农场及乡村，常年种植面积5.33万hm^{2}左右。

啤酒大麦应具备两种品质指标要求，即工业原料品质和麦芽品质。啤酒大麦分为三级(表7-3和表7-4)。

表7-3　我国啤酒大麦分级感官指标

级别		色泽气味	夹杂物/%	破损率/%
二棱	优级	淡黄色具有光泽，无病斑粒，无霉和其他气味	≤1.0	≤0.5
或	一级	淡黄色或黄色稍有光泽，无病斑粒，无霉和其他气味	≤1.5	≤1.0
多棱	二级	黄色，无病斑粒，无霉和其他气味	≤2.0	≤2.0

表7-4　我国啤酒大麦分级理化指标

级别		水分/%	千粒重/g	发芽势/%	发芽率/%	浸出物(以绝干计)/%	蛋白质(以绝干计)/%	选粒试验(2.5 mm)/%
二棱	优级	≤13	42	≤92	≤97	≤80	≤12	80
	一级	≤13	38	≤90	≤95	≤76	≤12.5	75
	二级	≤13	36	≤85	≤90	≤74	≤13.5	70
多棱	优级	≤13	40	≤92	≤97	≤76	≤12.5	75
	一级	≤13	35	≤90	≤95	≤72	≤13.5	70
	二级	≤13	30	≤85	≤90	≤70	≤14	65

(一)选地与整地

啤酒大麦对土壤适应范围较广，各类土壤均可种植，但土壤结构及化学成分良好，对大麦生长发育更有利。大麦耐旱、耐盐碱能力比小麦强，在某些较干旱、较瘠薄、小麦生长比较困难的土地上，种植大麦也可以获得一定的收成。大麦耐湿性较弱，不宜在沼泽地上种植。土壤含水状况对大麦根系影响较大，土壤水分过多、通气不良，易造成僵苗、烂根；相反，土壤干旱缺水，根毛易脱落，根系停止生长。因此，应注意田间排灌系统的建立。

啤酒大麦适宜的前作有绿肥、豆类、小麦、油菜、蔬菜、甜菜等；一般不宜连作，连作期超过2～3年，土壤肥力下降，病虫害、杂草发生严重。

大麦根系发育较小麦弱，胚芽顶土能力差，整地须精细，为全苗、匀苗和壮苗打好基础。整地要做到"齐、平、松、碎、净、墒"六字标准。春播大麦适合在冷凉条件下生长，适期早播增产显著。为此，春播大麦种植时，冬前应做好准备，形成"待播状态"，尽量减少春季田间整地作业，以利于土壤保墒和抢时播种，切忌春季耕翻整地。

(二)施足底肥

大麦特别是啤酒大麦在施肥技术上，除要求有一定的产量外，还必须考虑其品质。春大麦比春小麦生育期短，分蘖发生快，幼穗分化早，施肥原则一般为"重施基肥、用好种肥、早施苗肥"，有机肥与无机肥相结合，将全部有机肥和80%左右的氮肥及除留作种肥外的磷肥，在犁地之前全部施入土壤中。大麦需肥量较春小麦经济。各地应依据土壤供肥能力、产量指标等确定适宜的施肥种类和施肥量。

氮肥与产量有一定的关系，施肥水平较高，产量也高。但后期氮肥供应较多时，籽粒中蛋白质含量增高，酿造品质有所下降。磷肥较足时，蛋白质含量低，能提高淀粉含量和浸出率。生产中应施足磷肥，既利于发挥肥效，又有利于产量和品质的提高。

(三)种子准备

1. 选用良种

应根据栽培目的选用良种。适宜酿造啤酒大麦良种应具备以下4个条件：①品质好，适合于酿造；②产量高，增产潜力大；③品种要适应当地的种植制度和土壤条件；④对当地病虫草害等自然灾害有较大的抗御能力。新疆栽培的品种有'新引D6号'、'新引D8号'、'甘啤5号'、'甘啤6号'、'甘啤7号'、'新啤3号'、'新啤4号'和'新啤5号'等。

2. 种子处理

确定品种后，应对种子进行精选。精选后的种子，通过药剂拌种消毒，可以防治多种由种子传播的病害。

(四)提高播种质量

1. 适期早播

春大麦适期早播，苗期温度低，生长时间长，利于根、茎、叶、蘖、穗等器官的形成与发育，是增加产量和提高品质的重要措施。一般早春人工化雪后，采用"顶凌播种"较好。在冬季较短的地区，也可以临冬种植"抱蛋麦"，开春后加强田间管理，促进生长。

2. 播种量及播种质量

播种量是确定群体大小和合理密植的起点，与基本苗、分蘖成穗率及产量高低有密切的关系。播种量应适宜。大麦不同类型在产量构成因素的主攻方向不同。二棱大麦一般矮小，穗粒数少，千粒重较高，播种量应适当增加；而多棱大麦，穗粒数多，单位面积容纳的穗数少，播种量不宜过大。肥水条件好、播种早的地块，播种量适当降低，相反则应适当增加。

由于大麦胚芽的顶土能力较低，播种不宜过深，一般为 2～3 cm。可根据气候与土壤条件适当加深。播种时应使深浅均匀一致，种子与土壤接触良好，便于出苗。

（五）田间管理

春大麦比春小麦生育期短，生长发育速度快，田间管理措施应适当提前。但群体较大的麦田，拔节期应适当控制，防止倒伏。生育期灌水要采取早灌、轻灌、勤灌的原则，抓住幼苗、拔节、孕穗、灌浆 4 个时期的灌水。头水一般在“2 叶 1 心”时进行。

春大麦与春小麦追肥不同，大麦苗期断乳早，需肥多，追肥应提前。为确保产量和品质，氮肥施用应“前重后轻”，中后期严格控制氮肥的施用量。大麦抽穗以后，适当喷施磷酸二氢钾有利于预防干热风，增加千粒重。

大麦比小麦易倒伏，群体过大、肥水条件较高的麦田，应在拔节前适当化控，防止倒伏。由于各地气候、土壤、栽培条件和种植制度不同，麦田病、虫、杂草种类及危害程度也不同，应注意防治病虫害，防除各类杂草。

（六）适时收获

大麦从抽穗到成熟一般经历 30～35 d，在蜡熟末期灌浆停止，完熟时表现出本品种的特性，籽粒体积缩小，收获易落粒、断穗，而且由于呼吸养分消耗较多，雨水淋溶等，导致产量下降，籽粒发芽，品质降低。大麦在蜡熟末期至完熟期收获较为适宜。收获以后，应及时晾晒，防止雨淋，保证其品质。

（七）贮藏

大麦要安全贮藏，防止变霉、损耗和降低酿造品质。收获后，利用夏季高温烈日暴晒籽粒，选用通气良好的麻袋或布袋包装，保证清洁无杂物，或者粮堆贮藏。麦子进仓后，要保持通风透气，防止堆内温度升高、吸潮含水量增加。在贮藏过程中，大麦会受到蛀粮害虫的为害，故应在进仓前或后对库房进行熏蒸。此外，还应防止鼠害。

第八章

新疆玉米栽培技术实训

第一节　岗位技术概述

玉米是重要的传统食品，籽粒中含有丰富的营养。玉米的蛋白质含量低于大米，脂肪含量高于面粉、大米和小米，含热量高于面粉、大米及高粱。

目前，玉米主要用于饲料生产和工业原料，只有少部分食用。随着食品机械和加工工艺的发明，新的玉米食品如玉米片、玉米面、玉米渣、特制玉米粉和胚粉、速食玉米等随之产生，并可进一步制成面条、面包、饼干等。玉米还可生产出玉米蛋白、玉米油、味精、酱油、白酒等。

玉米是“饲料之王”。100 kg 的玉米饲用价值相当于 135 kg 燕麦、120 kg 高粱或 150 kg 籼米。以玉米为主要成分的饲料，每 23 kg 即可换回 1 kg 肉食，玉米的副产品秸秆也可制成青贮饲料。我国草原面积十分有限，加之人为的畜量过载，退化现象十分严重，牧区提供的动物性食品十分有限，大量的肉蛋奶需依靠农区的养殖业提供，显然，发展玉米生产，促进养殖业发展，对提高人们的膳食水平有着十分重要的作用。根据 2018 年统计数据，我国玉米种植面积为 4 213.01 万 hm^2，总产量达 25 717.4 万 t，同年进口 310.7 万 t，出口 1.1 万 t。

玉米是重要的工业原料。玉米籽粒中的淀粉含量达 70%以上，有直链和支链淀粉两种类型，可以生产淀粉及间接工业产品 300 多种。淀粉是食品、医药、化工等行业必不可少的原料。新兴的玉米制糖工业，也以玉米淀粉为原料。目前东北、华中一带推广使用乙醇汽油，也主要是利用玉米发酵来生产乙醇。

玉米秸秆和穗轴糠醛的含量在 18%左右，可以提取糠醛。糠醛是制造尼龙的主要原料。玉米苞叶可以用于工艺品的制作。玉米胚的脂肪含量在 36%～47%，可以提取玉米油，因富含亚油酸而成为高级保健食用油。

玉米是 C_4 植物，光合效率高，呼吸消耗少，增产潜力大，是一种高产作物。据报道，世界玉米最高单产达到 22 200 kg/hm^2，2006 年昌吉市佃坝镇登海玉米研究所试验地玉米单产达到 21 043 kg/hm^2。提高玉米生产水平，对增加粮食和工业原料，促进畜牧业的发展，提高人民的生活水平，都有重要的意义。

新疆玉米生产主要集中在南疆的喀什、和田和阿克苏三地州，以及北疆的伊犁地区、天山北坡乌苏至昌吉一带。新疆玉米种植分布区划见表 8-1。2003 年玉米的播种面积为 45.41 万 hm^2，总产量 366.25 万 t，单产 8 064.7 kg/hm^2；2005 年总面积为 52.61 万 hm^2，总产量 377 万 t，单产为 7 160 kg/hm^2；2018 年玉米种植面积为 103.33 万 hm^2，总产量为 827.6 万 t，单产为 8 009.1 kg/hm^2。随着产业结构及经济结构的调整，玉米将成为新疆主要的饲料作物和工业原料，且发展势头强劲。随着人民生活水平的提高，人们对特种类型的玉米品种提出了更高、更新的要求，应用领域不断扩展。

表 8-1　新疆玉米分布情况

分　区		包括地区	无霜期/d	≥10℃积温/℃
春播玉米区	春播早中熟玉米区	阿勒泰南部、和丰、巴里坤盆地	95～150	1 800～2 800
	春播中晚熟玉米区	天山北麓、焉耆、伊犁和塔城盆地	130～170	2 800～3 700
春夏播玉米区	春播晚熟、夏播中熟玉米区	塔里木盆地西部、南部（喀什、和田、克州）	220	4 100～4 600
	春播晚熟、夏播早熟	塔里木北部（阿克苏、库尔勒、轮台）	190～200	3 500～4 600
	吐鲁番—哈密区	吐鲁番、哈密、伊吾盆地	180～230	4 600～5 600

第二节　新疆玉米栽培技术实训

一、基本知识

（一）玉米类型

1. 玉米亚种

玉米又称玉蜀黍、苞谷、棒子、珍珠米，禾本科玉米属，一年生草本植物，须根系强大，有支持根，茎秆粗壮，雌雄同株，原产于墨西哥或中美洲。玉米种又可分为 9 个亚种。

（1）有稃型玉米　每个籽粒由长大的稃片包住，是一种原始的类型。

（2）粉质型玉米　又名软粒型，果穗和籽粒形状与硬粒型相似，籽粒无角质淀粉，全部由粉质淀粉组成，形状像硬粒型玉米，质地较软，外表无光泽。

（3）马齿型玉米　植株高大，果穗圆筒形。籽粒扁平，籽粒四周为角质胚乳，中间和顶部为粉质淀粉。成熟干燥时顶部凹陷，呈马齿状。较耐肥、水，丰产性能高，但食味品质不如硬粒型。

（4）糯质型玉米　果穗较小，籽粒不透明，籽粒表面无光泽，角质和粉质层次不分，胚乳淀粉全部由支链淀粉组成，具有黏性，较适口，是我国普通玉米发生基因突变形成的，可做糯性食品，工业上用作布匹的浆剂。

（5）甜质型玉米　又称甜玉米。籽粒几乎全部为角质透明胚乳，含糖量高，品质优良，脱水后皱缩。乳熟期籽粒很甜，主要用作蔬菜和制罐头食品。普通甜玉米乳熟期的糖分含量为15%～18%，而“超甜玉米”的含糖量超过普通甜玉米 2 倍。成熟时籽粒皱缩，呈半透明状，糖分含量逐渐减少。

（6）硬粒型玉米　又名燧石种，适应性强，耐瘠，早熟；果穗多呈锥形，籽粒顶部呈圆形，由于胚乳外周是角质淀粉，故籽粒外表透明，外皮具光泽，且坚硬，多为黄色。食味品质优良，产量较低。以往中国的多数农家品种属这一类型。

(7)半马齿型玉米　半马齿型玉米是硬粒型和马齿型玉米的中间类型,角质胚乳比硬粒型少,比马齿型多,顶部凹陷程度小。

(8)爆裂型玉米　果穗和籽粒均较小,坚硬,光滑,顶部尖或圆形。籽粒胚乳几乎全部由角质淀粉组成。有米粒型和珍珠型两种,在籽粒含水量适当时加热,能“爆裂”成大于其原体积十几倍的米花。

(9)蜡质型玉米　原产于我国,果穗较小,籽粒中胚乳几乎全由支链淀粉构成,不透明,无光泽如蜡状。支链淀粉遇碘液呈红色反应。

2.玉米的分类

(1)依据种皮颜色将玉米分为黄玉米、白玉米和混合玉米

①黄玉米。种皮为黄色,并包括略带红色的黄玉米。

②白玉米。种皮为白色,并包括略带淡黄色或粉红色的玉米。

③混合玉米。我国国家标准中定义为混入本类以外玉米超过5%的玉米。

(2)按品质分类,玉米可分为常规玉米和特用玉米　所谓特用玉米,指的是除常规玉米以外的各种类型玉米。传统的特用玉米有甜玉米、糯玉米和爆裂玉米,新近发展起来的特用玉米有优质蛋白玉米(高赖氨酸玉米)、高油玉米和高直链淀粉玉米等。由于特用玉米比普通玉米具有更高的技术含量和更大的经济价值,国外把它们称为“高值玉米”。特用玉米有以下几种:

①甜玉米。又称蔬菜玉米,既可以煮熟后直接食用,又可以制成各种风味的罐头、加工食品和冷冻食品。甜玉米之所以甜,是因为含糖量高。其籽粒含糖量随不同时期而变化,在适宜采收期内,蔗糖含量是普通玉米的2～10倍。甜玉米通常分为普通甜玉米、加强甜玉米和超甜玉米。我国现在已经掌握了全套育种技术并积累了一些种质资源,国内育成的各种甜玉米类型基本能够满足市场需求。

②糯玉米。又称黏玉米,其胚乳淀粉几乎全由支链淀粉组成。糯玉米具有较高的黏滞性及适口性,可以鲜食或制罐头。由于糯玉米食用消化率高,故用于饲料可以提高饲养效率。在工业方面,糯玉米淀粉是食品工业的基础原料,可作为增稠剂使用,还广泛地用于胶带、黏合剂和造纸等工业。它的生产技术比甜玉米简单得多,与普通玉米相比几乎没有什么特殊要求,采收期比较灵活。糯玉米作为鲜食时,货架寿命也比较长,不需要特殊的贮藏、加工条件。我国的糯玉米育种和生产发展非常快,将会带动食品行业、淀粉加工业及相关工业的发展,并促进畜牧业发展。

③爆裂玉米。即前述的爆裂型玉米,其突出特点是角质胚乳含量高,淀粉粒内的水分遇高温而爆裂,一般作为风味食品在大中城市流行。

④高油玉米。籽粒含油量超过8%的玉米类型,特别是其中亚油酸和油酸等不饱和脂肪酸的含量达到80%,具有降低血清中的胆固醇、软化血管的作用。此外,高油玉米比普通玉米蛋白质高10%～12%,赖氨酸高20%,维生素含量也较高,是粮、饲、油兼顾的多功能玉米。

⑤优质蛋白玉米(高赖氨酸玉米)。玉米籽粒中赖氨酸含量在0.4%以上,普通玉米的赖氨酸含量一般在0.2%左右。赖氨酸是人体及其他动物体所必需的氨基酸类型,在食品或饲料中欠缺这些氨基酸就会营养不良,严重的造成疾病。其产量不低于普通玉米,而全籽粒赖氨酸含量比普通玉米高80%～100%,在我国的一些地区,已经实现了高产优质的结合。

⑥紫玉米。紫玉米是一种非常珍稀的玉米品种，为我国特产，因其颗粒形似珍珠，有“黑珍珠”之称。紫玉米的品质虽优良特异，但棒小，粒少，单产低，每公顷产量只有 750 kg 左右。

⑦其他特用玉米和品种改良玉米。包括高淀粉专用玉米、青贮玉米、食用玉米杂交品种等。

（二）玉米生育期

玉米从出苗到成熟所经历的天数称为生育期。玉米生育期的长短与品种特性、播种期及气候条件等有关。品种叶数多，播种期较早，温度较低或日照较长的，生育期较长；反之，则较短。根据生育期的长短，一般可分为早、中、晚熟类型。由于我国幅员辽阔，各地划分早、中、晚熟的标准不完全一致。

（1）早熟品种　春播 80～100 d，需积温 2 000～2 200℃；夏播 70～85 d，需积温 1 800～2 100℃。早熟品种一般植株矮小，叶片数量少，为 14～17 片。由于生育期的限制，产量潜力较小。

（2）中熟品种　春播 100～120 d，需积温 2 300～2 500℃；夏播 85～95 d，需积温 2 100～2 200℃。叶片数较早熟品种多，而较晚播品种少。

（3）晚熟品种　春播 120～150 d，需积温 2 500～2 800℃；夏播 96 d 以上，需积温 2 300℃以上。一般植株高大，叶片数多，多为 21～25 片。由于生育期长，产量潜力较大。

（三）玉米生育阶段

在玉米的一生中，按形态特征、生育特点和生理特性，可分为 3 个不同的生育阶段，每个阶段又包括不同的生育时期（图 8-1）。这些不同的阶段与时期既有各自的特点，又有密切的联系。

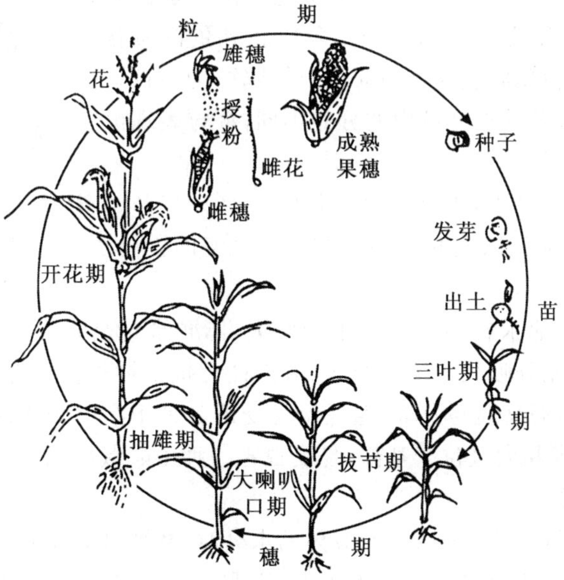

图 8-1　玉米的一生

1. 苗期阶段

玉米苗期是指播种至拔节的一段时间，是以生根、分化茎叶为主的营养生长阶段。本阶段的生育特点是根系发育较快，但地上部茎、叶量的增长比较缓慢。为此，田间管理的中心任务就是促进根系发育、培育壮苗，达到苗早、苗足、苗齐、苗壮的“四苗”要求，为玉米丰产打好基础。

2. 穗期阶段

玉米从拔节至抽雄的一段时间，称为穗期。拔节是玉米一生的第二个转折点，这个阶段的生长发育特点是营养生长和生殖生长同时进行，就是叶片、茎节等营养器官旺盛生长和雌雄穗等生殖器官强烈分化与形成。这一时期是玉米一生中生长发育最旺盛的阶段，也是田间管理最关键的时期。为此，这一阶段田间管理的中心任务就是促进中上部叶片增大，茎秆敦实的丰产长相，以达到穗多、穗大的目的。

3. 花粒期阶段

玉米从抽雄至成熟这一段时间，称为花粒期。玉米抽雄、散粉时，所有叶片均已展开，植株已经定长。这个阶段的生育特点就是基本停止营养体的增长，而进入以生殖生长为中心的阶段，出现了玉米一生的第三个转折点。为此，这一阶段田间管理的中心任务就是保护叶片不损伤、不早衰，争取粒多、粒重，达到丰产。

(四)种子和出苗

1. 玉米种子的构造及特性

玉米种子由种皮、胚(包括子叶、胚芽、胚轴、胚根)和胚乳 3 部分组成(图 8-2)。

(1)种皮　一般无色，占种子重量的 6%～8%。

(2)胚乳　玉米胚乳占种子总重量的 80%～85%。其外为糊粉层，由于所含色素不同，表现出不同的颜色。由于蛋白质含量的不同，有角质胚乳和粉质胚乳之分。角质胚乳蛋白质含量高，质地硬，呈透明状；粉质胚乳含蛋白质少，质地软，为白色。由于种子中胚乳类型含量及其在籽粒中的分布不同，籽粒表现出不同的形状。

(3)胚　胚位于种子基部，占种子总重量的 10%～15%。营养价值较高，含种子中 80%以上的脂肪和 15%～22%的蛋白质，还含有各种氨基酸。

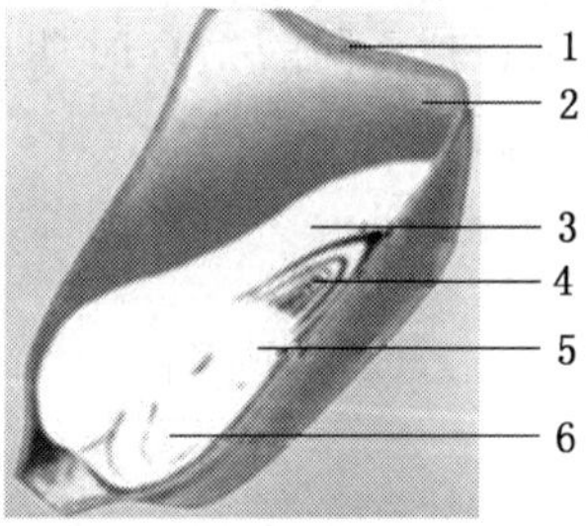

图 8-2　玉米的种子

1. 果皮和种皮　2. 胚乳　3. 子叶　4. 胚芽　5. 胚轴　6. 胚根

玉米种子的胚比其他禾谷类作物种子的胚大，脂肪含量高，胚的吸水能力强，可以充分吸收土壤中的水分，因此可抗旱播种。但籽粒在贮藏期间，空气湿度大，由于胚吸收水分，遇高温易发霉，遇低温易受冻。种子在贮藏之前，应充分干燥，含水量在 14%以下。由于玉米胚大且位于基部，易受虫害。种子贮藏后，必须精选。

2. 种子的发芽出苗

玉米种子吸收种子自身重量 35%～37%的水分时，胚便开始生长。首先胚根鞘突破种皮而伸出，同时胚芽鞘也突破种皮而伸长，继而胚根、胚芽分别向下、向上生长。第一片真叶出土达 2 cm 时，称为出苗。

(五)玉米的根系

玉米根系由初生根和次生根组成,次生根包括节根和支持根。

1. 初生根

种子萌发后形成,一般为3～7条,其多少与种子的大小有关,千粒重较高的种子,初生根量多。

2. 节根

幼苗形成2片真叶时,形成第一层节根。玉米一生中形成节根的数量主要取决于品种、肥水条件、种植密度,一般可形成4～7层,是玉米根系的主体。

3. 支持根(气生根)

玉米从拔节到抽雄,近地表1～3节上形成较粗壮的气生根,入土后同样可以吸收水分和养分。气根的形成有利于植株抗倒伏,同时还具有合成氨基酸的作用。

培育强大的玉米根系是玉米高产的基础,生产中从以下几个方面入手:①选用大而饱满的种子,提高播种质量,以形成良好的初生根系;②苗期及时中耕蹲苗,培育壮苗、壮秆,加强水肥管理,以培育强大的次生根系;③注意及时中耕培土,以形成强大的支持根系。

(六)玉米的茎和叶

玉米的茎节数和叶片数相对应,不同成熟期的玉米品种茎节和叶片数不同。

1. 玉米的茎

玉米茎节长度由基部向上逐渐加长,近地面节间粗短。栽培采用前控、中促的措施来管理。前控使基部节间缩短,拔节后及时加强肥水管理,以促中上部节间,提高抗倒伏能力,保证田间通风透光良好。玉米一般从顶部向下4～6节上没有腋芽,以下各节都具腋芽,由于顶端优势,一般最上部的腋芽首先发育成果穗,位置则在植株的中上部。玉米多果穗是由顶端腋芽依次向下的腋芽发育而成的。

2. 玉米的叶

(1)玉米叶的组成　玉米的叶片在玉米茎上互生排列,叶鞘肥厚坚硬,有保护茎秆和贮藏养分的作用。叶片窄长,叶片边缘呈波浪皱褶,可增加对光的吸收面和避免风害折断叶片的作用;叶片中央贯穿一条主脉,主脉两侧平行分布着许多侧脉。玉米叶片上表皮具有一些大型的运动细胞,当干旱时,使叶片上卷成筒状,减少植株水分的蒸发。

(2)玉米叶功能分组　玉米不同部位的叶片功能不同。

①1～3叶:与种子大小有关,出叶速度快,1～2 d出一叶,关系幼苗发育快慢和健壮程度。

②4～6叶:出叶速度变慢,3～5 d出一叶,制造的养分主要供应拔节前后根系、茎、叶的生长需要。1～6叶又称为基部叶。

③7～11叶:出叶速度又变快,1～2 d出一叶,是速生叶组,也称为下部叶,是拔节后形成的,主要供应拔节后茎叶生长及雌雄蕊分化发育的营养需要。

④12～16叶:出叶的速度又变慢,是稳定生长组,也称为中部叶,是抽雄前后长成的叶片,其制造的养分主要供雌穗的分化和籽粒的形成。在果穗上小的3片叶称为“棒3叶”,对果穗籽粒的形成作用最大。

⑤17～21叶:称为上部叶,养分主要供应籽粒。

(七)玉米的雌雄穗

玉米雄穗为圆锥状花序,雌穗为肉穗状花序(图 8-3 和图 8-4)。

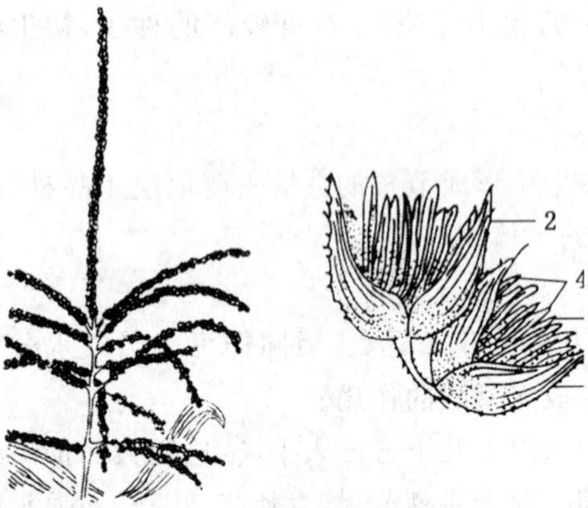

图 8-3　玉米雄穗

1.第一颖　2.第二颖　3.第一朵小花　4.第二朵小花

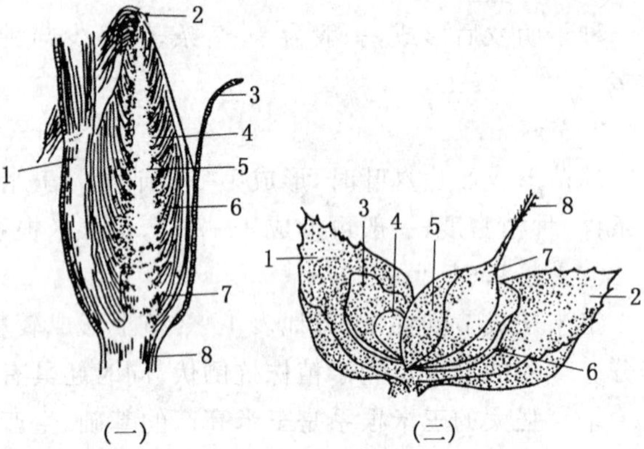

图 8-4　玉米雌穗

(一)雌花序:1.茎　2.花丝　3.叶片　4.雌小穗　5.穗轴　6.苞叶　7.腋芽　8.穗柄

(二)雌小花:1.第一颖　2.第二颖　3.退化花外颖　4.退化花内颖　5.结实花外颖　6.结实花内颖　7.子房　8.花丝

玉米的雄穗,也称天花,由茎顶端生长点发育而来。花序当中有一主轴,主轴上有分枝,分枝上成对着生小穗(上方为有柄小穗,下方为无柄小穗),每个雄小穗基部两侧各着生一个颖片(护颖),两颖片内生长 2 朵雄性花。每朵雄花由 1 片内颖、1 片外颖及 3 个雄蕊组成。发育正常的雄穗可产生大量的花粉粒。

据观察,每一个雄穗有 2 000～4 000 朵小花,每朵小花有 3 个花药,每个花药大约产生 2 500 粒花粉,一个雄穗花序能产生 1 500 万～3 000 万花粉粒。

雌穗由腋芽的生长点发育而成,着生于穗柄的顶端。穗轴肥大,呈白色或红色,穗轴以细为好。穗轴节很密,每节上着生 2 个无柄小穗,成行排列,每小穗内有 2 朵小花,上位花结实,下位花退化,故果穗上的籽粒行数常呈偶数。

玉米雄、雌穗分化过程基本相似,均分为生长锥未伸长期、生长锥伸长期、小穗分化期、小花分化期和性器官分化形成期(雄穗此期又分药隔形成期和四分体形成期)。雌穗分化开始时间较雄穗晚 10 d 左右,雄、雌穗分化时期存在着较稳定的对应关系,大体上雄穗小花分化期、药隔形成期、四分体形成期分别与雌穗生长锥伸长期、小穗分化期、小花分化期相对应。雌穗一般比同株雄穗抽出稍晚 2～3 d,一个果穗第一条花丝露出到全部露出需要 5～7 d,花丝长期得不到受精,可存活 7 d 左右。

（八）玉米生长发育对环境条件的要求

1. 温度

玉米种子发育最低温度6～8℃，10～12℃发芽较快。生产上以5～10 cm土层温度稳定在10～12℃作为适时早播的温度指标。春玉米在此温度下播种，12～15 d出苗。若苗期遇到－3～－2℃的低温，幼苗会冻伤，－4℃会冻死。

18℃时开始拔节，18～22℃是拔节期生长茎叶的适宜温度。玉米抽雄开花时，日平均气温为24～26℃最适宜，气温高于32℃，空气相对湿度低于30%，会使花粉失水干枯，花丝枯萎，导致授粉不良，造成缺粒减产。抽雄散粉时气温低于20℃，花药开裂不正常，会影响正常散粉。

玉米籽粒形成和灌浆期，日平均气温为22～24℃最适宜。若气温低于16℃或高于25℃，则酶的活性受影响，光合产物积累和运输受阻，籽粒灌浆不良；若高温逼熟，则千粒重明显下降，减产严重。

在无霜期短的地区，玉米生育后期可能受早霜危害，若遇到3～4℃低温，植株便停止生长，籽粒成熟和产量均受影响；若遇－3℃低温，果穗和籽粒尚未完全成熟而含水量又高，易丧失发芽能力，不宜留作种用，贮藏也易霉变。

玉米不同品种，其全生育期≥10℃的活动积温是不同的。

2. 光照

玉米是具高光效的C_4作物，光照充足，则丰产性大。它属于短日照作物，每天8～12 h的日照条件下，生育加快，早熟品种和杂交种反应不敏感，在较长日照18 h下，也能开花结实。玉米对光的需求较高，是喜光作物，其饱和点为$(5\sim9)\times10^4$ lx，补偿点为1 500 lx左右，比水稻、小麦等作物高。田间合理密植一般平展型玉米品种5.25万～6万株/hm^2，紧凑型玉米8.25万～9万株/hm^2，群体结构适宜，光照条件优越，光合产物积累多，则产量高。若密度过大，通风透光不良，中下部叶层光照严重不足，则植株细弱，形成空秆多，减产幅度大。反之，密度过稀，虽利于田间通风透光，但产量水平低，不能充分发挥综合效能。

3. 水分

玉米全生育期需水规律是苗期少，以生长地下根系为主，耐旱，生产上进行蹲苗促壮；拔节后需水量逐渐增大，在抽雄前10 d至抽雄后20 d这1个月内，消耗水量很多，对水分很敏感；开花期需水最多，是玉米水分临界期，若缺水会造成“卡脖旱”，减产严重；灌浆乳熟期后需水量逐渐减少。玉米一生耗水较多，蒸腾系数达280～320；一般需水量3 900～5 250 m^3/hm^2，平均生产1 kg籽粒需约 1 m^3 水。夏玉米播种时气温高，苗期生长快，前期耗水远比春玉米多，要提前灌水。

4. 土壤及养分

玉米根系发达，入土较深，全生育期吸收养分较多，是需肥较多的作物。故要求土壤耕作层在30 cm以上，有机质含量丰富，速效养分多，一般土壤有机质含量1.2%以上，碱解氮70～80 mg/kg，速效磷15 mg/kg。

高产玉米田的土壤应该是土层深厚、疏松，有机质含量丰富，具有水稳性团粒结构，耕作层以下紧实，保水性能强，底墒充足，具有较强的抗旱能力。

二、职业岗位能力训练

（一）播前准备

1. 职业岗位工作

根据当地气候条件、生产条件、管理水平制定切实可行的生产计划。合理选择玉米种植茬口，检查耕地、整地质量，选择适宜的栽培品种，并进行种子处理。

2. 工作程序及操作技术和质量要求

工作环节	工作程序及操作技术和质量要求
土地准备	(1)选地　玉米适应性强，pH 5.5～8.5之间的各类土壤都可以种植。但要获得高产、稳产，必须选择耕层深厚、肥沃、含盐量低的轻黏土壤，才能发挥品种的丰产潜力。宜选择小麦、玉米等禾谷类作物作前茬，不宜用豆类、油菜等易感菌核病作物为前茬，更不能与向日葵重茬、迎茬。 好的前茬是豆类作物、绿肥等养地作物，或氮肥施用水平较高的蔬菜。 (2)春玉米整地　春玉米应进行秋深耕，宜早不宜晚。耕深应达25～27 cm，具体深度还要视原来耕层深度和基肥用量灵活掌握。一般耕后不耙不耢，晒垡或冻垡；第二年春季合墒后播种前要进行早春耙地，以利保墒、增温。冬前未进行深耕的，早春应结合施基肥尽早春耕，深度应浅些，随耕随耙，防止跑墒。 (3)夏玉米整地　目前夏玉米整地有3种方法：一是在前茬收获后全面浅耕灭茬，深度不应超过15 cm；二是局部整地，按玉米行距开沟，沟内集中施肥，再用犁使土肥混匀，平沟后播种；三是采用免耕法(板茬播种)，即在前作收获后，不整地、不灭茬，在小麦行间直接播种。
种子准备	(1)选用良种　新疆目前春播中晚熟品种主要有'KWS2564'、'农华887'、'新玉52号'、'KX3564'、'华西948'、'M751'等；春播中早熟品种主要有'登海3672号'、'KWS3376'、'新玉26号'、'新玉13号'、'kws1533'等；复播早熟品种主要是'KX9384'、'新玉9号(901)'、'新玉29号'等；适合青贮的品种有'新饲玉2号'、'新饲玉5号'、'新饲玉10号'、'新饲玉11号'、'新饲玉13号'、'新饲玉18号'、'中农大青贮67'等。 此外，根据生产上的特定需要，如甜玉米(应用的有加甜型和超甜型两种类型)、黑玉米、糯玉米、笋玉米等选用相应良种。 (2)种子处理　首先精选种子，做好发芽试验，其次要进行晒种和拌种。晒种可提高发芽率，早出苗；药剂拌种，可根据当地常发生的病虫害确定药剂种类。对于缺少微量元素的地区，可根据缺少种类进行微肥拌种。有条件的应利用种衣剂进行包衣。
施用基肥	(1)玉米施肥的一般原则是有机肥与无机肥配合，氮、磷、钾和微量元素配合，基肥、种肥及追肥的配合平衡施用。夏玉米更要注重施用底肥，提早追肥。 (2)玉米基肥施用原则应以有机肥为主，并适量配合氮、磷、钾化肥和微肥。春玉米及播前进行耕作的夏玉米应把磷、钾肥的全部及部分氮肥随耕翻施下。微肥既可以底施，也可叶面喷施或拌种。板茬播种的夏玉米及套种玉米，应对前茬增施基肥而利用其后效。 施肥量依据测土配方计算方法确定。一般中等地力的土壤，产量目标为9～12 t/hm^2，施用有机肥为30～45 t/hm^2，尿素为75～150 kg/hm^2，磷酸二铵为225～300 kg/hm^2。
农机具准备	根据播种量调试单穴下种粒数或每米下籽粒数；带种肥还要调整单穴或每米的排肥量。

3.常见技术问题处理

(1)玉米良种质量选择标准是什么?

生产中选购良种应符合以下标准:纯度不低于98.0%;净度不低于98.0%;发芽率不低于90%;水分不高于14.0%。

另外,根据生产条件,选择相适应的品种。如地力较差要选择丰产型早、中熟品种,反之选用高产中晚熟品种。

(2)生产中玉米如何拌种?

①防治玉米黑粉病、丝黑穗病拌种方法:40%五氯硝基苯、50%多菌灵可湿性粉剂、50%苯来特、50%萎锈灵、40%拌种双、28%多井悬浮剂等,按种子重量的0.5%拌种。

②防治地老虎及其他地下害虫的拌种方法:拌种时采用药、水、种子比为1∶(40～75)∶(400～750)进行。常用药剂有50%辛硫磷、50%辛·敌乳油、3%克百威颗粒剂等。

③缺素症拌种的方法:缺锌、缺硼、缺锰分别采用0.05%～0.1%硫酸锌溶液浸种12～24 h,0.01%～0.1%硼酸或硼砂溶液按种子与溶液之比为1∶1浸种 6～12 h,0.05%～0.1%硫酸锰浸种12～24 h。

④微肥拌种。A.稀土拌种:每千克种子拌3～4 g稀土;或采用0.08%的稀土溶液浸种16 h。B.植物生长剂浸种:用6 000倍液浸种20～30 h。C.磷酸二氢钾浸种:0.2%磷酸二氢钾溶液浸种20 h,捞出晾干后播种。

(二)播种

1.职业岗位工作

确定适宜播期播种,落实播种技术,检查、监督播种质量,实现一播全苗。

2.工作程序及操作技术和质量要求

工作环节	工作程序及操作技术和质量要求
确定播种期	春玉米和夏玉米,都应重视适期早播。春玉米一般在5～10 cm地温稳定在10～12℃时即可播种,北疆地区玉米播种一般在4月下旬前后,南疆地区一般在4月上中旬。夏玉米在前茬收获后,应及早整地播种,越早越好。套种玉米在留套种行较窄地区,一般在麦收前7～15 d套种或更晚些;采用非传统套种模式的地区,可在麦收前20～25 d播种(种子用特殊的种衣剂处理),主要在生长季节较短的北疆地区应用,应采用特殊的播种机械。

续表

工作环节	工作程序及操作技术和质量要求
播种技术	(1)播种方式　主要有条播和点播。地膜栽培主要采用点播,采用条播时,必须在出苗后放苗;露地栽培主要采用条播。 (2)播种量　种子粒大、种子发芽率低、密度大,条播时播种量宜大些;反之,播种量宜小些。一般条播 45～60 kg/hm^2,点播 30～45 kg/hm^2。栽培面积较大、机械化程度发达的地区采用气吸式精量播种机点播,用种量为 22.5～30 kg/hm^2。 播种量的计算公式: $播种量(kg/hm^2)=\frac{计划保苗数(株/hm^2)\times 千粒重\times A}{1\,000\times 发芽率(\%)\times 田间出苗率(\%)}$ 式中:A 为播种系数。 (3)播种深度　玉米播深适宜且深浅一致,是保证苗全、苗齐、苗壮的重要环节。适宜的播种深度依土质、墒情和种子大小而定,一般播深要求 4～6 cm。土质黏重、墒情好时,可适当浅些,反之可深些。玉米虽然耐深播,但播深最好不要超过 10 cm。 (4)播后镇压　玉米播后要进行镇压,使种子与土壤紧密接触,以利于种子吸水出苗。镇压要根据墒情而定,墒情一般时,播后可及时镇压;土壤湿度大时,待表土干后再进行镇压,以免造成板结,影响出苗。
带好种肥	种肥主要提供幼苗对养分的需要,保证幼苗健壮。在未施基肥或地力差时其增产作用更大。一般尿素 75 kg/hm^2,磷酸二铵 75～120 kg/hm^2。

3.常见技术问题处理

(1)玉米为何要适期早播?早播时间如何确定?

适期早播可延长玉米的生育期,充分利用光热资源,积累更多的干物质,为穗大、粒多、粒重奠定物质基础。适期早播对夏玉米尤为重要,因其生育期短,早播可使其在低温、早霜来临前成熟。春玉米适时早播,能在地下害虫为害之前出苗,到虫害严重时,苗已长大,抵抗力增强,能相对减轻虫害。适期早播还能减轻春玉米黑粉病等的危害程度。

春玉米一般在 5～10 cm 地温稳定在 10～12℃时即可播种,北疆地区玉米播种一般在 4 月下旬前后,南疆地区一般在 4 月上中旬。夏玉米在前茬收获后,应及早整地播种,越早越好。

特用玉米如鲜食玉米、爆裂型玉米等需要错期播种,一定注意把握好错开时间,一般相差 20～30 d,以防止串粉,降低其经济价值。

(2)春季玉米出苗后,为何有些年份会出现玉米叶片变为红色的现象?会影响玉米生长吗?

出现此现象是由于两种原因造成的:玉米体内缺磷和遭遇冷害。它们对玉米造成不同程度的伤害,影响玉米正常生长发育,严重时导致苗弱,产量降低幅度大。

预防措施:①带好种肥。一般播种时,用磷酸二铵 75 kg/hm^2 等以防止缺磷症的发生,或玉米出苗后根外追施磷酸二氢钾也可以缓解缺磷现象。②遭遇冷害是幼苗遇到 0～8℃的低温危害。玉米是喜温作物,春季常常会遇到冷害侵袭。生产上采用以下几种方式:A.地膜覆盖栽培技术可有效防止冷害发生,可增加 200～300℃有效积温,提早 7～15 d 成熟;B.适期早播,避免过早播种,一般不应早于 4 月 15 日;C.苗期使用磷肥对缓解低温冷害有一定作用;

D. 播种前拌种，提高抗逆能力。

(3)玉米种植密度为何会影响产量提高？

生产实践中，玉米通过增加种植密度，确保收获穗数，达到高产，比其他作物更重要，主要原因有以下几点。

①玉米为独株单穗，留苗棵数就是收获时的穗数，有时还会由于密度过大、病虫为害、管理过程的损伤、空秆等原因，造成收获的穗数往往少于留苗的株数。

②玉米单穗产量高。一般玉米果穗粒重有 130～150 g。若每公顷少收 15 000 个穗，就要减产 1 950～2 250 kg。可见，由于玉米种植的株数少造成的减产幅度远远大于小麦等作物。因此，玉米要高产，必须保证单位面积收获足够的穗数。

③玉米品种特性的要求。玉米育种家选育的玉米良种基本都是紧凑大穗型，这些品种适宜密植，只有在较高密度下，才能发挥出优良品种的丰产潜力，达到增产的目的。若种的株数不够，不仅不能增产，反而要减产。

④地力水平不断提高的要求。随着生产的发展，化肥的施用量和种类逐步增加，灌溉面积逐年扩大。在高肥水条件下，若种的密度不够，就会造成肥水的浪费。而且玉米的分蘖不会因为地肥而分蘖增多，所以应当增加播量，提高密度，才能发挥地力的作用，达到高产。

⑤种植的株数较易控制。玉米每公顷产量是每公顷穗数、平均每穗粒数、平均粒重三者的乘积，增加其中任何一项，其他两项不变时都会提高产量。每穗粒数与粒重受环境条件和综合栽培措施的影响较大，有的条件人们难以操纵。而每亩的穗数则主要决定于种植的密度和留苗的株数，人们容易驾驭、操作。所以，通过适当增加种植密度比通过栽培措施来增加穗粒数和粒重更容易实现高产稳产。

(三)苗期田间管理

1. 职业岗位工作

根据生产技术管理计划要求、结合田间苗情，确定适宜管理技术措施，并组织农机、劳力实施，指导田间作业、检查作业质量。

2. 工作程序及操作技术和质量要求

工作环节	工作程序及操作技术和质量要求
查苗补苗	一是催芽补种，即提前浸种催芽，适时补种；二是移苗补栽，在播种时行间多播一些预备苗，如缺苗时移苗补栽。移栽苗龄以 2～4 叶期为宜，最好比田间苗多 1～2 叶。补栽最好在下午或阴天带土移栽，栽后浇水，以提高成活率。
适时间苗、定苗	春玉米一般 3 叶时间苗，4～5 叶时定苗，间苗过晚易形成“高脚苗”；夏玉米生长较快，可在 3～4 叶时一次完成定苗。定苗时应使玉米叶片的方向与行向垂直。间定苗时应当连根拔起，防止苗再生。
中耕除草	苗期中耕一般可进行 2～3 次，第一次宜浅，掌握 3～5 cm，以松土为主，第二次在拔节前，可深至 10 cm，并且要做到行间深，苗旁浅。

续表

工作环节	工作程序及操作技术和质量要求
苗期肥水管理	玉米苗期对养分需要量少，在基肥和种肥充足、幼苗长势好的情况下，苗期一般不再追肥。但对于套种玉米、板茬播种而未施种肥的夏玉米，应在定苗后及时追施“提苗肥”，以利幼苗健壮生长。对于弱小苗和补种苗，应早施肥浇水，以保证拔节前达到生长整齐一致，一般施肥量为 75 kg/hm^2 左右。在正常年份玉米苗期一般不进行灌水。
蹲苗	蹲苗的原则：“蹲黑不蹲黄，蹲肥不蹲瘦，蹲湿不蹲干”，即苗色黑绿、长势旺、地力肥、墒情好的宜蹲苗；地力薄、墒情差、幼苗黄瘦的不宜蹲苗。 蹲苗一般在拔节前后，春玉米 40～50 d，夏玉米 1 个月左右，叶片 60%～70%出现暂时萎蔫时结束。

3.常见技术问题处理

(1)玉米出苗期间，经常发现幼叶和幼茎被咬食的现象，造成严重的缺苗断垄，这是什么原因造成的？应如何防除？

这种现象是地下害虫为害所至，对地老虎幼虫宜用毒土或毒饵诱杀，成蛾用糖浆或黑光灯诱杀，且宜早不宜晚。

①用 90%晶体敌百虫 750 g/hm^2，加水 1 kg 融化，喷在 3.5 kg 的油渣或棉饼上，边喷边拌匀，即成毒饵，傍晚撒于田间，进行诱杀。也可每公顷使用 3%克百威 15～30 kg 拌细土 105～150 kg 撒施。

②诱杀成虫。在蛾子数量开始上升时，用糖醋酒液或其他发酵有甜酸味的食物配成诱杀剂，盛于盆、钵、碗等容器内，每公顷放 15～30 盆，盆要高出作物 30 cm 左右，诱剂保持深 3 cm 左右，每天早晨取出蛾子，白天将盆盖好，傍晚开盖。5～7 d 换诱剂一次，连续 16～20 d。另外也可用杨枝把诱杀成虫。还可在 3—9 月用黑绿单管双光灯或黑光灯、高压电网黑光灯及频振式杀虫灯等大量诱杀地老虎成虫、多种金龟甲、叩头甲、东方蝼蛄及蟋蟀等害虫，可有效减少田间虫口密度。

(2)玉米如何“蹲苗”？

蹲苗要根据玉米苗期的环境和长势，在底墒充足的条件下，采取控制灌水、多次中耕的方法，达到促进根系发育，控制地上部分旺长。

①蹲苗时间的确定。玉米播种出苗后开始蹲苗，拔节前结束。春玉米视情况蹲苗 40～50 d，夏玉米 1 个月左右。整个过程控制灌水，仅进行中耕。

②中耕次数。中耕 2～3 次。第一次现行后，中耕深度 5～8 cm；第二次定苗后，10 cm 以上；第三次在拔节前，结合中耕进行施肥、开沟、施肥、培土。

生产上普遍存在蹲苗时间不够的现象。有的农民害怕以后浇不上水，就提前浇水，导致玉米后期倒伏，损失严重。故一定牢记蹲苗在叶片 60%～70%出现暂时萎蔫时结束，在不违背蹲苗原则的基础上，不要提前浇水。

(3)为什么生产上要及时间苗、定苗？

适时间苗、定苗，才能达到苗匀、苗齐、苗壮。春玉米的间苗一般在 3 叶期进行，定苗在 4～5 叶进行；夏玉米生长较快，可在 2～3 叶时一次完成定苗。这时玉米籽粒的营养物质已基本消耗完，如果苗过分拥挤，株间根系交错，争肥争水，幼苗叶片彼此相互重叠，不但影响光合作用，而且易发生苗荒，导致减产。适时间苗、定苗可以避免幼苗拥挤和相互遮光，节省土壤养分和水分，有利于培育壮苗。根据试验得知：5～6 叶期定苗的，减产 14.4%；定苗愈晚，减产愈多，到 8～9 叶时定苗，则减产 26.96%。所以生产上一定要做到及时间苗、定苗。

(4)玉米怎样进行中耕？

中耕是玉米苗期促下控上、增根壮苗的主要措施。中耕可疏松土壤，流通空气，促进根系生长，还可消灭杂草，减少养分消耗，并促进有机质的分解。对于春玉米，中耕还可提高地温，促进幼苗健壮生长。苗期中耕一般可进行 2～3 次，第一次宜浅，掌握 3～5 cm，以松土为主，第二次在拔节前，可深至 10 cm，并且要做到行间深，苗旁浅。

拔节后也要及时进行中耕，可疏松土壤，促根壮秆，清除杂草。中耕一般进行 2 次，深度以 12～15 cm 为宜，以免伤根。蹲苗结束后，结合施肥进行培土，培土不宜过早，高度以 6～10 cm 为宜。培土可促进根系大量生长，防止倒伏并利于灌溉。

(四)穗期田间管理

1. 职业岗位工作

根据生产技术管理计划要求、结合穗期长势，采取适宜管理技术措施，指导田间作业、检查作业质量。

2. 工作程序及操作技术和质量要求

工作环节	工作程序及操作技术和质量要求
适时追肥	(1)攻秆肥　指拔节前后的追肥，攻秆肥的施用要因地、因苗灵活掌握。地力肥沃、基肥多，应控制攻秆肥的数量，宜少施、晚施甚至不施，以免引起茎叶徒长；在地力差、底肥少、幼苗生长瘦弱的情况下，要适当多施、早施。攻秆肥应以速效性氮肥为主，但在施磷、钾肥有效的土壤上，可酌量追施一些磷、钾肥。一般施肥量尿素 75～150 kg/hm^2，二铵 75～120 kg/hm^2，硫酸钾 45～75 kg/hm^2。 (2)攻穗肥　指抽雄前 10～15 d 即大喇叭口期的追肥。此时正处于肥水临界期，一般施用尿素 225～375 kg/hm^2。 穗肥应当深施，一般肥施在距植株 10～15 cm 处较好。追肥深度 8～10 cm，并及时覆土，以提高肥料利用率。 春玉米一般基肥充足，应掌握“前轻后重”的原则。套种玉米及中产水平的夏玉米，应掌握“前重后轻”的原则。高产水平的夏玉米，由于地力壮，密度较大，幼苗生长健壮，则应掌握“前重后补”原则。新疆由于机械条件的限制，一般在拔节后小喇叭口期一次性追肥，后期视长势补施肥料。
浇水	一般头水在拔节结束后结合追施攻秆肥浇，使土壤水分保持田间持水量的 70%左右。大喇叭口期是玉米一生中的需水临界期，此期一定要浇水，使土壤水分保持田间持水量的 70%～80%。
中耕培土	穗期中耕一般进行 1～2 次，深度以 12～15 cm 为宜，以免伤根。大喇叭口期结合施肥进行培土，培土不宜过早，高度以 6～10 cm 为宜。
使用生长调节剂	当玉米叶龄指数达到 60%～70%时，喷施乙烯利 750 mL/hm^2，或玉米健壮素 600 mL/hm^2，兑水 450～600 kg/hm^2，应注意均匀喷施上部叶片。健壮素的喷施有利于增加气生根的形成，使玉米抗倒伏能力增强；也可以在玉米 7～8 片期喷施抗倒伏剂，如玉黄金、金得乐等。

3.常见技术问题处理

(1)如何识别玉米大喇叭口期?此期应采取哪些管理措施促使玉米穗大粒多?

玉米抽雄前 10 d 左右,此时雄穗分化至四分体期,雌穗分化至小花分化期,主要特征是棒3叶大部伸长而未展开,心叶丛生,上平中空,形似大喇叭口,最上部展开叶与未展开叶之间,在叶鞘部位能触摸到柔软有弹性的雄穗即为大喇叭口期,春玉米约是7月上旬。

大喇叭口期是玉米肥水临界期。此时正处于雌穗小穗、小花分化期,营养体生长速度最快,需肥需水最多,是决定果穗大小、籽粒数多少的关键时期。所以这时施攻穗肥,既能满足穗分化的肥水需要,又能提高中上部叶片的光合生产率,使运输到果穗的有机养分多,促使粒多粒饱。此时缺水会造成雌穗小花退化和雄穗花粉败育,严重干旱则会造成"卡脖旱",使雌雄开花间隔时间延长,甚至抽不出雄穗,降低结实率,所以要求一定及时浇水,使土壤水分保持田间持水量的70%~80%。大喇叭口期缺肥将严重降低玉米产量,春玉米应重点追肥,施用尿素225~375 kg/hm^2;夏玉米由于生育期短,可将追肥时间略微提前,在拔节后小喇叭口期一次性进行。此时田间持水量应保持在70%,土壤不能干旱。每7~10 d浇水一次。

(2)如何确定玉米施肥量?

在一定范围内,玉米产量随着施肥量的增加而提高。正确地确定施肥量,是实现玉米高产、稳产、高效的关键。下面介绍测土施肥法。

有条件的地方,每3~5年化验一次土壤中各种养分含量,再根据玉米的需肥量、计划产量、土壤供肥能力、当季肥料利用率等因素,用下面的公式粗略计算出肥料施用量。

肥料施用量=(计划产量对某要素需要量-土壤对某要素的供给量)/(肥料中某要素含量×肥料当季利用率)

肥料的利用率变化很大。据试验,一般有机农家肥当季利用率为30%左右,氮素化肥当年利用率为40%~50%(以40%计),磷、钾化肥为30%~40%(以30%计)。

例:计划667 m^{2}产500 kg玉米籽粒需要施多少肥?假设土壤普查时土壤含氮量每667 m^{2}为17 kg,五氧化二磷为6.0 kg,氧化钾为14.4 kg。土壤中养分利用率氮为50%、五氧化二磷为70%、氧化钾为30%。全国肥料试验平均667 m^{2}产500 kg时,每生产100 kg籽粒需氮2.9 kg、磷1.2 kg、钾2.4 kg,计算尿素、过磷酸钙和氯化钾的施用量(尿素含有效氮46%,过磷酸钙含有效磷16%,氯化钾含有效钾50%)。根据上述公式:

氮肥(尿素)需用量(kg/667 m^2)=(500/100×2.9-17×50%)/(46%×40%)=32.60

式中:500/100×2.9(即14.5)为生产500 kg玉米籽粒的需氮量,17×50%(即8.5)为每667 m^{2}土壤的供氮量,46%为尿素含氮量,40%为尿素当季利用率。

如底肥每亩施厩肥2 000 kg,厩肥含氮0.45%,当季利用率30%,则相当于氮素2.7 kg(2 000×0.45%×30%),折合尿素5.87 kg。每667 m^{2}尿素实际用量为26.29 kg(即32.16-5.87)。

磷肥和钾肥施用量也可按上述办法计算。

(五)花粒期田间管理

1.职业岗位工作

根据生产技术管理计划要求,结合花粒期生长情况,确定适宜管理技术措施,并组织农机、劳力实施,指导田间作业,检查作业质量。

2.工作程序及操作技术和质量要求

工作环节	工作程序及操作技术和质量要求
巧施攻粒肥	在穗期追肥较早或数量少,植株叶色较淡,有脱肥现象,甚至中下部叶片发黄时,应及时补施氮素化肥。攻粒肥宜少施、早施,施肥量为总追肥量的10%～15%,时间不晚于吐丝期,一般追施尿素75 kg/hm^{2}左右。如土壤肥沃,穗期追肥较多,玉米长势正常,无脱肥现象,则不需再施攻粒肥。高产玉米田为了提高产量,可在此期追肥。
灌溉	抽穗到乳熟期需水很多,适宜的土壤水分可延长叶片功能期,防止早衰,促进籽粒形成和灌浆,干旱时应进行浇水,以增粒、增重。地下水位较高的地区,田间积水时应及时排水。
去雄	去雄时间以雄穗刚刚抽出能用手握住时为宜,采取隔行或隔株去雄。去雄不要拔掉顶叶,以免引起减产。去雄株数最多不宜超过1/2,如阴雨连绵或高温干燥则不宜去雄。
人工辅助授粉	人工辅助授粉一般在雄穗开花盛期,选择晴朗的微风天气,在上午露水干后进行,可采用摇株法或拉绳法授粉,也可用授粉器授粉。隔天进行1次,进行3～4次即可。

3.常见技术问题处理

(1)玉米为何会发生空秆现象?应采取哪些措施防止该现象发生?

据调查玉米空秆率一般为15%～20%,严重者高达30%以上。空秆是影响玉米产量的主要因素之一。空秆的主要原因有以下几个。

①雄穗对雌穗的抑制。玉米的雄穗是由顶芽发育而成,生长势强,雄穗分化比雌穗早7～10 d;雌穗由腋芽发育而成,发育较晚,生长势较弱。当外界条件不适合时,雄穗对雌穗产生明显的抑制作用。如营养不良时,雄穗利用顶端优势将大量的养分吸收到顶端,雌穗因营养不足发育不良而形成空秆。

②营养失调。在雌穗分化阶段,如果营养不足,光合面积较小,有机物质积累少,雌穗发育不良,空秆率增高。在玉米旺长阶段,矿质营养供应过多,造成营养生长旺盛,生殖生长减弱,有机物质向雌穗上分配少,从而形成空秆。

③高温干旱。喇叭口期至抽穗前是玉米生长需水量最大的时期,如果此时干旱缺墒,就会影响雄穗的正常开花和雌穗花丝的抽出,造成抽雄提前吐丝延迟。花粉的生命力弱,花丝容易枯萎,不能授粉受精。

④阴雨天气过多。玉米抽雄散粉时期,阴雨连绵,光照不足,花粉粒易吸水膨胀而破裂死亡或黏结成团,丧失授粉能力,而雌穗花丝未能及时受精,造成有穗无籽。

⑤施肥不合理。在同一密度下,施肥少的比施肥多的空秆率高;肥力越低,密度越大,空秆率越高;单一施肥比配方施肥空秆率高,施用二元肥料比施用三元肥料空秆率高。

防止对策:①合理密植;②按叶龄施肥;③浇抽雄开花水。

(2)玉米为何会发生倒伏现象？应采取哪些措施防止该现象发生？

玉米倒伏可分为茎倒伏、根倒伏和茎倒折三种。造成倒伏的主要原因有以下几个。

①施肥、灌水不合理。如氮、磷、钾三要素配合不当，机械组织发育不好，苗期蹲苗不充分，拔节前后肥水攻得过急或中后期灌水后遇大风等。

②密度过高，光照不足。叶片光合作用受到抑制，营养物质合成减弱，细胞伸长，植株高而细弱，节间长，机械组织不发达。

③田间管理不当。如中期培土不及时，耕翻质量差，以至根系发育不良等。

④病虫为害。如玉米螟幼虫蛀蚀茎秆造成孔洞，茎腐病危害茎秆等。

防止措施：①适当加深耕层；②及时中耕培土；③合理的肥水管理；④实行合理密植；⑤及时做好玉米螟、茎腐病等病虫害的防治工作；⑥喷施玉米抗倒伏剂健壮素、玉黄金、金得乐、金玉丰等。如在玉米拔节期 6～11 片叶完全展开时，每公顷用金玉丰 450 g 兑水 25～300 kg，均匀喷施玉米植株的顶部叶片一遍，不得重喷或漏喷。

(3)玉米为何会出现缺粒现象？应采取哪些措施防止该现象发生？

玉米缺粒的形式：

①果穗一侧自基部到顶部整行没有籽粒，穗形多向缺粒一侧弯曲。

②整个果穗结很少籽粒，在果穗上呈散乱分布。

③果穗顶部籽粒细小，呈白色或黄白色，称为秃顶，严重的秃顶可占整个果穗的一半以上。秃顶是玉米缺粒的主要形式。

秃顶缺粒的主要原因：

①品种：由于不同品种对外界环境的适应能力及对不良环境的抵抗能力不同，当不良的外界环境条件超过了品种的适应范围，就易发生秃顶缺粒。如有些品种，由于天气高温干燥，再加上种植密度较大，秃顶缺粒发生就较为严重，造成玉米大量减产，而有些品种基本上就没有秃尖缺粒的发生。

②土壤：沙性土壤盐分较高，耕作层过浅，蓄水保肥能力差，土壤瘠薄，缺粒发生较重。

③营养与肥水：施肥时，氮、磷、钾配合不当，不施或少施有机肥和微肥，尤其是土壤中磷肥、硼肥不足；或玉米生育中后期，水分供应不足，尤其是玉米开花灌浆期缺水脱肥，影响有机质的制造与运转，使玉米吐丝较晚，田间花粉减少，花粉、花丝寿命缩短，致使玉米秃尖缺粒。

④气候：玉米生育中期连续干旱，造成多次卷叶，或开花时遇高温干燥天气，土壤水分供应不足，影响了玉米雌雄穗的发育；或玉米散粉时阴雨连绵，影响了正常的开花授粉；或授粉时天气无风授粉不良，都可造成秃尖缺粒。

⑤栽培管理：管理粗放，或种植密度过大，致使田间通风透光不良，光照不足，植株光合作用减弱，有机质合成减少，影响了玉米雌雄穗的发育，造成秃尖缺粒。

⑥病虫害的发生程度：玉米各种叶斑病和玉米苗枯病、纹枯病、茎基腐病的发生，都可影响玉米正常的生长发育，致使玉米生长不良，尤其是玉米蚜虫在玉米抽雄时开始大量发生，致使玉米不能正常开花授粉，造成秃尖缺粒。

防止措施：①选择优良的品种；②改良土壤，增强土壤保水保肥能力；③合理施肥用水；

④加强田间管理；⑤防治病虫害。

(4)为什么玉米部分去雄、人工辅助授粉能够增加玉米产量？

玉米去雄是一项简单易行的增产措施，一般可增产 4%～14%。增产的原因：一是去雄后可节省一部分养料供雌穗发育，使籽粒饱满；二是通风透光得到改善，增强了中上部叶片的光合能力，抽丝期提早，粒重增加，提早成熟；三是减轻玉米螟危害。

去雄时间以雄穗刚刚抽出能用手握住时为宜，采取隔行或隔株去雄。去雄不要拔掉顶叶，以免引起减产。去雄株数最多不宜超过 1/2，如阴雨连绵或高温干燥则不宜去雄。

正常情况下，一般靠玉米天然传粉都能满足雌穗授粉的需要，但在干旱、高温或阴雨等不良条件影响下，雄穗不能正常开花散粉，或雌雄开花间隔时间太长，影响授粉受精、结实。此外，植株生长不整齐时，发育较晚的植株雌穗吐丝时，花粉量已显不足，也会影响结实。因此，人工辅助授粉可保证受精良好，减少秃尖、缺粒，并可促进籽粒饱满。

人工辅助授粉一般在雄穗开花盛期，选择晴朗的微风天气，在上午露水干后进行，可采用摇株法或拉绳法授粉，也可用授粉器授粉。隔天进行 1 次，进行 3～4 次即可。

(六)病虫害防治

1. 职业岗位工作

按照玉米病虫害发生规律，在不同生育时期识别调查发生情况，及时采取有效防治措施。

2. 工作程序及技术操作和质量要求

病虫害	形态识别	防治方法
地老虎类  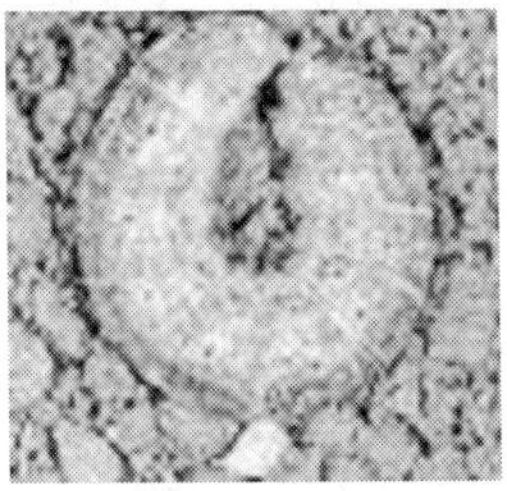	以黄地老虎为例： 成虫：体长 15～18 mm，翅展 35～45 mm，全体黄褐色，头部、胸部、腹部灰褐色。前翅基线、内、外、中横线不明显；肾状纹、环状纹、楔状纹明显，各具黑褐色边。后翅白色，前缘略带黄褐色。 幼虫：体长 35～50 mm，体黄色。头部褐色，有不规则的黑褐色斑点，光滑的体表匀布微小颗粒。腹部末节臀板中央有黄色纵纹，两侧各有 1 个黄褐色大斑。 以幼虫为害，咬食叶肉、嫩尖，咬断嫩茎。1～2 龄幼虫在心叶处为害，3 龄后躲在植物根部，夜间为害。	(1)秋翻冬灌。 (2)在地老虎产卵盛期前或地老虎 1～2 龄的幼虫盛发期，及时铲净田间杂草。 (3)采用种子包衣。 (4)糖醋液、黑光灯诱杀。 (5)用 90%敌百虫晶体 1 kg，加饵料(如麸皮、油渣)100 kg，制成毒饵防治地老虎幼虫。 (6)将青草切碎，用 50%辛硫磷 100 g 加水 2～2.5 kg，喷在 100 kg 草上，于傍晚分成小堆放置田间诱杀地老虎。 (7)苗期害虫猖獗时，可用 90%晶体敌百虫 800 倍液、50%辛硫磷乳油 500 倍液灌根。

续表

病虫害	形态识别	防治方法
玉米螟  	成虫：黄褐色，体长10～14 mm，前翅内横线呈波状纹，外横线锯齿状暗褐色，前缘有两个深褐色斑，后翅略浅，也有两条波状纹。 卵：椭圆形，黄白色。一般 20～60粒黏在一起排列成不规则的鱼鳞状卵块。卵块多产于叶背主脉旁。 幼虫：共5龄。老熟幼虫体长20～30 mm。体背淡褐色，中央有一条明显的背线，腹部1～8节背面各有两列横排的毛瘤，前4个较大。 蛹：纺锤形，红褐色，长15～18 mm，腹部末端有5～8根刺钩。 玉米螟以幼虫为害，初龄幼虫蛀食嫩叶形成排孔花叶，3龄以后幼虫蛀入茎秆，为害花苞、雄穗及雌穗，在蛀孔外均有粪屑堆积。受害玉米营养及水分输导受阻，长势衰弱，茎秆受害遇风易折。	(1)在4月中旬前，将所有玉米秆、穗轴、残茬处理完毕，可以沤肥、焚烧、碾压、粉碎等，以消灭潜伏其中的越冬幼虫。 (2)在成虫羽化期利用黑光灯及频振式杀虫灯等，或性诱剂诱杀。 (3)生物防治：释放赤眼蜂和使用Bt生物制剂“灌心”或喷雾。在玉米螟产卵始期至产卵盛末期释放赤眼蜂1～2次，每公顷释放15万～30万头。 (4)药剂防治：在玉米螟成虫产卵期进行防治，效果最好。即在玉米11叶期成虫产卵期喷施阿维菌素、高效氯氟氰菊酯等进行防治。
玉米叶螨 	玉米叶螨又名玉米红蜘蛛，主要有截形叶螨、土耳其斯坦叶螨等，通常为几种叶螨混合为害玉米。其幼螨、成螨集聚叶背主脉两侧，以口针刺入玉米叶肉组织，吸取细胞汁液，并吐丝拉网，导致叶片积尘覆土。受害部位初期呈针头大小的褪绿斑，甚至失绿。为害严重的玉米植株大片枯死，空穗率高，即使结实者，籽粒秕瘦，给玉米生产造成严重的损失。 由于为害玉米的叶螨为多种叶螨混合发生，再加上虫体很小，肉眼不易观察，因此，生产上多是通过手持放大镜或根据为害症状进行观察和判断。	(1)清洁田园，秋耕冬灌。 (2)及时彻底清除田间、地埂、渠边杂草，降低虫源基数。 (3)避免与豆类等作物间作。 (4)保护瓢虫、草蛉、捕食螨、蜘蛛等天敌。 (5)药剂防治　突出一个“早”字，早查、早治。早播玉米以6月上中旬为宜，晚播玉米可酌情推后，常用哒螨灵、乐斯本、尼索郎等杀螨剂喷雾。喷药时，尽量不要在杀螨剂中混合杀虫剂，以免伤害天敌。

续表

病虫害	形态识别	防治方法
玉米三点斑叶蝉 	玉米三点斑叶蝉成虫寿命长，产卵期也长。以成虫在冬麦地及林带、果园、田埂渠边的禾本科杂草上越冬。5 月下旬玉米出苗后即有部分成虫迁入。成虫、若虫聚集叶背刺吸叶片汁液，破坏叶绿素，初期沿叶脉吸食汁液，叶片出现零星小白点，以后随受害不断加重，斑点密集并遍及整个叶片，6 月下旬以后被害叶片严重焦枯，部分组织成紫红色条斑，7 月下旬大部分叶片干枯死亡。 玉米三点斑叶蝉成虫灰白色，体长 2.6～2.9 mm，复眼黑色，头顶前缘有淡褐色斑纹，呈倒“八”字形。中胸盾片上有 3 个大小相等的椭圆形黑斑，小盾片末端亦有一相同形状的黑斑。前后翅白色、透明。成虫、若虫行走时为横向移动。	(1)清除田边地埂、渠边杂草，及时中耕。 (2)在 7 月中下旬至 8 月中旬，用 20%的啶虫脒乳油或 20%噻虫嗪可湿性粉剂 2 000～2 500 倍液喷雾防治，可降低玉米田的虫口基数。
瘤黑粉病 	玉米瘤黑粉病在玉米整个生育期和所有地上部位均可发病，是典型的局部侵染性病害。受害部位生出大小不等、形态各异的病瘤。病瘤外部被有白色或粉红色的被膜，或稍着红、紫杂色，后变灰色。成熟前压之能出水，成熟后内部是片状物和黑粉，病瘤破裂散出大量黑粉即病菌冬孢子。	(1)选育抗性品种。 (2)实行 3 年以上轮作。 (3)加强栽培管理，尽量减少田间作业所造成的创伤，及时割除未成熟病瘤。 (4)玉米收获后，及时进行清田，然后秋耕冬灌。玉米秸秆等在春播前处理完毕。 (5)药剂防治　用 20%粉锈宁、70%甲基托布津等药剂拌种，用药量为种子量的 0.1%。苗期可喷洒波尔多液或保护性杀菌剂如代森锰锌等。 (6)在 6 月中下旬，用“克克无损”均匀混拌沙子，早晨温度较低时隔行撒入田间，到中午温度上升至 30℃时，起到熏蒸灭杀作用，防治效果较好，也可防治玉米叶螨。

续表

病虫害	形态识别	防治方法
白星花金龟甲 	白星花金龟甲成虫主要为害将近成熟的果实,大量个体群聚在果实上取食,果实受害后极易腐烂脱落。 成虫体长 20～24 mm,宽 13～15 mm,略扁平,体壁特别硬,全体古铜色带有绿紫色金属光泽。前胸背板有斑点状斑纹,翅鞘表面有云片状由灰白色鳞片组成的斑纹。 老熟幼虫体长约 50 mm,头较小,褐色,胴部粗胖,黄白或乳白色。胸足短小,无爬行能力。	(1)清洁田园,特别是粪堆和废弃的作物秸秆堆,一定要腐熟,减少滋生地,从而降低虫口基数。在秋末和开春至 4 月底之前,将粪堆翻动 1～2 次,捡拾粪土交界处的白星花金龟幼虫集中消灭。翻粪堆时,最好边翻边捡幼虫边打药(辛硫磷乳油等 800～1 000 倍液毒死蜱),将幼虫彻底消灭干净。 (2)利用成虫的群聚习性进行人工捕捉。 (3)糖醋液诱杀,不提倡化学防治。

3. 常见技术问题处理

玉米病虫害防治时应注意什么?

当前鲜食玉米、爆裂型玉米等特用玉米越来越受到消费者的青睐,其种植面积在迅速增大,已经占到玉米总种植面积的 28%。为了人们身体健康,确保品质和食用安全,在玉米病虫害防治时做到 3 点:①选择优质、高抗品种。②严格按照国家无公害生产技术要求进行防治。禁止使用毒性大、残留时间长的农药和"三无"农药,积极使用生物农药。如防治玉米螟不能使用呋喃丹灌心,而应选择无公害生产允许的药剂辛硫磷等,或用白僵菌、杀螟杆菌灌心。③采收前 25 d 严禁使用任何农药。总之,玉米病虫害防治应以农业防治、生物防治为主,同时积极开发并利用天敌防治。

(七)收获

玉米收获期的早晚对产量和品质有很大影响。玉米完熟期千粒重最高,是最适宜的收获期。完熟期的标志是籽粒变硬发亮,穗节着生处出现黑层。春玉米最好在此期收获,夏玉米如需提前收获,可提早到蜡熟末期,收后应采取"后熟"措施,即将玉米秆带穗砍倒后竖起来堆积一段时间,使茎秆中的养分持续向籽粒中输送,增加粒重。

玉米籽粒含水量降至 13%～14%时,可入仓贮藏保存。

目前,新疆大力推广机械化收割技术,提高了玉米收获质量和收割效率,也促进了畜牧业的发展。

1. 玉米机械化收获大致可分以下两种形式

(1)联合收获　用玉米联合收获机,一次完成摘穗、剥皮、集穗,或摘穗、剥皮,但此时籽粒湿度不宜过高,同时进行茎秆处理(切段黄贮或粉碎还田)等项作业。新疆玉米收获机有 4YZ-4 型收获机、4Y2B-8 型自走式玉米联合收获机、4YZ-2600 型茎穗兼收玉米收获机、KCKY-6 型玉米收获机等(图 8-5)。

图 8-5　玉米联合收获机田间作业

其工艺流程为：摘穗—剥皮—秸秆处理 3 个连续的环节。

（2）半机械化收获　用割晒机将玉米割倒、放铺，经几天晾晒后，籽粒湿度降到 20％以下，用机械或人工摘穗、剥皮，然后运至场上，经晾晒后脱粒；秸秆处理（切段黄贮或粉碎还田）。

2. 机械收获技术性能指标

玉米机械化收获机需达到如下技术性能指标：收净率≥95％；果穗损失率＜3％；籽粒破碎率＜1％；果穗含杂率＜5％；还田茎秆切碎合格率＞95％；留茬高度≤40 cm；使用可靠性＞90％。

3. 机械收获技术实施要点

（1）实施秸秆黄贮的玉米要适时进行收获，尽量在秸秆发干变黄前进行收获作业（此时秸秆的营养成分和水分利于黄贮）。

（2）实施秸秆还田的玉米收获尽量在籽粒成熟后间隔 3～5 d 再进行收获作业，这样玉米的籽粒更加饱满，籽粒的含水率低，有利于剥皮作业。秸秆变黄，水分降低更利于将秸秆粉碎，可以相对减少功率损耗。

（3）根据地块大小和种植行距及作业质量要求选择合适的机具，作业前制定好具体的收获作业路线。

4. 机具操作规程

拖拉机启动前，必须将变速手柄及动力输出手柄置于空挡位置。启动发动机，检查拖拉机各部分运转是否正常，低速运转收获机，检查各部件运转情况。机组在运输过程中，必须将割台和秸秆还田装置提升至运输状态，并注意道路的宽度和路面状况。拖拉机起步、接合动力、转弯、倒车时，要先鸣喇叭，观察机组前后左右的状况，并提醒多余人员离开。接合动力要平稳，油门由小到大逐步提高，确保运输和生产作业的安全。

（八）田间调查和测产方法

1. 职业岗位工作

按照一定的方法和标准，调查玉米生育特性和主要经济性状，成熟时对其进行测产，以综合评价玉米地块长势长相和管理水平，总结管理经验。

2.调查内容、方法和标准

(1)生育时期:在玉米生产和科学研究中,常用的主要生育时期及记载标准如下:

①出苗期:发芽出土高 3 cm 左右的穴数达 50%的日期;

②拔节期:近地面节间伸长达 2~3 cm,此时雄穗生长锥分化到伸长期;

③抽丝期:50%的植株雌穗花丝从苞叶抽出的日期;

④抽雄期:50%的植株雄穗尖端露出顶叶的日期;

⑤成熟期:90%以上植株苞叶变黄,籽粒硬化并呈现成熟时的固有颜色的日期。

在生产上,常用小喇叭口期、大喇叭口期作为生育进程和田间管理的重要依据。小喇叭口期在拔节后 7~10 d,通常与雄穗小花分化期、雌穗生长锥伸长期相吻合。大喇叭口期在抽雄前 10 d 左右,此时雄穗分化至四分体时期,雌穗分化至小花分化期,主要特征是棒 3 叶大部分伸长而未展开,心叶丛生,上平中空,形似大喇叭口,最上部展开叶与未展开叶之间,在叶鞘部位能触摸到柔软有弹性的雄穗。

(2)玉米形态特征等指标的测定标准如下:

①茎粗:指乳熟期地上第三节间中部的直径(不带叶鞘);

②主茎叶数:主茎上的总真叶数;

③穗粗(cm):指果穗中部的最小直径;

④单株有效穗数:平均一株结实的穗数(每穗结实 10 粒以下的不计);

⑤穗位高度:指乳熟期地面到植株最上部果穗着生节的高度;

⑥双穗率(%):成熟期有效双穗株占总株数的百分率;

⑦果穗长度(cm):指最上部果穗去除苞叶后包括秃尖的长度;

⑧出籽率(%):籽粒干重占果穗干重的百分率;

⑨倒伏:玉米抽穗后,因风雨等灾害,主茎倾斜度大于 45°的植株,在 1/3 以下为轻,1/3~2/3 为中,2/3 为重;

⑩倒折率:玉米抽雄穗后,果穗以下部位折断的植株占总株数的百分率。

(3)玉米主要生育动态指标的测定标准如下:

动态测定应定点(取 10~20 株,不取边行)定期进行,以取得系统性数据。

①生长量:分期测量株高(地面至植株最高处的距离,单位 cm),一般 5 d 1 次。

②叶片和叶龄指数:分期调查玉米叶片数目的变化,包括展开叶数(可以见到的叶片总数)、分化叶片数(植株当时已经分化的叶片总数),并计算各期的叶龄指数。

叶龄指数=(主茎叶龄/主茎总叶片数)×100%

③叶面积和叶面积指数。每 5 d 测定一次。

叶面积(cm^2)=叶片中脉长度(cm)×叶片最大宽度(cm)×0.7

单株叶面积=全株各叶面积之和

每公顷叶面积=单株叶面积×每公顷株数

叶面积指数=每公顷绿叶面积(m^2)/15×667(m^2)

(4)经济性状测定标准如下(各项随机取 20~30 穗测定):

①果穗长度(cm):果穗基部至顶端的距离(包括秃尖)。

②穗粗:以周长表示,用线围距果穗基部 1/3 处的圆周,然后测量线的长度(cm)。

③秃顶长度：果穗顶端没有结实或结实未成熟部分的长度(cm)，并计算秃顶率，即秃顶长度占果穗长度的百分数。

④穗行数：果穗中部籽粒行数，求平均数。

⑤每穗粒数：每一果穗上的总粒数，求平均数。

⑥果穗重：风干果穗的重量(g)，求平均数。

⑦穗粒重：果穗上全部籽粒的风干重(g)，求平均数。

⑧穗轴率＝穗轴重/穗重×100%或出籽率＝穗粒重/穗重×100%。

⑨千粒重：分别数取两个风干千粒称重，两次重量相差超过4～5 g，需做3份，取相近的两个重量，求其平均数。

(5)测产：

①选点取样。玉米单株生长量大，单株差异大，选点取样的代表性与测产结果的准确性关系较大。应随机选点并注意均匀布点。选点数目依面积大小和长势而定。田块大、地形复杂、长势不均的应适当增加样点数，反之减少样点数。一般采用对角线5点取样，每点取样10～20株，不得少于10株。

②测定单位面积实际株数。

测平均行距：无论等行距、宽窄行或间套种的玉米，都应量21行间垂直距离，再除以20即得平均行距。

测平均株距：每个田块应选择3～5行或更多，要求所选的行株分布均匀。每个点量21株的株间连续距离，再除以20即得平均株距。

每公顷株数＝10 000/(平均株距×平均行距)，株行距单位为m。

③测定平均结穗率。在样点中，随机顺序数20株的总穗数，各点平均得单株结穗率，并随时记录空秆数和双穗率。

④测定果穗粒数。每点从中选取10～20个果穗，不摘取果穗，剥开苞叶数其行数和粒数。顶端有秃顶和籽粒不齐的可少数1～2粒，求出果穗平均结实粒数。也可晒干后实测。

⑤千粒重的测定。收获时可随机取样，重复3次，取较接近的两次，算出平均值。预测可依据上一年或该品种常年一般的千粒重计算。

⑥产量计算。

产量(kg/hm^2)＝每公顷株数×单株结穗率×单穗实粒数×千粒重×折扣率/(1 000×1 000)

为了接近实产，计算结果应适当扣除收获等损失(折扣率)，一般为80%～90%。

3.常见技术问题处理

如何确保记载和测产数据准确？

在记载和测产工作中，为减少误差要做到几点：①选取样点要合理。选点数目依面积大小和长势而定。一般采用对角线5点取样，每点取样10～20株，不得少于10株。如果田块大、地形复杂、长势不均的应适当增加样点数。如果地形复杂、长势十分不均匀的地块，应当采取"S"形取点，且多布点；或者按照长势划分若干个地块后，针对每一个地块再进行对角线5点取样测产，最后取平均数。②选点取样具有代表性，不要在地边选点，选点的作物长相与大田整体相一致。③要认真按照程序操作，按标准计数，不可马虎造成人为错误。

【知识延伸】

1. 参阅相关资料，了解玉米生长发育、品种特性各项指标调查技术。
2. 参阅相关资料，学习掌握玉米主要病虫害病情指数、为害率调查技术。
3. 参阅相关资料，了解新疆主栽玉米品种特性、栽培技术要点。
4. 参阅相关资料，了解世界玉米种植技术发展趋势。

【课后作业】

1. 研究制订春玉米 15 000 kg/hm^2 高产栽培技术规程。
2. 说明春玉米常见病虫害识别要点及防治方法。

三、顶岗实习工作过程作业记录单

<table>
<tr><td colspan="6">1. 生产计划与成本预算</td></tr>
<tr><td>种植面积</td><td></td><td>种植户</td><td></td><td>地块编号</td><td></td></tr>
<tr><td>选用品种</td><td></td><td>预计产量</td><td>kg/hm^2</td><td>预计售价</td><td>元/kg</td></tr>
<tr><td rowspan="8">生产投入</td><td colspan="2">土地承包费</td><td>元/hm^2</td><td rowspan="4">成本合计</td><td rowspan="4">元/hm^2</td></tr>
<tr><td colspan="2">种子</td><td>元/hm^2</td></tr>
<tr><td colspan="2">化肥</td><td>元/hm^2</td></tr>
<tr><td colspan="2">农药与施药</td><td>元/hm^2</td></tr>
<tr><td colspan="2">水费</td><td>元/hm^2</td><td rowspan="4">预期效益</td><td rowspan="4">元/hm^2</td></tr>
<tr><td colspan="2">机耕费(耕、耙、播、收)</td><td>元/hm^2</td></tr>
<tr><td colspan="2">雇工</td><td>元/hm^2</td></tr>
<tr><td colspan="2">其他</td><td>元/hm^2</td></tr>
<tr><td colspan="6">根据生产计划制订普通玉米高产栽培技术方案(丰产计划)</td></tr>
</table>

<table>
<tr><td colspan="3">2. 备耕检查</td></tr>
<tr><td>检查项目</td><td>检查记录</td><td>评价</td></tr>
<tr><td>土地耕翻墒情(耕地质量、冬灌或春灌情况)</td><td></td><td></td></tr>
<tr><td>种子质量与种子处理</td><td></td><td></td></tr>
<tr><td>播前整地质量(墒情、土壤平整、细碎、化学除草等)</td><td></td><td></td></tr>
<tr><td>播种机调试准备(播量调试、机械工作状况等)</td><td></td><td></td></tr>
</table>

续表

<table>
<tr><td colspan="5">3. 田间管理与作业质量检查</td></tr>
<tr><td colspan="2">项目</td><td>时间</td><td>检查记录(技术措施、指标、作业质量)</td><td>评价</td></tr>
<tr><td colspan="2">播种质量(种肥、下种量、播深、覆土、镇压、浮籽、漏重播等)</td><td></td><td></td><td></td></tr>
<tr><td colspan="2">间苗、定苗</td><td></td><td></td><td></td></tr>
<tr><td colspan="2">中耕除草(中耕深度、细碎、平整、伤埋苗、杂草清除等)</td><td></td><td></td><td></td></tr>
<tr><td colspan="2">追肥(追肥肥料种类、用量、深度、均匀度、覆盖等)</td><td></td><td></td><td></td></tr>
<tr><td rowspan="5">灌溉(灌溉量、技术标准)</td><td>头水</td><td></td><td></td><td></td></tr>
<tr><td>二水</td><td></td><td></td><td></td></tr>
<tr><td>三水</td><td></td><td></td><td></td></tr>
<tr><td>四水</td><td></td><td></td><td></td></tr>
<tr><td>五水</td><td></td><td></td><td></td></tr>
<tr><td colspan="2">化控、化学除草</td><td></td><td></td><td></td></tr>
<tr><td colspan="2">收获(收获方式、损失)</td><td></td><td></td><td></td></tr>
</table>

4. 病虫害调查与防治记载			
病虫害名称	病情指数、为害率调查	防治措施	效果

续表

5. 生育期及品种特性记载

生育期	播种期	出苗期	拔节期	抽雄期	吐丝期	成熟期
品种特性	株高/cm	主茎叶片数	穗粗/cm	穗位高度/cm	双穗率/%	穗长度/cm
	倒伏率/%	空秆率/%	秃顶长/cm	单穗行数	单穗粒数	单穗粒重/g
	出籽率/%	粒色	粒型	千粒重/g	籽粒整齐度	穗轴率/%

6. 测产与效益分析

测产	产量构成因素法	株数/hm^2	穗数/株	粒数/穗	千粒重/g	产量/(kg/hm^2)
		计算公式:株数/hm^2×穗数/株×粒数/穗×千粒重×0.8/1 000×1 000				
	实测法	按照种植面积取150 m^2 测产样点若干,取雌穗脱粒后自然风干,称重并测籽粒含水量。				产量/(t/hm^2)
		计算公式:150 m^2 测产样点产量平均数×10 000×水分校正系数/150				
效益分析	实际发生成本核算	土地承包费				元/hm^2
		种子				元/hm^2
		化肥				元/hm^2
		农药与施药				元/hm^2
		水费				元/hm^2
		机耕费(耕、耙、播、收)				元/hm^2
		雇工				元/hm^2
		其他				元/hm^2
	平均产量	kg/hm^2		市场价格		元/kg
	副产品收入	元/hm^2		种植效益		元/hm^2

续表

7. **生产技术问题处理记录**				
时间	生产问题	原因分析	处理措施	效果
8. **春玉米高产栽培技术总结**				

第三节 知识拓展

一、玉米的复播及套种技术要点

随着农业产业结构的调整，玉米作为饲料的量日趋增多，加之气候因素的特点，复播玉米逐渐增多。

（一）选用适宜的品种

复播玉米在品种选择时，应科学分析当地的热量条件，保证达到收获目的。适合南疆复播种植的品种有'新玉9号(901)'、'新玉29号'、'新玉35号'、'新玉54号'、'新玉80号'等；适合北疆种植的品种较少，有'石单901'、'石单902'、'石单905'、'冀承单3号'等；适合南疆套种的玉米品种有'新玉41'、'新玉66号'、'沈玉2002'等。

（二）早播

为保证玉米正常成熟，达到收获目的，应尽可能早播，延长玉米籽粒发育的时间，以提高产量。

（三）肥水及早管理

复播玉米肥水运筹是管理的核心。

1. 施肥技术

复播玉米苗期生长处于高温阶段，生长快，干物质积累多。抽雄前10 d到抽雄后25～30 d，是一生中需求养分最多的阶段。施肥原则是重施底肥和种肥，早追肥，后期补施肥，既利于前期生长，又利于防止后期脱肥造成的早衰。一般基肥用量为$(3\sim3.75)\times10^4$ kg/hm^2，种肥用量尿素75～120 kg/hm^2，二铵75～90 kg/hm^2；第一次追肥用量尿素300～375 kg/hm^2，二铵75～90 kg/hm^2，第二次追肥用量尿素75～120 kg/hm^2。

采用套种的玉米，在小麦收获后，应及时中耕少量追肥，尿素120～150 kg/hm^2，二铵75～90 kg/hm^2，以促进玉米的生长。

2. 灌溉技术

在灌足底墒的基础上，复播玉米苗期不用灌水，在拔节时必须灌第一水。以后灌水的原则是不缺不灌，采用套种的玉米第一水应根据前作灌水情况而定。

二、特用玉米栽培技术

（一）超甜玉米栽培技术

1. 选地

选择土质肥沃、疏松、排灌方便、不渍水的地块，与其他普通玉米田相隔200 m以上，或采用时间隔离，避免异类型玉米串粉导致品质下降。

2. 播种

新疆地膜覆盖栽培可在4月中旬播种，也可以根据种植方式不同及市场需求适当延迟播种。由于甜玉米种子干瘪，要特别注意播种质量，地要耙平，土要整细，春播深度1.7～3.3 cm，秋播深度3.3 cm左右。秋播后要及时灌跑马水，以利出苗。种植密度52 500～63 000株/hm^2，行距60 cm，株距20～30 cm。播种时要施足底肥，饼肥600～750 kg/hm^2，磷肥600～750 kg/hm^2，钾肥150～225 kg/hm^2；或者氮磷钾复合肥750～900 kg/hm^2。

3. 苗期管理

2叶期间苗，3叶期定苗、中耕、追苗肥60～150 kg/hm^2。拔节期施平衡肥75 kg/hm^2，轻培土。大喇叭口期重施穗肥225～300 kg/hm^2，培土防倒伏。地膜育苗晴天要注意练苗，防止烧苗，育苗时间不应超过15 d，最佳移栽苗龄是2叶1心。

4. 病虫害防治

苗期使用敌杀死防治地老虎，大喇叭口期使用敌杀死或Bt粉剂防治玉米螟。

5. 收获技术

籽粒发育的乳熟期，含水量达50%左右时为最佳采收期。春播超甜玉米在授粉后20 d左右，秋播超甜玉米在授粉后25 d左右采收。适宜采收期1周左右。为防止糖分转化，采收的青穗应及时上市。连苞叶采收上市可延长保鲜期。

（二）爆裂型玉米栽培技术

1. 品种选择

爆裂玉米品种类型有常规种和杂交种两种。常规种产量低，2 250～3 000 kg/hm^2，膨爆率低，一般为85%～90%。杂交品种产量高，3 750～5 250 kg/hm^2，膨爆率可高达99%。生育期大都属中早熟，所以选择纯度高的杂交种生产，品质好，产量高。比较好的品种有'鲁爆玉1号'、'沪爆1号'、'成都806'和'黄玫瑰'、'石爆3号'等。

2. 选地隔离

爆裂玉米籽粒小，芽势弱，应选择土壤肥沃、排灌方便、墒情好的沙壤地块种植。播种深度3～4 cm。因与其他大田玉米品质不同，为了保证爆裂率，必须隔离种植，集中连片。与其他不同品种玉米隔离区在200 m以上。

3. 保证密度

爆裂玉米株型清秀紧凑，棒子细，籽粒小，单株产量低，合理密植产量高。行株距为45 cm×18 cm较宜。宽窄行种植，宽行50 cm，窄行40 cm。覆膜种植更佳。保苗120 000株/hm^2。

4. 错期播种

爆裂玉米一般雄穗发育快，雌穗发育慢，苞叶紧。应分期播种有利于授粉，防止秃顶。一般分行错期5 d播种为宜。春播4月15—20日适宜。

5. 田间管理

（1）促苗早管　早定苗、早中耕、早除草、早防虫，达到壮苗早发目的。

（2）适期灌水　爆裂玉米全生育期需灌水4～5次。第一水6月下旬开始，以后每隔15 d灌一次，保证田内湿度。

（3）合理施肥　施足基肥，分期追肥。应重视基肥的施用，可将磷、钾肥一次性用做基肥，以充分发挥两者促壮苗早发的作用。氮肥的基肥用量约占总氮量的30%。另外，按照"偏施苗肥、重施穗肥”的原则进行二次追肥。

(4)控制杂草　爆裂玉米苗期生长慢，不像普通玉米那样可以迅速形成一个优势群体以抑制杂草生长，所以，应注重防治草害。每 667 m^2 可在播种后、出苗前使用乙阿合剂 300～400 g，兑水 30～40 kg 喷洒地面。3～4 叶期，结合施肥进行浅中耕，7～8 叶期，结合施穗肥深中耕除草。

(5)病虫防治　苗期防治地下害虫，后期防止蚜虫为害。

6. 适期晚收

爆玉米灌浆成熟速度慢，应充分成熟后方可收获。

(三)鲜食玉米栽培技术

鲜食玉米在品种选择上以甜玉米、糯玉米和高赖氨酸玉米为佳，其口感和营养价值均优于普通玉米，甜玉米如‘新特玉 5 号’、‘新甜玉 8 号’、‘新甜玉 9 号’等，糯玉米如‘新特玉 1 号’、‘香甜糯 828’、‘七彩甜糯 121’等。在大田管理上，应重点注意如下措施的落实。

1. 错期播种，分批上市，重点抓蔬菜淡季生产

春季播种宜早不宜迟，采用地膜覆盖栽培或温室育苗移栽技术，提早上市；秋季宜适当晚播，10 月中旬左右上市，平衡市场需求。

2. 隔离种植，防止串粉

高赖氨酸玉米和甜玉米品质性状均受隐性基因控制，当与普通玉米杂交或这两种类型的玉米彼此杂交时，当代即失去其高赖氨酸或甜质的特性。所以在生产上要实行隔离种植。时间隔离，播期时隔 30 d 以上；空间隔离以 400 m 以上为宜。

3. 种植密度要合理

合理的种植密度是实现 667 m^2 穗数和 667 m^2 效益统一。种植密度过大，果穗小，容易形成大小穗，优质品率降低，种植密度太小，产出穗少，效益也低。适宜密度 52 500～60 000 株/hm^2，所以在种植鲜食玉米时应根据选择品种的生理特性，采用合理的种植密度。

4. 合理施肥

玉米籽粒的营养品质不仅受遗传控制，也在相当大程度上受植株营养条件的影响。在生产上通过合理施肥，调整玉米的营养状况，使玉米的营养品质明显增加，在实现高产的同时，实现优质高效。

(1)增施有机肥　增强地力，提高土壤保肥能力，有机肥多，植株生长稳健，籽粒营养品质好。

(2)增磷补钾　试验证明，氮肥能明显地提高玉米产量，但氮肥过多，能降低籽粒中赖氨酸和糖的含量，而磷钾肥有利于赖氨酸和糖的增加，磷钾肥的增加，减少了淀粉含量，提高了果穗的营养价值，改善了籽粒的加工品质和适口性，提高了商品价值。钾肥能显著增加籽粒中糖的含量，但过量施钾对玉米籽粒赖氨酸的形成具有抑制作用。在一般肥力条件下，每亩施用 225 kg 硫酸钾为宜。根据不同的地力水平和不同品种需肥特性进行配方施肥，在高氮肥的条件下，配合施用磷钾肥，可在获得高产的同时，获得较好的经济效益。

5. 积极防治病虫害

播前晒种 2～3 d，并用药剂拌种，防治地老虎、蝼蛄等害虫和各种苗期病害。在整个生育期内宜采用药效短、无残留的药剂防治各种病虫害，严格禁止采收期间用药。

三、青贮玉米的栽培要点

(一)品种的选择

目前青贮玉米有两种不同的类型,一是分蘖多穗型,二是单秆大穗型。分蘖多穗型品种往往具有较多的果穗,可以改善青饲料的品质。

要选择具有植株高大、茎叶繁茂、抗倒伏、抗病虫和不早衰等特点的单位面积青饲产量高的品种。青饲料产量春播能达到 67 500～120 000 kg/hm^2,夏播能达到 45 000～60 000 kg/hm^2。青贮玉米品种要求茎秆汁液含糖量为 6%,全株粗蛋白质达 7%以上,粗纤维素在 30%以下。果穗一般含有较高的营养物质,选用多果穗玉米可以有效地提高青贮玉米的质量和产量。青贮玉米品种的选择还要求适口性好、消化率高。新疆目前比较有优势的品种为新饲青系列,但是大多数地区采用春播中晚熟品种,如'新饲玉 2 号'、'新饲玉 5 号'、'新饲玉 10 号'、'新饲玉 11 号'、'新饲玉 13 号'、'新饲玉 18 号'、'中农大青贮 67 号'等。

(二)青贮玉米的栽培技术要点

青贮玉米的播种量:青贮玉米品种具有分枝性,故应比单秆品种减少播种量,人工点播 45 kg/hm^2,机播 30 kg/hm^2。

植株的密度:青贮玉米主要收获地上部分植株,所以要比粮食玉米密度大,行株距一般为 60 cm×25 cm。

青贮玉米品种有分枝特性,所以定苗时不能去分枝。品种需肥量较大,需施 75 000 kg/hm^2 有机肥做底肥,苗高 30 cm 时追施复合化肥 450 kg/hm^2。封垄前要中耕培土,以利于灌溉与排涝,增强抗倒性;拔节前如干旱应灌水;抽雄后 40 d 即乳熟后期或蜡熟前期就可收割,过早收割会影响产量,过晚收割则黄叶增多影响质量。青贮玉米的适期收获是非常重要的,最适收获期是在含水量为 61%～68%时,若在含水量高于 68%之前收获,干物质积累就没有达到最大量;若在含水量降到 61%以下后收获,茎叶会老化而导致产量损失。

第九章

新疆水稻栽培技术实训

第一节　岗位技术概述

稻是世界主要粮食作物之一。根据生长习性，稻可分为水稻和旱稻，水稻又可分为籼稻和粳稻。籼稻起源于亚热带，种植于热带和亚热带地区。粳稻种植于温带和寒带地区。新疆种植的水稻主要是粳稻。

水稻栽培历史已有六七千年。除食用外，水稻还可用于制造淀粉、酿酒、制醋，米糠可制糖、榨油、提取糠醛供工业及医药用，稻秆为良好饲料、食用菌的培养料及造纸原料和编织材料，谷芽和稻根可供药用。

水稻是高产稳产作物。我国水稻 2018 年播种面积为 3 018.95 万 hm^2，占全国粮食播种面积的 25.8%，总产 21 212.9 万 t，单产达到 7 026.6 kg/hm^2。2017 年 10 月 15 日在河北省硅谷农科院超级杂交稻示范基地，专家组对该基地种植面积达 102 亩的中国工程院院士袁隆平团队选育的超级杂交稻品种"湘两优 900"百亩高产攻关片进行了现场测产，随机抽取了 3 块地进行人工收割、机器脱粒、实打实收，平均每亩产稻 1 149.02 kg，即每公顷 17.2 t，创造了新的水稻单产世界纪录。2018 年新疆水稻播种面积 7.84 万 hm^2，只占全国播种面积的 0.16%。新疆具有独特的气候条件，是优质水稻种植区，水稻单产和品质明显优于国内水稻主产区。2017 年 10 月由中国工程院院士陈学庚任组长的专家组对在兵团第一师一团种植的 9.73 hm^2"水稻机械精量旱穴直播技术与机具"示范田进行了精准测产验收，结果显示，示范田直播水稻每亩达到 1 042.97 kg，刷新全国直播水稻高产纪录。

影响新疆水稻生产的气候条件主要是热量，其次是春旱。以此为主要依据，将新疆水稻划分为五个大区，见表 9-1。

表 9-1　新疆水稻农业分区系统

五大区	主导指标	辅助指标	有无春旱现象	农业意义	主要地区
	≥10℃ 80%保证率积温/℃	≥10℃ 80%保证率日数/d			
Ⅰ.特早熟稻作区	2 400～2 680	＜135	无	适宜极早熟品种种植	阿勒泰、塔城等地的山前平原
Ⅱ.早熟稻作区	2 680～3 380	136～175	有春旱威胁	早熟品种为主，中熟品种为辅种植	北疆沿天山一带、伊犁河谷、焉耆、拜城、乌什等地

续表 9-1

五大区	主导指标	辅助指标	有无春旱现象	农业意义	主要地区
	≥10℃ 80%保证率积温/℃	≥10℃ 80%保证率日数/d			
Ⅲ.中熟稻作区	3 380～4 080	176～190	有春旱威胁	中熟品种为主,晚熟品种为辅种植	哈密盆地、塔里木东部阿克苏到民丰的广大地区
Ⅳ.晚熟稻作区	4 080～4 480	191～200	春旱严重	晚熟品种为主,中熟品种为辅种植	阿图什、喀什、和田等地区
Ⅴ.严重干旱不宜发展稻作区	>4 480	>200	春旱极严重	可种双季稻	吐鲁番地区

第二节 新疆水稻栽培技术实训

一、基本知识

(一)水稻的品种类型

我国水稻栽培历史悠久,分布辽阔,形成了许多不同的类型和品种。据丁颖研究,我国的栽培稻可分为籼稻和粳稻两个亚种,每个亚种又分为早中稻和晚稻两个“群”,每个群又分为水稻和陆稻两个“型”,每个型又再分为黏稻和糯稻两个“变种”,每个变种包括很多栽培品种。

(二)水稻的一生

水稻的一生可划分为营养生长阶段、营养生长和生殖生长并进阶段、生殖生长阶段 3 个生育阶段。生育时期划分为秧田期和本田期,其中本田期包括分蘖期、长穗期、结实期。分蘖期包括返青期、有效分蘖期、无效分蘖期,长穗期包括圆秆拔节期、孕穗期、抽穗期,结实期包括开花期、乳熟期、蜡熟期、完熟期。

(三)水稻的生长类型

根据营养生长和生殖生长的关系,不同水稻品种可分为以下 3 种生长类型。

1. 重叠型

这类品种长穗先于拔节,在拔节前营养生长和生殖生长有重叠部分。地上部分仅有 3～4 个伸长节间的早熟品种属于这一类。

2. 衔接型

这类品种拔节前营养生长和拔节后的生殖生长基本衔接。地上部分具有 5 个伸长节间的中熟品种,属于此类。

3.分离型

这类品种拔节前的营养生长和拔节后的生殖生长在时间上相分离。地上部分具有6个以上伸长节间的晚熟品种属于此类。

(四)水稻的三性

不同品种的水稻生育期长短不同。据研究,它们的生殖生长时期(从幼穗分化到成熟的日数)相差不大,差别主要在于受环境影响的营养生长时期的长短不同。

1.感温性

感温性指水稻在一定的高温(或低温)条件下可以提早(或延迟)幼穗分化,缩短(或延长)营养生长期的特性。

2.感光性

感光性指水稻在缩短(或延长)日照的条件下,缩短(或延长)营养生长期的特性。

3.基本营养生长性

基本营养生长性指水稻在任何环境条件下为了正常生长必须有一定的天数的营养生长特性,即在高温或短日照处理下不能再缩短的营养生长期。一般晚熟品种对温、光较敏感。

(五)营养器官的形态与建成

1.叶

叶片是水稻主要的光合器官。对于特定环境,某一品种出叶数是基本稳定的。一般早熟品种有12～13片叶,中熟品种14～15片叶,晚熟品种多于16片。一个水稻完全叶主要由叶片、叶鞘组成,叶鞘和叶片分界处叫叶枕,叶枕内侧有一膜片叫叶舌,两侧各有一个钩状小片叫叶耳(图9-1)。

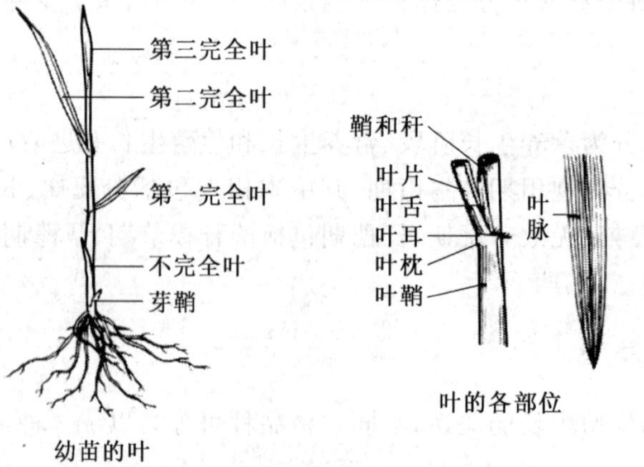

图9-1 水稻的叶

上下两叶伸出的日数差距,称为"出叶间隔"。在正常情况下,分蘖前的1～3叶约3 d长1叶;分蘖期约5 d长1叶;拔节后7~9 d长1叶。水稻一生叶片生长更替、器官建成交替都是连续的过程。就叶片对器官和产量的形成作用来看,具有相对的"分工性"。一般可把叶片分为3组。

(1)近根叶　叶鞘呈三角形,功能盛期为苗期至有效分蘖期。

(2)过渡叶　变形叶鞘,着生在分蘖节的上部,伸长节间的基部,数量为伸长节间数减2,主要功能期处于无效分蘖、拔节期和穗分化初期到中期。这组叶片常是一生中容易旺长的叶片。

(3)茎生叶　又称穗叶,为茎秆最上3片叶,功能期为穗分化中期至成熟。

水稻高产叶片的特征是叶片较厚、直立、功能期长、过渡叶较短小、叶面积系数动态变化合理。

水稻体内营养状况的好坏可以用叶色来描述。高产水稻叶色变化的基本模式为:

(1)中、晚稻(衔接型、分离型)　有效分蘖期叶色黑,无效分蘖期叶色转淡,拔节叶龄期叶色淡,倒2叶期至孕穗期叶色黑,破口期叶色轻度转黄,抽穗后叶色较深。

(2)4个伸长节间的早稻(重叠型)　无效分蘖期及拔节初叶色转淡(倒3、倒4叶龄期前后),其他时间叶色深。

(3)5个伸长节间的中稻　可在倒6叶落黄,倒4叶上色,倒3叶再次落黄,之后叶色上升。

2.根

根是水稻重要的吸收器官。水稻根系由种子根和不定根组成。不定根是从芽鞘节和各叶节上发出的根,根上能发生分枝根。直接从种子根或不定根上发出的分枝根称为一次分枝根,一次分枝根上可发生二次分枝根,依此类推。通气条件好的高产稻田根系可发生五次、六次分枝根。根系生长和在土壤中的发展与分布随着生育的进程而变化。拔节前主要分布在耕作层,呈椭圆形;拔节后根系向纵深发展,抽穗后呈倒卵形分布,基本完成根系的生长。据研究,根系分布的深浅与叶片张开的角度相关,即根系分布愈深,叶片张开的角度愈小。根系的生长是按发根节位依次发生的。

就其对地上部的影响,可将根分为上层根和下层根。上层根指最上3个节位的根系,始发于拔节前一个叶龄,结束于抽穗前后,对水稻的后期生长及产量形成具有重要的作用。除上层根以外的根系为下层根,它对器官的建成,对促进分蘖、奠定足穗、大穗的基础是相当重要的。但对产量的影响次于上层根。

高产田水稻根系的特征:根系分布深、根量较大、功能期长。

3.茎

水稻茎主要承担了支持、运输和贮藏作用,对产量的形成充当了重要的角色。

稻茎由节和节间两部分组成,又分为缩短茎节和伸长茎节。一般早熟品种有3～4个伸长节间,中熟的为5～6个,晚熟的为6～7个。

水稻伸长茎节的生长可分为4个时期:节与节间分化形成期、伸长长粗期、物质充实期、物质输出期。一般第一个伸长茎节内的维管束的多少与产量关系密切。

高产田水稻茎节的特征:第一、第二伸长茎节短粗,穗下茎节细长,后期活叶鞘较多。

4.水稻的分蘖

水稻主茎基部有若干密集的茎节,可以长出分蘖,着生分蘖的叶位叫蘖位。从主茎上直接长出的分蘖称一级(次)分蘖,从一级分蘖上长出的分蘖称二级(次)分蘖,依此类推。

分蘖是在主茎节上自下而上依次发生的。一般分蘖的出现总是和母茎的出叶相差3个叶片,即N叶伸出$\approx N-3$叶腋处分蘖第一叶的伸出。这样,随着主茎叶龄的增长,各级分蘖和叶片有规则地生长出来,这种现象称为“叶蘖同伸规律”。

分蘖形成时期即为水稻单位面积穗数形成时期，分蘖成穗数多，单株个体营养好，穗粒数多，产量高。在拔节期有4片叶的分蘖可成穗，称有效分蘖；有3片叶的分蘖可能成穗也可能不成穗，为动摇分蘖。主茎有效分蘖临界叶龄期为 $N-n$，动摇分蘖叶龄期为 $N-n+1$，其中 N 为叶龄，n 为伸长茎节数。

(六)水稻的生殖生长

1. 穗的分化发育

(1)穗的构成　水稻的穗属于圆锥花序。它有一主梗叫穗轴，轴上有节，叫穗节，穗轴上一般有8～15个穗节。最下一个节称穗颈节；穗节上直接长出的分枝称一次分枝梗，之上可长二次分枝梗；一、二次分枝梗上长小枝梗，末端着生小穗或颖花，颖花由护颖、退化花外颖、正常化的内外颖、雌雄蕊等部分组成。穗节上退化的叶叫“苞”，着生在穗颈节上的苞叫第一苞。在苞的出生处，有白色的浓密苞毛，稻株自顶叶叶枕到穗颈节的部分叫穗颈(图9-2)。

图 9-2　水稻的穗

(2)穗的分化过程　水稻幼穗的分化可分为若干个阶段，学者们划分方法不一样，主要有丁颖法、凌启鸿法和松岛省三法(表9-2)。穗分化期是基本决定每穗粒数的时期，关键是二次枝梗分化和减数分裂两个时期。二次枝梗分化期主要决定小穗数、小花数的多少，减数分裂期主要决定小穗数和小穗的结实率。

表 9-2　水稻穗分化时期几种划分方法

<table>
<tr><th>丁颖法</th><th colspan="2">凌启鸿法</th><th colspan="2">松岛省三法</th></tr>
<tr><td>第一苞分化期</td><td colspan="2">苞分化期</td><td colspan="2">穗轴分化期</td></tr>
<tr><td>第一枝梗原基分化期</td><td rowspan="2">枝梗分化期</td><td>一次枝梗分化期</td><td rowspan="2">枝梗分化期</td><td>一次枝梗分化期</td></tr>
<tr><td rowspan="2">第二枝梗原基及颖花原基分化期</td><td>二次枝梗分化期</td><td>二次枝梗分化期</td></tr>
<tr><td rowspan="2">颖花分化期</td><td>颖花分化期</td><td rowspan="2">颖花分化期</td><td>颖花分化前、中期</td></tr>
<tr><td>雌雄蕊形成期</td><td>雌雄蕊分化形成期</td><td>颖花分化后期</td></tr>
<tr><td rowspan="2">花粉母细胞减数分裂期</td><td rowspan="2">花粉母细胞形成及减数分裂期</td><td>花粉母细胞形成期</td><td colspan="2">生殖细胞形成期</td></tr>
<tr><td>花粉母细胞减数分裂期</td><td colspan="2">减数分裂期</td></tr>
<tr><td>花粉内容充实期</td><td colspan="2">花粉粒充实完成期</td><td colspan="2">花粉外壳形成期</td></tr>
<tr><td>花粉完成期</td><td colspan="2"></td><td colspan="2">花粉完成期</td></tr>
</table>

(3)穗分化时期的鉴定　凌启鸿等根据幼穗发育过程和植株外部形态的关系以及配合栽培的需要，把穗分化简要划分为几个与叶龄余数(主茎上还没有伸出的叶片数)相对应的时期，具体划分见表9-3。

表 9-3　稻穗分化时期与叶龄余数的关系

穗分化简易分期	穗分化时期	叶龄余数	对应倒数叶龄期
苞分化期	1. 苞分化期	3.5～3.1	倒 4 叶后半期
枝梗分化期	2. 一次枝梗分化期 3. 二次枝梗分化期	3.0～2.6 2.5～2.1	倒 3 叶期
颖花分化期	4. 颖花分化期 5. 雌雄蕊分化期	2.0～1.6 1.5～0.8	倒 2 叶至剑叶初期
花粉母细胞形成期及减数分裂期	6. 花粉母细胞形成期 7. 花粉母细胞减数分裂期	0.8～0.4 0.4～0	倒 1 叶中、后期
花粉充实完成期	8. 花粉充实完成期	0～出穗	孕穗期(相当于 1 个叶龄)

除了以上采用叶龄余数法判断水稻幼穗分化时期外，还可以根据常年出穗期、拔节情况、叶龄指数(观察时的叶龄与主茎总叶数的百分比)、叶枕距(剑叶叶枕与下一叶叶枕的间距)长短、幼穗及小穗长度等推断。

2. 抽穗开花

幼穗自剑叶的叶鞘中抽出，叫抽穗。一穗全部抽出需 3～5 d，抽穗最适温度为 25～35℃。大田有稻穗抽出，叫见穗期，10%的植株幼穗抽出叶鞘一半时为始穗期，50%为抽穗期，80%为齐穗期。一般自始穗到齐穗需 1～2 周，之后便开花、授粉和受精。

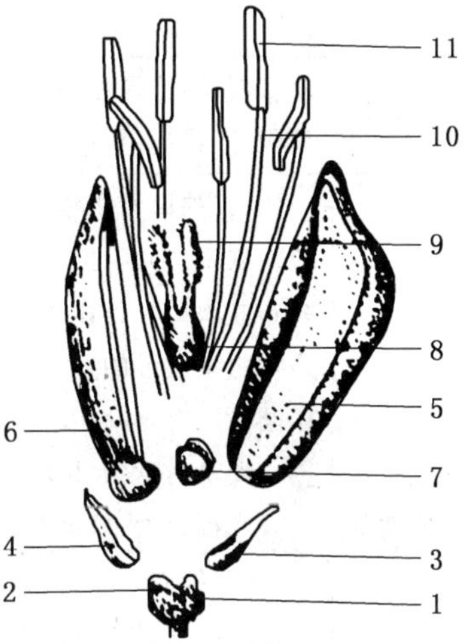

图 9-3　水稻的花

1. 第一副护颖　2. 第二副护颖
3. 第一护颖　4. 第二护颖
5. 外颖　6. 内颖　7. 浆片　8. 子房
9. 柱头　10. 花丝　11. 花药

(1)水稻开花习性　水稻花器构造见图 9-3。一般情况下，穗顶的小穗露出剑叶叶鞘的当天，或经 1～2 d 后开花。开花顺序：先主茎，后分蘖；先上后下；在一个枝梗上，顶端小穗先开，后自下而上。

开花时间：当地时间上午 9～10 时开花，11～12 时最盛，下午 2～3 时停止。开花最适温为 30～35℃，最低为 15℃。温度高则早开，温度低则迟开。一个穗从初花到终花需 5～8 d。

(2)授粉条件　水稻开花授粉受精过程容易因低温或其他外界因素而遭到破坏。一般地说，开花时气温低于 23℃，则裂药就要受到影响，温度越低，影响越大。

3. 灌浆结实

(1)籽粒形成过程　水稻受精后，子房急剧生长，10～15 d 籽粒基本成形，此时为籽粒贮藏库形成的关键时期。之后进入灌浆阶段，叶、叶鞘、茎秆中的养分急剧向穗中转移，25～45 d 米粒的干重达到最大值。早熟种、籼稻比晚熟种、粳稻灌浆快，温度高比温度低灌浆快。结实期的适宜温度为 20～25℃。水稻成熟过程可分为乳熟、蜡熟、完熟几个时期。

(2)灌浆物质的来源　水稻灌浆的物质一部分由出穗前叶鞘、茎秆中的贮藏物质转运而来(占籽粒产量的 14.5%～28.2%)，另一部分来源于出穗后的光合产物，并且最后 3 片叶的功能具有决定性的作用。

在生殖生长阶段，与产量关系密切的时期为二次枝梗分化期、减数分裂期、籽粒膨大期和籽粒灌浆期。二次枝梗分化期主要决定小穗数、小花数，减数分裂期主要决定小穗数和小穗的结实率，籽粒膨大期、灌浆期决定粒重。

二、职业岗位能力训练

(一)水稻育秧准备

1. 职业岗位工作

选择水稻秧田种植地块，制订生产计划，做好育秧准备和育秧工作。检查土地准备的质量，选择适宜的栽培品种，并进行种子处理。

2. 工作程序及操作技术和质量要求

工作环节	工作程序及操作技术和质量要求
秧田选择	要求:选择地势平坦、背风向阳、灌排方便、土质肥沃、靠近本田的地块。如选用靠近本田的菜园地，或选用本田的一部分作为秧田。
土地准备	(1)秧田面积和做畦　秧田面积与本田面积比例一般为1∶(80～100)，小拱棚育秧(旱育秧):秧田总面积按计算结果实施，做畦按计划育秧方法实施。做畦时，先根据地势走向，沿等高线布置秧田。具体做法:在计划的秧田中，站在不同的位置，眼观地势高低，感觉相同的两点就是地势最接近的，作为秧畦的方向打埂做畦。一般小拱棚薄膜育秧采用秧床宽1.3～1.5 m，秧床间距0.9 m，长度20 m左右，畦埂宽 0.3 m。平整秧床、碎土。 要求:拉线起田埂，使田畦整齐便于扣膜，秧床床面平整，土块细碎。 大棚育秧(软盘育秧)选择地势高，土壤通透性好，水源方便，南北走向的位置。 (2)施肥　施用腐熟的有机肥和少量以氮、磷肥为主的化肥。旱育秧一般采用有机肥2～5 kg/m^2，尿素0.02～0.03 kg/m^2，磷酸二铵0.02～0.03 kg/m^2。菜园土可考虑不施有机肥。撒施后浅翻，平整。 要求:施肥均匀，浅翻深浅一致，土块细碎。 (3)软盘育秧营养土的配制　有机质含量高，质地疏松，无病虫，无草籽等，或菜园土。过4 mm筛，与含钾量丰富的复合肥少量混拌均匀。
材料准备	(1)小拱棚　2 m宽的农膜，长度根据畦长确定，一般长度要比秧畦长2～3 m。竹竿，一般2 m长，小拱棚一般每米插一根竹竿，根据秧畦长度确定数量。 (2)大棚　需要相应的钢架结构所需的材料和大棚膜。 (3)软盘育秧的材料　软盘58 cm×28 cm×2.5 cm，每盘760孔，孔径4 mm，孔间距14 mm;育苗框架116 cm×28 cm×2.5 cm，每个框架可放2软盘。

续表

工作环节	工作程序及操作技术和质量要求
种子准备	(1)选购优良品种　选购优良品种要考虑以下 3 方面因素：一是优质。稻米品质优是产品具有竞争力的基础。二是品种抗、耐病性。目前新疆主要选择抗稻瘟病或耐稻瘟病的品种。三是品种生育期。新疆仅能种植一季稻，主要选择中晚熟稻。根据地区选择适当的品种，避免早霜导致产量和品质下降。 新疆主栽的中晚熟品种有‘新稻 44 号’、‘秋田小町’、‘昌优一号’、‘稻花香’、‘新稻 42 号’、‘新稻 46 号’、‘农稻 18’和‘农林 315 号’。 选定品种后，了解该品种在当地的叶片数、伸长茎节数、旗叶至倒四叶的长宽、单株分蘖成穗数、一般单位面积成穗数等。 种子一般用量为 2 kg/667 m^2。 (2)晒种　浸种前在阳光下晒种 2～4 h，以提高种子发芽势、发芽率。 (3)种子清选　①食盐水选种：按 17～20 kg 食盐兑水 100 kg 配成溶液，或配置的溶液密度为(1.05 ～1.10)×10^3 kg/m^3，或将一个鸡蛋放入水中，浮出水面的范围接近一个 5 分钱硬币大小即可。②泥水选种：30～40 kg 黄土兑水 100 kg。将种子放入泥水中，在水中混匀，除去浮在水面的稻谷，沉在水下的即为选出的种子。种子选出后，尽快用清水冲洗至种子表面无咸味，再将清选好的种子倒入盛有 1%石灰水的容器中浸种、消毒。水面高出稻谷 10～12 cm 浸种，不搅动，2～3 d 后用清水洗净催芽。 要求：食盐水适宜密度判断方法正确，选种后能及时清洗种子，浸种方法规范。 (4)催芽　将浸种消毒以后的种子，人工控制温度进行催芽，要求受热均匀。种子可装入小的编织袋中便于翻动。步骤：高温破胸(30～35℃)→适温催芽(25～30℃)→室温炼芽。胚根长出 0.2～3 mm 即可播种。催芽管理：根据温度变化情况，及时翻动种子袋，减少种子袋内不同位置温度的差异，保证胚根长短一致。 要求：掌握催芽的质量标准，即芽谷的胚根长短一致。

3. 常见技术问题处理

(1)如何选购合格水稻种子？

水稻种子分为常规种和杂交种。常规种的原种和良种种子标签数据应符合以下标准：原种的纯度不低于 99.9%，净度不低于 98.0%，发芽率不低于 85%，水分不高于 13.0%(籼稻)和 14.5%(粳稻)；良种的纯度不低于 98.0%，其他同原种；杂交种一级种的纯度不低于 98.0%，二级种不低于 96.0%，净度不低于 98%，发芽率不低于 80%，水分不高于 13.0%。

(2)怎样做到芽谷生长均匀？

芽谷均匀，利于确定播种时间，播种后出苗均匀。芽谷均匀主要考虑以下几方面：①选种。在种子量足够的情况下，盐水选种时浓度不宜过低，以保证种子大小和密度的均匀性；②催芽温度均匀。主要通过调水、覆盖和调整种子厚度来控制。根据谷壳湿润状况喷水，并通过覆盖稻草等物保证上下湿度一致。厚度一般为 6～10 cm，过厚容易造成高温烧苗，过薄受热不均匀，则不同芽谷的胚根和胚芽长短差异过大。

(3)播种量、播种密度、施肥量和秧田面积等的计算。

①本田基本苗的计算：调查所选品种在当地生产条件下顶 3 叶的长宽、单株成穗率，根据调查数据计算平均单茎顶 3 叶叶面积，再求基本苗密度。

$$单位面积基本苗数(个/m^2)=4/(平均单茎叶面积\times单株成穗数)$$

②计划育秧数:本田所需总秧苗数=本田面积×单位面积的基本苗数;计划育秧数=本田所需总秧苗数×1.2。

③种子用量:总用量(kg)=计划育秧数×千粒重(g)/10^6。

④秧苗最大密度:秧苗最大密度与播种密度相同,单株叶面积=(叶片长×叶片宽+……)×折算系数,播种密度(粒/m^2)=4/平均单株叶面积(m^2)。

⑤秧田面积:苗床面积=计划育秧数/播种密度,秧田面积=苗床面积/秧田土地利用率,秧田土地利用率采用当地育秧方式则用调查的数据;采用新的育秧方式,则需调查或计划新的土地利用率。如旱育秧秧床长 20 m,畦面宽 1.5 m,秧床间距 0.9 m,两头观察和操作走道 1.5 m,则秧田土地利用率=1.5×20/[(1.5+0.9)×(20+1.5)]=0.58。

⑥根据苗床面积计算所需肥料:一般旱育稀植秧田施肥量有机肥 2～5 kg/m^2,尿素 0.02～0.03 kg/m^2,磷酸二铵 0.02～0.03 kg/m^2。施肥量=秧床面积×单位面积施肥量。

⑦农膜用量计算:农膜用量(kg)=所用农膜长度×单位长度重量,农膜长度=秧田数×(秧田长度+覆土所用膜长),小拱棚 2 m 宽的农膜一般两端覆土所用长度共 2 m 左右,7～8 m 长为 1 kg。

⑧药量计算:根据当地秧田主要病虫草的危害程度确定是否用药,种类和用量一般参照多年的数据说明。

(二)播种

1.职业岗位工作

选择适宜播期播种,确定播种密度、方法与程序,监督播种技术落实。

2.工作程序及操作技术和质量要求

工作环节	工作程序及操作技术和质量要求
适期播种	薄膜育秧:当平均温度达到 6℃时,即可播种。 露地育秧:平均温度达到 10～12℃为开始播种时期,或者根据插秧时间,提前 1 个月左右播种(秧龄 25～35 d)也可以。北疆一般为 4 月中旬,南疆一般为 3 月底至 4 月初。
播种密度	根据播种与插秧的时间间隔,确定播种密度。如果苗期可能偏长或偏短,则密度适当增加或减少。
播种	(1)旱育秧　根据不同的育秧方法确定工序,并根据每道工序任务量的大小和完成的快慢决定每道工序的人数。旱育秧的基本程序:灌水和秧床畦面的平整→洒消毒水、清水→撒种→塌谷→覆沙→喷除草剂→搭拱棚。 秧床带水平整是在水渗漏至秧床中较高地方即将露出时用平土工具平整,整个秧床水基本渗漏完时平整工作结束。消毒水可采用敌克松 2.5 g/m^2 用量配成溶液喷洒,喷洒要均匀。溶液渗漏完后再喷清水。塌谷时将一块农膜铺在播过种子的秧床上,用手按在农膜上,使种子一半入土即可,避免形成小土坑。覆沙或营养土厚度约 1 cm。 可 1 人灌水和秧床畦面的平整,1 人喷洒消毒水、清水和覆沙后喷洒除草剂,1 人撒种,4 人塌谷,4 人搭拱棚。 (2)软盘育秧　将育苗架摆好,软盘四周折好放入育秧架中,覆 2 cm 厚的营养土,抚平、播种,播种量约 0.1 kg/盘,播匀,覆 2 mm 土,取出框架,在盘边摆放,继续播种。播种完成后,浇水(喷雾器喷水,喷透)。

3. 常见技术问题处理

水稻播种质量差的原因以及应采取的措施如下。

水稻播种质量差的原因有:①播种不均匀;②塌谷不均匀,深浅不一;③覆沙不均匀,厚薄不一;④覆膜质量不佳。

应采取的措施:操作初期动作慢,以达到质量标准为宜,动作熟练后再加快速度,以保证操作质量。

(三)秧田管理

1. 职业岗位工作

根据生产技术管理计划、田间苗情,确定合适管理技术措施,指导田间作业、检测记录作业质量。

2. 工作程序及操作技术和质量要求

工作环节	工作程序及操作技术和质量要求
播种→出苗	密封期:高温有利于缩短播种到出苗(不完全叶伸出 2 cm)的时间,减少不良环境的作用强度,为苗齐苗壮奠定基础。暖地旱秧因播种晚,密封期温度可能过高(>28℃),需注意采取降温措施避免高温烧苗。
出苗→1.5 叶期	炼苗期:温度高于 28℃宜开通风口,旱则浇水。注意通风的均匀性,避免局部烧苗;通风量要小,避免空气湿度降低过快出现脱水。1 叶 1 心时,1 m^2 用 2.5 g 敌克松兑水 1 000 倍,均匀喷洒畦面,可防立枯病;喷施多效唑促进秧苗矮壮。
1.5→2.5 叶期	炼苗期:降温控湿。通风控温至 20~25℃,秧苗叶尖早晚无水珠,则灌水,或叶片不蔫不浇水。通风口逐渐增大、增多,避免局部高温烧苗。通风量增大,水分散失快,须认真观察,及时灌水。
2.5→3.5 叶期	揭膜管理期(图 9-4):开大通风口至揭膜,控温在 20℃以下。2.5 叶前后 1 m^2 均匀撒施尿素 5~6 g,灌水。起秧前,畦面要湿润。  **图 9-4 秧田揭膜管理**
移栽	移栽前采取延迟灌水等措施使秧苗叶色褪淡,叶面积系数接近 4,进入群体茎蘖滞增长期(秧田群体茎蘖增长缓慢至高峰苗期)时,秧苗就达到了适宜秧龄。移栽前 3~4 d(叶色转淡)施好"送嫁肥"。旱秧采用铲秧方式移栽,铲秧前 2~3 d 灌水,以利于铲秧。铲秧要求带土 2 cm 左右厚即可。 "送嫁肥"用量为 15 kg/667 m^2,兑水 100 倍喷施。 机插选用盘育带土的中苗或小苗。苗土厚 2~2.5 cm,苗高 10~15 cm。

3.常见技术问题处理

(1)怎样预防春季霜冻危害?

育秧期间,特别在"五一"前后,需要关注每天的天气预报。有剧烈降温天气,特别是预报降温至3℃以下时,及时灌水护秧,可减轻霜冻危害。

(2)如何预防高温烧苗?

薄膜育秧往往导致程度不同的高温烧苗现象,主要通过灌水和通风两项措施预防。空气温度高,秧苗进入炼苗期晚,幼苗抗逆能力较弱,需要灌水护秧。灌水不宜在高温时进行,主要在早晚灌溉。

幼苗进入炼苗期,主要通过通风来调节膜内温度。通风口分布要均匀,利于空气流通,避免局部窝风导致高温烧苗;炼苗期要注意早上开通风口,晚上关闭通风口。

(3)如何判断壮秧?

从植株特征来看,满足叶蘖同伸规律的秧苗即为壮秧。叶片生长过快为旺苗,生长过慢为弱苗。从群体特征来看,进入群体茎蘖滞增长期的秧苗为壮秧。生长较旺盛的秧苗,移栽后缓苗慢,壮苗也会变成弱苗;茎蘖停止生长或分蘖缺位的秧苗,因植株营养不良,移栽后伤害加重,很难恢复正常生长,也成为弱苗。

(四)本田准备与插秧

1.职业岗位工作

根据生产技术管理计划,做好本田的各项准备,确定合适的密度和适宜的行距与穴距,按计划保质保量地完成插秧工作,为后期形成合理群体打好基础。

2.工作程序及操作技术和质量要求

工作环节	工作程序及操作技术和质量要求
本田选择	确定本田的肥力条件:主要调查栽培稻田的肥力状况、土壤供肥能力(可通过实验室测定土壤速效养分含量)、不同时期水稻的需肥特性、现有技术条件下的养分利用率等参数。 丰产稻田土壤的肥力特征: (1)适宜的渗漏性　土壤耕层沙黏性适中。土壤偏沙性,渗漏严重,表现为漏水漏肥,并且土壤温度偏低;反之,土壤黏性大,透水透气性差,还原性强,有毒物质积累多,不利于水稻生长。一般灌一次水,3～5 d渗漏完较为合适。 (2)良好的土体构造　具有深厚的耕作层(土壤深度在1 m以上),较为发育的犁底层,垂直层次很明显的心土层和保水性较好的底土层。 (3)协调土壤养分　稻田肥力适量并具有一定的协调性。具有这些特性的土壤肥力条件为:有机质2%～4%,全氮量0.13%～0.23%,全磷和全钾分别在0.1%和1.5%以上。 土壤供肥能力较好的特征参照以下数据:有机质含量1.5%～3.0%,氮含量0.05%～0.15%,水溶性氮占全氮5%～12%,全磷0.05%～0.12%,速效磷含量1～30 mg/kg,全钾1.0%～3.0%。 养分利用率一般氮肥为30%～50%,磷肥为12%～20%。不同的栽培水平有一定的差异。

续表

<table>
<tr><th>工作环节</th><th>工作程序及操作技术和质量要求</th></tr>
<tr><td>施肥与整地</td><td>(1)施肥量　肥料总量可根据计划产量、土壤供肥能力等计算得到,计算公式如下(以氮肥为例):
施氮总量(kg/667 m^2)=(目标产量的需氮量－土壤的供氮量)/氮肥的当季利用率
肥料的分配主要为基蘖肥和穗肥,施用量和前后比例可采用以下公式计算:基蘖肥和穗肥用量(kg/667 m^2)=(移栽或出苗至施穗肥前或施穗肥至成熟的吸氮量－同期的土壤供氮量)/氮肥的当季利用率
参考数据:基础产量在 358.5～474.6 kg/667 m^2,供氮总量在 5.1～8.2 kg/m^2,100 kg 稻谷吸氮量 1.41～1.82 kg。氮肥的当季利用率在同一地区、同一肥料品种和综合高产栽培条件下,也表现为较高的、变化幅度较小的数值,可被作为参数应用。氮肥利用率的一般范围为 30%～45%,高产的氮肥利用率大于 40%,低产的在 30%左右。土壤的氮素供应量可用未施氮素时的基础产量的吸氮量来表示。产量在 650～700 kg/667 m^2,一般供氮量为纯氮 20 kg/667 m^2。有机肥占总施氮量的 30%左右,有利于提高水稻的产量和品质。磷、钾可参照进行。
施氮、磷、钾($N:P_2O_5:K_2O$)以 5:1:4 较为合适。
(2)施肥方法　基肥在整地时翻入土中,分蘖肥、穗肥撒施。施后耙地,有利于提高肥效。在倒 2 叶期,水稻约形成生物量的 60%,所需养分也应该在总量的 60%左右,即基肥和蘖肥占总量的 60%,分两次,按各占一半施入。其余的用作穗肥。
插秧前完成基肥的施入。
(3)整地　有条件的采用平地机平整土地,撒施基肥,将肥料按计划翻入土壤中(秋翻入土)。一般翻耕深度 20～30 cm。第 1 年翻耕,后 2 年采用旋耕,旋耕深度 14～18 cm。当气温回升进入移栽季节前,及时平整本田。老稻田采用带水平整,新稻田先旱整地、施肥,再进行带水平整。要求平整后一块稻田的高差不大于 5 cm,机械插秧前泥脚深度<30 cm。</td></tr>
<tr><td>插秧</td><td>(1)插秧时间的确定　本田水温连续 3 d 每天有 4～5 h 达 16℃以上,日平均气温稳定上升到 13℃以上。一般插秧时间为 5 月中旬前后进行。
(2)选择该品种合理的株行距　一般水稻行距 30 cm。每穴株数 1～3 株。结合计算的基本苗的密度,求得穴距。设行距取 0.30 m,每穴 3 株,则穴距(m)=3/[密度(株/m^2)×0.3]。株距一般可取 13～15 cm。
(3)泡田　插秧前 5～7 d 进行泡田,深度以浸透土块为宜。插前 2～3 d 按计划耙地,耙地深度 10～13.5 cm。插秧时水深 2 cm 左右。
(4)插秧方法　调整插秧机株行距及取苗数进行插秧机插秧(图 9-5),或调整插秧架的行距人工拉线插秧(图 9-6)。稻田水层:调整至浅水层(2～3 cm)。
(5)插秧质量检查与补秧　插秧深度 2 cm,每穴秧苗数 1～3 株(与计划数相当),行距是否与计划相当,穴距是否与计划相同,可采用对角线调查法进行调查。每点调查插秧深度、每穴苗数,不少于 30 穴;调查行距、穴距,所需行距数及穴距数也不应低于 30。插秧后灌浅水促进秧苗活棵返青,灌水后及时检查浮秧,根据情况,浮秧较多需进行补秧。机插秧漏插率≤5%,伤秧率≤5%,不压苗、不漏行。

图 9-5　机械插秧现场

图 9-6　人工插秧手势</td></tr>
</table>

3. 常见技术问题处理

主要是浮秧及处理。

浮秧是指插秧后灌水脱离土壤浮在水面的秧苗。出现浮秧原因主要是插秧时秧苗的根系没有与土壤充分接触，灌水后由于秧苗浮力的影响使得秧苗脱离土壤上浮。减少浮秧的主要措施有：①浅水插秧，秧苗根系容易与土壤充分接触。②插秧前水整地。水整地后，表层泥土软，插秧后泥土会自动淹埋插秧时留下的小坑。③人工插秧时注意插秧深度、秧苗与土壤的接触情况、插秧后泥土覆盖情况等。人工插秧先保证质量，操作熟练后再提高效率。

(五)本田管理

1. 职业岗位工作

根据生产技术管理计划、田间苗情，确定合适的管理技术措施——灌水、施肥、防除病虫草等方法及要求，指导田间作业，检测记录作业质量。

2. 工作程序及操作技术和质量要求

工作环节	工作程序及操作技术和质量要求
插秧至有效分蘖期管理	这个时期是水稻合理群体形成的基础。插秧保证本田单位面积的基本苗数，有效分蘖期是调控的重要时期。有效分蘖有两方面的含义：从植株特征来讲，返青到有效分蘖临界叶龄期($N-n$)为个体的有效分蘖期；从群体特征来看，从返青到水稻总茎数达到当地条件下的成穗数为群体有效分蘖期。只有这两个时期在同一时间出现时，才能成为中后期形成合理群体的前提。这个阶段管理措施如下： (1)返青期水层护苗促活棵　水层护苗 2～3 d，深度 2～5 cm，最大水层不超过秧苗上部叶片的叶环为好。 (2)有效分蘖期间浅水勤灌　4 叶至 $N-n$ 叶龄期水层 3～5 cm 到土壤水饱和之间(自然落干)。 (3)无效分蘖期搁田　有效分蘖够苗时(或 $15\times10^4/667\ m^2$ 左右，植株大多数达到有效分蘖临界叶龄期 $N-n$)即进行搁田，多次轻搁。第一次搁田，将稻田晒至田边裂小缝，以后湿润灌溉，多次断水，在稻田内站人留有脚印(不陷脚)、叶色褪淡为止。 (4)早中耕、除草　秧苗返青后及时进行中耕；补施分蘖肥(4 叶期追施尿素 8～10 kg/667 m^2)后及时中耕；有杂草及时中耕除草或用除草剂除草。一般中耕 2～3 次。 (5)化学防除杂草 ①稗草：a. 10%千金 1 200～1 500 mL/hm^2，在稻稗 3～5 叶期，茎叶喷雾；b. 20%敌稗 1.5～2.0 L/hm^2＋505 快杀稗 750 g/hm^2，稻稗 2～4 叶期喷雾；c. 50%瑞飞特 1 050 mL/hm^2，在插后 10 d 喷施，兑水 300 L，喷前浅水，使稻稗露出水面，喷后 1 d 灌水；d. 96%禾大壮 1 000 mL/hm^2＋50%二氯喹啉酸 750 g/hm^2 茎叶喷雾。 ②三棱草：a. 千金 80 mL/667 m^2＋排草丹 150～180 mL/667 m^2 茎叶喷雾；b. 莎阔丹 200 mL/667 m^2 水稻分蘖末期至拔节期茎叶喷雾。

续表

工作环节	工作程序及操作技术和质量要求
长穗期管理	长穗期指拔节期至抽穗期这一生长阶段，是水稻生长的关键时期。这个时期决定着籽粒形成期植株营养面积的大小，决定着植株籽粒的多少、大小，是水稻一生中营养生长和生殖生长矛盾最为尖锐的时期，协调它们的关系，是管理的主要目的。 (1)分苗类施用穗肥　原则：拔节中期落黄才能施用。 ①稳长型：按期够苗或稍前，总茎数控制在适宜穗数的1.5倍以内，采用倒3叶和倒1叶分次稳促或倒2叶施保花肥。 ②不足型：之后够苗，总茎数少或群体落黄早，采用倒3叶、倒2叶、倒1叶分次均衡稳促或倒3叶、倒1叶两次稳施。 ③旺长型：在临界期之前1.5叶龄够苗，植株松散，到期不落黄，倒2叶前落黄才能在倒2叶或倒1叶轻补保花肥。 (2)灌水　长穗期以间歇灌溉为主。 ①穗分化(倒4叶)至孕穗期：每次灌水3 cm左右，待水层耗尽以后，间隔 2～3 d再灌一次。 ②孕穗至抽穗期：每灌一次水(水层2～4 cm)，落干后1～2 d再复水。 (3)防除病虫草害　这一时期常有稻瘟病、水稻二化螟、稻摇蚊等发生为害，注意田间检查，一经发现，及时防治。
结实期管理	结实期指水稻开花至成熟这一生长阶段，是产量形成的主要时期。此时植株的营养器官逐渐衰老。延缓营养器官衰老的速度，是调控的主要目的。 (1)补施粒肥　出穗期叶色褪淡，则必须施用粒肥；或齐穗期叶片含氮率小于3%。 (2)活水养稻　抽穗至成熟期以湿润灌溉为主，湿润灌溉要求土壤湿润，保持土壤最大持水量为田间持水量的80%以上。 (3)防病治虫　水稻出穗灌浆期，主要有稻瘟病、二化螟、稻叶蝉等为害，要注意检查，抓紧防治。

3.常见技术问题处理

(1)水稻僵苗的原因与防治。

水稻僵苗是指水稻移栽后返青和分蘖期间发生的一种障碍性生理病症。从僵苗发生程度来看，轻度者表现为出叶与分蘖缓慢，中度者表现为生长停滞，重者则植株矮缩，甚至死亡。原因：冷害发僵、中毒发僵、泡土发僵、缺素发僵。防治方法：踩田，减少渗漏，提高温度，避免冷害发僵；利用测土配合施肥技术，做到氮、磷、钾配合施用，有机肥、无机肥混合施用，多施腐熟有机肥，不用或少用未腐熟的有机肥，避免中毒发僵、缺素发僵；根据土壤的类型、特点，合理耕作，有利于施肥、通气，避免泡土僵苗。水稻僵苗主要靠农业防治，一旦出现僵苗，视情况也可以选择药剂防治。用锌肥1 kg/667 m^2、硫酸铜0.5 kg/667 m^2、钾肥2.5 kg/667 m^2 混施或用0.25 kg/667 m^2 磷酸二氢钾加1 g/667 m^2“920”，连续叶面喷施2～3次，每隔 2 d喷1次。

(2)稻水蝇蛆的防除。

插秧后，施用未腐熟的有机肥或油渣，往往易导致稻水蝇蛆的大量发生。采用腐熟的有机肥即可避免。发生后可将杀虫剂拌入土中，按用药量施入稻田即可。

(六)常见病虫害

新疆水稻主要病害有稻瘟病、恶苗病、立枯病;主要虫害有水稻二化螟、稻摇蚊、潜叶蝇等。

1. 职业岗位工作

按照水稻病虫害发生规律,在水稻不同生育时期识别病虫害的主要种类,调查发生情况,及时采取有效防治措施。

2. 工作程序及操作技术和质量要求

病虫害	形态识别	防治方法
稻瘟病 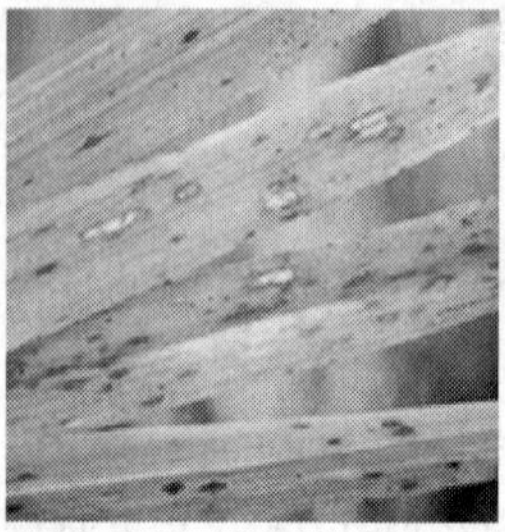 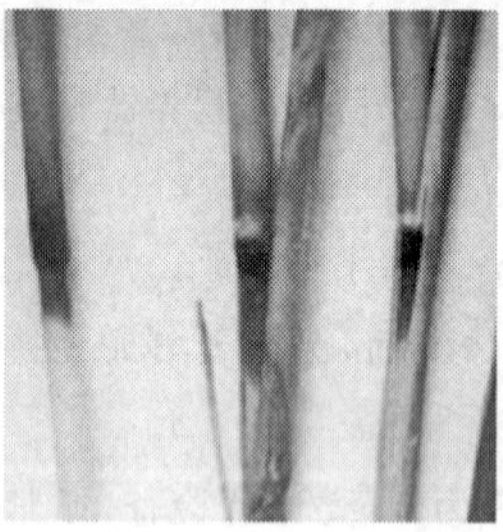	病苗基部灰黑,上部变褐,卷缩而死,湿度较大时病部产生大量灰黑色霉层,即病原菌分生孢子梗和分生孢子。叶瘟在整个生育期都能发生。分蘖至拔节期为害较重。由于气候条件和品种抗病性不同,病斑分为 4 种类型。慢性型病斑开始在叶上产生暗绿色小斑,渐扩大为梭形斑,常有延伸的褐色坏死线。水稻生长前期,叶片受害严重时,成片枯死,全田呈火烧状,有的稻株虽不枯死,但新叶不易伸展,植株萎缩,不能抽穗或抽出短小的穗。在水稻抽穗期如果节瘟和穗颈瘟严重发生,则造成大量白穗或瘪粒,损失很大。流行年份一般减产 10%～20%。	(1)农业技术措施　①改变作物群体环境,减少病害发生条件形成的概率。发生条件为:温度 20～30℃、湿度 90%以上。薄膜育秧时及时通风降温降湿,本田通过稀植、搁田等措施降湿。②增施硅酸盐肥料,提高植株抗性。③处理有病稻草。④用 1%石灰水处理种子 2～3 d。 (2)选用抗病品种。 (3)药剂防治　薄膜育秧的稻田 2～3 叶期稻瘟病即可盛发,3～4 叶期用 20%三环唑按 1 125 g/hm^2 加水 50 kg 喷雾;三环唑和富士一号防治稻穗颈瘟有特效。在稻瘟病流行年份可用春雷霉素或井冈霉素 450～750 g/hm^2,兑水稀释成 1 000 倍液叶喷。
恶苗病  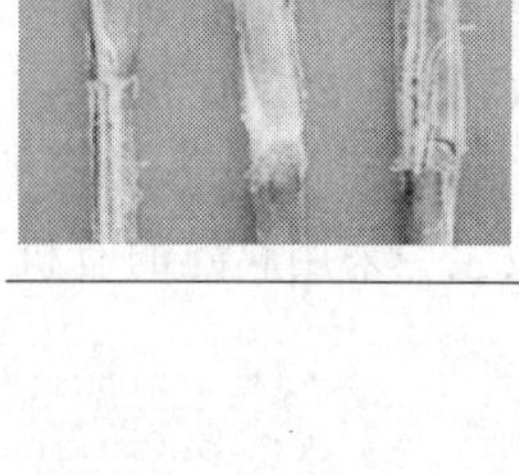	又称徒长病。病谷粒播后常不发芽或不能出土。苗期发病病苗比健苗细高,叶片叶鞘细长,叶色淡黄,根系发育不良,部分病苗在移栽前死亡。本田发病节间明显伸长,节部常有弯曲露于叶鞘外,下部茎节逆生多数不定须根,分蘖少或不分蘖。病轻的提早抽穗,穗形小而不实。抽穗期谷粒也可受害,严重的变褐,不能结实,颖壳夹缝处生淡红色霉状物,病轻不表现症状,但内部已有菌丝潜伏。	(1)选用无病种子。 (2)种子处理　一般用 2%的福尔马林液浸种或闷种 3 h,或用 0.1%的硫酸铜液浸种 2～3 d。 (3)加强栽培管理　播前催芽时避免温度过高,时间太长,以免下种时受伤而有利于病菌侵染。拔秧时应尽量避免秧根损伤。一旦发现病株,应及时拔除,拿出田外烧毁。 (4)处理病草　有病稻草应尽量用作燃料烧掉、沤制肥料,充分腐烂后使用,不用有病稻草盖秧、捆秧。

续表

病虫害	形态识别	防治方法
水稻立枯病 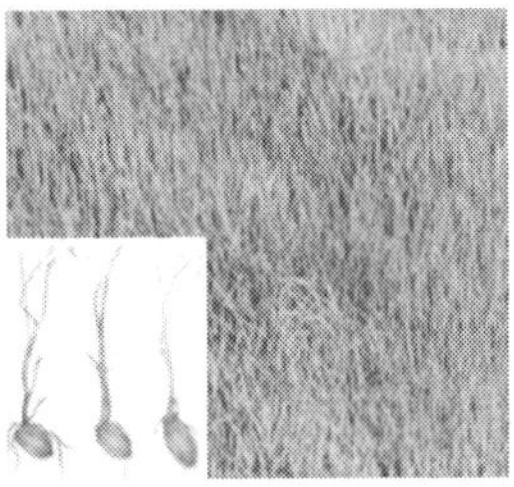	分生理性立枯病和病理性立枯病两种。 生理性立枯病：土壤酸碱度、肥气热条件不适。植株矮化，变黄，新根少或无新根等发病症状。发生轻，床秧苗变黄，发病中心成锅底状黄化；重时秧苗成片枯死。 病理性立枯病：病原真菌侵染所致，秧苗基部腐烂，矮化，黄化，用手拔植株时根部易断。	生理性立枯病：土壤调酸法，即采用98%的浓硫酸 300倍液浇苗床，将床土 pH 调到 5.5～6.5。 病理性立枯病：30%恶苗灵 3～4 mL/m^2，或 20%移栽灵 2～3 mL/m^2，或 50%立枯净 1.5 g/m^2 加水 5 kg 浇入立枯病发病中心及周围秧苗土壤中。
水稻二化螟 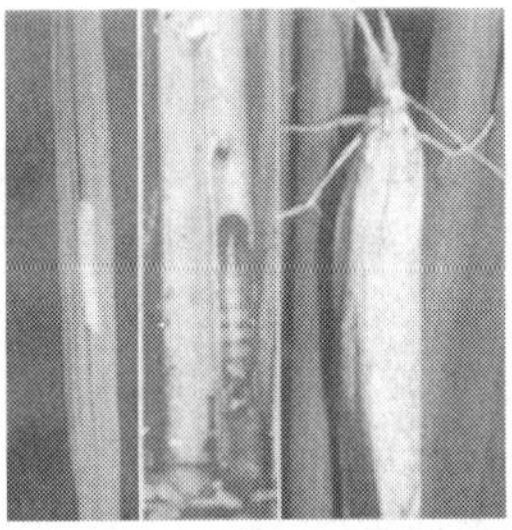 	水稻二化螟卵扁椭圆形，由10～200 粒排成鱼鳞状卵块，长13～16 mm，宽 3 mm，乳白色至黄白色或灰黄褐色。幼虫 6 龄左右。蛹长 10～13 mm，米黄色至浅黄褐色或褐色。以 4 龄以上幼虫在稻桩、稻草中或其他寄主茎秆内、杂草丛、土缝等处越冬。气温高于 11℃时开始化蛹，15～16℃时成虫羽化。低于 4 龄期幼虫多在翌年土温高于 7℃时钻出。我区每年生 3～4 代。 水稻分蘖期受害出现枯心苗和枯鞘；孕穗期、抽穗期受害，出现枯孕穗和白穗；灌浆期、乳熟期受害，出现半枯穗和虫伤株，秕粒增多，遇刮大风易倒折。枯心苗形成：幼虫先群集在叶鞘内侧蛀食为害，叶鞘外面出现水渍状黄斑，后叶鞘枯黄，叶片也渐死，称为枯梢期。幼虫蛀入稻茎后剑叶尖端变黄，严重的心叶枯黄而死，受害茎上有蛀孔，孔外虫粪很少，茎内虫粪较多，黄色，稻秆易折断。	(1)农业防治　①适当早耕翻早灌水，保持水层 10～15 d，淹死大部分的幼虫和蛹；②水田旋耕，杀死稻茬内的蛹和幼虫；③肥水运筹：成虫产卵始期，浅水(3 cm)灌溉，产卵高峰后，深水灌溉(12～15 cm)保持2～3 d，杀灭大量幼虫、卵和蛹；④选用抗虫耐害品种。 (2)生物防治　①保护天敌；②选用微生物农药，如杀螟杆菌等；③灯光和性诱剂等；④稻田养鸭等。 (3)药剂防治　采用氯虫苯甲酰胺、或甲氧虫酰肼・乙基多杀菌素(限对第一代二化螟)、或高含量甲维盐、或杀虫单、或杀虫双、或丁烯氟虫腈等药剂混用，世代重叠明显时建议增加氟铃脲等杀卵性较强的药剂。提倡添加激健、怀龙特、有机硅等助剂，提高农药利用率。

续表

病虫害	形态识别	防治方法
稻飞虱 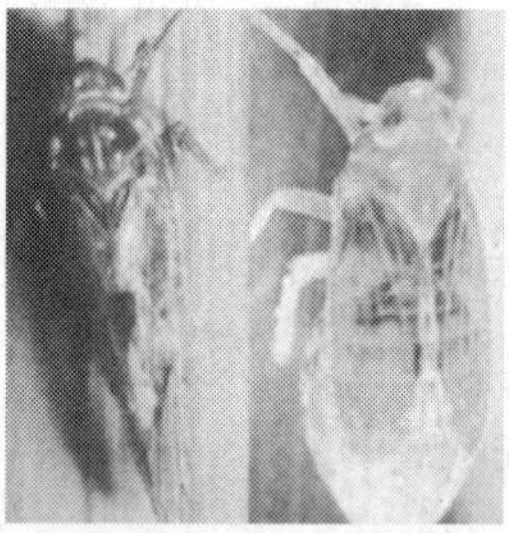 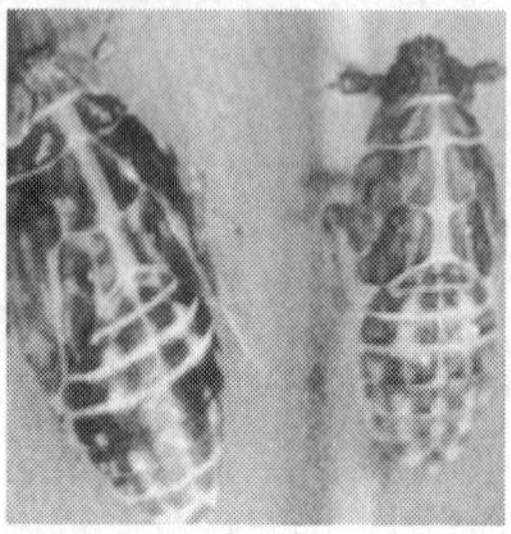	稻飞虱刺破水稻表皮，吸取汁液，造成损伤和营养不良。为害严重时，造成全株枯萎，被害稻田常在中间出现“穿顶”现象。在取食期间，稻飞虱从肛门排泄大量密露，沾在稻株上导致煤烟病的发生。此外，稻飞虱还传播水稻病毒病。	(1)农业防治　清除禾本科杂草，特别是稗草比较集中的区域。 (2)生物防治　保护利用自然天敌，特别是保护稻田中的蜘蛛。 (3)油滴防治　用轻柴油或废机油 0.5～1 kg/667 m^2，拌潮沙 30～40 kg/667 m^2，均匀撒入田中，待油扩散后，用小棍或扫帚等振动稻株，将飞虱震落水面，触油而死。 (4)药剂防治　用 25%噻嗪酮可湿性粉 50 g/667 m^3、20%啶虫脒可湿性粉 50 g/667 m^2 进行防治。
稻摇蚊 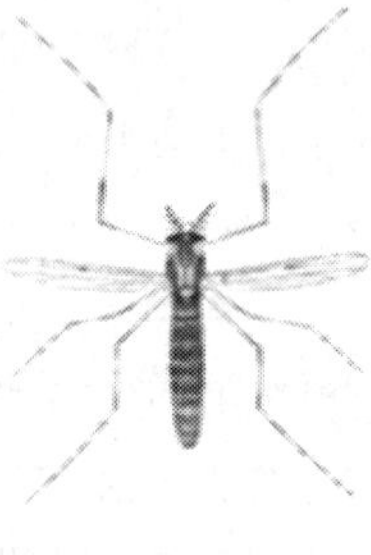	稻摇蚊以幼虫为害水稻的胚根、幼芽和叶片。水稻萌动期，咬食胚芽，如果仅部分被害，则形成偏根苗或独根苗；若全部受害，则成为无根苗，造成种苗糜烂，导致水稻绵腐病的发生。在早春气温偏低，幼苗瘦弱，生长延缓的情况下，秧苗受害突出。幼苗深水期过长，幼虫还在水中咬断叶片。在受害的田中常出现水稻烂种、死苗、漂秧和幼苗黄弱，影响保苗，重害田甚至毁种。	(1)农业防治　整理排水渠，使其排水畅通不积水。 (2)物理防治　春季越冬代和第一代是开展灯光诱杀的重点，还可兼诱稻水蝇。 (3)药剂防治　水稻种子萌动至发芽期，摇蚊卵孵化 10%～15%，或水稻幼芽被害率达 5%时，应立即施药防治，用 29%高氯·敌敌畏乳油(甩施宝)均匀喷洒，或用 28%稻乐丰水剂喷雾防治。

3.常见技术问题处理

病虫害防治注重预防还是注重治疗?

病虫害防治注重预防。预防的关键是病虫害发生的条件。病害发生的条件以气象条件的温湿度最为重要,通过营造合理的作物群体往往能够达到防病的目的。虫害发生的条件多是作物—害虫—天敌这一种群系统生物种类不平衡导致的。维持生物种类的多样性或引入控制害虫的生物往往可以达到防虫的目的。如伊犁有机稻农场采用麻鸭放养在水稻田中起到防虫、除草、补充肥料的作用。

(七)收获贮藏

1.收获时间

一般为蜡熟末期到完熟初期。谷粒大部分变黄,稻穗上部1/3的枝梗变干枯,穗基部变黄色,全穗外观失去绿色,有些品种茎叶颜色变黄。要及时收获,做到丰产丰收。

2.收获方法

机械收获或人工收获。

3.贮藏

贮藏条件:种子含水量在12.5%,贮藏环境较干燥,防潮性较好,通风换气条件好。

【知识延伸】

1.参阅相关资料,了解水稻生长发育、品种特性各项指标调查技术。

2.参阅相关资料,学习掌握水稻常见病虫害病情指数、危害率调查技术。

3.参阅相关资料,了解新疆主栽水稻品种特性、栽培技术要点。

4.参阅相关资料,了解世界水稻栽培技术发展趋势。

5.参阅相关资料,了解幼穗分化阶段的常年出穗期推断法、根据拔节情况推断法、叶龄指数(观察时的叶龄与主茎总叶数的百分比)推断法、叶枕距(剑叶叶枕与下一叶叶枕的间距)长短推断法、幼穗及小穗长度推断法等。

【课后作业】

研究制定水稻9 000 kg/hm^2 高产栽培技术规程。

三、顶岗实习工作过程作业记录单

<table>
<tr><td colspan="6">1. 生产计划与成本预算</td></tr>
<tr><td>种植面积</td><td></td><td>种植户</td><td></td><td>地块编号</td><td></td></tr>
<tr><td>选用品种</td><td></td><td>预计产量</td><td>kg/hm^2</td><td>预计售价</td><td>元/kg</td></tr>
<tr><td rowspan="8">生产投入</td><td colspan="2">土地承包费</td><td>元/hm^2</td><td rowspan="4">成本合计</td><td rowspan="4">元/hm^2</td></tr>
<tr><td colspan="2">种子</td><td>元/hm^2</td></tr>
<tr><td colspan="2">化肥</td><td>元/hm^2</td></tr>
<tr><td colspan="2">农药与施药</td><td>元/hm^2</td></tr>
<tr><td colspan="2">水费</td><td>元/hm^2</td><td rowspan="4">预期效益</td><td rowspan="4">元/hm^2</td></tr>
<tr><td colspan="2">机耕费(耕、耙、播、收)</td><td>元/hm^2</td></tr>
<tr><td colspan="2">雇工</td><td>元/hm^2</td></tr>
<tr><td colspan="2">其他</td><td>元/hm^2</td></tr>
<tr><td colspan="6">根据生产计划制订水稻高产栽培技术方案(丰产计划)</td></tr>
</table>

2. 备耕检查

检查项目	检查记录	评价
土地耕翻墒情(耕地质量、翻晒垡情况)		
种子质量与种子处理		
播前整地质量(平整度、化学除草等)		
插秧机调试准备(株行距调试、机械工作状况等)		

续表

<table>
<tr><td colspan="5">3.田间管理与作业质量检查</td></tr>
<tr><td colspan="2">项目</td><td>时间</td><td>检查记录(技术措施、指标、作业质量)</td><td>评价</td></tr>
<tr><td colspan="2">播前准备(秧田准备、种子处理、催芽、物资准备等)</td><td></td><td></td><td></td></tr>
<tr><td colspan="2">播种质量(下种量、塌谷、覆土等)</td><td></td><td></td><td></td></tr>
<tr><td colspan="2">秧田管理(灌水、除草、通风、揭膜等)</td><td></td><td></td><td></td></tr>
<tr><td colspan="2">插秧(本田准备、插秧密度、插秧质量)</td><td></td><td></td><td></td></tr>
<tr><td colspan="2">中耕除草(中耕深度、伤埋苗、杂草清除等)</td><td></td><td></td><td></td></tr>
<tr><td colspan="2">追肥(追肥肥料种类及用量、深度、均匀度、覆盖等)</td><td></td><td></td><td></td></tr>
<tr><td rowspan="6">灌溉
(灌溉量、技术标准)</td><td>返青期</td><td></td><td></td><td></td></tr>
<tr><td>有效分蘖期</td><td></td><td></td><td></td></tr>
<tr><td>无效分蘖期</td><td></td><td></td><td></td></tr>
<tr><td>倒4叶—孕穗</td><td></td><td></td><td></td></tr>
<tr><td>孕穗—抽穗</td><td></td><td></td><td></td></tr>
<tr><td>开花后</td><td></td><td></td><td></td></tr>
<tr><td colspan="2">化控、化学除草</td><td></td><td></td><td></td></tr>
<tr><td colspan="2">收获(收获方式、损失)</td><td></td><td></td><td></td></tr>
</table>

续表

4.病虫害调查与防治记载			
病虫害名称	病情指数、为害率调查	防治措施	效果

5.生育期及品种特性记载						
生育期	播种期	出苗期	3 叶期	群体茎蘖缓慢增长期	插秧期	返青期
	有效分蘖期(叶龄)	拔节期(叶龄)	孕穗期(叶龄)	开花期	灌浆期	成熟期
品种特性	株高/cm	茎粗	伸长茎节数	分蘖成穗数	叶片数	上 3 叶长度
	上 3 叶宽度	上 3 叶叶色	剑叶与主茎的夹角	穗型	穗长	穗粒数
	着粒密度	芒有无	芒长短	芒色	粒型	稃色
	护颖色	穗毛长短	千粒重	米色	米质	植株色泽

续表

<table>
<tr><td colspan="6">**6. 测产与效益分析**</td></tr>
<tr><td rowspan="6">测产</td><td rowspan="3">产量构成因素法</td><td>成穗数/hm^2</td><td>穗粒数</td><td>粒重/g</td><td>产量/(kg/hm^2)</td></tr>
<tr><td></td><td></td><td></td><td></td></tr>
<tr><td colspan="4">计算公式:成穗数/hm^2×穗粒数×粒重×0.9/10^6</td></tr>
<tr><td rowspan="3">实测法</td><td colspan="3" rowspan="2">按照种植面积取 15 m^2 测产样点若干,取稻穗自然风干,取籽粒称重、测籽粒含水量。</td><td>产量/(kg/hm^2)</td></tr>
<tr><td></td></tr>
<tr><td colspan="4">计算公式:15 m^2 测产样点产量平均数(kg)×10 000×水分校正系数/15</td></tr>
<tr><td rowspan="10">效益分析</td><td rowspan="8">实际发生成本核算</td><td colspan="2">土地承包费</td><td colspan="2">元/hm^2</td></tr>
<tr><td colspan="2">种子</td><td colspan="2">元/hm^2</td></tr>
<tr><td colspan="2">化肥</td><td colspan="2">元/hm^2</td></tr>
<tr><td colspan="2">农药与施药</td><td colspan="2">元/hm^2</td></tr>
<tr><td colspan="2">水费</td><td colspan="2">元/hm^2</td></tr>
<tr><td colspan="2">机耕费(耕、耙、播、收)</td><td colspan="2">元/hm^2</td></tr>
<tr><td colspan="2">雇工</td><td colspan="2">元/hm^2</td></tr>
<tr><td colspan="2">其他</td><td colspan="2">元/hm^2</td></tr>
<tr><td>平均产量</td><td>kg/hm^2</td><td>市场价格</td><td colspan="2">元/kg</td></tr>
<tr><td>副产品收入</td><td>元/hm^2</td><td>种植效益</td><td colspan="2">元/hm^2</td></tr>
</table>

续表

7. 生产技术问题处理记录				
时间	生产问题	原因分析	处理措施	效果
8. 水稻高产栽培技术总结				

第三节 知识拓展

一、新疆水稻优质无公害栽培技术

(一)净化栽培环境

无公害稻米首先是要在无公害环境中生产,生产地的大气、灌溉用水、土壤等条件应符合国家规定的无公害农产品基地质量标准。生产地周围 3 km 内不能有工业污染源,更不能用工业废水灌溉。已经受污染的水稻生产区可以确定相应的净化途径和方法,通过生物净化、工程净化、化学净化、清洁灌溉及其他综合配套技术实行净化修复、改造改良、培肥土壤、综合治理,使其达到无公害水稻生产基地的要求。

(二)选择优质品种

新疆目前生产上推广的优质水稻品种有'新稻 44 号'、'秋田小町'、'稻花香'、'新稻 42'、'新稻 46'、'农稻 18'和'农林 315'等国内外优质品种。

(三)培育健壮秧苗

新疆老稻区一般地下水位较高,缺少旱育苗所需要的旱田地条件,因此,采用在水田中以水整地的方式做秧床,湿润状态下播种,播种后秧田不建立水层,整个秧田期采用旱育苗节水管理技术措施,同样能培育出壮秧。这样做不需要床土调酸,不易患立枯病,育苗成功率高,也打破了旱育苗必须使用旱田地的限制,被称为改良旱育苗技术。

1. 确定播种期与秧龄期

(1)掌握播期　北疆播种时间一般为 4 月中旬,南疆播种时间一般为 3 月底至 4 月初,选择冷尾暖头的好天气播种。阿克苏地区 4 月初育苗至 5 月初插秧,当膜外大于 10℃,有效积温为 500～600℃时,能够满足秧苗生长的需求,盖膜的时间大约为 20 d,既起到了增温效果,而揭膜时又能与自然温度衔接,有利于在最佳插秧期插秧。

(2)秧龄与壮秧标准　秧龄是决定秧苗素质的一个重要因素,也是确定播种期和插秧期的重要参考因素之一。新疆春播稻区一般秧龄控制在 30～35 d 为宜,叶龄 4.0～4.5,苗高 13～15 cm,每株苗有白根 8～10 条,茎粗 0.2 cm 以上,百株地上部分干重 2.0～2.5 g。

2. 种子处理

目前,新疆稻区水稻由种子传播恶苗病,而且发病率较高。防治恶苗病最有效的药剂是 10%二硫氰基甲烷乳油。该药剂价格便宜,本田成本 1 元/667 m^2。按照使用剂量浸种后不用清洗种子,可直接催芽。

3. 秧田整地

改良旱育秧一般采用水整地,先将秧田地打埂,然后放水浸泡,保留浅水时,施足速效肥,一般每 667 m^2 施磷酸二铵 15～20 kg,尿素 10～15 kg。拖拉机进水田旋耕 1～2 遍。秧田泥面要软、平、净,然后施入无残留安全性除草剂封闭土壤,沉田 2～3 d 后排干水层,软泥状态下起沟做畦。小拱棚的做畦方法是:畦面宽 1.5 m,沟宽 70～80 cm,挖沟内泥浆铺于畦面 1～2 cm,床面抹平、抹光、无积水为宜。

4. 播种与扣棚

播种密度掌握在播芽谷 350～450 g/m^2。播种时两边拉线,留够 1.5 m 床面,床长一般以 20 m 为宜,每个床面积 28～30 m^2。必须严格做到按畦定量撒种,每畦播芽谷约 12 kg。播种后撒过筛细土 0.3～0.5 cm,以利于稻种吸水、发芽和扎根。播种后及时插拱条,拱棚的高度一般 40～50 cm,拱条长度 2.0～2.2 m,扣棚采用 2 m 宽小棚膜,厚度一般 0.06 mm。扣棚时两头和两边用泥团压紧压实,必须能够抵抗 7～8 级大风。

5. 秧田管理

秧田管理是培育壮苗的中心环节,通风炼苗是培育壮秧的核心技术。为了方便理解,我们以新疆阿克苏地区温宿县适期播种的秧田为例,并大致分为密封期、通风期、炼苗期 3 个管理阶段,每个阶段的时间大致为 10 d。

(1)密封期(4 月上旬)　从播种到 1 叶 1 心为密封期。这个时期秧床严密封闭,创造高温、高湿条件,促使稻种迅速伸根立苗。白天膜内温度一般为 25～32℃,如遇到特殊天气膜内超过 35℃时,应打开两头通风降温,防止烧芽,待温度降至 35℃以下时,再封闭。在密封期间,一般不灌水,不施肥,不通风。

(2)通风期(4 月中旬)　从 1 叶 1 心到 3 叶期为通风期。这个时期膜内的适宜温度为 25℃,当膜内温度超过 32℃时,需通风。开始采取两头开门,随着温度升高采取侧面开窗,或一面打开。每天都要日出时揭膜,下午 6～7 时盖膜,以保证夜间生长所需要的温度。通风几天后床面发白、裂口时,灌一次跑马水,保持床面湿润状态。

(3)炼苗期(4 月下旬)　从 3 叶期至 4 叶期为炼苗期。当夜间气温稳定在 12℃以上时,便可选择晴天上午完全揭掉薄膜。揭膜前一定要在畦面上灌水 4～5 cm 护苗,以防温湿度变幅过大,造成青枯死苗。揭膜后根据苗情可施少量"送嫁肥"。一般揭膜后炼苗 5～7 d,苗高 13～15 cm 即可插秧。秧田期尽量不使用农药。

(四)本田整地与插秧

1. 秋耕翻垡,春施基肥

本田应秋翻晒垡,冻融土壤,开春后先施腐熟有机肥。插秧前旋耕整地时,根据目标产量和土壤养分状况确定施肥量。通常中等肥力田,水旋地之前每亩施磷酸二铵 15 kg,尿素 10 kg,锌肥 1～2 kg,老稻田尽量增施硅肥、钾肥。本田提前放水泡田,施足底肥后用旋耕机旋地 1～2 次,再用畜力抹平。杂草多的稻田还可在机械整地之后、抹地之前施禾大壮、丁草胺、草克星等除草剂封闭土壤。

2. 适期早插,合理密植

日平均气温稳定通过 15℃时为适合的插秧期。北疆大约 5 月初,南疆可在 4 月底至 5 月上中旬。秋田小町品种本身分蘖力强,加上壮苗分蘖早生快发,必须合理稀植。插秧的行距以 30 cm 等行距为宜,株距 13～15 cm,3～4 株/穴,20～25 穴/m^2,基本苗(5～6)$\times 10^4$ 株/667 m^2。

(五)本田管理

1. 前期促蘖

新疆群体密度控制在(35～40)×10^4 穗/667 m^2,有利于高产和保证稻谷的品质。

(1)早施分蘖肥　插秧后 1 周,施第一次分蘖肥,间隔 10～15 d 施第二次分蘖肥,每次施尿素 8～10 kg/667 m^2。第二次分蘖肥间隔 10 d 以上,最晚在 6 月 25 日之前结束,用量控制在 7～8 kg/667 m^2。同时浅水灌溉,提高地温。插秧前未化学除草的稻田,可在第一次施返青肥时尿素和除草剂混拌后施入。

(2)适时适度烤田　当田间总茎数达到计划穗数的 80%时,或者达到 400 茎/m^2 就开始烤田。烤田的持续时间因秧苗、土壤、气候而定,烤到叶色青淡,出现落黄时为止。烤田程度以龟裂 1 cm 为准,烤田时间一般在 6 月底至 7 月初。

2. 中期壮苗

(1)巧施长穗肥　烤田后覆水保持浅水层,并不断实行小落干的灌溉方法,继续给土壤中补充足够氧气 ,穗肥的施用时间和施用量要看土壤肥力、苗情、烤田后落黄的程度来确定。烤田后正常落黄的田块,覆水 1 周后(7 月上旬)酌情施促花肥,施尿素 5～6 kg/667 m^2,以促进枝梗和颖花的分化。促花肥过重会导致基部节间伸长,植株变高,容易发生倒伏。

(2)慎施保花肥　7 月中旬以后进入花粉母细胞减数分裂期,对点片落黄的地块需要补施保花肥。对未能正常落黄的田块,要掌握好落黄和施肥时机,苗色一直不落黄的田块,不追施保花肥。要保证减数分裂末期肥劲下降,苗色退淡,出现“破口”黄,增加叶鞘和茎秆内的淀粉积累,为抽穗后提高结实率,增加千粒重提供物质保证。一般施尿素 2～3 kg/667 m^2。保花肥过多会导致上部节间伸长,对防病、防倒不利。同时 ,遇到 17℃以下连续低温天气,应灌深水护胎,水深达到 18～20 cm,可防止冷害影响结实率。

3. 后期保根

(1)补施粒肥　扬花时稻株颜色发黄,明显缺肥的田块,一般施尿素 3～4 kg/667 m^2。要在抽穗始期施入,齐穗期产生肥效。还要严格掌握看苗施肥、看黄施肥、不黄不施的原则。

(2)间歇灌溉　灌水与落干反复交替进行,既供给水稻充足的水分,又满足根系对氧气的需要,有利于养根保叶、防止早衰,达到青棵活熟,穗大粒饱。稻田最后停水时间,一般在全稻田 90%的稻穗发黄时就可停水,过早停水影响谷粒饱满和稻米的品质。

(六)安全使用农药

1. 加强对病虫害的预测预报,尽量减少农药的不合理使用

在必须使用化学防治时,要严格遵守有关规定使用低毒、低残留、安全、高效的农药,严禁使用剧毒、高毒、高残留农药。

2. 防治稻瘟病

抽穗后田间群体密度加大,叶色过深,是稻瘟病易发病期。可使用低毒农药如比艳、富士 1 号、瘟温净、瘟毒诺克等及时防治。收获前 20 d,禁止使用任何杀虫、杀菌剂。

(七)适期收获

收获时间关系到稻谷的加工品质。收获过早因后期分蘖穗和穗下部籽粒成熟不充分,会

增加稻米的死米率,影响加工品质;收获过晚易增加谷粒爆腰率和碎米率。一般90%~95%的优势穗黄熟时或抽穗后的50 d左右为适宜的收获期。

二、南疆水稻精量播种高产栽培技术

1.选地、整地

选择地势平坦、盐碱轻、杂草少、灌排通畅、集中连片、肥力较高的棉茬田或稻田。入冬前揭净残膜,冬翻23~25 cm,要求耕深一致、耕幅平整、不重不漏、灭茬严实。采用激光平地机平整土地,使田面高差在3~5 cm范围内。播前机力施基肥,基施磷酸二铵10 kg/667 m^2,深度12~15 cm。联合整地机精细整地,使土壤呈待播状态。

2.品种选择和种子处理

选用米质优良、抗病、分蘖力强、耐肥抗倒、生育期155 d左右的高产水稻品种,如'新稻44号'。播前用除芒机械对稻种进行除芒,选择晴天晒种2~3 d,并经常翻动,使种子干燥度一致。

3.播种

南疆直播水稻在4月中下旬至5月上旬播种,确保9月中下旬成熟。播种量150~180 kg/hm^2,采用20 cm等行距播种,株距10 cm,播种深度1.5 ~ 2.0 cm,覆土厚度1 cm。基本苗要求300万株/hm^2左右,有效穗750万穗/hm^2左右。

4.水层管理

(1)水稻播种后立即灌水,灌满后自然落干,视土壤墒情和天气情况灌浅水补墒3~4次,保证灌后第2 d落干。1个月后建立水层(2叶1心至3叶期),水层不宜太深,以稻苗露出叶尖为准。

(2)水稻分蘖期保持3~4 cm浅水层,追肥时加深至5~7 cm。在气温超过30℃情况下,应加深水层。重盐碱地可适当加深水层或换水排碱。水稻全田总茎数达到适宜穗数时开始晒田(6月20日左右),一般烤田10~15 d。长势旺的稻田宜早晒、重晒;苗势弱的宜轻晒。

(3)稻田拔节孕穗期于7月初复水,3 d内灌完,并进行浅水层管理。7月下旬至8月上旬抽穗至灌浆期,实行间歇灌溉,以湿田为主,灌1次水自然落干3~5 d,再灌1次水,可达到以气养根、以根保叶的目的,有利于籽粒灌浆,防止水稻倒伏和早衰。到了蜡熟期采用干湿交替,以干为主的灌水方法,即灌1次水后自然落干4~6 d,再进行灌水。当稻穗80%勾头散穗时停水落干,为机械收割创造条件。

5.病、虫、草害防治

(1)化学除草　苗期化除:建立水层后(5月20日左右)用96%禾大壮200 g/667 m^2+草克星20 g/667 m^2拌毒土或毒肥撒施,以灭杀稗草和三棱草。分蘖期化除:6月10日,结合追施分蘖肥,用禾大壮200 g/667 m^2+草克星20 g/667 m^2拌毒肥撒施,可防除分蘖期稗草和三棱草。生育期除草:用25%灭草松水剂(又名排草丹、苯达松)250 g/667 m^2兑水50 kg喷雾。施药前排除稻田水层,使杂草露出水面,选高温、无风、晴天喷药,可防除阔叶杂草和莎草科杂草。

(2)稻瘟病防治　防治时间:感病品种于叶瘟病发病初期(5月25日和6月5日前后)进行防治。最佳时间为始穗期(破口期)和齐穗期,防治过晚效果不明显。药剂选择:选用75%三环唑可湿性粉剂20 g/667 m^2或40%稻瘟灵可湿性粉剂70 g/667 m^2喷雾。

6.施肥

水稻全生育期追施尿素 35～40 kg/667 m^2，钾肥 10 kg/667 m^2，锌肥 2 kg/667 m^2。苗期施肥：2 叶 1 心至 3 叶期(5 月 20 日)，追施尿素 6 kg/667 m^2，硫酸锌 2 kg/667 m^2。

分蘖肥：分 2 次施入。第 1 次在 4 叶期(5 月 28 日)，追施尿素 10 kg/667 m^2，硫酸钾 5 kg/667 m^2；第 2 次于 6 叶期，追施尿素 15 kg/667 m^2，硫酸钾 5 kg/667 m^2，2 次相隔 10 d 左右。追肥时，水层深 4～6 cm，最好于 12 时以后追施，以防烧苗。

穗肥：7 月 5—10 日(晒田复水后 3～4 d)，追施尿素 8～ 10 kg/667 m^2。

粒肥：水稻齐穗期，追施尿素 2～3 kg/667 m^2。

叶面肥：水稻破口期和齐穗后，采用机力进行根外追肥，喷施尿素 1 kg/667 m^2，磷酸二氢钾 200 g/667 m^2，兑水 50 kg/667 m^2。

7.收获

收获前人工割边，平埂，平引渠头，为机械收获做好准备。机械收获质量要求：适时收获，割茬高度不超过 15 cm，掉穗不超过 1 穗/m^2，掉粒不超过 1 粒/100 cm^2，破碎率不超过 3%，总损失率不超过 5%。

第十章

新疆棉花栽培技术实训

第一节 岗位技术概述

棉花是我国重要的经济作物，是关系国计民生的重要物资。棉纤维是纺织工业的重要原料，棉纺织品具有吸湿性强、透气性好、手感柔软、穿着舒适等优点。因此，棉纤维不能被化学纤维所代替。在我国纺织工业中，棉纤维一度占纺织工业原料的60%以上，近年占50%左右。因此，棉花生产的丰歉，直接关系到纺织工业的发展。

棉籽仁含有十分丰富的油脂和蛋白质，剥绒棉籽含油率一般可达18%～20%，棉籽仁含油率高达35%～46%，精炼后的棉籽油色清透明。棉籽仁中蛋白质含量高达30%～35%，所以棉籽饼也是良好的饲料。

棉短绒由短纤维和断纤维组成。一类绒(12～16 mm)可生产棉毯、绒衣、绒布等纺织品，还可生产蜡纸和铜版纸等高级纸张。二类绒(3～12 mm)可制成硝酸纤维素，用于生产无烟火药或推动火箭的固体燃料。三类绒(3 mm 以下)可生产黏胶纤维和醋酸纤维，同时废绒还可以栽培蘑菇。

棉籽壳是生产多种食用菌的天然培养基，经加工可生产出糠醛、丙酮、酒精、甘油、植物激素等10多种有用产品。

棉秆可制造火药、纤维板、装饰板、贴面板等。利用棉秆可以代替进口木浆生产牛皮箱板纸。

棉酚是一种多酚化合物，它是棉属植物所共有。游离的棉酚对人体和单胃动物有毒，但在医药和化工方面有重要用途。精制棉酚可用于生产治疗肺癌、肝癌、子宫肌瘤等疾病的药物。

由于经济效益显著，棉花种植面积越来越大；更由于科学技术的发展与应用，棉花的单产、总产、品质均有较大的突破和提高。根据中国农业统计年鉴数据，近几年新疆棉花种植面积、单产和总产均处于全国第一，且逐年有所增加和提高。

一、新疆棉花生产概况

新疆位于我国西北内陆，因其独特的自然环境及气候光热条件逐步发展成为我国最大的全程机械化商品棉生产基地。2018年新疆棉花播种面积为249.13万 hm^2，占全国棉花播种面积的74.3%(表10-1)。新疆属典型的大陆性干旱气候，区域内干旱、光照长、少雨，适合棉花生长，目前已形成北疆、南疆、东疆3大棉区，是当前我国最具竞争优势的产棉大区，也是我国唯一的长绒棉生产基地。近几年，由于大力推广膜下滴灌栽培技术及膜下滴灌机采棉高产栽培技术，棉花单产逐年提高。2012年新疆农业科学院经济作物研究所李雪源研究员率领的研究团队，在位于兵团农一师16团的50亩棉花地里创造出了每亩籽棉838.31 kg的单产纪录。

表10-1 新疆近几年棉花种植面积和产量情况

年份	播种面积/$\times 10^3$ hm^2		总产量/万 t		每公顷产量/kg	
	全国	新疆	全国	新疆	全国	新疆
2016	3 198.0	1 805.2	534.3	420.0	1 671.0	1 991.0
2017	3 194.7	2 217.5	565.3	456.6	1 769.3	2 059.4
2018	3 354.4	2 491.3	610.3	511.1	1 819.3	2 051.5

二、新疆棉区划分

新疆棉区属于西北内陆棉区，根据各地生态条件、适宜种植棉花的程度及棉花的生育特点，将新疆棉区划分为东疆棉区、南疆棉区和北疆棉区3个亚区。

1. 东疆亚区

本亚区包括吐鲁番和哈密地区。无霜期为190～240 d，≥10℃的积温为4 500～5 334℃，热量资源十分丰富，适宜种植中熟陆地棉和中早熟或中熟长绒棉。

2. 南疆亚区

本亚区是我国海拔最高的植棉区。海拔一般为800～1 200 m，因受塔里木盆地增温效应的影响，热量充足，光照资源丰富，气候非常干燥，年降水量一般为30～70 mm；无霜期180～220 d，全年≥10℃的积温一般为3 800～4 400℃，适合种植早熟、中熟陆地棉和早熟、中熟海岛棉，为新疆最大棉区。本地区枯黄萎病非常严重并交叉混合发生，棉铃虫为害越来越重，急需抗病抗虫品种。

3. 北疆亚区

本亚区主要是天山北部各植棉区，纬度较高，海拔较低，无霜期在160 d以上，全年≥10℃的积温一般为3 450～3 600℃。春季气温回升慢，低温危害较重；夏季温度较高，日照充足，秋季降温快。本区可满足早熟或特早熟陆地棉的生长，属于特早熟棉区。

第二节 新疆棉花栽培技术实训

一、基本知识

棉花属锦葵科(Malvaceae)棉属(*Gossypium*)，为一年生亚灌木，在热带和亚热带也有多年生灌木或小乔木，是重要的种子纤维作物，主产品为种子纤维。棉花起源于近赤道的干旱地区，依据其形态特征、染色体数目和地理分布可分为39个种。其中栽培种仅4个，分别为二倍体栽种草棉和亚洲棉，四倍体栽培种陆地棉和海岛棉。

(一)棉花的一生

1. 生育期

新疆生产中种植的棉花主要是陆地棉。棉花的一生是从种子萌发开始到种子形成结束。

一般把棉花从播种到收获结束所需的天数，称为大田生长期，或称全生育期；把棉花从出苗到吐絮所需的天数，称为生育期，生育期的长短是鉴别品种属性的主要依据。一般生产中将陆地棉生育期120 d以下称早熟品种，120～140 d为中熟品种，140 d以上为晚熟品种。新疆的北疆棉区栽培品种属于早熟或特早熟类型，生育期一般为120～130 d；南疆棉区栽培品种属于中早熟、中熟类型，生育期一般为135～145 d。

2. 生育时期

根据棉花各器官建成的顺序和形态特征，可以将棉花的整个生育期划分为若干个生育时期。棉花的生育时期常作为试验调查记载的基本项目，体现了棉花生育的速度和程度，各时期都有相应的标准。

(1)出苗期　幼苗子叶平展时为出苗(个体)，全田(区)50%棉株达子叶平展的日期为出苗期。

(2)现蕾期　棉株第1果枝第1幼蕾达3 mm以上，全田(区)50%棉株现蕾的日期为现蕾期。全部棉株第4个果枝现蕾的日期为盛蕾期。

(3)开花期　全田(区)10%棉株第1果枝第1朵花开放的日期称为始花期；全田(区)50%棉株第1果枝第1朵花开放的日期称为开花期；全部棉株第4果枝第1朵蕾开花的日期为盛花期。

(4)吐絮期　全田(区)50%棉株第1个棉铃正常开裂吐絮的日期为吐絮期。

3. 生育阶段

栽培上因管理需要，将棉花一生划分为若干生育阶段，即播种出苗期、苗期、蕾期、开花结铃期、吐絮成熟期。生产上一般根据各阶段的生长发育特点进行田间管理。各生育阶段的时间与品种、气候及栽培条件有密切关系。

以中早熟陆地棉品种为例，将生育期和生育阶段划分为苗期、蕾期、开花结铃期、吐絮期(图10-1)。

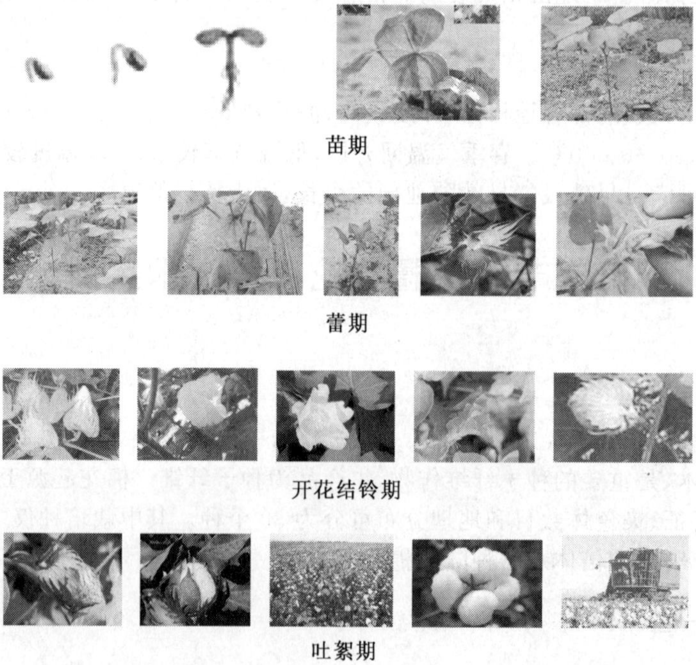

图 10-1　棉花的一生

(二)种子与发芽出苗

1. 种子的结构及特点

(1)棉花种子的形态构造　棉花种子呈不规则的梨形,一端为钝圆形或半圆形,另一端为尖突,且有一个小孔,称为珠孔。种皮内有一层木质化的栅栏组织,钝圆端的合点则无栅栏组织;合点和珠孔为种子萌发主要的吸水通道。棉花种子的结构详见图 10-2。

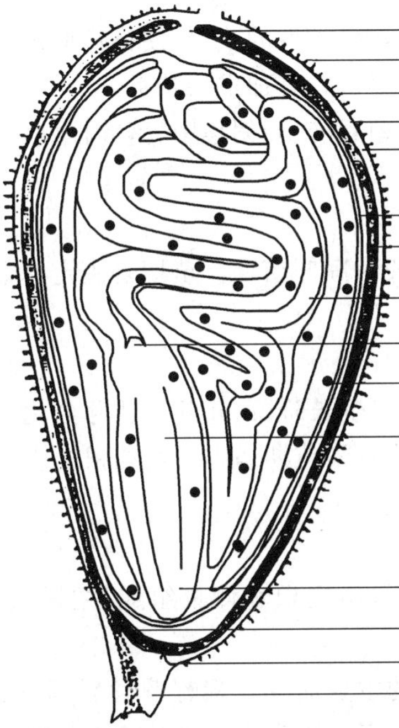

图 10-2　棉花种子的结构

种子表面通常被有茸毛,其颜色有灰白色、白色或褐色等。轧花后短绒仍留在种子上的称为毛籽,没有短绒的称为光籽,一端或两端有短绒的称为端毛籽。

种皮内为胚,包括胚芽、胚轴、胚根和子叶;子叶上有蜜腺,含有棉酚;有些品种棉酚含量极少或没有棉酚,称为低酚棉或无毒棉。

种子大小用子指表示。子指是指 100 粒棉籽的重量,一般为 9～13 g。

(2)种子萌发过程和条件　首先种子吸收水分,使种子软化;然后在适宜的温度条件下,子叶中贮藏的养分转化为可溶态养分,供子叶生长所需;胚的各个部分得到养分,便开始生长。胚根向下生长形成根系。下胚轴向上伸长将子叶和胚芽顶出地表,子叶出土后见光转绿展平,称为出苗。

种子萌发需要吸收种子自身重量 60%的水分,要求土壤中含水量在 14%以上。棉花种子发芽的最低温度为 10～12℃,最高温度为 40～45℃,最适宜发芽的温度为 25～30℃。变温条件下,种子发芽速度较恒温条件下发芽快。棉花出苗的最低温度为 16℃。一般在日平均气温稳定在 14℃(5 cm 土层温度在 10～12℃)时即可开始播种。同时,种子萌发出苗还需要充足的氧气条件。因此,播种不能过深,土壤湿度不能太大。

2. 选种

采用高密度地膜覆盖栽培技术，以及棉花机械采摘技术，选择的棉花品种应具备以下特点。

(1)结铃性强，单株成铃率高，特别是植株中上部成铃率高，伏前桃和伏桃比例高，有利于提高产量；株型紧凑，适于密植。

(2)铃重、衣分高　一般要求北疆棉区种植的品种单铃重为5.5～6.0 g，南疆和东疆棉区种植的品种为6.0～7.0 g，衣分达到38%～40%或更高。

(3)抗病虫较强　覆膜栽培后，由于环境条件的改善，使得病原菌生长条件也得到改善，虫害提早转移到棉田，因此病虫害发生会提早，并有加重的趋势。

(4)采用机械采摘模式，要求棉花株型紧凑、吐絮集中、落叶性好、含絮好、易采收。

(三)苗期生长发育特点与器官建成

棉花从出苗到现蕾需25～35 d，这段时间叫苗期。苗期是决定株数的关键时期，保苗数是决定产量的关键。

1. 棉花苗期生长特点

苗期是以长根、长茎、长叶为主的营养生长阶段，并开始花芽分化。苗期地上部茎、叶生长缓慢，苗小，抗逆力弱，易遭受低温冷害或感染苗期病害。苗期根的生长较快，根是这一时期的生长中心。

2. 器官建成

(1)根系形成　棉花的根系为直根系，由主根和侧根组成，主根入土可达2 m左右，侧根水平伸展可达50～80 cm。

从种子萌发到现蕾前，为根系形成的主要时期。棉籽萌发后，胚根迅速伸入土内，发育成主根。此期棉苗以根系生长为中心，主根下扎速度明显快于地上部株高的增长。棉株现蕾时，主根入土深度近80 cm，上部侧根长度可达40 cm，水平伸展约35 cm，主要侧根位于地表以下9～20 cm深的耕作层中，株间根系已经交叉，行间根系开始相接。

棉苗生长和根系的发育均要求充足的光照、较高的温度和良好的土壤通气条件。棉苗对养分和水分的需要量少，但对肥水反应却十分敏感。在地膜覆盖条件下，根系分布较浅，应注意加强苗期中耕，以促进根系的下扎。中耕是建立强大根系的重要措施之一，此措施也是棉农最容易忽视的问题，为了降低成本，他们往往减少中耕次数。

(2)子叶出苗与真叶形成　棉花有两片子叶，是棉籽萌发出苗和棉苗3片真叶前棉株主要光合器官所需养分的主要来源。子叶出苗展平以后，开始光合作用；真叶形成以前，子叶是主要的光合器官，其光合强度的高低、时间的长短对棉苗以后的生长发育有较大的影响。功能期约持续30 d，存活50～60 d。

棉花真叶为单叶、完全叶；第一片真叶的叶缘全缘，以后生长的各叶片具有不同程度的裂叶，其裂叶的数量取决于叶片的位置、生长发育的条件。棉花真叶最多为7片。棉花苗期生长的真叶数依据品种、气候条件和栽培条件有一定的差异，早熟品种一般4～5片，中晚熟品种一般为6～7片；气温偏高、土壤水分较少时，苗期叶片数较少，相反，叶片数较多。

(3)分枝的形成　在棉花子叶和真叶的叶腋里，由叶芽发育形成分枝，此时形成的分枝为叶枝。由于顶端生长较快，而侧芽的生长受到抑制，发育较慢，在形态上不明显。

(四)蕾期生长发育特点与器官建成

棉花从现蕾到开花需 25～30 d,这一段时期称蕾期。蕾期是增果枝、增蕾数、搭丰产架子的时期。

1.蕾期生育特点

棉花现蕾以后由营养生长转入并进生长阶段。棉株既长根、茎、叶、枝,又进行花芽分化和现蕾,但仍以营养生长占优势,以扩大营养体为主。棉花现蕾以前分化的 16～17 个花芽将发育形成伏前桃和伏桃,初蕾期分化的花芽形成伏桃和秋桃,盛蕾后再分化的花芽多为无效花芽。蕾期棉株根系迅速扩展,吸收能力提高,叶面积增大,光合生产力提高,干物质积累迅速增加,占一生总积累量的 13%～16%。此时若氮肥供应过多,会使营养生长过旺,导致开花后中下部蕾铃大量脱落;若肥水供应不足,棉株生长缓慢,影响营养体的扩大和光合产物的积累,搭不起丰产架子,且易于早衰。

2.器官建成及其特点

(1)根系　蕾期是棉花主根和侧根生长盛期。该期主根每天可伸长 2.5 cm,开花前可深达 100～120 cm,侧根横向扩展约 30 cm,但大量根系仍分布于 10～25 cm 土层内。开花前棉花根系基本建成,此时棉株生长速度加快,根系的吸收能力也不断增强。

(2)主茎和分枝

①主茎。棉花的主茎是由节和节间组成的,主茎的生长包括节的分化和节间的伸长。主茎在苗期生长较慢,现蕾以后生长速度加快,从盛蕾期到盛花期主茎生长最迅速,特别是初花期是株高增长的高峰期,开花以后生长减慢。棉花一生中,前期应注重促控结合,有利于防止徒长。

②分枝。棉花主茎生长的同时,其腋芽发育形成分枝。分枝可分为果枝和叶枝。果枝是棉花主茎上直接着生蕾铃的分枝,叶枝是棉花主茎上间接着生蕾铃的分枝(图 10-3),果枝和叶枝的形态区别见表 10-2。

表 10-2　棉花果枝与叶枝的形态区别

果枝	叶枝
直接着生蕾、花、铃	间接结铃,由叶枝的叶腋生出果枝,再结铃
与主干所成夹角大,近直角	与主干夹角小
合轴生长,果枝呈曲折状	单轴生长,斜直而上
发生在主茎中上部	一般发生在主茎的中下部

有时在肥水较充足的丰产田,在主茎上果枝的旁边长出小叶枝,称为赘芽。在主茎上果枝的旁边长出小果枝,称为桠果枝;在主茎上果枝的旁边长出无节间的蕾铃,称为桠果。一般叶枝和赘芽消耗养分量大,形成产量较少,还影响果枝的生长,一般生产中将它们除去。棉花主茎子叶节以上,着生第一果枝的节,叫果枝始节。果枝始节与品种、栽培条件、气候条件等有关,既是早熟的标志,也能反映植株早发育的程度。北疆的早熟品种为 3～5 节,南疆种植的中熟品种一般为 4～6 节;若施氮肥较多、苗期温度低、种植密度大、播种期晚,果枝始节则高。

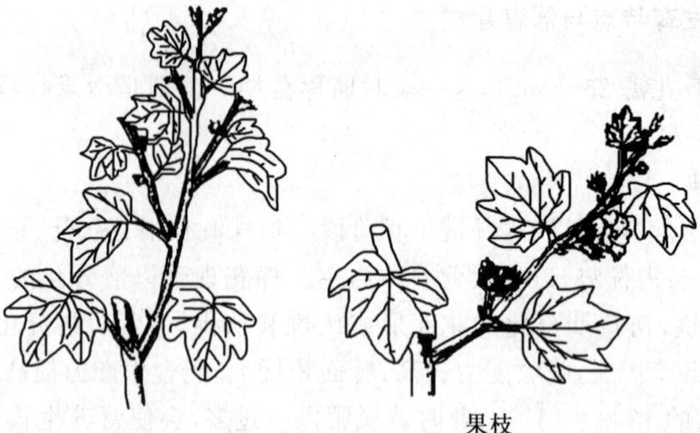

图 10-3 棉花的果枝和叶枝

③果枝的类型。棉花果枝数具有遗传性,可以分为无限果枝、有限果枝和零式果枝(图 10-4)。

图 10-4 棉花果枝类型

A. 无限果枝:由多个果节组成,条件适宜时,可以形成多个果节。根据果节的长短又可以分为 4 种类型。

Ⅰ型:果枝节间长 2～5 cm,株型紧凑。

Ⅱ型:果枝节间长 5～10 cm,株型较紧凑。

Ⅲ型:果枝节间长 10～15 cm,株型较松散。

Ⅳ型:果枝节间长 15 cm 以上,株型松散。

B. 有限果枝:只有一个果节,节间较短,铃丛生于果节顶端。

C. 零式果枝:一至多个铃柄直接着生于主茎节上。如新疆种植的'新海 3 号'为此类型。

新疆种植的陆地棉一般为无限果枝类型。由于无霜期短,种植密度大,以及采用机械采摘模式,适宜选用Ⅰ-Ⅱ型果枝。有限果枝和零式果枝多为海岛棉。

(3)叶　此阶段形成的叶片为主茎叶和果枝叶。主茎叶呈螺旋状互生排列在主茎上。果枝叶着生于蕾铃的对侧,其光合能力影响棉蕾铃的发育和产量的形成,生产中应注意保护。

3. 棉花现蕾开花的规律

棉株不同的果枝、果节上,现蕾开花具有一定的顺序。一般是以第 1 果枝的第 1 果节为中心,从下至上、由内至外呈螺旋状展开。纵向即相邻两果枝之间的相同节位上的蕾花,现蕾开花间隔的时间较短,一般为 2～4 d,称为纵间隔。同一果枝上,相邻两果节上,现蕾开花间隔的时间一般为 5～7 d，称为横间隔。现蕾开花规律也受环境条件的影响，温度低时间隔时间长。一般中下部铃的纤维和种子质量较上部铃的质量好。据测定，上下相邻果枝，每增加一个铃吐絮，需≥10℃的积温 50℃左右；而同一果枝上相邻的两果节，每增加一个棉铃吐絮，需要积温 200℃左右。

(五)花铃期生长发育特点与器官建成

从开花到棉铃吐絮的这一段时期称为花铃期，一般为 50～60 d。花铃期是决定棉花产量的关键时期。

1. 花铃期生育特点

花铃期是棉株的营养生长和生殖生长并进期，也是棉花一生中生长最快的时期。初花期仍以营养生长占优势，盛花期以后，营养生长逐渐减弱，生殖生长逐渐占优势。盛花期开花量占一生总开花量的 60%～70%，营养生长和生殖生长矛盾尖锐化，是容易引起棉株徒长和早衰的时期。只有通过调节，使营养生长和生殖生长协调，才能形成较多的有效铃，获得棉花高产优质。此阶段是棉花一生中需肥水最多的时期，耗水量占总需水量的 45%～65%，需肥量占总需肥量的 70%以上。

2. 器官建成及其生长

(1)花　棉花的花为单花，由雌蕊、雄蕊、花冠、花萼、苞叶等 5 部分组成棉花花的结构(图 10-5)。一般新疆种植早熟棉花类型，两片真叶时开始进入花芽分化。一朵花从分化到开花历时 40～50 d，从现蕾到开花历时 25～30 d。开花授粉适宜的温度为 20～30℃，气温高于 35℃则受精不良，引起大量脱落。

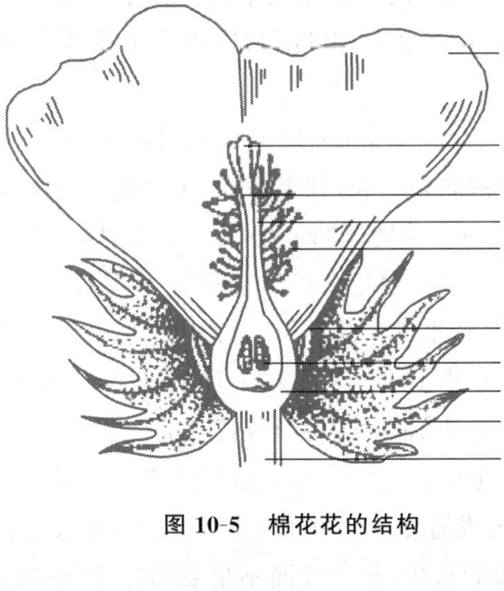

图 10-5　棉花花的结构

新疆棉花种植区，由于气候条件(年际间积温和无霜期)的差异，各地区热量条件变化较大，保留果枝数应保证有 85%以上成熟。一般南疆棉区留 9～11 台果枝，北疆棉区留 7～9 台果枝。在具体操作过程中，还应考虑品种、栽培环境等诸因素的影响。

(2)棉铃

①棉铃的发育。棉花子房受精后发育形成的果实，叫棉铃，俗称棉桃。一个棉铃自开花到

吐絮所经历的时间称为铃期。新疆陆地棉铃期一般为 50～70 d,海岛棉铃期为 70 d 以上。棉花铃期的长短与温度有关,一般≥15℃的积温越高铃期越短,发育较早的棉铃,其铃期较短,品质较高。棉花开花后 10 d 以内形成的直径小于 2 cm 的棉铃,叫幼铃;棉花开花后 10 d 以上形成的直径大于 2 cm 的棉铃,叫成铃。

棉铃的发育大约经历体积增大期、内部充实期和脱水开裂期 3 个阶段(图 10-6)。

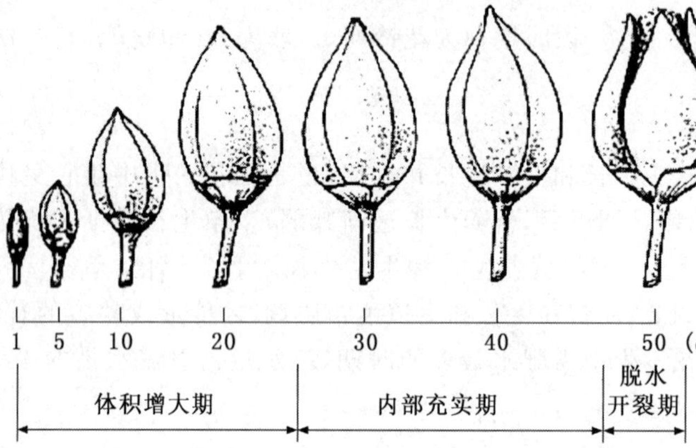

图 10-6 棉铃的发育过程

A. 体积增大期:棉花开花受精后 20～30 d,体积增大并达到最大值。此时纤维伸长,棉铃呈肉质状,青色,铃壳较薄,内含水量较高,鲜嫩多汁,富含蛋白质、糖分,此时易受害虫咬食。

B. 内部充实期:经历 20～30 d。此时养分大量转向种子和纤维,干物质急剧增加,含水量下降。由于纤维素的含量大,田间密度大,湿度大,通风透光差,易受病菌的为害,造成烂铃,形成僵瓣棉。

C. 脱水开裂期:养分积累已基本结束,体内形成大量乙烯,促使棉铃脱水开裂,棉铃进一步脱水,铃壳继续张开,直到干枯向外翻卷,棉瓤蓬松,种子和纤维才完全成熟。此期一般历时 5～7 d。在肥水较充足,特别是氮肥多时,铃期会延长;相反则会缩短。

②棉花的"三桃"及其生产意义。棉花由于结铃早晚不同,影响生长发育的环境条件也不同,其品质也有一定的差异。一般北疆在 7 月 10 日之前、南疆在 7 月 15 日之前形成的成铃,为伏前桃;北疆在 7 月 10 日至 8 月 10 日、南疆在 7 月 15 日至 8 月 15 日形成的成铃,为伏桃;北疆在 8 月 10 日以后、南疆在 8 月 15 日以后形成的成铃,为秋桃。将伏前桃、伏桃和秋桃统称为"三桃"。早结伏前桃是棉花早熟、稳产的标志,但所占比例较小,一般为 10%～20%。伏桃是构成产量的主体,由于生长发育处于良好的环境条件下,生长期长,所占的比例较大,一般为 60%～70%。形成一定数量的秋桃,是稳长而不早衰的标志,一般所占比例为 10%左右,如所占比例过大,会造成晚熟,霜后花比例增多。霜前花是指枯霜后 3～5 d 以前吐絮的棉花纤维,霜后花是指枯霜后 3～5 d 以后吐絮的棉花纤维。

③纤维的发育。一个棉铃有 4～5 个室,吐絮后每室中有一个棉瓤,其有 9～11 个棉籽。棉籽及其上的纤维统称为籽棉,籽棉脱下的纤维称为皮棉,皮棉占籽棉的百分数称为衣分。一般陆地棉的衣分为 30%～45%。百粒籽棉上的皮棉重称为衣指,用克(g)表示。

一根棉纤维是一个单细胞，是由种子表皮向外突出伸长而形成的籽棉纵剖面示意图(图10-7)。棉纤维形状呈扁管状，成熟后有许多时左时右的扭转，称为捻曲，是棉纤维特有的性状。每一根棉纤维分为3部分，即基部、中部和顶端，中部是主体，棉纤维不同部位形态见图10-8。横切由外向内分为初生胞壁、次生胞壁和中腔等3部分(图10-9)。

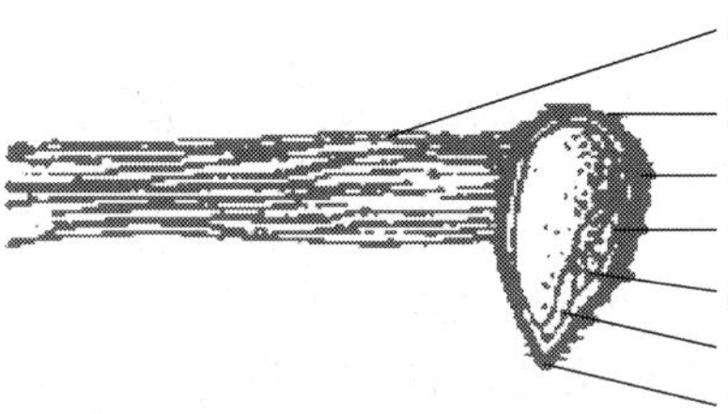

图 10-7　籽棉纵剖面示意图

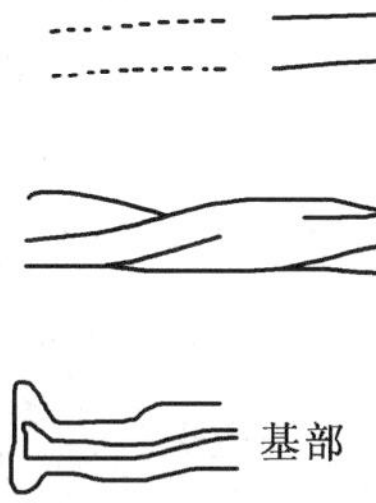

图 10-8　棉纤维不同部位形态

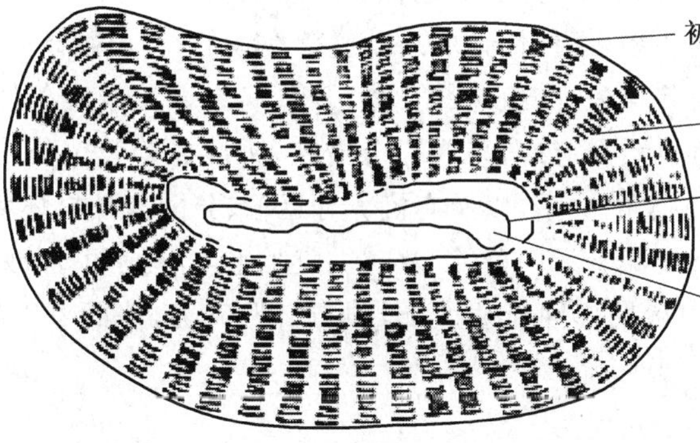

图 10-9　棉纤维横切面示意图

在棉铃发育的同时，棉纤维也随之发育，一般对应的分为3个阶段。

A. 伸长期：相当于棉铃体积增大期。一般开花后3 d内隆起的生毛细胞发育良好，可以形成长纤维；4～10 d内隆起的中途停止生长，形成短纤维(陆地棉不足16 mm，海岛棉不足20 mm)或短绒(长度不足3 mm)。

B. 加厚期：纤维的加厚与伸长几乎是同时进行的，主要是纤维素沉积在初生胞壁上，形成具有日轮的次生胞壁，其厚度是影响衣分和纤维强度的主要因素，一般用成熟度表示。成熟度是指纤维细胞壁加厚的程度，是原棉定级的综合性指标，多用成熟系数表示，即中腔可见宽度与两腔壁厚度之比。

C. 转曲期：大致相当于棉铃开裂至充分吐絮，由于纤维脱水，而发生捻曲。

(3)根系吸收高峰期　开花后棉花根系进入吸收高峰期。该期主、侧根生长开始减慢，到后期生长基本停止，主要根系虽已入土深达40～80 cm，但大量活动根系仍分布于10～40 cm土层内，横向扩展可达40～70 cm，侧根和根毛大量滋生，根系已基本建成，棉株地上部生长旺盛，从而形成根系吸收矿质养分和水分的高峰期。

(4)叶的生长　棉株开花以后,主茎叶片数目不再增加,随着果节的增加,仅有部分果枝叶片的形成。此时叶面积系数达到最大值,光合能力最高,效能最强。此阶段要求叶色青绿,叶片大小适中、上举,以利于田间通风透光,减少脱落。

3.棉花蕾铃脱落规律

蕾铃脱落是棉花生长中的普遍现象,一般脱落率占60%~70%,有的可高达80%以上,对产量影响较大,棉花蕾铃脱落具有以下规律。

(1)落蕾与落铃的比例　一般落铃高于落蕾,比例为6∶4。铃的脱落主要是幼铃,由于在铃的发育过程中,养分竞争力弱而导致其脱落。

(2)蕾铃脱落的日龄　棉蕾脱落从现蕾到开花期间都会发生,一般是现蕾后 10~20 d内的蕾脱落多。棉铃脱落相对较集中,大多在开花后3~8 d,尤其是在开花后3~5 d最集中,占脱落总量的60%~70%。开花后10 d的铃脱落很少。

(3)蕾铃脱落的部位　一般下部果枝及内围果节脱落少,上部果枝及外围果节脱落多。

(4)蕾铃脱落的时期　棉花开花前脱落少,开花后脱落多,盛花期达到高峰,以后又减少。

(5)蕾铃脱落与种、品种的关系　一般陆地棉脱落率较高,海岛棉脱落率较低。脱落率的高低与品种之间也有一定的关系,结铃性强的品种脱落率较低,相反则高。

棉花蕾铃脱落规律还与栽培条件、植株的长势长相、病虫害及气候条件有关,生产中要把防止蕾铃脱落和保蕾保铃有机结合起来,采取综合措施,协调好营养生长与生殖生长的关系、个体与群体的关系、地下与地上的关系,以及有机养分运输、分配与外界环境条件的关系,实现"壮苗早发,不旺不衰",使有机养分运向蕾铃,及时供应肥水,合理密植,做好化学调控、整枝工作,综合防治病虫害,减少中后期田间作业次数,预防自然灾害,从而可以降低棉花蕾铃脱落率,提高产量。

(六)吐絮期生长发育特点

从棉铃开始吐絮到收花结束的这段时间称为吐絮期,持续50~60 d。吐絮期是决定铃重和纤维品质的关键时期。吐絮期棉株营养器官生长逐渐减弱,生殖器官生长也逐渐减慢,棉株体内有机营养的90%以上供给棉铃生长。

(七)棉花生长发育对肥水的要求

1.土壤条件

棉花是深根作物,需要深厚的活土层,耐旱而忌渍涝,轻度耐碱。为了更好地满足棉花对土壤条件的要求,一方面要加深耕层、改良土壤、搞好高产稳产农田基本建设,另一方面还要采取松土、施肥、排渍、灌水等耕作措施,随时调节土壤的水、肥、气、热等状况,以改善棉花根系活动的环境。

2.棉花的需肥规律与施肥技术要求

棉花产量的高低与土壤肥力、土壤养分含量有着密切的关系。在一定范围内,随着土壤肥力的提高和土壤养分的增加,产量随之上升,棉株吸收N、P_2O_5、K_2O养分的总量也增加,但产量增长与需肥量增加之间不成正比,产量水平越高,每千克养分生产的皮棉越多,效益越高。棉花对氮、磷、钾养分的吸收量及吸收比例见表10-3。

表 10-3 棉花对氮、磷、钾养分的吸收量及吸收比例

皮棉产量/(kg/hm^2)	每生产 100 kg 皮棉吸收量/kg			$N:P_2O_5:K_2O$
	N	P_2O_5	K_2O	
1 425～1 500	12.33	3.39	11.78	1∶0.27∶0.96
2 175～2 250	9.78	2.49	8.83	1∶0.25∶0.90
2 400～2 475	9.60	2.52	9.22	1∶0.26∶0.96
2 850～2 925	9.17	2.48	8.93	1∶0.27∶0.97

据中国农业科学院棉花研究所研究结果，棉花苗期以根生长为中心，吸收 N、P_2O_5、K_2O 的数量占一生吸收总数量的 5%以下，此期虽然吸收养分比例小，但吸收强度较高，棉株体内含氮、磷、钾百分率也较高。蕾期植株生长加快，进入营养生长与生殖生长并进阶段，根系迅速扩大，吸肥能力显著增加，吸收 N、P_2O_5、K_2O 占总量的 25.29%～31.61%。花铃期是形成产量最关键的时期，棉株在盛花期营养生长达到高峰后转入以生殖生长为主，吸收 N、P_2O_5、K_2O 量分别占一生吸收总量的 59.77%～62.14%、64.41%～67.11%、61.60%～63.22%，吸收数量和比例均达到高峰，是棉花养分的最大效率期和需肥最多的时期。因此，保证花铃期充分的养分供应对实现棉花高产极其重要。吐絮期棉花长势减弱，吸肥量减少，叶片和茎等营养器官中的养分均向棉铃转移而被再利用，棉株吸收 N、P_2O_5、K_2O 数量分别占一生吸收总量的 2.73%～7.75%、1.11%～6.91%、1.16%～6.31%，吸收强度也明显下降。

根据长期生产实践和各地肥料试验结果，棉花高产施肥技术概括为“增施有机肥，重施基肥，合理追肥”。

3. 棉花的需水规律

棉花需水量是指棉花在生长发育期间田间消耗的水量，包括整个生育时期内棉花自身所利用水分及植株蒸腾和棵间蒸发所消耗水量的总和。由于各生育时期的外界环境条件和生育状况不同，对水分的需要有很大差别。

(1)苗期　棉花出苗到现蕾阶段，由于气温不高，植株体较小，土壤蒸发量和叶面蒸腾量均较低，因此需水较少。此阶段的需水量占全生育期总需水量的 15%以下，0～40 cm 土层含水量占田间持水量的 55%～70%为宜。

(2)蕾期　新疆采用地膜栽培，棉花现蕾以后，气温逐渐升高，棉花生育加快，土壤蒸发量也随之增加，需水量也逐渐加大。此阶段的需水量占全生育期总需水量的 12%～20%，0～60 cm 土层内保持田间持水量的 60%～70%为宜。

(3)花铃期　棉花开花以后，气温高，棉株生长旺盛，叶面积系数和根系吸收都达高峰，需水量最大。此阶段的需水量占总需水量的 45%～65%，0～80 cm 土层内土壤水分应保持在田间持水量的 70%～80%为宜。

(4)吐絮期　由于气温下降，叶面蒸腾减弱，需水量逐渐减少，此阶段的需水量占总需水量的 10%～20%，土壤水分保持在田间持水量的 55%为宜。田间一般不用灌水。

(八)棉花的生育特性

棉花与一般的大田作物相比，有其特定的生育特性。掌握这些生育特性，应用于棉花生产

中，有利于夺取高产优质。

1. 喜温、好光性

棉花原产于热带、亚热带地区，长期适应于温暖的气候条件，是典型的喜温作物，遇到低温会出现冷害或冻害。一般种植棉花的地区，无霜期应在 150 d 以上，全年≥10℃的积温在 3 000℃以上。

棉花幼苗在－1℃时即可被冻伤，－3～－2℃时即可受冻死亡。10℃以下的低温持续 3 d 以上会造成棉花烂种，出苗率大幅度下降。因此，新疆广泛采用的地膜植棉，可以增加前期温度，促进苗早发。棉花生长发育的一般温度为 15℃以上，19～20℃以上才能现蕾，25～30℃最适宜开花现蕾，形成纤维素必须在 20℃以上；一生中生长最适温度为 25～30℃，超过 40℃则生长发育不良，脱落增加。

新疆的气温一般在前半期(7 月上旬至 8 月中上旬)平均气温在 25℃左右，符合棉花生育要求，但以后若平均温度低于 24℃，8 月底至 9 月初平均温度低于 20℃，对棉铃的生长及纤维的发育均不利。新疆棉区在棉花栽培中，如何促使棉花早现蕾、早开花、早结铃，是提高棉花产量和改善品质的关键措施。

棉花是喜光作物，叶片进行光合作用所需要的光照强度高于其他作物。据测定，棉花的光补偿点为 1 000～2 000 lx，光饱和点为 70 000～80 000 lx。田间种植密度过大，隐蔽，通风透光差，则蕾铃脱落较多，产量低。棉花属于短日照植物，在不同地区引种时应注意纬度和海拔的变化。

2. 无限生长习性

棉花原为多年生植物，经过长期驯化，变为一年生植物，但仍具有多年生习性。在适宜的条件下，其主茎和侧枝不断分化形成分枝，并现蕾、开花、结铃，因而植株的丰产潜力很大。但在新疆有限的生长季节和特殊的气候条件下，必须恰当地控制这一特性，合理掌握其应有的果枝数和蕾铃数，充分利用生长季节，既要防止早衰，也要防止贪青晚熟，促使其正常成熟。

3. 株型可塑性强

棉花同一品种，在不同的条件下，其株型变化很大，既可形成高大的松散型，也可控制为矮小紧凑型。由于新疆独特的气候条件，棉区广泛采用“矮、密、早、膜”的栽培模式，根据当地的气候条件、栽培水平和栽培模式，通过水肥、密度、整枝和化学调控技术，合理调整群体结构，控制株型，以达到高产、优质、低成本、高效的栽培目的。

4. 再生能力强

棉花的腋芽、茎、根等器官均具有一定的再生能力。当主茎生长点或主根受到危害后，其侧枝和侧根生长优势加强。一般棉株越小，再生能力越强。当棉花植株受到危害后，如雹灾后，可以利用其这一特性进行补救，并能获得一定的产量。在后期肥水充足或过多，会产生赘芽而影响田间通风透光性棉铃的生产，因此应注意后期施肥和灌水控制赘芽的产生与生长。

5. 营养生长与生殖生长的并进生长时间长

棉花植株现蕾以前，便进入花芽分化期，即由营养生长转入营养生长与生殖生长的并进生长阶段，直到吐絮才结束，历时 70～90 d，占全生育期 1/2～2/3 的时间。这段时间棉花植株既有根、茎、叶等营养器官的生长，又有蕾、花、铃等生殖器官的生长，植株体内的养分分配十分紧张，若栽培措施运用不当，肥水较大，偏于营养生长，生殖生长较弱，会形成“高、大、空”的贪青晚熟长势，产量低；若肥水条件不良，偏于生殖生长，植株生长过弱，会形成“矮、小、空”的早衰长势，产量也低。栽培中，应协调好两者的关系，实现棉花早熟、高产、优质。

6. 脱落性

棉花从开始现蕾，到最后一个有效蕾长成的棉铃吐絮历时较长，受复杂的内外界因素影响，容易引起蕾铃脱落，这是对不良条件的反应。但棉花的自我调节能力也较强，一般前期结铃多的棉株，后期则不容易坐桃，要注意防止早衰；相反，前期坐桃少或造成脱落的，只要加强管理后期则可多结铃，可弥补产量损失。

二、职业岗位能力训练

（一）播前准备

1. 职业岗位工作

选择棉花种植地块，制订生产计划，做好备耕工作。检查土地准备的质量、地膜种类的选择和用量计算、栽培模式的确定，选择适宜的栽培品种，并进行种子处理。

2. 工作程序及操作技术和质量要求

工作环节	工作程序及操作技术和质量要求
土地选择	覆膜棉花产量高，消耗土壤养分多，要求土壤有较高的肥力，土层深厚；土壤质地以壤土或轻黏土为好，盐碱含量低；有机质含量为 10 g/kg 以上，含氮 0.6～0.9 g/kg，含磷 10～13 mg/kg，含钾 120 mg/kg 以上。前作应为养地作物，如绿肥、大豆或秸秆还田等为好，瓜菜地为最好。新疆麦类作物和玉米是棉花主要前茬。选择轮作周期在 5 年以上的地块。
肥料准备	根据各地植棉经验，一般肥力水平，基肥占施肥总量的 70%～80%，才能满足棉花高产的需要。基肥多用有机肥料，新疆棉区主要是施用堆肥、土杂肥、厩肥、油渣，也有以绿肥作基肥的。一般有机肥用量为 15～30 t/hm^2，油渣的使用量为 750 kg/hm^2。所有的有机肥、磷肥总量的 80%和所有钾肥可一次性在耕翻前集中施入。在土壤条件较充裕的地区，可扩大绿肥的种植面积，以提高土壤有机质含量，改善土壤结构。
土地准备	(1)清理残膜。 (2)深耕翻　棉花是深根作物，深耕是棉花增产的重要环节。需要进行秋(冬)季深耕翻，耕翻深度在 25 cm 以上，保证耕翻质量。秋耕最好在前作收获后进行，最迟应在表层 5 cm 结冻前结束。 (3)播前灌溉　宜采用沟灌、畦灌，随着技术的发展，也可采用播种后地面滴灌。春播地应在头年入冬将封冻时进行，灌水量在 1 200～1 500 m^3/hm^2，要求灌水均匀；夏播地在播种前 7～10 d 灌溉，用水量 1 000～1 200 m^3/hm^2。要求不漏灌，不积水。 (4)适时整地　翌年春季做好保墒工作，播前及时整地，冬灌地早春化冻后，做到干一片耙一片，适时保墒。播种前 1 d，机引轻型圆盘耙或钉齿耙，后带平地耱整地，耙地深度 6～8 cm，一般先用钉齿耙或圆盘耙切地，后带耱适当镇压，避免土壤过于疏松；在田间整地时，应注意减少作业次数，降低成本，最好采用联合作业，必须达到“齐、平、松、碎、净、墒”的六字标准，且达到“上虚下实”，以此确保播种质量的提高。 播种时不能带种肥的地块，应在耙地之前撒入肥料，再整地。在地面 8～10 cm 处土壤手捏成团，从 100 cm 高处落地即散时立即耙地播种，耙地深度 6～7 cm。

续表

工作环节	工作程序及操作技术和质量要求
	(5)化学除草　为了防除杂草,在播种前1～3 d内用除草剂进行播前土壤处理。可选用的除草剂有: ①33%二甲戊乐灵(商品名为施田补)乳油。具体方法为:在播种前1～3 d内,每667 m^2用药150～175 mL,兑水,土表喷雾,然后浅混土。 ②48%氟乐灵乳油。具体方法为:在阴天或傍晚每667 m^2用药100～120 mL,兑水40 kg,均匀喷洒于土表,然后立即耙耱,使氟乐灵与表土混合,混土深度2～5 cm,12 h后即可播种。 ③96%精-异丙甲草胺(商品名为金都尔)乳油。具体方法为:棉花播前每667 m^2用药70～80 mL/667m^2,兑水40 kg,均匀喷于土表,喷后浅混土3～5 cm,随后覆膜播种。 注意事项: ①掌握好使用剂量,不能随意加大用量,以免造成药害。 ②沙质土宜用低剂量,黏重土或有机质含量高的土壤宜用中高剂量。 ③干播湿出(滴灌田滴水出苗的)田不宜使用96%金都尔乳油。
种子准备	(1)品种选择　当前新疆推广种植的棉花品种基本上以机采棉品种为主,北疆棉区主要有'新陆早37号'、'42号'、'54号'、'61号'、'65号'、'77号'等;南疆棉区主要有'中棉43号'、'45号'、'58号','新陆中34号'、'38号','冀丰107'等。生产上使用的种子纯度要达到95%以上,发芽率在90%以上。为保证棉花能够均匀出苗、减少苗期病害的发生,做到"五苗标准",适应气吸式"单穴单粒"播种要求,机械选种后,需进行人工选种。 (2)种子处理:①晒种。在播种前选晴天,晒种4～5 d,每天晒5～6 h,摊均匀并定时翻动,晒到棉籽咬时有响声为止。但不要在水泥地上晒种,以免温度过高形成硬籽、死籽。②药剂拌种。用种子重量0.3%～0.5%的多菌灵或敌磺钠(商品名:敌克松)或甲基硫菌灵(商品名:甲基托布津)及种子重量0.8%～1.0%的丁硫克百威乳油等杀虫剂,兑水(每100 kg种子加水3～5 kg)进行拌种,然后堆闷12 h后晾干播种。或用种子量0.3%～0.4%的卫福进行种子包衣,即300～400 g卫福加水1～1.5 kg与100 kg棉籽充分拌匀,晾干待播。一般对缩节胺反应不敏感的品种,为防止高脚苗的形成,还可以用缩节胺拌种,每100 kg种子用量为20～60 g不等。注意用药量不能偏大,否则会抑制发芽,出苗困难。③种衣剂包衣。种衣剂组成中包括杀菌剂、杀虫剂、微量元素、激素和成膜剂、稳定剂、防腐剂等。种衣剂包衣处理棉籽,能直接杀灭种子所带病菌,防止土壤带菌传染和地下害虫的危害,同时对棉花有促进生长发育的作用。
地膜准备	(1)根据播种面积选购地膜　地膜使用量计算公式: 膜量(kg/hm^2)=膜厚度(mm)×膜比重(g/cm^3)×覆盖度×播种面积(hm^2) (2)地膜质量要求　抗拉性好,厚度为0.01 mm。 (3)地膜宽度　根据种植模式确定。

续表

工作环节	工作程序及操作技术和质量要求
确定棉田群体结构	(1)密度 目前南疆棉区种植密度一般可达到 15 万～18 万株/hm^2;北疆特早熟棉区种植早熟品种在 18 万～22.5 万株/hm^2;一些地区采用高密度栽培,其密度可依据品种特性、栽培水平、地力条件,将密度提高到 25.5 万～30 万株/hm^2。 (2)株行距的配置 新疆普遍采用一膜 4 行的播种方式,行距为 55 cm+30 cm+40 cm+30 cm。条播株距一般为 8～12 cm,点播一般为 9 cm、10 cm 和 12 cm。 新疆兵团系统,棉花株行距配置还有 3 膜 12 行和 2 膜 16 行的形式。3 膜 12 行:采用 145 cm 地膜,膜内行距配置为 28 cm+50 cm+28 cm,膜间 60 cm,平均行距 41.5 cm,株距 10 cm,理论株数能达到 24 万株/hm^2;也可采用 125 cm 地膜,膜内行距配置为 10 cm+60 cm+10 cm,膜间 60 cm,平均行距 35 cm,株距 10 cm,理论株数能达到 28 万株/hm^2。2 膜 16 行:采用 230 cm 地膜,膜内行距为 20 cm+40 cm+20 cm+40 cm+20 cm+40 cm+20 cm 配置,膜间 65 cm,平均行距 38 cm,株距 10 cm,理论株数能达到 26 万株/hm^2。 从当前生产实际应用过程中分析,采用 230 cm 地膜,膜内行距为 20 cm+40 cm+20 cm+40 cm+20 cm+40 cm+20 cm 配置,膜间 65 cm,平均行距 38 cm,株距 10 cm,理论株数能达到 26 万株/hm^2,既可以提高田间保苗株数,也可以提高采光率;采用 125 cm 膜,10～12 cm 株距,膜内行距配置为 10 cm+60 cm+10 cm,有利于提高田间保苗株数。但生产中应注意选择紧凑型、零式至Ⅰ型或Ⅱ型式果枝的品种类型,提高管理水平,才能达到应有的效果。后者也是当前机采棉应用的主要模式。 生产中棉花机械采摘模式,可采用膜宽为 125 cm 或 180 cm,一膜 4 行或 6 行,株距为 10～12 cm,膜上行距配置为 10 cm+66 cm+10 cm 或 10 cm+66 cm+10 cm+66 cm+10 cm,交接行为 66 cm,有利于提高田间保苗株数。但生产中应注意选择紧凑型、零式至Ⅰ或Ⅱ式果枝的品种类型,提高管理水平,才能达到应有的效果。
播种机调试	主要根据播种量、株距、行距调整播种机的工作性能,同时检查覆土器的覆土情况。
准备滴灌设备	(1)检查灌溉设备 包括机井或沉降池是否良好。 (2)滴管带用量 生产中根据机井出水量、土壤条件、气候蒸发量和蒸腾量,选择 2.6～3.4 m^3/h 的滴管带。 用量(m/hm^2)=面积(hm^2)÷滴管带平均距离(m) (3)地面软管及其他辅助材料 根据地块宽度和需要弯曲长度确定;若需要接副管的地块,还要备同等数量的副管,以及一定数量的直通和小三通、剪刀等,以便将滴管带接到软管上。

3. 常见技术问题处理

(1)案例:王明和赵强买回棉种和种衣剂,王明按照种子处理技术说明,提前 1 周将种子和种衣剂混拌、闷种、摊晒后装袋备播;赵强由于忙于其他的事情,没有提前拌种,在播种的前一天晚上混拌好种子与种衣剂,第二天种子没有完全晾干就播种。播种后反复低温阶段持续大约 5 d,后检查发现王明家棉花地种子绝大多数正常发芽,而赵强家棉花地种子绝大多数已经烂种。为什么会出现这种情况？

原因分析：生产中棉花种子处理主要是药剂拌种或包衣，预防立枯病、猝倒病和地下害虫；缩节胺拌种主要是防止出现高脚苗。在药剂拌种时，易出现以下问题：

①用药量偏大，而影响种子发芽出苗；

②闷种时间不够，达不到应有的效果；

③药剂和种子混拌不均匀；

④有些棉花品种对缩节胺反应敏感，不适宜拌种或随意加大用量。

解决措施：

①根据不同药剂的要求，种子和药剂的比例适宜；

②药剂和种子充分混拌均匀，达到一定的闷种时间，到时间后及时晾干，以免造成发芽率下降；

③注意品种对缩节胺的反应和用量。

(2)案例：张丰家一块棉花地种植棉花已有 10 年的历史，为了防除田间杂草，一般在播种前使用除草剂氟乐灵进行土壤封闭处理；在往年使用中发现除草效果不好，就加大用药量，且连年使用，在今年发现棉花有提早死亡的现象，拔出死亡的棉花植株，发现靠近地面的部位有膨大的现象。张丰找到专家帮助分析原因。

原因分析：通过对张丰使用除草剂的方法和用量分析，专家发现除草剂连年使用、超量使用，且一般为白天喷施，喷施后由于机力跟不上不能及时耙地等不正确的使用方法，导致药效差，对棉花根部产生影响。

解决措施：药剂用量沙壤土和有机质含量低的用下限，黏土地和有机质含量高的用上限。该药易挥发、易光解，施药后必须立即混土。地膜棉使用 48% 氟乐灵乳油，用量不宜超过 2 250 mL/hm^2，用量过大会造成棉花烂根严重，或下胚轴变短，子叶小而浓绿，幼苗生长发育受到抑制，造成根茎部肿大，次生根受到抑制。若播后苗前遇大雨，易产生药害。对于使用氟乐灵效果不好的地块可以试用、更换其他类型的除草剂，如果尔(乙氧氟草醚)、仲丁灵(地乐胺、比达宁、双丁乐灵)、丁草胺(去草胺、马歇特、灭草特)、乙草胺(禾耐斯)，但是要根据当地的实际情况应用，既要提高除草效果，又要减少药害。

棉田使用除草剂时要注意以下问题：①使用的除草剂种类要适合；②注意剂量要准；③在使用除草剂时，注意使用时的气温、土质和兑水量等因素，认真按照说明书来操作；④施用除草剂的器械要专用。

(二)播种及播种后管理

1.职业岗位工作

选择适宜播期播种，落实播种技术措施，检查播种质量，实现“一播全苗”，争取早苗、齐苗、匀苗、壮苗。

2. 工作程序及操作技术和质量要求

工作环节	工作程序及操作技术和质量要求
适期播种	在一般情况下，南疆在4月初至4月下旬，东疆在3月底至4月中旬，北疆棉区在4月上旬至5月初播种。总体原则是“霜前播种，霜后出苗”。在确定播种期时，可参考农用谚语“柳树发芽播玉米，榆树发芽播棉花”。底墒不足采用滴灌的地块，可以先提早播种，再根据天气的变化确定灌水的时间。
精量播种	一般播种粒数不少于留苗数的4～5倍。条播要求每米内有棉籽45～60粒，播量为75～90 kg/hm^2，半精量点播播量为37.5 kg/hm^2 左右，每穴播3～4粒。当前生产中也应用“单穴单粒”技术，一般播种量为15～18 kg/hm^2。
提高播种质量	铺膜播种质量要求：地膜与地面紧贴，松紧适中；膜面平整、干净，采光面大，一般为65%以上，以增加地膜的受光面积，增温效果好；膜行直，苗行距膜边 10 cm，膜边垂直入土，膜沟深5～10 cm，膜边压土严密；铺膜后为防止大风揭膜，每隔5～10 m在膜上垂直打一小土埂；注意滴管带的正反面，播种时不能扭曲，播种要求下籽均匀，深浅一致，一般膜下播种深度为2～3 cm；点播的应封严种孔，覆土不能太厚，膜上覆土1～1.5 cm。 新疆由于春季低温、蒸发量大，棉区通常采用平地铺膜，易增温保墒。播种方式分为条播和点播，条播易于控制深度，苗齐、苗全，可保证计划密度。一般黏质土壤或下潮地常采用条播。点播节约用种，株距一致，幼苗顶土力强。
播种后管理	采用膜下滴灌的地块，播种后根据劳力情况，及时组织人员接好滴管带；土壤墒情不足的地块应及早滴水补墒，一般滴水量为450～600 m^3/hm^2，视土壤肥力条件增施三元素滴灌肥45～75 kg/hm^2。

3. 常见技术问题处理

(1)棉花出苗率低的原因以及提高保苗率的措施。

棉花出苗率低的原因有以下几方面：①整地质量差；②播种时种肥量偏大，且种子与肥料混播，造成烧芽；③播种过深；④土壤盐碱含量高；⑤播种后长期处于低温状态，病害严重；⑥播种后土壤墒情不足；⑦种子质量差，有破损的种子，种子成熟度不足，种子处理不得当；⑧播种质量差，种、孔错位严重，不能正常出苗。

提高保苗率的措施：①严格整地质量，建立良好的苗床环境，播种前整地不宜过于疏松，做到表层疏松，下部紧实；②灌好底墒，或播种后及时灌水；③严把种子质量和种子处理关；④把握好播深，播深要因地制宜，沙质土和墒情差的地，播深在3 cm左右，黏土和墒情好的地宜浅一些，为2～3 cm，早播宜浅，晚播宜深；⑤气温回升慢的地区，在保证成熟的前提条件下，适当推迟播种，减少苗期病害的发生；⑥限制播种机的行走速度，提高播种质量；⑦注意选地。

(2)咨询：播种质量差的原因有哪些？应采取哪些措施？

棉花播种质量差产生的主要原因有：①整地时机欠佳，田间大土块多，或播种前整地过深，土壤疏松层较厚，播种偏深；整地质量不达标。②播种时拖拉机行走速度快，导致下种不均匀。③播种机械调整不当。

应采取的措施：①把握好整地时机，严格整地质量，创造适宜的播种环境；②播种前检修、调整好播种机械；③播种时低挡匀速播种，提高质量；④播种时随机检查作业质量，对出现的问题及时调整，特别是要做到覆土良好，压膜严实。

(3)棉花播种时，地膜易破损的原因有哪些？应采取哪些措施？

分析其原因有以下几点：①出于减少用量和降低成本，选购了不符合农用地膜标准的“超薄”地膜(厚度为0.005 mm)或原料不符合标准的劣质地膜；②播种时风力较大，导致膜被风撕裂；③由于整地时没有将田间的残茬处理干净，播种时易穿透地膜，并影响播种质量。

解决措施：①选购“三证”齐全的专业地膜企业生产的地膜。询问地膜原料中线性低密度聚乙烯(LLDPE)含量是否达到90%，选用0.008 mm厚度的地膜；②整地时将田间的残根残茬处理干净，减少膜破损；③播种时遇风力较大时，可以暂停播种，以减少损失。

(三)苗期管理

1.职业岗位工作

根据春季气候特点，及时实施苗期技术管理措施，检查作业质量，确保全苗。定期调查棉花苗期病虫害发生情况，及时采取有效防治措施。苗期管理目标：4月苗达到“五苗”，即苗全、苗匀、苗壮、苗健、苗齐的要求。壮苗的长势长相指标：4月下旬至5月初出苗，5月下旬至6月初现蕾，株高11～18 cm，主茎日增长量为0.7～0.8 cm，果枝始节为4～5；棉株敦实矮壮，茎粗节密，叶片平展，大小适中，倒4叶的位置为“4321”。

2.工作程序及技术操作和质量要求

工作环节	工作程序及技术操作和质量要求
破除板结	棉花苗期管理要做到早破板结、早中耕、早放苗、早封土。 由于新疆土壤的特性，棉花出苗前，遇雨会出现板结，对出苗和幼苗的生长发育不利，必须破除板结。破除板结时应注意尽可能避免对幼芽的损伤。
早放苗封土	采用先播种后铺膜的棉田，幼苗出土、子叶由黄转绿后即可放苗。按要求的株距均匀放苗，或每穴放1～2株。放苗时洞口要小，边放苗边封土，要求达到封土一条缝，留够采光面，封好护脖土，穴口要封严。封土不能过多，否则会导致温度降低。采用“双模”播种时，要注意及时除去第一层膜，以利于棉苗的生长。
早中耕	中耕是苗期实现壮苗的重要措施。当棉苗现行时，应浅中耕(3～5 cm)，以提高地温，促进幼苗生长，防止形成高脚苗，促进根系下扎。中耕次数与深度应灵活掌握。天旱、苗小浅中耕，雨后土湿、黏土地湿度大、苗旺深中耕，雨后或浇水后土壤板结要及时中耕。中耕深度应由浅到深，中耕时应留10～15 cm的护苗带。
及时间苗、定苗	在气温稳定，病虫害轻的情况下，在齐苗后间苗，2～3片真叶定苗。在气温变化大，病虫害多的情况下，齐苗后先疏苗，1片叶时间苗，3片叶时定苗。间苗、定苗要严格选留壮苗、大苗，拔除病、弱、虫、杂苗。如遇缺苗在邻近处留双苗，但尽量避免留双株。

续表

工作环节	工作程序及技术操作和质量要求
适期化控	棉花苗期要做到根据天气和品种特性适时、适量化控，应遵循的原则是“早、轻、勤、匀”。苗期化控一般为2～3次。 第一次化控时间为现行，70%～80%幼苗出土；采用机械化控时，缩节胺用量为15～22.5 g/hm^2，兑水450～600 kg；采用人工化控时，缩节胺用量为1.5～3.0 g/hm^2，兑水225 kg。 第二次化控在2～3叶期，采用机械化控时，缩节胺用量为30～37.5 g/hm^2，兑水450～600 kg；采用人工化控时，缩节胺用量为2.25～4.0 g/hm^2，兑水225 kg。 第三次化控在5～6叶期，采用机械化控时，缩节胺用量为37.5～45 g/hm^2，兑水450～600 kg；采用人工化控时，缩节胺用量为2.25～4.0 g/hm^2，兑水225 kg。 棉株株高日增量3叶前0.2～0.3 cm，3叶后0.5 cm左右，肥力较高、生长势较强的丰产田，对缩节胺反应不敏感的品种用量可适当加大一些，同时加入磷酸二氢钾1.5～2.25 kg/hm^2。肥力较低的戈壁地，若生长缓慢，日生长量小于0.2～0.3 cm，应避免使用缩节胺，而使用喷施宝等促进植物生长的调节剂，同时加入磷酸二氢钾1.5～2.25 kg/hm^{2}喷施，不要喷施尿素，否则会推迟现蕾，而且果枝节位较高。
防治病虫害	苗期病害主要有立枯病，在多雨年份，猝倒病、角斑病会突然发生。虫害有棉蚜、地老虎、蓟马、棉红蜘蛛等。

3.常见技术问题处理

(1)棉花播种几种特殊情况的处理。

①墒情不足。棉花播种后，要及时检查土壤墒情，对墒情差、有落干可能的棉田，可在种子沟边开沟浇小水；无水浇条件的棉田，可在幼苗出土前镇压提墒。

②播后遇雨。棉花播种后遇雨，地面易板结起壳，雨后应及时化除松土，破除板结，以助苗出土。若覆土过厚，则应扒土救苗；扒出的幼苗经不住太阳强光的照射，扒苗时要注意在幼苗上部保留少量湿土。

③出苗不全。棉花播种后，要及时检查出苗情况，一旦发现漏播或烂种、烂芽，及早进行催芽补种；发现缺株断行，立即移苗补栽。棉苗出现1片真叶前，采用芽苗移栽，出现真叶后采用带土移栽。不论采用哪种移栽方法，都要尽量少浇水，以缩短缓苗时间，防止大苗欺小苗。

④遭遇低温天气。棉花播种出苗期间，往往天气多变，一旦遇到低温天气，要及时结合化学除草，增加地表温度，以稳定棉苗周围的土壤温度。必要时，可用25%多菌灵500～800倍液或70%甲基托布津1 000倍液喷洒棉苗，防止病害蔓延。

(2)中耕死苗的原因及防止措施。

中耕死苗的原因：①土壤黏重，中耕时间偏晚，形成大土块，伤根量大而死苗；②中耕时，中耕铲距离苗行过近，保护带不够而伤根死苗；③幼苗时中耕的深度超过15 cm而伤根死苗。

主要防止措施：①根据土壤质地和墒情确定适宜的中耕时间和深度；②中耕时应留10～12 cm的保护带；③幼苗时中耕应遵循早、浅—深—浅的原则，提高地温，利于根系的下扎。

(3)案例：张勇和李进是同村两棉农，于2019年春季种植棉花，由于当年春季播种时气温较高，出苗快，两家的棉花长势很好；但是出苗后不久出现低温天气，且持续时间较长，田间出现死苗现象。为什么？

原因分析：棉花是喜温作物，种子发芽的最低温度为10～12℃，出苗的最低温度为16℃。播种后温度高，棉花种子发芽出苗的速度均较快。棉花出苗以后遇到低温，易发生病害，使棉花生长受到影响，严重时可导致死亡。

(4)棉花苗期病害发生的主要原因及防治措施。

主要原因：

①棉种质量。棉种是决定幼苗质量的关键。种子整齐、成熟度好，出苗快，苗势强，植株生长健壮，不易受到病害侵袭；反之，种子发芽势弱，出苗慢，幼苗发育迟缓，抗病能力差，易发生病害。

②环境条件。早春气温偏低，寡照多雨，影响种子萌发，易造成烂种烂芽，出土后的幼苗生长发育受阻，抗病能力下降，特别是遇到春寒天气，极可能导致苗期叶病大发生。

③管理措施。栽培技术和苗期病害有直接关系。土壤内病原菌是病害的主要侵染源，连作地块土壤内病原菌残存量大，土壤带菌大大增加了苗期染病的机会。播种太早，地温低，底墒不足，播种过深都会影响出苗和幼苗发育，成为发生病害的诱因。

解决措施：

①精耕细作。早春及时深耕晒田，既能杀灭病菌又能改善土壤团粒结构，增强蓄水保肥能力；增施有机肥，配施化肥；连作地块施入生石灰粉或杀菌剂处理土壤，切断土传病害侵染途径，减少病害。

②种子处理。播种前要精选种子，充分晒种，对种子作脱绒、包衣处理，未经包衣的种子需温汤浸种、药剂闷种后，催芽播种。试验表明，经过处理或包衣的种子，苗期发病率减少50%～80%。有条件的地方尽量使用覆膜种植或营养钵育苗移栽技术。

③施药防护。幼苗出齐后，如遇低温阴冷天气或在寒潮袭来前，喷施50%多菌灵800～1 000倍液及时预防保护。

④棉花播种(或出苗)后及时中耕松土，提高地温；对于病、弱、小的幼苗及时剔除，减少病原的传播。

(5)棉花出苗以后生长良好，但是不久出现无头棉或多头棉，有的棉花根被咬断，为什么会出现这种情况？

原因分析：造成棉花无头棉或多头棉的主要原因是蓟马为害；根受损伤或咬断主要是地下害虫地老虎为害。发现以上情况要及时进行防治。

(6)案例：2007年春季温度较低，且天气变化较大。棉花生产中，大多数棉农认为，由于气温低，棉花生长速度较以往慢，都不采用化控措施，而是叶面喷施多种营养阔叶性叶面肥。但气温突然回升，棉花生长速度加快，出现棉花现蕾较晚，数量少，第1果枝的节位和高度偏高等徒长长相。

原因分析：①没有根据天气的变化及时化控，气温升高使得棉花快速生长，节间拉长，起不到调控营养生长和生殖生长的作用；②叶面喷施多种营养阔叶性叶面肥，加速棉花营养生长。以上原因导致棉花营养生长旺盛，而生殖生长推迟，表现为现蕾晚、量少、第一果枝的节位和高度偏高。

解决措施：①采用主动稳妥的化控措施，避免疯长及僵苗；②在应用叶面肥时，应注意适量、适度，对应需求使用，不可盲目多次使用。

(7)麦田边的棉花叶片长成鸡爪状，这是什么原因？

这是由于麦田使用激素型除草剂如 2,4-D 丁酯、二甲四氯，雾滴飘移到棉花上产生的药害，或使用了用过以上除草剂的喷雾机再给棉花喷药所致。

发生药害后可喷施赤霉素、绿风 95、第二代高美施——金必来、植物动力 2003 等使受害棉花迅速恢复正常。

(8)如何识别苗期不同苗情？

①苗期壮苗长相(图 10-10)：主茎粗壮，生长有力，子叶平展，地下根系健壮，白根多，扎得深，分布匀。地上部出叶快，株矮、茎粗、宽大于高，下红上绿，红绿茎各半，叶色油绿，顶芽凹陷。

图 10-10　苗期壮苗长相

②苗期弱苗：分两个阶段，即幼苗期和苗期末。幼苗期弱苗是指棉苗叶片小、叶色浅，茎秆细长，红茎比例大于 50%，根系入土浅。苗期末的弱苗是指在棉苗长至 5 叶左右时，茎秆细，红茎到顶，叶片小，叶肉薄，第 3、第 4 叶全缘无裂片，叶序呈“2314”，第 1、第 2 真叶叶柄与主茎夹角较大。

③苗期旺苗：分两个阶段，即幼苗期和苗期末。幼苗期旺苗是指棉苗叶片过大，叶色浓绿，茎秆细长，整个茎秆呈绿色。苗期末的旺苗是指棉苗生长至 5 叶左右时，叶片肥大下垂，茎秆粗，绿茎达 100%，不见红茎，顶芽肥嫩，容易招致病虫害和蕾期疯长。

(四)蕾期田间管理

1.职业岗位工作

根据田间苗情，及时开展中耕等各项技术管理措施，指导田间作业，检查记录作业质量。按照新疆棉田病虫害发生规律，调查病虫害发生情况，及时采取有效防治措施。蕾期管理目标：早现蕾，5 月蕾达到蕾多、蕾大的丰产长相。具体为主茎红茎比例，现蕾初期为 50%，初花期为 60%～70%；开花时植株高度为 35～40 cm，主茎日增长量 1.0～1.5 cm，倒 4 叶宽 10～12 cm，单株果枝 7～8 台，株型紧凑，节间短粗，叶片大小适中，蕾大、蕾多；开花早，一般南疆初花期在6月中下旬，北疆初花期在6月底至7月初。

2. 工作程序及操作技术和质量要求

工作环节	工作程序及操作技术和质量要求
中耕及揭膜	蕾期深中耕是实现增蕾、稳长的重要措施。蕾期中耕2～3次，中耕深度应灵活掌握，墒情差、长势弱的棉田，中耕宜浅，以利保墒；墒情足、长势旺的棉田，中耕宜深，以防徒长。中耕深度10～15 cm，灌头水前，中耕结合追肥、培土进行，培土以利于地面灌溉和后期防倒伏。 在浇头水前1周，结合最后一次中耕，将地膜揭除，并对膜下宽行进行中耕。揭膜应在中午进行，防止对棉苗的损伤。注意揭膜时间不宜过早，否则不利于控制田间的杂草；滴灌地块此时不适宜揭膜，一般在收获后进行残膜回收。
追肥、浇水	蕾期追肥的时间和数量，要根据苗情、土壤肥力和总追肥量来决定。施肥量应占追肥总量的1/3，此阶段一般浇水2～3次，每次灌水量为375～450 m^3/hm^2。第一次滴水时施滴灌肥60～75 kg/hm^2，第二次滴水时施滴灌肥75～90 kg/hm^2。棉花现蕾时叶面喷施锌肥，蕾期末期开花前叶面施用两次硼肥，有利于增产。 蕾期灌水的原则是缺水即灌。一般在浇足底墒水的基础上，持水能力较高的丰产田，头水在初花期浇，有利于蹲苗。据研究结果，应掌握0～60 cm土层内的含水量保持在田间持水量的55%～60%为蹲苗的适宜水分，低于55%，表示缺水，即应小水沟灌，以维持棉株正常生长为度，切忌大水漫灌。
喷施生长调节剂	蕾期化学调控十分重要，在苗期使用缩节胺的基础上，正常生长的棉田一般现蕾初期、盛蕾期至初花期使用缩节胺控制株高，采用机械化控时，缩节胺用量为45～60 g/hm^2，兑水450～600 kg；采用人工化控时，缩节胺用量为30～45 g/hm^2，兑水225 kg；结合喷施缩节胺可加入磷酸二氢钾3.0～3.75 kg/hm^2；肥水较低的戈壁地或施肥水平较低的地块，红茎比例超过70%时，则可以降低其使用量；有衰退趋势的棉田，即红茎比例超过80%，甚至到达顶部，叶片偏小，叶色变黄，在现蕾初期应用喷施宝等生长促进剂，促使棉株生长，搭起丰产的架子，在浇头水之前，根据田间的长势长相、气候条件和品种特性喷施缩节胺，防止徒长。
防治虫害	蕾期主要害虫有棉蚜、棉铃虫、玉米螟、红蜘蛛等，应注意做好防治工作。提倡选用生物农药制剂。在6月份第一代棉铃虫或玉米螟成虫出现时，可用杨树枝把诱集后集中杀死。一般每公顷地放置直径为15～20 cm的杨树枝把90～150个，于前一天下午6时放入田间，第二天清晨6时左右进地将杨树枝把带出田间，集中将成虫杀死，这项工作可以持续到第一代成虫完成其生活时结束。生产中也可以用性诱剂诱杀，或用云苏云金杆菌、阿维菌素等生物杀虫剂进行防治。

3. 常见技术问题处理

(1)叶面施肥出现花斑的原因及防止措施。

叶面施肥后出现花斑主要是由于叶面施肥浓度过高所致。施用叶面肥时，施用一种肥料，用水量要达到450 kg/hm^2；如果两种肥料混用，用水量应加大到 475 kg/hm^2。

(2)棉农咨询：棉花徒长，如何控制？

棉花徒长，主要表现在植株高大郁蔽，叶片肥大色淡，只开花不结桃，或者开花多，结桃少。

造成棉花徒长的原因主要有：①品种晚熟、株型松散；②肥水过大，化控不利；③开花期多雨气候影响坐桃；④打顶等整枝技术措施不及时，作业质量差，漏打严重。

棉花徒长可采取以下措施挽救：

①把握好棉花二次坐桃高峰的机遇。正常年份7月上旬至7月下旬是第一次坐桃高峰

期，当气温降至 25～30℃时，则会出现二次坐桃高峰。因此，伏桃的损失秋桃可以补偿，秋桃的成桃率要比伏桃高 15%左右。

②加强管理。对脱肥的棉田追施尿素 75～150 kg/hm^2 加钾肥 90～120 kg/hm^2；对一般棉田根外喷施 0.2%～0.3%的磷酸二氢钾溶液；对密度大、荫蔽重的棉田彻底整枝、打除老叶；对长势偏旺的棉田根外喷施缩节胺 100～150 g/hm^2，兑水 750 kg；防治好后期病虫害。

③选准适宜本地区种植的棉花品种。

(3)地膜种植棉花，为什么到浇头水前要揭膜？

地膜覆盖种植棉花具有增温、保墒、促苗早发、保持肥力等功能。农民从种棉到收棉都没有揭膜的习惯，殊不知地膜覆盖对棉花后期生长发育十分不利，原因如下：

①棉花现蕾后，进入根系生长的旺盛期，为根系建成的重要时期。进入 6 月份以后气温上升，膜下地温比露地地温低，反而不利于棉花根系生长。同时，棉花根系的生长具有趋水性，但由于地膜具有提墒作用，膜下土体水分聚集在表土层，影响棉花根系下扎，造成棉花根系表层横向分布多，纵向不发达，整个根系分布浅，也是导致棉花早衰和易倒伏的原因。

②由于地膜不透水，又难以充分利用天然降水，使棉田蓄水能力下降，一旦开花后，浇水跟不上，易导致棉花缺水、早衰，造成蕾铃脱落而减产。

③棉花浇头水前不及时揭膜，同时采用地面沟灌，会导致地膜被淤泥覆盖，更不利于残膜的回收，加剧土壤地膜污染。

揭膜管理措施：①揭膜在头水前晴天进行，以减少对棉株机械损伤；②揭膜后及时培土，防止表层水分蒸发，造成棉田缺水；③揭膜后及时浇水，使土壤水分上下接通，满足根系下扎；④及时除草，以防揭膜后大草泛滥。

(4)如何识别蕾期不同苗情？

①蕾期壮苗长相(图 10-11)：从现蕾至盛蕾期，株高日增量在 1～1.5 cm，盛蕾至初花期，株高日增量达 2～2.5 cm，至开花时，株高 50～60 cm。红茎比例达到 60%以上，在田间密度较大的地块，其红茎比例还会有所下降。节间长度在 3～4 cm 比较适宜。果枝始节低(北疆 4～5 节，南疆 5～6 节)，叶色油绿发亮，现蕾后 2～3 d 长 1 台果枝，每 1.5～2 d 长 1 个蕾。

图 10-11　蕾期壮苗长相

②蕾期弱苗：棉株现蕾后，植株仍比较矮小，株高日增量不足 1 cm，茎秆细弱，叶片变黄，呈黄绿色，红茎比例过大，果枝出生慢，一般 3 d 以上才能长出 1 果枝，现蕾速度慢，2 d 以上才能产生 1 个蕾，蕾小，脱落较多。

③蕾期旺苗：在蕾期株体高大，松散，茎秆红茎少，几乎为青绿色，节间长，一般都在 5 cm

以上；株高在现蕾至盛蕾期，日增量超过 1.5 cm，盛蕾至开花，株高日增量超过 3 cm，叶片肥大，向上窜；现蕾速度慢，蕾小，下部 1～2 台果枝，往往只长 1 个小蕾，且易脱落。

（五）花铃期田间管理

1. 职业岗位工作

棉花花铃期是棉花田间管理的关键时期，也是水肥需求高峰期。要按照生产技术管理计划，根据苗情长相，病虫害发生情况，及时采取管理技术，指导田间作业，检查作业质量。花铃期管理目标概括为“6 月花、7 月桃，青枝绿叶腰漫桃”。花铃期的长相指标是盛花期前后主茎叶龄 13～16，主茎日增长量为 0.8～1.0 cm。打顶前倒 4 叶宽为 9～13 cm，北疆棉区株高为 50～60 cm，最高不超过 65 cm，南疆棉区株高为 60～70 cm，最高不超过 75 cm。果枝台数，北疆棉区为 8～10 台，南疆棉区为 9～12 台。株型紧凑，茎秆下粗上细，果节短而且上举，叶片大小适中，叶色一致，铃多而大。

2. 工作程序及操作技术和质量要求

工作环节	工作程序及操作技术和质量要求
中耕施肥	在蕾期没有施肥的地块，追肥前进行深中耕，破除中层板结，结合最后一次中耕，进行追肥和开沟培土，以便灌溉。
浇水施肥	根据土壤条件和环境条件，从开花到 8 结铃到 8 月下旬花铃期共浇水 4～6 次，每次 15～25 m^3/hm^2。 每次浇水时加入肥料，整个花铃期施标准肥总量 770 kg/hm^2 左右。根据比例要求使用滴灌肥或一般施尿素 225～300 kg/hm^2，可溶性磷酸二铵 75～120 kg/hm^2，在缺钾肥的棉田中，加入 45～60 kg/hm^2 的硫酸钾肥。土壤瘠薄、前期长势弱的棉田，在蕾期施肥的基础上，轻施肥，防止营养生长过强而形成高大空，一般施尿素 150～225 kg/hm^2。土质肥沃、旺长的棉田，可适当晚施、少施、深施（穴施或开沟施），一般施尿素 150～225 kg/hm^2，磷酸二铵 75 kg/hm^2 左右，加入 45～60 kg/hm^2 的硫酸钾肥。
整枝（图 10-12）	打顶的原则：“时到不等枝，枝到不等时而看长势”，即当单株果枝已现 6～8 个，不要管到没到规定的掐顶尖时间，就把顶尖掐掉，这叫“枝到不等时”。同样，当棉花到了规定的掐尖时间，不管棉花的果枝够不够数，都必须全部掐掉顶尖，这就是“时到不等枝”。 在常年长势正常的情况下，一般北疆棉区在 7 月 10 日前后打顶结束，南疆棉区在 7 月 15 日前后结束；应掌握 7 月 10 日（15 日）前轻打、打小顶（即 1 叶 1 顶），反对大把揪。同一块田打顶应分次进行，先打高，后打矮。晴天打顶有利于伤口愈合。打顶必须按时，并保证质量。 注意：打顶后的芽应集中带出地外，可以减少病虫害的传播。 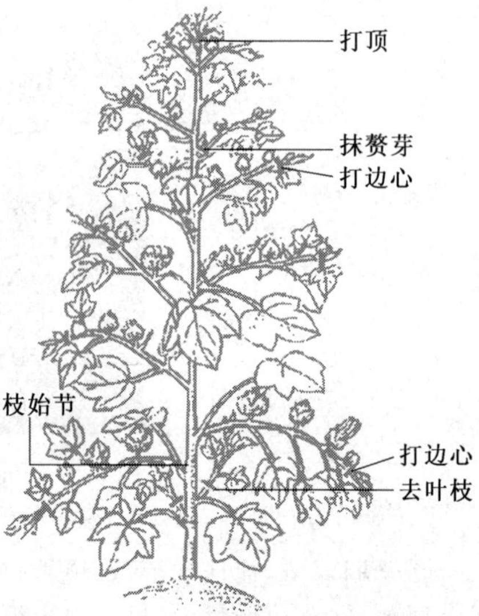 图 10-12　棉花整枝示意图

续表

工作环节	工作程序及操作技术和质量要求
化控	生长正常的棉株，棉花打顶前，缩节胺的用量依据品种特性、土壤条件、水肥供应等因素对棉花植株生长的影响而定；打顶后和盛花期分别用缩节胺 75～100 g/hm^2，同时加入磷酸二氢钾 3.0～3.75 kg/hm^2，兑水 400～450 kg，进行叶面喷雾，以控制后期无效果枝、赘芽生长。为控制棉株形成合理株型，栽培中使用适量的缩节胺调控，促进蕾铃发育。贪青旺长的棉花，可以增加缩节胺的使用量和次数。夏季高温季节最好在上午 10 时以前和下午 5 时以后喷施，以防药液蒸发，影响吸收，降低药效。
防治病虫害	花铃期虫害种类多，数量大，危害重，对增蕾保铃威胁很大。危害最大的主要是棉铃虫和红蜘蛛，抓住这两种虫害的防治，就可兼治其他虫害。同时注意棉花角斑病的发生而造成的烂铃。

3.常见技术问题处理

(1)怎样正确认识叶面肥对棉花的作用？

棉花生长发育的中后期，对于脱肥或瘠薄地的棉花可采用叶面喷肥的方式，用 100 倍左右的尿素溶液，每次喷施 75 kg/hm^2 左右，每隔 10～15 d 喷一次，连喷 2～3 次。也可用磷酸二氢钾等叶面喷施。尽管叶面施肥是棉花后期管理中通常采用的措施，但应认识到，叶面肥只是根际施肥的一个重要补充，因此叶面肥的增产效果是十分有限的。另外，目前市场上出售的叶面肥种类繁多，在选择时一定要慎重，除了要选择正规厂家的产品外，对于不熟悉的新产品，一定要先进行小面积试验，以免出现药害。

(2)如何识别花铃期不同苗情？

花铃期壮苗长相(图 10-13)：开花时株高 45～50 cm，日增量为 1.5～2.0 cm，单株果枝数北疆 7～8 台，南疆 9～10 台，果节北疆为 18～22 个，南疆为 25 个以上，主茎展叶北疆为 13～14 叶，南疆为 16～17 叶；盛花后保持一定的长势，主茎日增量 0.5～1.0 cm，打顶前降至 0.5 cm 以下，最终株高北疆 55～60 cm，南疆 65～70 cm。集中成铃期间北疆为 7 月 15 日至 8 月初，南疆为 7 月 20 日至 8 月上旬，单株日增铃 0.3～0.5 个，成铃占总铃数的 70%。株型呈宝塔形或筒形(依据品种特性和其他技术要求而定)，7 月下旬带大桃封行，形成“封小行不封大行，下封上不封，中间一条缝”的状态。

图 10-13　花铃期壮苗长相

花铃期弱苗：植株矮小瘦弱，果枝细短，果节少，花蕾少而小，叶片发黄；株高日增量，初花期在 2 cm 以下，盛花期不足 1 cm；红茎比例大于 80%，盛花期红茎到顶，后期早衰，产量低。

花铃期旺苗：植株高大、松散，茎秆上下一般粗，节稀，节间长，红茎比例小，低于 60%；叶片肥厚，叶色深绿，花蕾小，脱落多；根系分布于土壤表层，田间荫蔽大，通风透光不良，极易遭受病虫为害。

(六)吐絮期田间管理

1. 职业岗位工作

棉花吐絮期田间作业基本停止,重点做好养根护叶、晚熟田催成熟等工作。吐絮期管理目标:养根护叶,充分成熟,吐絮顺畅,纤维品级高,防止棉株早衰、贪青和烂铃,达到"绿叶托白絮,小叶大桃"的要求。

2. 工作程序及操作技术和质量要求

工作环节	工作程序及操作技术和质量要求
根外喷肥	肥力不足棉田可在吐絮初期根外喷施1%尿素、0.2%磷酸二氢钾溶液,对增加铃重有一定作用。
化学催熟与脱叶	贪青晚熟的棉田,喷洒乙烯利可使已熟未裂或接近成熟的棉铃加快成熟和开裂,提早吐絮7~10 d,提高霜前花的比重。乙烯利的喷洒时间一般在当地枯霜来临之前20 d左右,喷洒浓度为500~1 000 mg/L,使用量为600~750 kg/hm^2。乙烯利在20℃以上才能在植株体内分解,产生乙烯,所以应在20℃以上气温条件下喷施。 采用机械采摘模式的棉田脱叶技术:(1)选择脱叶剂　德国拜耳公司生产的机采棉专用脱叶剂脱吐隆效果较好,但成本费用较高;(2)喷施脱叶剂的时间应根据天气情况确定,最好喷施药前后3~5 d的日最低气温≥12.5℃,日平均气温高于23℃,尽量避开7 d内降温天气,一般在9月5—20日前喷施效果最佳;(3)使用方法和用量　①机械或人工喷施,喷施脱叶剂要均匀。飞机航喷雾滴小,飞行高度5 m左右,喷幅要略微重叠,但不能重叠过多;②飞机航喷没有喷到的地头、地边需人工或机械进行及时辅助喷施;③喷雾最好在清晨相对湿度较高时进行;④脱叶每公顷用量为脱吐隆54% 180 mL+伴宝450 mL+乙烯利1 050 mL,采用航喷用水量90~105 L/hm^2,机械喷施用水量450 L/hm^2,人工喷雾用水量45~75 L/hm^2。

3. 常见技术问题处理

(1)喷施"催熟剂"应注意哪些问题?

棉花成熟晚时,对产量及后面的小麦播种都有影响。正确使用催熟剂不仅可使棉铃提前7~10 d吐絮,霜前开花率提高9.5%~15.2%,增产5.1%~8.9%,而且有利于小麦播种。经过多年的试验及生产实践证明,有两种科学而且成熟的棉花催熟技术比较实用,即乙烯利催熟和克无踪催熟。

正确使用乙烯利应掌握如下几点:一是喷施时间,正常年份一般在9月底10月初;二是喷施当日最高气温在20℃以上,最好是连续几天气温都在20℃以上;三是棉株上有80%的棉铃铃期要在40 d以上;四是掌握好用量,用40%乙烯利1 500~3 000 mL/hm^2兑水600~750 kg,均匀喷施。注意,制种棉田不能施用乙烯利。

克无踪催熟的效果有两个特点:①落叶速度快,落叶率高;②吐絮集中,霜前开花率高。正确使用克无踪,一要掌握催熟适期,一般在9月下旬,棉铃铃期在45 d以上时施用;二要选择适宜剂量,用克无踪750 mL/hm^2为宜;三要密切注意天气情况,喷施克无踪后1 d内遇雨应重喷,施药后7~10 d吐絮高峰期如有连阴雨天气应推迟用药,以防棉花品质下降;四要用水足,并均匀喷施农药,兑水量以600~750 kg/hm^2为宜。

(2)如何识别吐絮期不同苗情？

吐絮期壮苗长相(图 10-14)：北疆 8 月底吐絮，南疆 9 月初吐絮，青枝绿叶托白絮，叶绿脉黄不贪青。棉株老健清秀，顶部果枝平伸，叶色褪淡，棉铃充实，吐絮畅。

吐絮期弱苗：顶部果枝伸展不平，上部花弱，桃瘦，脱落严重，叶色褪色早，叶黄叶薄，落叶早，上部棉铃小，不充实，不能正常吐絮。

吐絮期旺苗：植株高大，茎秆青绿，红茎比例小，叶色深绿，铃壳厚，铃期长，吐絮不畅；赘芽丛生，田间荫蔽，通风透光不良，虫害重，脱落与烂铃增加，铃期延长，产量和品质受到严重影响。

图 10-14　吐絮期壮苗长相

(七)病虫害防治

近年来随着棉花种植经济效益凸显，种植面积不断扩大，重茬种植面积增加，导致棉田病、虫害普遍发生，且有加剧的趋势。

1. 职业岗位工作

按照棉花病虫害发生规律，在不同生育时期识别调查发生情况，及时采取有效防治措施。

2. 工作程序及操作技术和质量要求

病虫害	形态识别	防治方法
棉立枯病 	棉苗受害后，在近地面的茎基部产生黄褐色病斑，后变成黑褐色，并逐渐凹陷腐烂，严重时病部变细，病苗枯死或萎倒。子叶受害后形成不规则形黄褐色病斑，以后病部破烂脱落成穿孔状。成株期受害后，叶上产生褐色斑点，后脱落穿孔。土壤湿度偏大或多雨年份茎受害后，在茎基部形成黑褐色病斑，表皮腐烂后，露出枝条木质纤维，严重的茎折断而死。茎的发病部位有时形成瘤状肿起。	(1)选择优良品种，即籽粒饱满、发芽势强、成熟度好的棉籽做种子。 (2)做好种子晒种工作。 (3)合理轮作，与禾本科作物轮作 2～3 年以上。 (4)早中耕、勤中耕，降低土壤湿度，提高地温。 (5)药剂拌种。用种子重量 0.5%～0.8%的多菌灵，或种子重量 0.6%的 70%甲基托布津，或种子重量 0.6%的 50%退菌特拌种。
棉苗猝倒病 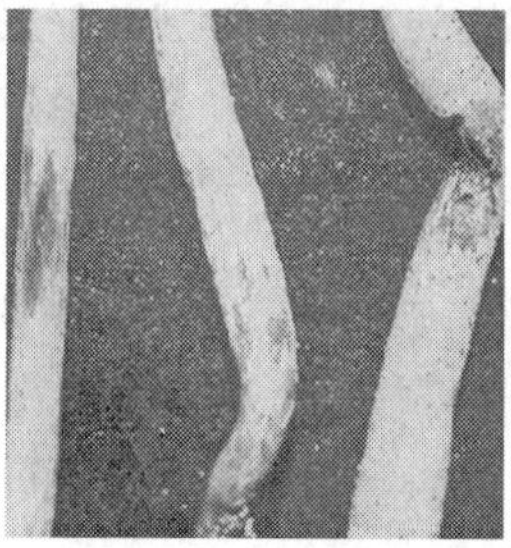	棉苗出土后，病菌先从幼嫩的细根侵入，在幼茎基部呈现黄色水渍状病斑，严重时病部变软腐烂，颜色加深呈黄褐色，幼苗迅速萎蔫倒伏。同时子叶也随着褪色，呈水浸状软化。高湿条件下，病部常产生白色絮状物，即病菌的菌丝。与立枯病不同的是，猝倒病棉苗茎基部没有褐色凹陷病斑。	(1)农业措施　播前精细整地，降低田间湿度，适期播种，培育壮苗。 (2)药剂防治　用种子量 0.2%的二氯萘醌拌种，也可用 40%乙膦铝 800 倍液或瑞毒霉颗粒剂在播种时沟施，或用 25%瑞毒霉 3 000 倍液在苗期灌根防治效果也很好，还可用瑞毒霉种衣剂防治效果较彻底。

续表

病虫害	形态识别	防治方法
棉角斑病  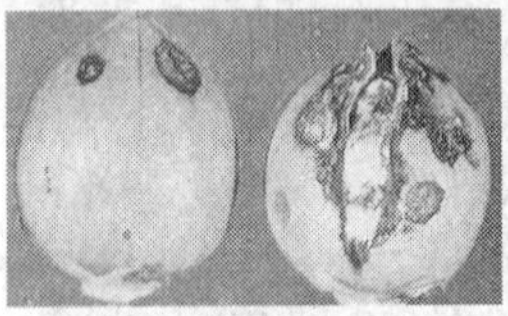	棉花整个生育期都能遭受角斑病的为害。子叶发病后，背面先出现水浸状透明圆形病斑，然后扩大变成黑色，并能扩展到幼茎上，使幼苗折断死亡。真叶发病后，病斑为灰绿色水浸状，后变成深褐色，因周围受硬化的叶脉限制，故呈多角形病斑。有时病斑沿叶脉扩展，在叶脉周围形成褐色条斑，病叶皱缩扭曲。铃上的病斑为绿色透明油浸状斑点，病斑近圆形，几个病斑可相连成不规则形，以后病斑变成褐色或红褐色而收缩下陷。	(1)药剂拌种。 (2)药剂喷雾　苗期或成株期发病，用20%萎锈灵1 000倍液，或65%代森锌600倍液，或炭疽福美800倍液均匀喷雾。
棉枯萎病   	棉花感染枯萎病后，由于生育期及气候条件的不同，常表现出不同的症状类型： (1)黄色网纹型　病苗从叶缘或叶尖开始，叶脉褪绿变成黄白色，而叶肉仍保持绿色，呈现黄色网纹状斑块，可扩大到整个叶片，最后干枯脱落，棉苗死亡； (2)紫红型　病苗子叶或真叶部分或全部变成紫红型，叶脉多呈现紫红色； (3)黄化型　病苗从子叶或真叶边缘开始局部或全部变黄，最后叶片萎蔫，干枯脱落； (4)青枯型　叶片突然失水、变软下垂，叶色稍显深绿，最后病株青枯干死，但叶片不脱落； (5)矮缩型　棉株现蕾前后，顶部叶片可能发生皱缩、畸形，叶片暗绿变厚，棉株节间缩短，病株比健株明显变矮，但不枯死。	棉花一旦发生枯萎病就难以防治和消灭，要严禁病害传入，对病区应进行综合治理，应采取“保护无病区，消灭零星病区，控制轻病区，改造重病区”的防治策略。 (1)选择耐病品种。 (2)加强植物检疫　严格执行植物检疫制度。病区棉种严禁外调，禁止由病区调入带菌棉种、棉籽饼和棉籽壳，坚决保护无病区。建立无病留种田和保种基地，生产无病棉种。 (3)种子消毒处理　用药剂消毒处理：①多菌灵浸种。用含有效成分0.3%～0.4%的多菌灵药液浸种。②402药液温汤浸种。缸内装65℃左右热水100 kg，再加入50 mL 80%的402抗菌剂，搅匀，倒入硫酸脱绒棉种40 kg，药液温度在55～60℃，浸闷0.5 h后捞出，可直接播种或晾干后备用。 (4)当田间零星发生时，可喷施“菌杀特”400～500倍液、枯萎康1 000～2 000倍液、乙蒜素500倍液等药剂，每隔20 d喷一次，连喷2次；对发生严重的棉田，可用黄腐酸盐、30%恶霉灵稀释600～800倍液对病株进行灌根，连灌2次，间隔7～10 d。

续表

病虫害	形态识别	防治方法
棉花黄萎病 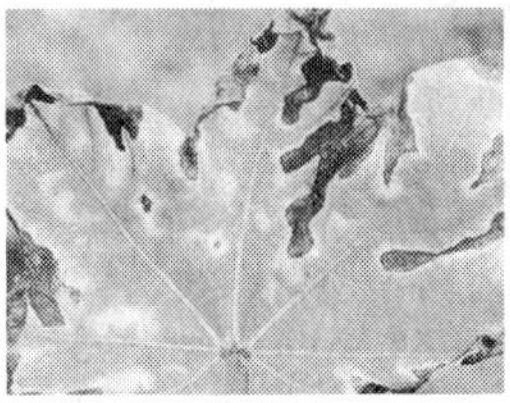	棉花现蕾前后才出现症状，棉株中下部叶片的叶缘和叶脉间产生淡黄色不规则斑块，扩大为黄斑，而后变褐色呈掌状斑驳，叶片边缘稍向上卷曲，严重时全株枯死，但叶片一般不脱落。维管束变为淡褐色或褐色。	滴灌棉田，可用丙环·嘧菌酯 100～150 mL/666.7 m^2、乙蒜素 150 mL/666.7 m^2、黄腐酸盐 200 g/666.7 m^2 等杀菌剂滴灌施药，对黄萎病及时进行防控。推广种植抗病优良品种。其他防治措施参照棉枯萎病的防治。
棉铃虫  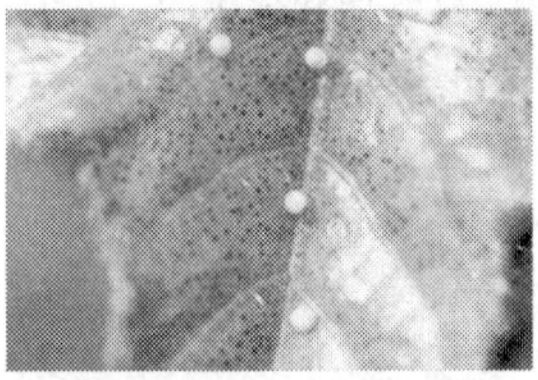 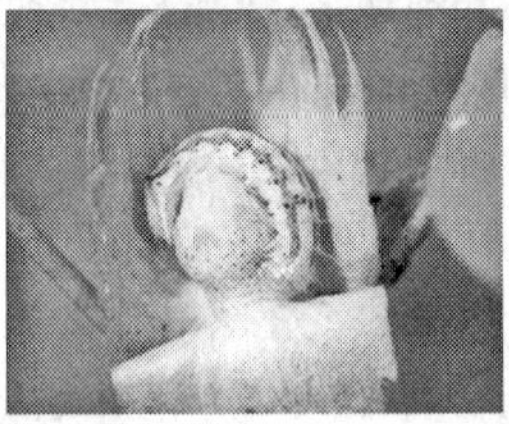 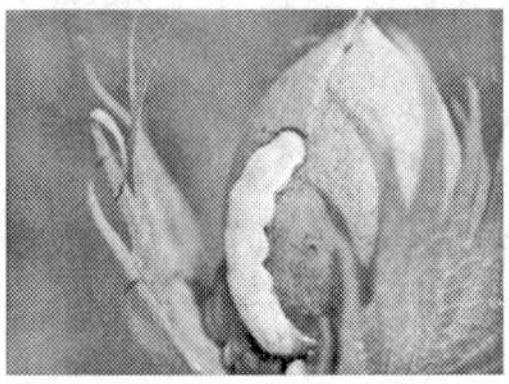	成虫：体长 14～18 mm，翅展 30～38 mm，灰褐色。前翅具褐色环状纹及肾形纹，肾纹前方的前缘脉上有二褐纹，肾纹外侧为褐色宽横带，端区各脉间有黑点。后翅黄白色或淡褐色，端区褐色或黑色。 卵：约 0.5 mm，半球形，乳白色，具纵横网格。 幼虫：老熟幼虫体长 30～42 mm，体色变化很大，由淡绿、淡红至红褐乃至黑紫色，常见为绿色型及红褐色型。头部黄褐色，背线、亚背线和气门上线呈深色纵线，气门白色，腹足趾钩为双序中带。两根前胸侧毛连线与前胸气门下端相切或相交。体表布满小刺，其底座较大。 蛹：长 17～21 mm，黄褐色。腹部第 5～7 节的背面和腹面有 7～8 排半圆形刻点，臀棘钩刺 2 根。	(1)加大秋翻冬灌的力度，降低棉铃虫的越冬基数，开春解冻之后进行铲埂除蛹工作。 (2)加强棉花田间管理，使棉花群体均匀，长势健壮，可调整棉花—害虫—天敌之间的相互关系，达到控害养益保高产的目标。 (3)针对棉铃虫卵散产，有强烈的趋嫩性这一特点，结合棉株打顶、打群尖消灭其上的卵粒，打下顶芽可带出田外深埋或销毁。 (4)实施杨树枝把诱蛾、灯光诱蛾、种植诱集植物等措施，对控制棉铃虫的种群数量及减少危害效果显著。 (5)合理轮用杀虫机理不同的各类型杀虫剂。2、3 代可轮换使用不同类型的有机氯、有机氮(拉维因、灭多威)、菊酯类(溴氰菊酯)、有机磷(甲胺磷、棉安磷、敌敌畏)或生物制剂。

续表

病虫害	形态识别	防治方法
棉蚜 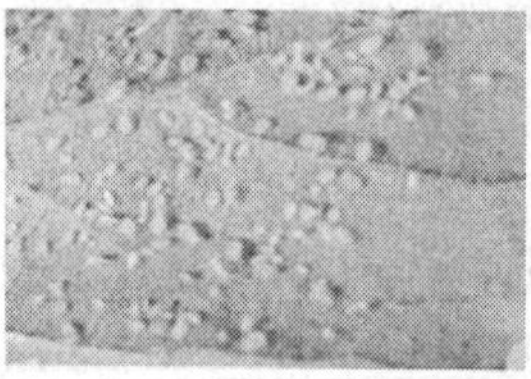	形态特征：干母体长 1.6 mm 左右，茶褐色，触角 5 节，无翅。无翅胎生雌蚜体长 1.5～1.9 mm，体色有黄、青、深绿、暗绿等色，触角长约为体长之半，触角第 3 节无感觉圈，第 5 节有 1 个，第 6 节膨大部有 3～4 个。复眼暗红色。腹管较短，黑青色。尾片青色，两侧各具刚毛 3 根，体表被白蜡粉。有翅胎生雌蚜大小与无翅胎生雌蚜相近，体黄色、浅绿至深绿色。触角较体短，头胸部黑色，两对翅透明，中脉三岔。卵长 0.5 mm，椭圆形，初产时橙黄色，后变漆黑色，有光泽。无翅若蚜共 4 龄，夏季黄色至黄绿色，春秋季蓝灰色，复眼红色。有翅若蚜也是 4 龄。夏季黄色，秋季灰黄色，2 龄后现翅芽。腹部 1、6 节的中侧和 2、3、4 节两侧各具 1 个白圆斑。	(1)农业防治　棉花收获后及时拔除棉秸并清洁田园，清除病虫残体。秋耕深翻，有条件棉区秋冬灌水保墒，压低病虫越冬基数。选用抗蚜品种，加强田间栽培管理，促进棉苗早发，培育壮苗，增强抗逆性。 (2)生物防治　在棉田四周调整种植小麦、玉米、苜蓿、油菜等作物天敌诱集带，与棉花邻作，以充分保护、培育、利用自然天敌，发挥以益控害的作用。 (3)黄板诱杀　在 4 月初，将温室大棚、城乡接合区域及乡镇及村队居民点四周放置黄板诱杀迁飞扩散的棉蚜。5 月 10 日前把黄板摆放在棉田外围，对向棉田第一、二次迁飞期的棉蚜展开诱杀。 (4)化学防治　当棉蚜点片发生时，早期可采用生物农药苦参碱、黎芦碱等生物农药进行防治，同时为增加防效，减少棉蚜的抗药性，可加有机硅、增效剂等农药助剂，在药液中加增效剂，增强农药黏着、扩散和渗透性能，提高药效，减少农药用量。在棉蚜大发生时，可采用低毒、高效、安全的化学农药如苦参碱、吡虫啉、啶虫脒、烯啶虫胺进行全田防控，药剂使用时，采用轮换交替使用，同时增加农药增效助剂，可达到较好的防治效果。

续表

病虫害	形态识别	防治方法
棉叶螨 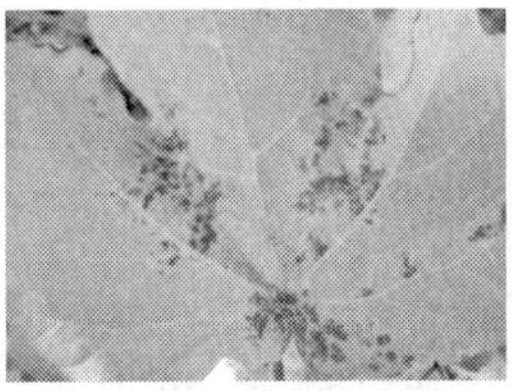  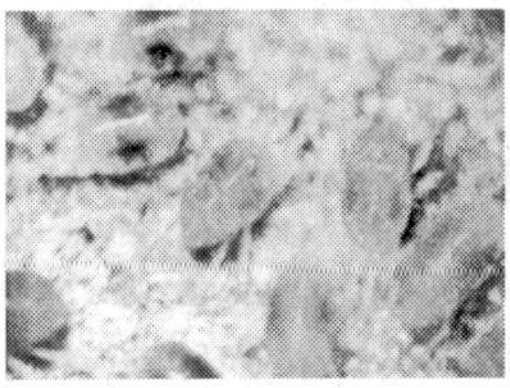	成、若螨在叶背刺吸汁液，初现灰白色小点，叶面变灰白色或橘黄色至红色细斑，并有白网丝，影响光合作用。棉叶螨在新疆主要有棉二斑叶螨、朱砂叶螨、土耳其斯坦叶螨、截形叶螨。	棉红蜘蛛防治策略是："拒于田外、封锁地边、田内挑治、控制点片、严防蔓延。" (1)农业防治　收获后及时清除残枝败叶，集中烧毁或深埋，进行翻耕。冬春要清除田间及沟、渠边的杂草，以推迟、控制、减少棉叶螨的发生与为害。 (2)在棉叶螨迁入棉田之前，在棉田四周的渠埂、林带中的杂草上喷施杀螨剂。 (3)生物防治　有条件的可释放捕食螨、草蛉等天敌，注意选择抗药性天敌。 (4)化学防治　棉苗出土后，做好地边杂草上活动螨的调查工作，对地边杂草上有活动螨的，用5%阿维菌素1 000倍液机力封锁防治。打顶后棉田有螨株率达到10%时，用阿维菌素、噻螨酮等专性杀螨剂进行全面防治。具体用量：5%阿维菌素450 g/hm^2 + 噻螨酮1 000～1 500倍液，兑水量1 200 kg/hm^2。将药液均匀地喷施在棉叶背面，确保防治质量，力争全生育期一次彻底防治。对防效不好的棉田，当有螨株率达到10%时，需使用阿维·哒螨灵1 500倍液进行防治。施药时注意天气变化，尽量选在晴朗无风的早上或下午施药，避免中午高温下施药。如果施药后4 h以内下雨，必须进行补防。
棉蓟马 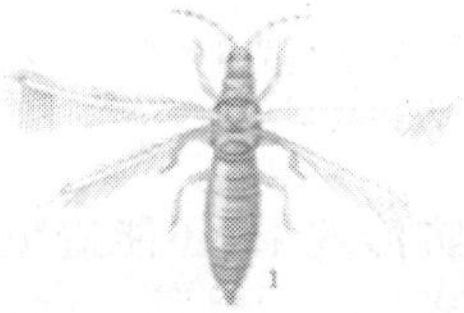 	成虫体长约1.1 mm，黄褐色。常造成无头棉、多头棉、破碎叶或叶背面出现银灰色的斑点。	在棉花3片真叶前，百株有虫10头；或4片真叶前，百株有虫20～30头时进行防治。 防治方法： (1)可选用吡虫啉、啶虫脒或溴氰菊酯等杀虫剂喷雾防治。 (2)药剂涂茎或滴心。 (3)棉花达6片真叶后，一般不用再进行防治。

3.常见技术问题处理

(1)案例:发生棉铃虫危害后,农民反复用药防治,但是效果不佳。

棉铃虫具有暴食性,发生危害重,同时对农药具有较强的抗药性,给防治工作带来很大的难度。因此,为了控制棉铃虫危害,降低生产成本,在防治上必须采用综合防治措施。

①农业防治措施

A.冬季深翻土壤,减少越冬虫蛹。棉地冬季深翻,能降低越冬蛹成活率,控制来年棉铃虫的羽化量,减少虫源基数。

B.促早栽培,减轻危害。在栽培技术上,推广"矮、密、早"技术,防止棉花贪青迟熟,能够减轻3代棉铃虫的发生和危害,减少防治次数,节约成本。

C.适时打顶,人工灭卵。2代棉铃虫产卵末期,正是棉花打顶时期,棉铃虫产卵又有产在顶尖的习性,所以适时打顶,人工灭卵,可大大减少卵量。

D.灯光诱蛾,减少卵量。棉铃虫成虫有趋光性,在成虫羽化期,用黑光灯诱蛾,可大量减少虫源,不仅减轻防治难度,还有利于保护环境。

E.保护天敌,以虫治虫。棉花中有许多棉铃虫的天敌,在棉花生长前期,尽量少用或不用农药,保护天敌,利用天敌来控制棉铃虫。

②农药防治技术:在棉铃虫大发生年份,为减轻危害,降低损失,要采用农药防治。在农药防治措施中,要掌握以下技术才能有效控制棉铃虫的危害。

A.防治策略。"打虫不见虫,打在卵高峰"的药治策略是多年来防治棉铃虫的经验总结。抓住防治适期,及时施药,把棉铃虫控制在3龄以下,是防治好棉铃虫很关键的一个方面。

B.防治指标。棉铃虫发生期,在棉田查卵,第2代百株累计卵量50粒以上或百株有虫5～10头,开始喷药防治。如达不到防治指标,为减轻棉铃虫的抗药性和节约成本,可不必喷药。

C.使用对口农药。首先选择生物杀虫剂,其次选择保护性的药剂。

D.合理混配,交替使用。棉铃虫有较强的抗药性,如果一种农药打到底,往往效果越来越差。同时,在防治中农药要交替使用,每次喷药换一种配方,这样不但能够提高防效,而且延长了农药的使用寿命。

(2)每年新疆棉田施药都发生农户中毒事件,如何避免?

①农药混用不能配成中药方子,多种农药样样倒一点,一般只需两种农药混配,配药中不能任意提高浓度,以防中毒。

②喷药时间要选择上午9时以前,下午5时以后,这样不仅能提高防治效果,还能避免中午高温中毒事故发生。

③施药期间要注意个人防护,身体不要直接接触农药;注意风向,不要逆风施药;药瓶妥善保管,不要乱丢乱放,以免误食和污染环境。

(八)采摘

采摘是保证丰产丰收和优质棉纤维的重要环节。新疆棉区从8月底棉花开始吐絮,一直延续到10月中下旬才结束。收花期间日照较充足，但低温降霜限制了棉铃的生长。必须注意适时采摘，以提高棉花优质高产。

1.采摘时期

棉铃的正常开裂是生理上成熟的外部征象。过早收摘，铃壳内养分不能完全转移到纤维中，使铃重下降，纤维成熟度变差，强度降低；过晚采摘，受光氧化时间过长，纤维收缩变短、变脆，强度变弱，色泽变差(黄、灰)。一般可将棉铃裂嘴后6～7 d作为采摘的工艺收获期。在生产上遇雨时，必须在雨前抢摘，实际生产上可安排每7～10 d采摘一次。收摘应选择晴天晨露干后进行(图10-15机械采摘和图10-16人工采摘)。

图10-15　机械采摘

图10-16　人工采摘

2.采摘要求

由于棉株不同部位的棉铃成熟时期和纤维品质不同，收摘时必须把好花、次花区分开来，以保证优质棉优售优价。生产中要求分收、分晒、分轧、分存、分售，同时还要做好防止火灾等工作。

3.残膜回收

追肥浇水前未揭膜的地块，采摘结束后，应及时清除地膜，减少对土地的污染。

【知识延伸】

1.参阅相关资料，了解棉花生长发育、主栽品种特性各项指标调查技术。

2.参阅相关资料，学习掌握棉花主要病虫害病情指数、为害率调查技术。

3.参阅相关资料，了解世界和新疆棉花技术发展趋势。

【课后作业】

1.分别研究制定南疆、北疆籽棉7 500 kg/hm^{2}滴灌、机采高产栽培技术规程。

2.调查限制当地棉花生产中产量和效益提高的因素，并提出可行的改进建议。

三、顶岗实习工作过程作业记录单

<table>
<tr><td colspan="6">1. 生产计划与成本预算</td></tr>
<tr><td>种植面积</td><td></td><td>种植户</td><td></td><td>地块编号</td><td></td></tr>
<tr><td>选用品种</td><td></td><td>预计产量</td><td>kg/hm^2</td><td>预计售价</td><td>元/kg</td></tr>
<tr><td rowspan="8">生产投入</td><td colspan="2">土地承包费</td><td>元/hm^2</td><td rowspan="4">成本合计</td><td rowspan="4">元/hm^2</td></tr>
<tr><td colspan="2">种子</td><td>元/hm^2</td></tr>
<tr><td colspan="2">化肥</td><td>元/hm^2</td></tr>
<tr><td colspan="2">农药与施药</td><td>元/hm^2</td></tr>
<tr><td colspan="2">水费</td><td>元/hm^2</td><td rowspan="4">预期效益</td><td rowspan="4">元/hm^2</td></tr>
<tr><td colspan="2">机耕费(耕、耙、播、收)</td><td>元/hm^2</td></tr>
<tr><td colspan="2">雇工</td><td>元/hm^2</td></tr>
<tr><td colspan="2">其他</td><td>元/hm^2</td></tr>
<tr><td colspan="6">根据生产计划制订符合当地自然条件(含土地条件)和社会条件的棉花高产栽培技术方案(丰产计划)</td></tr>
</table>

2. 备耕检查

检查项目	检查记录	评价
土地耕翻墒情(耕地质量、冬灌或春灌情况)		
种子质量与种子处理		
肥料准备(种类及用量、施用方案)		
播前整地质量(墒情、土壤平整、细碎、化学除草等)		
播种机调试准备(播量调试、机械工作状况等)		
地膜准备(包括膜宽度和厚度、用量计算)		
滴灌带		

续表

<table>
<tr><td colspan="5">3. **田间管理与作业质量检查**</td></tr>
<tr><td colspan="2">项目</td><td>时间</td><td>检查记录（技术措施、指标、作业质量）</td><td>评价</td></tr>
<tr><td colspan="2">播种质量（种肥、下种量、播深、覆土、镇压、浮籽、漏重播、铺膜情况等）</td><td></td><td></td><td></td></tr>
<tr><td colspan="2">间苗、定苗</td><td></td><td></td><td></td></tr>
<tr><td colspan="2">中耕除草（中耕深度、细碎、平整、伤埋苗、杂草清除等）</td><td></td><td></td><td></td></tr>
<tr><td colspan="2">化调（调节剂的种类、使用时间、数量、配施叶面肥的种类及数量）</td><td></td><td></td><td></td></tr>
<tr><td colspan="2">追肥（追肥量、深度、均匀度、覆盖等）</td><td></td><td></td><td></td></tr>
<tr><td rowspan="6">灌溉（灌溉量、技术标准）</td><td>头水</td><td></td><td></td><td></td></tr>
<tr><td>二水</td><td></td><td></td><td></td></tr>
<tr><td>三水</td><td></td><td></td><td></td></tr>
<tr><td>四水</td><td></td><td></td><td></td></tr>
<tr><td>五水</td><td></td><td></td><td></td></tr>
<tr><td>六水</td><td></td><td></td><td></td></tr>
<tr><td colspan="2">化学除草</td><td></td><td></td><td></td></tr>
<tr><td colspan="2">整枝</td><td></td><td></td><td></td></tr>
<tr><td colspan="2">收获（收获方式、损失）</td><td></td><td></td><td></td></tr>
</table>

<table>
<tr><td colspan="4">4. **病虫害调查与防治记载**</td></tr>
<tr><td>病虫害名称</td><td>病情指数、为害率调查</td><td>防治措施</td><td>效果</td></tr>
<tr><td></td><td></td><td></td><td></td></tr>
<tr><td></td><td></td><td></td><td></td></tr>
<tr><td></td><td></td><td></td><td></td></tr>
<tr><td></td><td></td><td></td><td></td></tr>
</table>

续表

5. 生育期及品种特性记载						
生育期	播种期	出苗期	现蕾期	开花期	成熟期	生育期
品种特性	主茎叶片数	叶形	株高/cm	茎粗/cm	果枝数	果枝始节
	果枝高度	果枝类型	总蕾铃数	铃形	有效棉铃数	DPC 敏感反应

6. 测产与效益分析						
测产	产量构成因素法	株数/hm^2	铃数/株	单铃重/g	衣分/%	产量/(kg/hm^2)
		计算公式：株数/hm^2×铃数/株×单铃重(g)×衣分×0.9/1 000				
	实测法	按照种植面积取 150 m^2 测产样点若干，取棉铃自然风干，取其称重、测得含水量。			产量/(kg/hm^2)	
		计算公式：150 m^2 测产样点产量平均数(kg)×10 000×水分校正系数/150				
效益分析	实际发生成本核算	土地承包费				元/hm^2
		种子				元/hm^2
		化肥				元/hm^2
		农药与施药(含调节剂和叶面肥)				元/hm^2
		水费				元/hm^2
		机耕费(耕、耙、播、收)				元/hm^2
		雇工(包含收获费用)				元/hm^2
		其他				元/hm^2
	平均产量	kg/hm^2	市场价格			元/kg
	副产品收入	元/hm^2	种植效益			元/hm^2

续表

7. 生产技术问题处理记录				
时间	生产问题	原因分析	处理措施	效果
8. 棉花高产栽培技术总结				

第三节 知识拓展

一、新疆长绒棉栽培技术要点

新疆是中国唯一的长绒棉生产区，种植的长绒棉来源于中亚埃及型海岛棉。中国东疆吐鲁番和南疆巴州、喀什、阿克苏地区曾大面积种植长绒棉，后喀什、吐鲁番和巴州地区逐渐退出。目前新疆海岛棉主要种植在在阿克苏地区阿瓦提县、阿克苏市、沙雅县以及农一师团场，常年种植面积为20万～25万hm^2，总产量在40万t左右，总产约占世界长绒棉（包括埃及的绒长≤35 mm的长绒棉）的1/4，约占世界长绒棉（不包括绒长≤35 mm的长绒棉）总产量的1/3。

目前，中国长绒棉棉花品种遗传品质指标普遍为2.5%跨长36 mm以上，断裂比强度41.0 cN/tex以上，长度整齐度指数85.0%以上，马克隆值4.2左右，伸长率6.8%以上，反射率76%左右。主栽品种主要有‘新海21号’、‘新海24号’、‘新海35号’、‘新海36号’等。

（一）长绒棉的生长特点

1. 形态特征

目前新疆种植的长绒棉品种均为零式果枝。在相同条件下，海岛棉植株较陆地棉高大，茎秆光滑或多绒毛，油腺明显；子叶肾形，基部无红斑，真叶大，一般3～5裂；植株结铃性强，铃小，多为3室，铃面粗糙；衣分较低，纤维细长，一般在35 mm以上，种子表面被有绒毛或为光籽。

2. 生长发育特点

与陆地棉相比，长绒棉有如下特点：

(1)种子吸水发芽快，发芽所需温度高，播种过早，出苗慢，苗期病害重，保苗困难。

(2)根系强大，抗旱性和生长势强，结铃性强，蕾铃脱落率低。

(3)植株生长势强，早发育，前期易徒长，后期易早衰，栽培时须注意肥水管理，前期防止旺长，后期防止早衰。

(4)生育期长，特别是铃期长短与气温高低有关。

(5)蕾铃脱落少，以中下部脱落为多；落蕾落铃比例基本为5.5∶4.5。

（二）新疆长绒棉栽培要点

1. 选用优良品种

目前适宜新疆种植的长绒棉品种有‘新海21号’、‘新海24号’、‘新海35号’、‘新海36号’等。

2. 适期早播

新疆南疆棉区地膜种植，适宜播期4月10—20日，膜下5 cm地温温度稳定通过14℃即可播种。争取一播全苗，促苗早发，培育壮苗。

3. 合理密植

播种密度21万～24万株/hm^2，收获密度19.5万～22.5万株/hm^2，同时可以根据当地种植地域、土壤条件及栽培水平进行调整。

4.施肥灌水

(1)根据目标产量和耕种土壤肥力进行合理施肥　一是生产中要重施基肥，增施钾肥，将全生育期所需的有机肥、50%氮肥、50%磷肥、50%钾肥作为基肥。一般基肥使用量为：有机肥 1 800 kg/hm^2，尿素 300 kg/hm^2，磷酸二铵 375 kg/hm^2，硫酸钾 150 kg/hm^2。在耕翻和旋地时间分次施入，其余肥料在棉花生育期随滴灌滴施。二是稳施蕾肥、早追花铃肥、补施盖顶肥。三是科学使用叶面肥、微肥(硼肥)。保花保铃，提高单铃重。

(2)膜下滴灌　全生育期共滴水 10～12 次，随水追肥 6～7 次，花铃期是棉花需水高峰，要保持田间湿润。8 月底至 9 月初停水。

(3)打顶化控　新疆种植的海岛棉以零式果枝为主，其顶端优势较强，必须打顶以控制其主茎生长。时间上，南疆 7 月 10—15 日打顶完毕。

海岛棉化控一般为两次，第一次化控在盛蕾期前后，缩节胺用量为 30.0～37.5 g/hm^2；第二次化控在开花期，用量 45～60 g/hm^2。可与病虫害防治、根外追肥相结合进行。

(4)催熟与收获　新疆海岛棉产区的南疆 9 月中旬至 9 月底气温下降速度很快，对于霜前不能正常吐絮的棉铃使用乙烯利催熟。但为保证纤维品质，必须严格控制用药量和用药时间。海岛棉自下而上陆续裂铃吐絮，延续时间较长，应依据吐絮情况，分期按质收花，做到“五分”(混杂单株分收，留种花分收，僵瓣花分收，霜后花分收，青桃、剥桃花分收)、“四净”(拾净单株，拾净单铃，拾净落地花，去净棉絮上杂质)、“两不收”(没有完全成熟的不收，有露水的暂时不收)。

二、新疆机采棉花高产栽培技术

为实现机采棉花早熟、高产、优质、高效的目标，遵循"早、密、矮"栽培技术路线，特制定本技术措施以供参考。

(一)主要指标

1.目标产量

皮棉 2 250 kg/hm^2 以上。

2.产量结构

收获株数 19.5 万～22.5 万株/hm^2，单株果枝台数 7～8 台，单株结铃 5.0～5.5 个，单铃重 5.0～5.5 g，衣分 40%，霜前花率≥85%。株高控制在 70～85 cm 为宜，三桃比例为 1∶8∶1 或 1∶7∶2。

3.滴灌指标

根据土壤质地及地力的差异，全生育期滴水 4 200～5 400 m^3/hm^2，共滴水 8～10 次，戈壁地全生育期浇水 10～12 次。

4.施肥指标

以测土配方施肥卡上的建议施肥量为标准，每公顷施农家肥 30 t 或成品有机肥 1.5 t、尿素 600 kg、磷酸二铵 375 kg、钾肥 12 kg，盐碱较重的地块要适当施腐殖酸肥。

(二)生产技术

1.播前准备

(1)滴灌带的选择　壤土应选择滴头流量 2.2～2.6 L/h,滴头间距 30 cm;黏土应选择滴头流量 1.8～2.2 L/h,滴头间距 30～35 cm;戈壁地及沙土地应选择滴头流量 2.6～3.0 L/h,滴头间距 25 cm。

(2)品种选择　选择优质、抗病、生育期 125 d 左右的棉花品种。

(3)种子质量　使用种子质量应符合国家标准。纯度 95%、净度 99%以上,含水率低于 12%,残酸率 0.15%以下,发芽率 80%以上

(4)种子处理　包衣前要晒种 2～3 d,提高种子的发芽率、发芽势和抗病能力。要勤翻种,防止高温烫伤形成铁籽。用种子量 0.3%～0.4%的卫福进行种子包衣,即 300～400 g 卫福加水 1～1.5 kg 与 100 kg 棉籽充分拌匀,晾干待播。

(5)土壤处理　播前必须结合耙地进行化学除草,亩用 33%二甲戊乐灵乳油 180～250 mL 或 48%氟乐灵乳油 80～120 mL。

(6)整地要求　春季耕地表层化冻后,及时耙地,播前适墒整地质量达到“齐、平、松、碎、净、墒”六字标准。

2.播种

(1)播期　5 cm 地温稳定通过 10℃时即可播种。北疆地区在 4 月 15 日前播完,4 月 20 日前滴完出苗水。

(2)播种量　采用精量播种的棉田播种量 1.8～2.2 kg/666.7 m^2。

(3)播种深度　2.5～3 cm。

(4)播种质量　毛管和膜面平直、播行笔直、下籽均匀、深浅一致、接茬准确、行距一致、覆土严密。

(5)株行距配置　63 cm＋13 cm＋63 cm＋13 cm 宽窄行配置,平均行距 38 cm,株距 9 cm。

(6)滴灌带的连接　滴灌地播种后及时连接滴灌带断头和滴灌带,安装地面支管,连接好毛管,同时固定好支管和毛管。

3.苗期管理

(1)护膜防风　扫净膜面,压实膜边、膜头。勤检查膜面,防止透风跑墒和降温。播种后及时压膜封洞,为防止大风揭膜在膜上每隔 5m 左右压一条土带,同时开展在地边地角补种压膜等工作。

(2)滴出苗水　播种后及时安装滴灌设施,依据本地气温,适时滴出苗水,滴水量 225 m^3/hm^2;滴水时每亩施磷酸二氢钾 7.5～15 kg 或腐殖酸液肥 15～30 kg,以达到压盐、早出苗、促壮苗的目的。

(3)查苗补种　播种一周出苗后,应及时查苗,对缺苗处进行催芽补种;若遇雨后膜上封土板结时,滴水 10～15 min,种孔见水即可,也可进行人工破除硬壳辅助放苗。晴天放苗要避开中午高温。

(4)合理调控　由于机采棉第一果枝节位高度要求在 20 cm 左右,因此苗期根据棉田长势分类进行调控,做到轻控、勤控。一般在 2 片真叶调控 1 次,缩节胺每亩 0.5～1 g,同时加

100 g 磷酸二氢钾。

(5)中耕　早中耕、深中耕。播种结束后即可开始中耕,中耕做到"宽、深、松、碎、平、严",达到不拉沟、不拉膜、不埋苗,土壤平整、松碎、镇压严实。中耕深度由浅到深,第一次一般 8～10 cm,后一次深度 12 cm 左右。中耕一般进行 2～3 次,达到促苗早发。

4. 中后期管理

(1)化控　化控时缩节胺的用量要因品种、因苗、因地、因天气灵活掌握,不能搞一刀切。

蕾期至初花期,化控 3～4 次,缩节胺用量由少到多,每公顷用 15～45 g 缩节胺兑水 300～375 kg 叶面喷施。

花铃期一般进行 3～4 次化控,依据棉田长势打顶前每公顷用缩节胺 45～75 g,打顶后第一次化控缩节胺用量为 90～120 g,第二次用量为 120～150 g 进行封顶。

(2)合理滴灌　6 月中旬滴头水,之后 7～8 d 一次,6 月份每次滴水量 300～375 m^3/hm^2,7 月每次滴水量 375～450 m^3/hm^2;8 月份每 10 d 一次,每次滴水量 300～375 m^3/hm^2;9 月上旬滴最后一水,滴水量 150～225 m^3/hm^2。戈壁地全生育期滴水 10～12 次,总滴水量 4 200～5 400 m^3/hm^2。

(3)合理施肥　滴灌棉田视苗情施尿素。第一次,始蕾期 30～45 kg/hm^2;第二次,盛蕾—初花期(6 月中旬)40～75 kg/hm^2;第三次,初花期—盛花期(7 月上旬)尿素 45～60 kg/hm^2、磷酸二氢钾 15 kg/hm^2;第四次,花铃期(7 月中旬)尿素 60～75 kg/hm^2、磷酸二氢钾 30 kg/hm^2;第五次,盛花期(7 月下旬)尿素 75～90 kg/hm^2、磷酸二氢钾 30 kg/hm^2;第六次,结铃期(8 月上旬)尿素 30～45 kg/hm^2;第七次,铃期(根据棉花的长势长相来进行施肥)一般尿素 30～45 kg/hm^2。全生育期总滴肥量为 600～675 kg/hm^2。

(4)适时打顶整枝　遵循"枝到不等时,时到不等枝"的原则,单株留果枝数达 7～8 台,每亩留果枝总台数 10 万～15 万台,打顶后棉株高度 70 cm 为宜,6 月底开始打顶,7 月 5 日结束,8 月 15 日以花为界摘除无效花蕾,同时打去底部老叶。

(5)病虫害综合防治　针对棉花枯、黄萎病、立枯病等病害选用抗病耐病品种、包衣、中耕等措施;针对棉花蚜虫、叶螨等虫害采用农业(秋翻冬灌、清洁棉田、室内花卉灭蚜)、生物(保护利用天敌草蛉、瓢虫、捕食螨)、物理机械(黄板诱蚜、黑光灯诱虫)等综合防治措施。当棉蚜等虫害达到防治指标时,对症选用吡虫啉、啶虫脒、阿维菌素等药剂,进行化学防治。

5. 脱叶催熟

脱叶剂用量的基本原则:正常棉田适量,过旺棉田适量偏多;早熟品种适量,晚熟品种适量偏多;喷期早适量,喷期晚适量偏多;过旺的棉田、超高密度棉田(21 万～25.5 万株/hm^2),因营养体过大,可适量偏多。

(1)脱叶催熟剂的配方及用量　选用配方为每公顷脱吐隆 180～195 mL＋拌宝 750 mL＋乙烯利 1.05 kg,兑水 750～900 L;高密度棉田植株营养体面积过大,一般需喷施两遍脱叶剂,第二遍脱吐隆用药量为 90 mL/hm^2;两次喷药时间间隔 6～7 d。

(2)喷施脱叶剂最佳时间　一是棉花顶部铃的龄期达到 45 d 以上,棉花有明显的衰老症状,下部果枝自然吐絮率在 30%以上;二是施药前后 3～5 d 内最低气温不低于 12℃,施药后 24 h 无雨,施药时气温越高脱叶效果越好,药剂用量越少,成本越低。

(3)喷施脱叶剂机械准备及喷施质量要求　一是喷施脱叶剂前拔除田间杂草,并带出田外;二是对拖拉机行走路线进行规划,便于驾驶员操作;三是要选择使用离地间隙高的拖拉机,在每个车轮前安装分行器，减少对棉株的损伤；四是各吊喷头安装间距、角度适宜，吊喷杆既有一定刚性又有弹性（弹簧、软管），避免挂损棉花；五是药剂喷施雾化质量好，棉株上中下部叶片都能喷到，着药均匀，不重不漏，到头到边，地头要重打，为机采做好准备。

6. 机械采收

(1)分级拾花　严格执行“五分”制度，即分收、分晒、分存、分轧、分售，防止毛发、化纤、麻绳等杂物混入籽棉。

(2)采收前的准备　一是在8月25日停水；二是机采前对田边地角机械难以采收但又必须通过的地段进行人工采摘，拾出地两端15m的地头，要求将地头棉秆砍除，棉秆茬不得高于2 cm，棉秆清除并摆放到地头外，将地头处理平整，便于采棉机及拉运棉花机车通行；三是回收滴灌地里的横向支管，接头处用土压好以防被人、采棉机压坏，卸除全部滴灌出水桩并填平踩实；四是彻底清除田间残膜、杂草和残茬，达到田内、田外无残膜、残滴灌带和杂物；六是确定进出条田的路线，查看通往被采收条田的道路、桥梁，宽度不小于6m，机器通过高度不小于4.5 m。

(3)适时采收　喷施脱叶剂18～25 d后棉花脱叶率达到90%以上、吐絮率达95%以上时进行机采。采棉机作业速度控制在4～5 km/h。

作业质量要求：采净率达95%以上，总损失率不超过4%。其中，挂枝损失低于0.8%，遗留棉低于1.5%，撞落棉低于1.7%，含杂率在10%以下。

(4)地膜和滴灌带的回收　10月底棉花采摘结束，及时清理、粉碎棉秆，清收残膜和滴灌带后施基肥，秋翻冬灌。冬灌时注意勿将残膜翻入田间，为下一年种植做好准备。

第十一章

新疆甜菜栽培技术实训

第一节　岗位技术概述

甜菜是新疆重要的经济作物之一，是新疆制糖企业的重要原料。甜菜生产对新疆经济的发展和农民收入的提高曾经起过十分显著的作用。新疆具有甜菜生产得天独厚的气候和土地优势，是我国甜菜重要生产基地。近年来，年种植面积保持在 6 万 hm^2 左右，2018 年总产量在 424.7 万 t，占全国产量的 37.7%。新疆甜菜单产水平超过全国平均水平 40%以上，2018 年达到 74 175 kg/hm^2，接近发达国家水平。新疆甜菜生产普遍采用全程机械化生产，兵团第七师 131 团 1 730 hm^2 甜菜平均单产在 90 t/hm^2 以上，个别地方高产田单产达到 120 t/hm^2。

甜菜除制糖外，其副产物经过综合利用后，可以生产出几百种产品，具有很高的经济价值和广泛的用途。如甜菜糖蜜经过发酵和化学处理后，可以提取酒精、甲醇、丁醇、甘油、味精、丙酮酸、柠檬酸等多种化工产品，在化工生产中具有广泛的用途。

甜菜的茎叶、青头、糖渣、采种后的母根等都是优良的多汁饲料。据测定，甜菜茎叶干物质的营养价值相当于麦麸。现在国外普遍使用甜菜茎叶干粉加部分糖蜜和微量元素制成牛、鸡的优质精饲料。甜菜的干糖渣畅销国内外。

甜菜又是大田作物中抗盐碱作物之一，它吸收和积累盐分的能力很强。据测定，盐碱地上的甜菜，每生产 30 t 块根和 30 t 茎叶，可从土壤中吸走 600 kg 的盐分和 36 kg 的氯，其脱盐效果十分显著。甜菜是盐碱土改良的优良先锋作物。

甜菜在新疆有 100 年的栽培历史。新疆具有发展甜菜生产得天独厚的自然条件，日照充足，昼夜温差大，土地资源丰富，又是灌溉农业，是世界也是我国的甜菜高产高糖地区。1988 年新疆被正式列为我国糖业生产基地后，甜菜发展加快，总产和单产迅速跃居全国各省区之首。新疆现有 3 个集团 13 家制糖企业，食糖加工能力 55 万 t 以上，企业根据市场需求，确定种植面积，与农户施行“订单式”生产，既保证了企业效益，又保障了农户利益。

新疆的甜菜主要分布在北疆的石河子地区、伊犁地区、塔城地区、额敏地区、阿勒泰地区、奇台地区和南疆的焉耆、阿克苏地区。新疆 2000 年甜菜播种面积是 5.57 万 hm^2，总产量是 265 万 t，平均单产是 47.58 t/hm^2；2005 年播种面积为 6.99 万 hm^2，总产量为 419.1 万 t，单产为 59.96 t/hm^2；2009 年播种面积为 6.17 万 hm^2，单产为 59.1 t/hm^2，总产 4 256.2 万 t；2010 年种植面积为 8.53 万 hm^2，单产为 60.3 t/hm^2；新疆甜菜常年种植面积稳定在 7.34 万 hm^2 左右。

积的日增长量和光合强度均随着生长而增大，当达到高峰时，此期结束。叶丛的生长速度大于块根的生长速度，物质代谢以氮代谢为主。

此期生产中应促植株早发，加速叶丛的生长，促进田间早封垄，为块根的膨大和糖分的积累奠定基础。

3. 块根糖分增长期

此期自叶丛增长量达到高峰，即封垄后至田间叶丛开垄即块根基本停止增大时结束。此期生育特点是：植株的生长中心由地上部分转移到地下部分，50%以上的净同化产物运输到块根中；块根的日增长量大于叶丛的增长量，块根增重速度加快，此阶段块根增长量和糖分积累量占全生育期的一半以上，物质代谢由氮代谢为主转移到以碳代谢为主，此期是夺取甜菜丰产高糖的关键时期。

此期光合产物的分配存在着地上部分与地下部分之间的矛盾。栽培上应采取控制灌水量和灌水次数，补充微量元素等措施，控制叶丛生长，延长叶片的寿命，提高光合强度，保持一定的叶面积，夺取丰产高糖。

4. 糖分积累期

此期自田间叶丛开垄、块根基本停止生长至收获时止。此期生育特点是：甜菜根、叶生长接近停止，以糖分积累为主，地上部和地下部均逐步出现生物学成熟状态；光合产物65%以上分配到地下根部，并以蔗糖的形式贮存于块根中。此期是加速块根糖分积累、提高含糖率、改善工艺制糖品质、增加产糖量的关键时期。

此期在生产上应防止功能叶早衰和新生叶片的大量发生而造成糖分积累的转移，最大限度地促进光合产物以蔗糖的形式贮藏于块根中。

(四)甜菜的形态特征

1. 甜菜的根系及块根

甜菜的根系由肉质块根、主根和侧根3部分组成(图11-1)。甜菜的主根和侧根都十分发达，生长迅速，植株成熟时，主根可深达2～3 m，侧根向四周扩展也能达1 m左右。从根体根沟和主根直接发出的侧根称第一级侧根，从第一级侧根上发出的侧根为二级侧根，由二级侧根上发出三级侧根，发育成庞大的根系，形成一个密集的吸收网，能吸收植株生长所需要的大量养分和水分。同时由于根系分布深，能吸收深层的水分，甜菜细胞渗透压高，因此具有较强的抗旱能力。

当甜菜苗期第5～6片真叶出现时，其主根上部开始膨大，逐渐形成肉质根。块根自上而下分为根头(青头)、根颈、根体和根尾(根梢)。根头实际上就是缩短了的茎，从它上面生出叶片和芽。根沟是区别根体和根颈的明显特征，两条根沟一般都是与两片子叶同向出现的，根沟内着生大量侧根。甜菜块根的形状不尽相同，有楔形、圆锥形、纺锤形、锤形等几种(图11-2)。在不良的环境条件下，会出现分叉、空心、多头等畸形块根。块根形状有遗传性，在培育新品种和种子繁育时应注意。

一般情况下，生长过旺的大块根，中央薄壁组织中积累的灰分多，糖分少，易形成空心；肥水充足，单株营养面积过大时，促使部分植株的腋芽生长分化，形成子根头，与主根一起构成多头甜菜；主根被虫咬断或感病坏死时，部分侧根得到充分发育而形成多叉根；耕层浅，土壤板结，主根生长受阻情况下，一些侧根也可得到发育、长粗，形成多叉根；高水肥地块，单株发育条件十

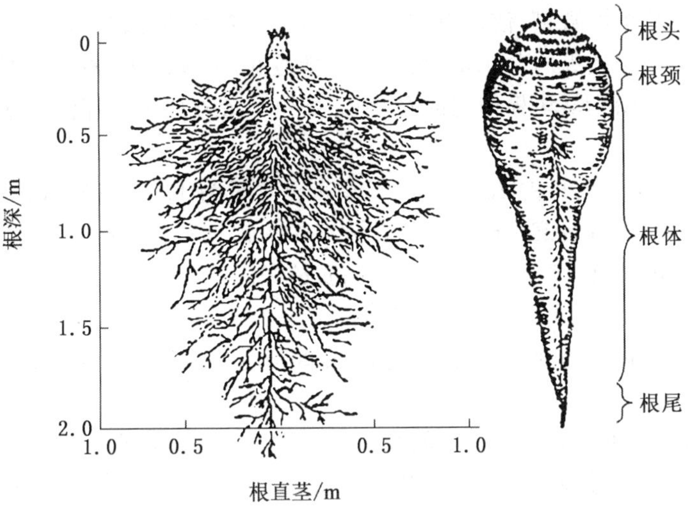

图 11-1　甜菜的根系和块根

分优越时，也可能出现几条粗壮的侧根，形成多叉根和多尾根。因此，为了减少畸形块根的出现，在栽培措施上应注意深翻土壤，实行合理密植，合理施用水肥，中耕时防止对主根造成损伤。

将甜菜块根横切开，会发现一个个颜色较深的同心圆，这一个个同心圆是由一个个维管束所组成的，称作维管束环。环与环之间颜色较浅的那一部分称为环间薄壁组织，由圆形的薄壁细胞组成。甜菜的纵横断面结构见图 11-3。

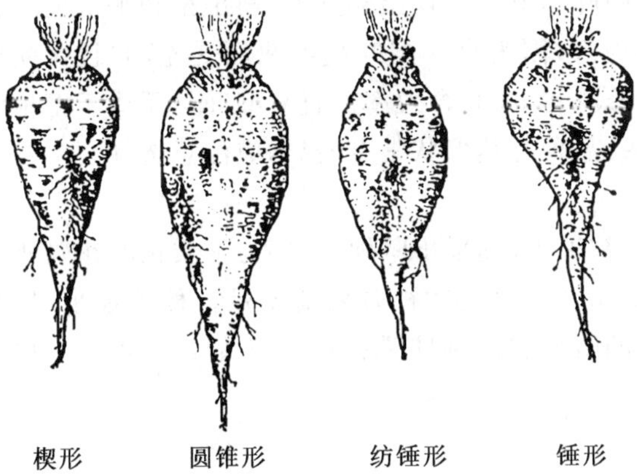

图 11-2　甜菜根的类型

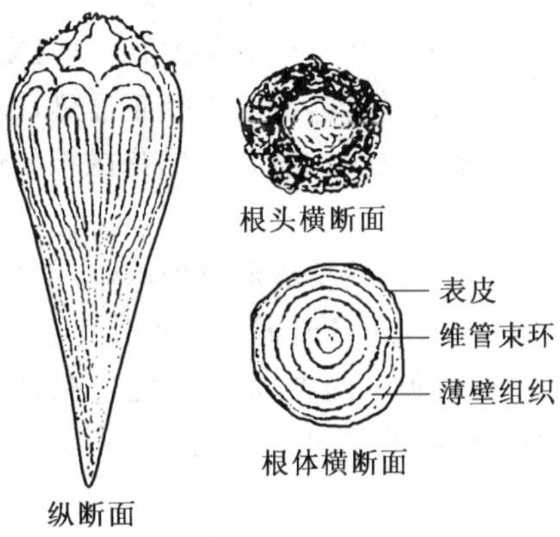

图 11-3　甜菜的纵横断面结构

糖分在块根内的分布，以靠近维管束环为多，尤其是维管束环附近的筒状韧皮细胞糖分含量最高，称糖鞘。环与环之间的圆形薄壁细胞内含糖较少，一般蔗糖浓度只有 1%～2%。一般直径近似的块根，维管束环越多，块根含糖率越高。而甜菜块根中维管束环数量的多少，主要是由品种所决定的。糖用甜菜维管束环数量可达 8～12 个，圆锥形、锤形块根品种维管束环数量较多，纺锤形的块根维管束环数较少。

同一个品种内，大的块根中，维管束环数量和糖鞘的数量变化不大，而环间薄壁组织带增宽的快，致使环间薄壁组织这个含糖率较低的部分在块根中所占比例不断扩大，从而导致块根含糖率降低。一般认为，糖用甜菜 1 kg 左右的块根含糖率比较正常。因此，应通过合理密植，增加单位面积上的块根的数量,使块根产量和含糖率两者得到协调增长。

糖分在甜菜块根中的纵向分布是:根头含糖量最低,根颈次之,根体上部含糖量最高,根体中下部含糖量有所减少。从块根横剖面看,中心部位和最外层根皮部位含糖量最低,中心起向外3/4处含糖量最高。

在甜菜块根中,干物质只占25%左右,其中蔗糖含量为17%～19%,其他为非糖物质。甜菜块根中可溶性固形物占甜菜块根重量的百分率称为锤度;含糖量占可溶性固形物总量的百分率称为纯度。纯度越高,则非糖物质越少,品质越好。

2. 叶

甜菜是双子叶植物,子叶两片,对生,寿命在30 d左右,它的光合效能对幼苗的生长起重要作用。

甜菜的真叶,一般可达50～70片,前8片叶对生,以后各叶互生,呈螺旋形密集着生于青头上,形成叶丛。甜菜生长期的7—9月叶面积系数如能达到3～4,就能获得较高的产量,并且在一定范围内叶面积与产量呈正相关。叶片的维管束与块根的维管束是相连通的,所以地上各叶轮叶片的大小、叶龄的长短、光合强度就直接影响块根各维管束环,特别是环间薄壁组织的生长和糖分的积累。地上部中期出现的第15～35片叶,面积最大,叶龄最长可达60～70 d以上,是甜菜的主要功能叶。这些叶片的维管束正好与块根第5～7个维管束环的维管束相通,所以块根中这个部位的环间薄壁组织就成为含糖率最高的部位,而根头内层和最外层的叶,由于叶片小,寿命短,只能生存20～30 d,与之相通的块根部位组织不发达,含糖分少。这些充分说明,甜菜在生长期是不宜打叶片的。

由于叶柄在根头上出生的角度不同,甜菜的叶丛就可表现出直立型、斜出型和平伏型3种不同的类型。从生产的角度看,以直立型叶丛为好,因为直立型叶丛可两面受光,并且接受散射光多,强度较弱,能防止叶面过热,减少水分蒸腾,提高光合效率。直立型叶丛还适于密植和机械作业及收获。甜菜是异花授粉的作物,同一品种叶丛形状常有变异,应注意选择。

3. 种子

甜菜开花授粉后形成种球,一般含有3～5粒种子,其果皮坚硬,外部为木质化的花萼所包围,种子萌发出苗时需要的水分为种子重量的160%,因此播种时墒情要足。种子很小,呈肾形,出苗时顶土困难,播种不能过深,要有一定的疏松层。种球千粒重一般为20～25 g。甜菜的种球和种子结构见图11-4。

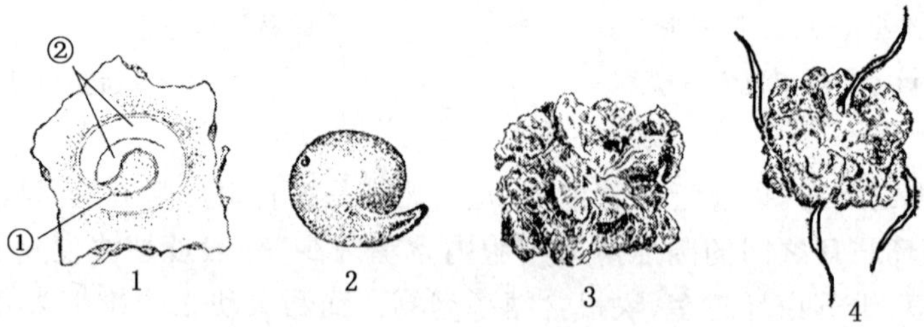

图11-4　甜菜的种球和种子结构

1. 种子的断面 ①胚根 ②子叶 2. 种子外形

3. 种球 4. 萌发的种球

二、职业岗位能力训练

(一)播前准备

1.职业岗位工作

选择甜菜种植地块，制订生产计划，做好备耕工作。检查土地准备的质量，选择适宜的栽培品种，并进行种子处理。

2.工作程序及操作技术和质量要求

工作环节	工作程序及操作技术和质量要求
土地选择	甜菜适应性强，pH 为 5.5～8.5 的各类土壤都可以种植。但要获得高产、稳产，必须选择肥力较好的土壤种植，才能发挥品种的丰产潜力。宜选择小麦、玉米等禾谷类作物作前茬，不宜用豆类、油葵等作物为前茬，更不能与甜菜重茬、迎茬，轮作周期必须在 4～5 年以上。
土地准备	(1)秋深耕、施底肥　前茬作物收获后，在封冻前对土地进行深耕翻，深度 25～30 cm，保证犁地质量，掩埋残茬、杂草。结合耕翻深施底肥。可将计划施氮肥量的 50%、计划施磷、钾肥总量的 100%作底肥，结合有机肥深施。一般每公顷地施腐熟厩肥 45 t，三料过磷酸钙 450 kg 或磷酸二铵 300 kg 作底肥。 (2)播前灌溉　宜采用沟灌或畦灌。春播地应在头年入冬将封冻时进行，灌水量在 1 200～1 500 m^3/hm^2，要求灌水均匀，不漏灌，不积水。 (3)适时整地　冬前整地到待播状态。春天合墒时及时耙耱保墒，达到“齐、平、松、碎、净、墒”六字标准。 (4)化学除草　草害发生较重的土地，播前结合土壤耙耱保墒用都尔除草剂进行土壤封闭处理。用药 750～900 g/hm^2，兑水 400 kg，用机力喷雾器均匀喷雾，做到不漏喷，不重喷，喷药后立即耙耱整地，使药土混合均匀。
种子准备	(1)选购优良品种　选购甜菜优良品种要考虑以下三方面因素：一是品种抗、耐病性，目前新疆甜菜立枯病、根腐病、褐斑病、白粉病等普遍发生，注意选择抗病品种；二是品种经济性状，选择满足糖厂需求的高糖型单粒型品种；三是种子质量，发芽率在 90%以上，纯度高。 新疆主栽品种有：‘KWS9147’、‘KWS2314’、‘VF3019B’、‘ETA796’、‘Hi0936’、‘KWS3354’、‘KWS1176’、‘ST14991’、‘MK4062’、‘SD12830’、‘VE3019’、‘KWS1197’、‘KWS9147’、‘KWS7125’、‘BETA796’、‘BETA176356’、‘BETA064’、‘HX910’、‘KUHN5012’、‘LS1321’、‘ST13092’、‘KUHN1387’等品种。 (2)种子处理　播种前在阳光下晒种 2～3 d，用石磙等碾压种子，破碎果皮，以提高种子发芽势、发芽率。播前一天浸种 12 h，然后用种子重量 0.3%的敌克松拌种，防止甜菜苗期立枯病。甜菜象甲严重地区，可用种子重量 1%的 75%甲基硫环磷拌种，堆闷 4 h，晾干后播种。 采用国外进口种子，一般均已做包衣处理，可不再进行晒种和药剂拌种处理。

3.常见技术问题处理

(1)甜菜前茬为何一定要求轮作 4～5 年？如何选择前茬？

甜菜根系强大，吸肥多，生长期长，从土壤中吸取的营养物质及水分远远高于其他作物，同时甜菜经常发生各种病虫害。因此，甜菜最忌连作(即重茬)或隔年连作(即迎茬)。重茬、迎茬甜菜不仅块根产量、质量严重下降，而且易导致病虫害特别是根腐病的发生并会逐年加重。

轮作周期，一般地区为 4 年；褐斑病、黄化病发生地区应 5 年以上；在根腐病发生严重地区，应实行 6 年以上轮作；丛根病地区实行 8～10 年或以上轮作。

(2)如何做到甜菜“一播全苗”？

①搞好土壤耕作，创造良好的种床。前茬收获后深松、耙细、整平，秋起垄，秋镇压，保证起垄规格一致，高低一致，高低差播幅内不大于 3 cm，以保证播深一致，镇压后播深 2～3 cm，行距一致，注意保墒。起垄、播种、深松、中耕、起菜等机具要配套，避免深松中耕时挤苗、埋苗、铲苗。

②保证播种质量。

A. 坚持种子包衣处理。播前用甜菜专用种衣剂种子量的 4%进行种子包衣。

B. 做到适期播种。当 5～10 cm 地温稳定通过 5℃时即可播种，适宜播期为 4 月下旬。

C. 适当增加播种量。对于播种前后风多的地区或土壤墒情不足的地块，尽量选用发芽率高的种子，并适当增加播种量，以增加种子拱土能力，减轻跳甲为害，便于间苗时留大苗、留正苗。

D. 灵活采用播种方法。根据土壤墒情确定播种方法。土壤墒情偏大时，采用先播肥后播种两遍作业；土壤墒情适中或偏小时，采用播肥、播种一次完成。做到浅播种，培尖垄，播后及时镇压 2 遍。

③出苗期及时防治跳甲。对播前未进行种子包衣或包衣质量差的，见苗时用菊酯类杀虫剂 300～450 mL/hm^2 兑水喷雾，防治跳甲。

④及时查田补种。尽管采用以上保苗措施，可能还会有个别缺苗现象，在齐苗后对缺穴的要用浸泡的甜菜籽及时补种。

(3)甜菜对养分的需求特点　经测定，甜菜每形成 1 000 kg 产量需要从土壤中吸收 N 5 kg，P_2O_5 2.5 kg，K_2O 10 kg。在甜菜的各个生长阶段，由于它的生长中心及代谢方式的变化，对主要营养元素的需要也有所不同。幼苗期由于苗小，吸收的营养物质相对也较少，只占整个营养生长阶段总吸收量的 15%～20%；叶丛快速生长期对 N 的吸收量约占整个生育期的 45.9%，P_2O_5 占 42.12%，K_2O 占 27.4%；块根糖分增长期对 N、P_2O_5、K_2O 吸收量分别约占生育期总吸收量的 35%、40%、25%；糖分积累期对 P_2O_5、K_2O 的需求仍然很高，吸收量约占生育期总吸收量的 15.4%和 24.08%，此时期要控制氮素水平，以免造成叶子过分生长，消耗大量光合产物，降低块根含糖量和品质。

(二)播种

1. 职业岗位工作

选择适宜播期播种，落实播种技术，实现“一播全苗”。

2. 工作程序及操作技术和质量要求

工作环节	工作程序及操作技术和质量要求
适期播种	甜菜出苗时可耐－4～－2℃低温，一对真叶展开时耐寒力更强，可以忍耐短期－8℃的低温。适期早播，既可以提高发芽出苗率，躲避甜菜象甲的为害，确保一次播种出全苗，又可以延长甜菜的生育期，提高甜菜产量和含糖率。当 5 cm 地温连续 4～5 d 稳定在 5℃时，即可播种。一般北疆播种在 3 月下旬至 4 月中旬为适播期，南疆播种在 3 月上中旬到 4 月上旬。

续表

工作环节	工作程序及操作技术和质量要求
种植模式	甜菜种植多采用 60 cm+40 cm 宽窄行，或 50 cm 的等行距种植，行距偏差不大于 8 cm。甜菜机收种植模式要求为 50 cm 等行距，行距偏差不大于 3 cm。甜菜株距一般在 18～20 cm 左右，每亩理论株数 6 667～7 404 株。
播种量	在整地条件不到位或缺水的地块，采用常规条播，播种量 10.5～15 kg/hm^2。在生产条件好的地区，能够确保出全苗，采用精量播种机播种或人工点种，降低播种量，同时可减少间定苗用工，一般播种量为 1.5～2.25 kg/hm^2。 播种技术指标：播种深度确定的原则是"墒足浅播"，一般以 3.3～3.5 cm 为宜，墒足保水性的地块为 2～3 cm，墒不足的黏土地 3～4 cm。播种时应带限深器和局部镇压器。播种质量要求与其他作物相同。
种肥	种肥需氮磷复合肥，以磷酸二铵为宜，每公顷 120～150 kg 与种子分开施入，深度 6～8 cm。

3.常见技术问题处理

(1)案例：某家庭农场新开荒地，4 月 5 日条播甜菜，象甲大面积发生。

原因分析：导致该农场甜菜象甲严重为害的原因有两个：一是在戈壁滩上甜菜象甲虫源较多，甜菜对其极具诱惑力，能将较远处的象甲吸引过来，这种情况在新开荒地种植甜菜不可避免；二是播期太晚，人为造成的。如果提前到 3 月 25 日左右播种，在 4 月 10 日前后出苗，等到甜菜象甲为害时，苗龄已大，完全可以有效避免甜菜象甲的毁灭性危害。

解决的措施：①适期早播，以大苗躲避甜菜象甲为害；②药剂拌种和苗期叶面喷施杀虫剂；③新开荒地严重发生甜菜象甲为害时，可设置防虫隔离带，保持地表湿润。

(2)甜菜栽培产生弱苗的原因有哪些？

①种子质量差。种子不饱满，发芽率、发芽势差，或种性不纯、混杂、退化、杂交率低等。

②整地质量差。播种地播前没有认真平整，高低不平，或在耕翻时由于土壤墒情差，造成土块大，未能充分耕耘整细，因而造成缺苗断垄较多，而且苗子大小不齐。

③播种质量差。播种深浅掌握得不好，播后镇压不及时、质量不高，播种后墒情不足，灌水冲走了种子，均易造成出苗不齐和大小苗悬殊。

④管理不及时。如播种后没有及时浇水，没有及时进行间苗和定苗；或间苗和定苗没有严格把关，保留了病苗、弱苗、杂苗；或留苗不一致，远近距离差异过大，造成苗子差异也大；或没有及时中耕除草，草荒严重，影响幼苗生长等。

⑤土壤肥力差，又没有施入足够的底肥；或追肥不及时，或土壤肥力不均匀。

⑥病虫害严重，未能及时防治。

⑦育苗移栽地幼苗没有适时早播或没有及时定植，移栽时苗龄过长，苗质量差，伤根过多或定植时栽得过深，均可造成缓苗期长，影响幼苗生长。

(3)案例：昌吉一种植甜菜的农民，近年来种植甜菜过程中发现有抽薹的植株。收获时，抽薹的植株没有产量。为什么甜菜在有的年份当年会抽薹？

甜菜是二年生植物。在一定营养生长的基础上，完成阶段发育即可抽薹开花。一般甜菜经历小于 3℃的低温 20～60 d，即可完成春化阶段，生长点发育形成花枝。

种植甜菜出现当年抽薹、现蕾、开花、结实的植株，是由品种、生态条件和播种期等原因造成的。对温度敏感的品种、播种过早、长期处于低温状态时，当年易抽薹；反之，则不易抽薹。生产中应根据本地的生态条件，注意选择恰当的品种，做到适期早播。

甜菜抽薹后主要营养用于生殖生长，影响营养生长，造成严重的减产和含糖量下降。注意及时发现抽薹植株，及时打薹，以控制养分消耗，促进营养生长。

(三)田间管理

1.职业岗位工作

根据生产技术管理计划、田间苗情，确定适宜的管理技术措施，指导田间作业，检查记录作业质量。

2.工作程序及操作技术和质量要求

工作环节	工作程序及操作技术和质量要求
播后苗前田间管理	破除板结、放苗：播种后出苗前应及时检查田间出苗情况。膜下条播的地块若在出苗期遇到高温，应及时放苗，否则易烫死幼苗，影响出苗率。若是膜上点播，因覆土较厚或者墒情不好影响出苗，应及时破除板结或浇跑马水，以确保全苗。
幼苗期管理	间定苗技术：甜菜出苗后应及时进行间苗和定苗。两项工作以一次完成效果较好，既可以实现壮苗，又可以减少工序，节约费用，提高劳动效率。一般在 2～3 片真叶期一次性完成间定苗工作。结合间定苗进行封洞培土，减少通风漏气和跑墒，抑制杂草，培育壮苗。 病虫害预防：播种前将甜菜种子先浸泡 12 h，然后用福美双、敌克松等药剂进行拌种，在甜菜出苗后应立即中耕，提高地温，促进生长，对甜菜立枯病、菌核病、根腐病、褐斑病等均有较好的防治效果。 中耕除草：甜菜现行后应立即进行浅中耕，以提高地温，促进根系发育，培育壮苗。结合中耕，清除田间杂草。也可使用天安宁除草剂化学除草。
叶丛期管理	中耕施肥：一般中耕 1～2 次，头水前结合最后一次中耕，进行开沟深施追肥。中耕以不铲苗、不伤苗、不埋苗为原则，逐渐加深，结合开沟施肥培土。 灌水：封垄前开沟施肥后，即可浇水。甜菜灌水很有讲究，一般是在 6 月中下旬甜菜施肥后结束蹲苗，浇第一水。以后每间隔 15～20 d 浇一水，进行细流沟灌。
块根快速增长期和糖分积累期管理	灌水：高温下、久旱后不宜浇井水、不宜浇水太多，以免导致田间积水，引发烂根、沤根。在甜菜采收前 7～10 d，应浇一次跑马水，以便收获。 喷施叶面肥和植物生长调节剂：在甜菜生长后期，为了提高甜菜含糖率，应于 8 月中旬至 9 月上旬多次叶面喷施磷酸二氢钾等叶面肥和喷施宝等植物生长调节剂，连续喷药 2～3 次，可以显著提高甜菜产量和含糖率。 防治病虫害：褐斑病可用 50%甲基托布津可湿性粉剂 800～1 000 倍液或 50%多菌灵可湿性粉剂 1 000 倍液叶面喷施。白粉病可用 25%粉锈宁可湿性粉剂 600～900 g/hm^2 或 50%甲基托布津可湿性粉剂 800～1 000 倍液叶面喷施；三叶草夜蛾可选用药剂 1.5%世扬 EC(甲氨基阿维菌素苯甲酸盐) 2 000 倍液或 48%乐斯本 1 000 倍液或 15%阿维毒 1 000 倍液等药剂喷雾。

3.常见技术问题处理

(1)生产中为何会出现大面积立枯病死苗？

立枯病发生与土壤温湿度有密切的关系。一般在土壤温度较低、湿度较大的条件下，立枯病发生较重。排水不良的下湿地，黏重土壤易板结，不利于甜菜幼苗生长，发病一般较重。播种前整地粗放，土壤瘠薄，种子质量差等原因都能引起发病。因此，春季低温持续时间长的年份，或播种过早的地块，会大面积出现立枯病而死苗。

大田出现大面积立枯病死苗，立即采取中耕措施，提高表土温度，降低土方湿度能有效降低发病率。

(2)甜菜头水灌溉时间如何确定？

甜菜植株在不缺水的情况下，头水越晚越好，以利于根系的下扎。从外观看甜菜叶片呈灰黄色，大部分叶片中午萎蔫；从土壤含水情况看，株间耕作层含水量为田间最大持水量的45%，作为蹲苗的结束期和浇水的开始期。

(3)案例：一技术人员在田间做巡回指导时，看见一农民在掰甜菜叶，用来喂牛，技术人员赶紧上前制止。甜菜为什么不能掰除叶片？

甜菜叶子是甜菜的主要光合作用器官，块根积累的蔗糖主要由叶子制造，掰甜菜叶子有害无益，主要害处：①减少叶面积，降低光合作用强度和光合作用产物；②掰叶后，促进新叶增生，使青头加大，从而造成块根增长和糖分积累缓慢；③对制糖有害物质(单糖类、有害氮)的含量增加；④降低工艺品质，影响制糖，使出糖率下降。

(4)甜菜根外追肥有什么作用？

甜菜根外追肥可提高块根产量10%左右，含糖量增加0.2%～0.8%，产糖量增加10%～15%。在甜菜块根糖分增长期进行叶面追肥，效果最显著。

进行叶面追肥，一定要严格控制肥液的浓度，一般过磷酸钙在2%～3%，磷酸二氢钾在0.2%～0.3%，微量元素在0.2%～0.3%。肥液用量也应根据叶丛大小而定。苗期少喷些，叶丛繁茂期可多些，一般为300～600 kg/hm^2。喷肥应选择晴朗无风天气，在露水干后进行；中午阳光过强、叶子萎蔫时不宜喷肥。

(5)甜菜为什么会出现黑心现象？

甜菜块根缺硼，会表现出黑心症状。一般甜菜幼叶叶柄短粗弯曲，内部暗黑色，中下部叶出现白色网状皱纹，褶皱逐渐加深而破裂，老叶叶脉变黄、变脆，最后全叶黄化死亡。有时叶柄上出现横向裂纹，叶片上出现黏状物，根颈部干燥萎蔫，继而变褐腐烂，向内扩展成中空，称“腐心病”。

(四)病虫害防治

近年来，甜菜作物上常发生的病虫害有白粉病、褐斑病、立枯病、丛根病、根腐病、地老虎、金针虫、蛴螬、象甲类、跳甲、甘蓝夜蛾、潜叶蝇等。

1.职业岗位工作

按照甜菜病虫害发生规律，在甜菜不同生育时期识别调查发生情况，及时采取有效防治措施。

2. 工作程序及操作技术和质量要求

病虫害	形态识别	防治方法
立枯病 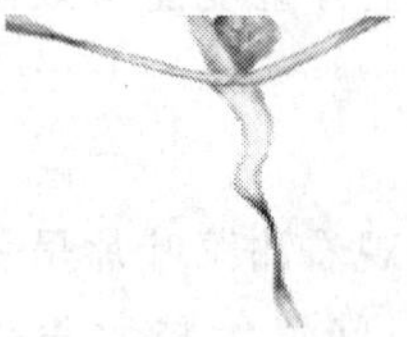	症状:出苗后侵染幼苗的茎基部和根部,产生红褐色或黑色腐烂病斑,最后病部变黑腐烂,幼苗萎蔫枯死。土壤温度低,湿度大,则发病重。发病时间5—6月。	(1)播前用种子重量0.8%的75%敌克松或50%多菌灵拌种。 (2)用75%敌克松800倍液灌根。
甜菜丛根病 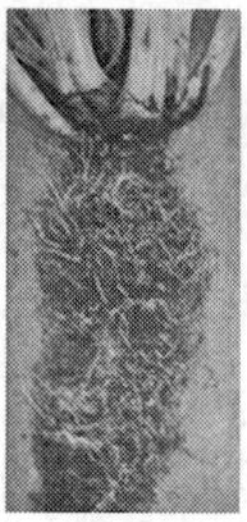	甜菜丛根病的叶部症状主要有3种类型: (1)叶脉黄化坏死型　甜菜发病后,先从底层叶片侧脉出现褪绿黄化,并逐渐扩展到整个叶脉,最后向中上层叶片蔓延,逐渐变褐坏死,叶片皱缩畸形,植株矮化,最后萎缩枯死。 (2)黄化型　病株叶片均匀褪绿黄化,叶片变薄变窄,植株矮化,这类症状在田间有一定的数量。 (3)黑色焦枯型　这种症状在田间分布最广、数量最多,几乎占田间丛根病症状的80%以上,现已基本查明,这种症状不是甜菜坏死黄脉病毒所致。	(1)选用抗、耐病品种　各地可因地制宜选用。 (2)轮作倒茬　轻病区实行4～5年轮作,重病区实行10年以上的轮作,与非藜科作物轮作较好。 (3)培肥地力　深翻土地,增施有机肥和磷肥,提倡施用磷酸二铵等。 (4)药剂防治　土壤熏蒸剂和杀线虫剂氯化苦、溴甲烷等效果较好,也可每100 kg种子用50%福美双可湿性粉剂0.5 kg拌种,防治多黏菌有一定的效果。
褐斑病 	症状:最初叶片上出现少量褐色圆形病斑,病斑扩大后周围形成褐色或赤褐色边缘。潮湿时,病斑中央产生灰白色霉状物,高温多湿发病重。发病时间7—9月。该病借风、雨和昆虫传播。	发病初期可用50%甲基托布津可湿性粉剂800～1 000倍液或50%多菌灵可湿性粉剂1 000倍液叶面喷施,每隔7～10 d喷一次,连喷2～3次。
白粉病 	症状:先在老叶背面后在叶片正面出现白色粉状病斑,最后全株叶片被白粉覆盖,重病叶片发黄脱落。干旱炎热发病重,发病时间6月下旬至8月下旬。该病借气流、雨水、昆虫传播。	发病初期可用25%粉锈宁可湿性粉剂600～900 g/hm^{2}或50%甲基托布津可湿性粉剂800～1 000倍液叶面喷施,每隔7～10 d喷一次,连喷2次。
蛇眼病 	症状:叶片被侵染后,首先产生褐色圆形斑点,后渐渐扩大,到后期病斑形成同心环纹,环外颜色深,中心成灰色薄膜,有时破裂成洞。多雨潮湿发病重。发病时间6—8月。该病借雨水、灌溉水等传播。	(1)拌种方法与立枯病相同。 (2)用50%甲基托布津或75%敌克松各800倍液,每隔7～10 d喷一次,连喷2～3次。

续表

病虫害	形态识别	防治方法
根腐病 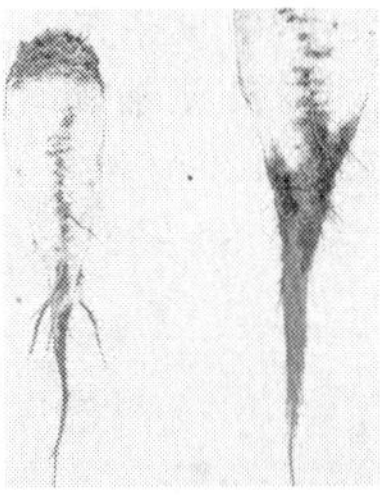 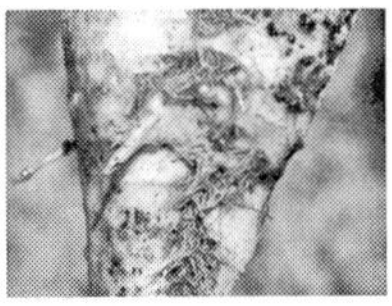	症状：甜菜根腐病是甜菜块根生育期间受几种真菌或细菌侵染后引起腐烂的一类根病的总称。 (1)镰刀菌根腐病　又称镰刀菌萎蔫病，主要侵染根体或根尾，维管束变为浅褐色，木质化。病菌从主根或侧根、支根入侵，经过薄壁组织进入导管，造成导管褐变或硬化，块根呈黑褐色干腐状，根内出现空腔。 (2)丝核菌根腐病　又称根颈腐烂病，根尾先发病，初现褐色斑点，逐渐扩展腐烂，凹陷 0.5～1 cm，后在病斑上形成裂痕，从下向上扩展到根头。病组织呈褐色或黑色，严重的整个根部腐烂，有时病部可见稠密的褐色菌丝。 (3)蛇眼菌黑腐病　根体或根冠初现黑色云纹状斑块，略凹陷，从根内向外腐烂。表皮烂穿后出现裂口，除导管外全都变黑。 (4)白绢型根腐病　根头先染病，后从根头开始向下蔓延，病组织开始变软凹陷，呈水渍状腐烂，外表皮或根冠土表处长出白色绢丝状菌丝体，后期其上长出油菜籽大小深褐色的小菌核。 (5)细菌性尾腐根腐病　细菌从根尾或根梢侵入，病组织变为暗灰色至铅黑色水浸状软腐，由下向上扩展，造成全根烂腐，常溢有黏液，散出腐败酸臭味。	(1)选用、培育抗根腐病的甜菜品种。 (2)选择适宜的地块，建立良好的耕作制度　应选地下水位低、排水良好、土质肥沃的平川地种植，避免在排水不良的低洼湿地种植。如地势较低，应采用大垄，挖好排水沟，使积水能及时排出。深耕深松及铲耥可加深耕层，提高地温，加强土壤通透性，促进根系发达，增强抗病能力，减轻发病。 (3)增施磷肥　以过磷酸钙或复合磷肥作种肥可提高植株的抗病能力。 (4)保护根系、防治地下害虫　播种时种肥应距种子 5 cm 以上，以免“烧苗”；间苗时苗簇过密时不应拔，而应掐，以免伤根；苗期及时培土，以免风害伤苗；铲耥、锄地时勿伤苗；发现地下害虫为害及时用药灭虫。 (5)药剂防治　①70%土菌消 800 倍液灌根，每株 150 mL；②用菌克毒克(2%宁南霉素水剂)兑生根粉兑水进行叶面喷洒；③用甲基托布津兑水进行叶面喷洒防治。
甜菜象甲 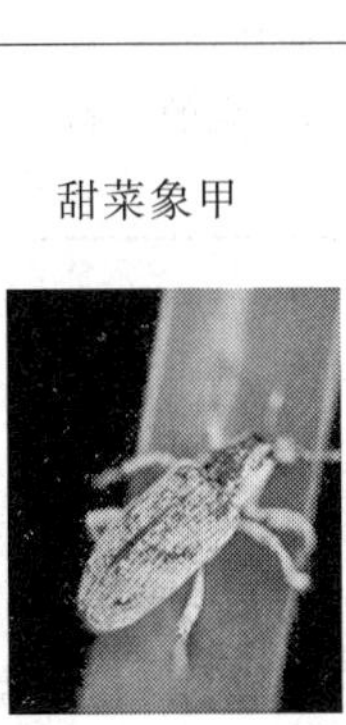	形态特征：成虫体长 12～16 mm，长椭圆形。体、翅基底黑色，密被灰至褐色鳞片。前胸灰色鳞片形成 5 条纵纹。鞘翅上褐色鳞片形成斑点，在中部形成短斜带，行间 4 基部两侧和翅瘤外侧较暗。喙长而直，端部略向下弯，中隆线细而隆，长达额，两侧有深沟。成虫在甜菜幼苗出土后，咬食子叶和真叶成缺刻，严重时把叶片吃光或咬断幼茎，造成缺苗断垄。幼虫在地下咬食甜菜块根，影响块根生长，重则整株枯死。	每 100 kg 种子加水 90 kg，分 3 次加入，每隔 6 h(堆闷)加一次。第一次加水 45 kg，第二次加水 25 kg，第三次加水 20 kg，第三次加水同时加入 50%辛硫磷乳油 1 kg，搅拌均匀后用塑料薄膜覆盖，堆闷 8 h，然后摊开晾至种皮发黄即可播种。 在成虫出土为害时，可喷洒或浇灌 4.5%高效顺反氯氰菊酯乳油、50%辛・氰乳油 2 000～3 000 倍液、48%毒死蜱乳油每公顷 50～60 mL，兑水 300～450 kg 喷雾。

续表

病虫害	形态识别	防治方法
跳甲 	形态特征:成虫体长1.5～2 mm,全体黑色,有金属光泽。鞘翅上刻点纵列,形成若干纵沟,前胸背板近后缘两侧各具一个镰刀形浅凹陷,沿后缘有一列粗刻点,两触角基部间额上具一明显纵脊。成虫为害甜菜幼苗,被害叶表皮被吃,形成浅色斑点,渐成孔洞,致全株枯萎。	(1)播种前用种子重量2.5%的辛硫磷粉剂拌种,有较好效果。 (2)在成虫盛发时可用48%毒死蜱1 000～1 500倍喷施。 (3)甜菜对辛硫磷敏感,使用时需注意防止产生药害。
甘蓝夜蛾  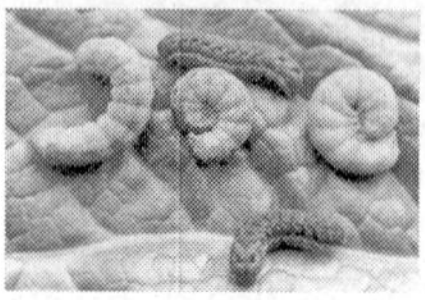	形态特征:成虫体长20 mm,翅展45 mm,棕褐色。前翅具有明显的肾形斑(斑内白色)和环状斑,后翅外缘具一个小黑斑。老熟幼虫体长50 mm,头部褐色,腹部腹面淡绿色,背面呈黄绿或棕褐色,褐色型各节背面具倒八字纹。蛹长20 mm,棕褐色,臀棘为2根长刺,端部膨大。幼虫咬食甜菜叶片,只剩下叶脉,大发生时常把叶片吃光,继续食害叶柄和根头,常致块根减产10%～20%,含糖量下降0.8%～1%。	当90%以上卵已孵化,幼虫多在2～3龄阶段,每公顷喷洒2.5%溴氰菊酯乳油150～300 mL,50%辛硫磷乳油520～750 mL,90%晶体敌百虫600 g,兑水450～525 kg。
潜叶蝇 	形态特征:成虫体长5～8 mm,头半圆形,额带黄褐色至暗褐色。末龄幼虫体长7.5～9 mm,长圆筒形,13节,无足,头不明显,乳白色至黄白色。前端生有三角形黑色小钩2个,具齿4～6个。腹部末节边缘有肉瘤状突起7对,节间也有凸起。幼虫在寄主叶片上下表皮之间,潜食叶肉,残留表皮,呈白色泡状,影响甜菜光合作用。	(1)成蝇发生盛期及时喷洒2.5%敌百虫粉,每公顷22.5～30 kg或90%晶体敌百虫800～900倍液。 (2)幼虫孵化初期喷洒90%晶体敌百虫800～900倍液,或乐果乳油800～1 000倍液、10%烟碱乳油1 000倍液。8:00—10:00露水干后,幼虫开始到叶面活动,老熟幼虫多从虫道中钻出是施药防治该虫的有利时机。

3.常见技术问题处理

当前新疆甜菜栽培病虫害防治存在的主要问题有以下两方面。

(1)耕作制度不科学　甜菜生物产量高,从土壤中吸取营养物较多,一般需4～5年进行轮作。合理轮作有利于恢复地力,抵制病菌、病毒、害虫繁殖,减轻病虫害。新疆很多地区轮作周期短,重茬、迎茬很普遍,有的地区甜菜面积达到耕地面积的50%。据测定,重茬地较5年轮作地褐斑病增加16.8%,迎茬地增加11.4%。重茬地丛根病增加22.5%,迎茬地增加13.2%。重茬地根腐病增加15.5%～20%,迎茬地增加9%。1996年塔城地区因重茬减产10%～35%,含糖量下降1.2%～2.8%。石河子一五一团场在1987—1990年甜菜面积达

47%，1991 年该团场丛根病发病面积占 59.8%。

(2)病、虫、草害防治不力　随着种植时间的延长，轮作周期变短，国内外引种、调种日趋频繁，甜菜病、虫、草害日益增多，加之措施不力，防治体系落后，许多病虫害得不到及时预报及有效防治，致使多种病虫害发生为害严重。

(五)收获贮藏

1.收获期和收获方法

(1)人工收获期　甜菜块根停止生长，叶片衰老枯黄，糖分积累达到最高，即工艺成熟，干物质积累基本停止，应及时收获。收获过早会影响块根产量和含糖量，收获过晚会造成冻害。

甜菜工艺成熟期的标志是:块根重量和含糖率均达到最大值，非糖物质含量达到最低，纯度达 80%以上。地上特征是外层叶片枯落，多数叶片变黄，心叶敞开，叶片下垂，叶片上呈现明亮的光泽。达到工艺成熟期的气温一般在 6～8℃。

(2)收获方法　零星种植可人工用钢叉采挖收获，大面积种植可用无壁犁沿行深松土，切断根尾，起出块根。人工及时捡拾修削收获，规则堆放，以利于装车拉运，应用甜菜叶片遮盖以防水分散失。

2.块根的修削方法

甜菜块根的修削方法分一刀平削法(图 11-5)和多刀修削法两种。一刀平削比较省工，此法适用于块根小的甜菜块根。具体切法是从根头叶柄着生处与块根垂直一刀平削，并把直径 1 cm 以下的根尾削去，除去泥土。对块根较大的则改用多刀修削法，即沿着根头转着削，削去顶芽、侧芽、青皮和 1 cm 以下的尾根。甜菜修削时应集中人力，边拾、边削、边起堆、边覆盖，防止块根失水萎蔫。

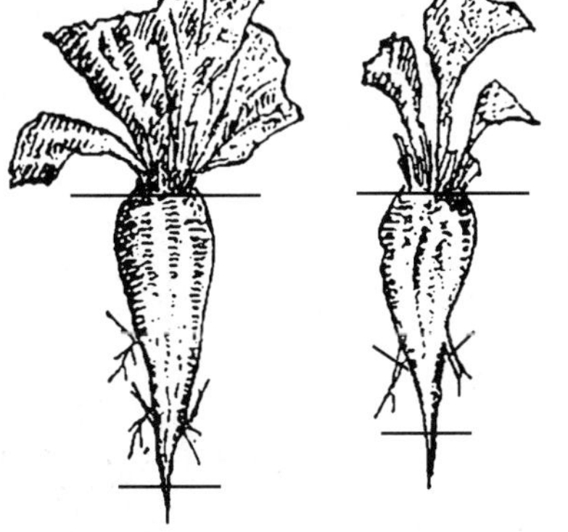

图 11-5　一刀平削法图示

3.田间临时贮藏

经过修削的甜菜如果不能及时运往糖厂，则应在田间就地妥善贮藏，防止失水和冻害。

只作短期贮藏的甜菜，修削后就地起堆，每堆 1 000 kg 左右，堆上覆盖 10 cm 厚的叶片，一般 10 d 之内不会有大的损失。

要在田间作中长期贮藏的甜菜，则应采取更严格的存放措施。最好是按照一定的规格起堆，一般是堆底宽 1.5 m、顶宽 0.8 m、堆高 1 m、堆长 6～7 m，摆放力求整齐。起堆时注意不要将伤病块根和叶片混进去，以免在堆中引起腐烂。同时视堆的长度，在起堆时放置葵花秆或者高粱秆，以利于通风透气，以防堆温升高腐烂，然后在堆上盖 5 cm 厚的潮土。如果在上冻前仍不能拉走，则在上冻前再加盖 5 cm 厚潮土即可安全存放。

4.机械化采收

新疆甜菜收获一直采用人工作业，或用犁铧及自制起拔机进行机力起拔，但甜菜去缨削顶、集堆和装运工序都靠人工完成，劳动强度大，人工成本高而且很难雇到人工，收获时间长也增加了块茎损耗和损失，影响了农民种植甜菜的积极性。新疆为解决甜菜收获问题，近几年从国外引进消化机械采收机组作业，主要有以下几种。

(1)二段式甜菜收获机组　机组作业首先由打叶切顶机一次完成甜菜的去缨、削青头等 2

道工序;然后由牵引式的甜菜挖掘集箱机一次完成甜菜块根的挖掘、清理泥土、集仓和装车等工序,机组日作业量 1.5~2.2 hm^2。二段式甜菜收获机组目前主要有西班牙马赛(MACE)公司产的 2HL-TL 型打叶切顶机和 1AH-S 型甜菜挖掘集箱机,日本三荣 BSR-475 系列割叶机和甜菜挖掘集箱机。

(2)三段式甜菜收获机组　目前三段式甜菜收获行数都是 3 行,首先由打叶切顶机一次完成甜菜的去缨、削青头等 2 道工序;其次是挖掘集条机一次完成甜菜块根的挖掘、清理泥土和集条等 3 道工序;最后甜菜捡拾装载机进行捡拾装车。日作业量为 4.5~6 hm^2。目前三段式甜菜收获机组主要有西班牙马赛公司产的 3HL-TL 型打叶切顶机和 3SV 型甜菜挖掘集条机,江苏常州市金洲机电制造有限公司产的 CTQY3 型打叶切顶机和 CTQB3 型甜菜挖掘集条机,配白俄罗斯产牵引式 PPK-6 型甜菜捡拾装载机进行捡拾装车。

(3)自走式联合收获机　自走式联合收获机主要有德国罗派(ROPA)公司的 eTV83 型(图 11-6)和荷马(HOLMER)公司的 KRBS T3 型自走式联合收获机,收获行数 6 行,装车转载高度 3.8 m,可一次性完成除叶、削头、挖掘、清洁和搜集装车等作业环节,并可实现甜菜茎叶集条。两种机型配置有感应式自动导航系统,自动化和智能化程度高,作业精准,日作业量可达到 20 hm^2。

甜菜机械收获需要精准的种植方式,目前机械采收甜菜种植主要存在交接行距不达标和种植密度不够等问题。甜菜机收种植模式要求为等行距 50 cm,行距偏差不大于 3 cm,机械手很难做到;株距要求 18~20 cm,农民习惯于采用 25~30 cm 株距种植。

图 11-6　eTV83 型联合收获机田间作业

【知识延伸】

1.参阅相关资料,了解甜菜生长发育、品种特性各项指标调查技术。

2.参阅相关资料,了解甜菜测产技术、田间块根含糖量测定技术。

3.参阅相关资料,了解提高甜菜含糖量的相关栽培技术措施。

4.参阅相关资料或参观制糖厂,了解甜菜制糖工艺流程。

【课后作业】

研究制定甜菜 75~90 t/hm^2 高产栽培技术规程。

三、顶岗实习工作过程作业记录单

<table>
<tr><td colspan="6">1. 生产计划与成本预算</td></tr>
<tr><td>种植面积</td><td></td><td>种植户</td><td></td><td>地块编号</td><td></td></tr>
<tr><td>选用品种</td><td></td><td>预计产量</td><td>t/hm²</td><td>预计售价</td><td>元/kg</td></tr>
<tr><td rowspan="8">生产投入</td><td colspan="2">土地承包费</td><td>元/hm²</td><td rowspan="4">成本合计</td><td rowspan="4">元/hm²</td></tr>
<tr><td colspan="2">种子</td><td>元/hm²</td></tr>
<tr><td colspan="2">化肥</td><td>元/hm²</td></tr>
<tr><td colspan="2">农药与施药</td><td>元/hm²</td></tr>
<tr><td colspan="2">水费</td><td>元/hm²</td><td rowspan="4">预期效益</td><td rowspan="4">元/hm²</td></tr>
<tr><td colspan="2">机耕费（耕、耙、播、收）</td><td>元/hm²</td></tr>
<tr><td colspan="2">雇工</td><td>元/hm²</td></tr>
<tr><td colspan="2">其他</td><td>元/hm²</td></tr>
<tr><td colspan="6">根据生产计划制订甜菜高产栽培技术方案（丰产计划）</td></tr>
</table>

<table>
<tr><td colspan="3">2. 备耕检查</td></tr>
<tr><td>检查项目</td><td>检查记录</td><td>评价</td></tr>
<tr><td>土地耕翻墒情（耕地质量、冬灌或春灌情况）</td><td></td><td></td></tr>
<tr><td>种子质量与种子处理</td><td></td><td></td></tr>
<tr><td>播前整地质量（墒情、土壤平整、细碎、化学除草等）</td><td></td><td></td></tr>
<tr><td>播种机调试准备（播量调试、机械工作状况等）</td><td></td><td></td></tr>
</table>

续表

3. 田间管理与作业质量检查				
项目		时间	检查记录(技术措施、指标、作业质量)	评价
播种质量(种肥、下种量、播深、覆土、镇压、浮籽、漏重播等)				
间、定苗				
中耕除草(中耕深度、细碎、平整、伤埋苗、杂草清除等)				
追肥(追肥量、深度、均匀度、覆盖等)				
灌溉(灌溉量、技术标准)	头水			
	二水			
	三水			
	四水			
	五水			
化控、化学除草				
收获(收获方式、损失)				

4. 病虫害调查与防治记载			
病虫害名称	病情指数、为害率调查	防治措施	效果

续表

5. 生育期及品种特性记载

生育期	播种期	出苗期	叶丛期	封垄期	开垄期	收获期
品种特性	株高/cm	叶片数	块根重	含糖量	块根形状	块根产量

6. 测产与效益分析

测产	产量构成因素法	块根数/hm^2	块根重/株	产量/(t/hm^2)
		计算公式:块根数/hm^2×块根重/株×0.85/1 000		
	实测法	按照种植面积取 150 m^2 测产样点若干,取块根修削干净称重测产量。		产量/(t/hm^2)
		计算公式:150 m^2 测产样点产量(kg)平均数×10 000×0.85/150		

效益分析	实际发生成本核算	土地承包费		元/hm^2
		种子		元/hm^2
		化肥		元/hm^2
		农药与施药		元/hm^2
		水费		元/hm^2
		机耕费(耕、耙、播、收)		元/hm^2
		雇工		元/hm^2
		其他		元/hm^2
	平均产量	t/hm^2	市场价格	元/kg
	副产品收入	元/hm^2	种植效益	元/hm^2

续表

7. 生产技术问题处理记录				
时间	生产问题	原因分析	处理措施	效果
8. 甜菜高产高糖栽培技术总结				

第三节　知识拓展

甜菜全程机械化高产高效栽培技术要点

(一)播前准备

1. 土地选择

选择4年以上未种过甜菜,土壤肥力中等,有机质含量10～15 g/kg、碱解氮含量60 mg/kg、速效磷含量在8～10 mg/kg及以上,总盐含量在4～6 g/kg及以下,地势平坦、排灌条件较好的沙壤土或轻黏土地块;轮作种植,不重茬、不迎茬,前茬作物以麦类、豆类、油菜、苜蓿为宜。

2. 土地准备

秋季前茬作物收获后,用大型灭茬机灭茬还田。秋耕冬灌,用大型拖拉机深翻犁地,秋翻深度在25 cm以上,冬灌每公顷灌水1 200～1 500 m^3。翌年春季用轮式拖拉机或联合整地机浅耕、耙、耱、平整地面。若春季土壤墒情不足,应春灌,保证底墒良好。播种前1～2 d进行土壤处理,每公顷地用96%异丙甲草胺乳油(金都尔)1 050～1 200 mL,兑水600～750 kg,用带有液压喷药装置的拖拉机喷雾。施药后及时耙地,将表土层3～5 cm耙匀,使地表形成有药层。

3. 选种

适宜机械化种植的品种应表现为植株叶片紧凑、青头小、抗病性较强。种子质量达到GB 19176—2010中甜菜良种指标。种子必须包衣或丸衣化。

4. 地膜准备

选用厚度为0.010 mm、幅宽70～80 cm地膜,地膜用量为45～60 kg/hm^2。

5. 滴灌管带铺设

播前,按照滴灌工程设计的滴灌带规格和数量购置迷宫式滴灌带,采用膜下滴灌种植方式,使用大型播种机一次完成铺设滴灌带、覆膜、播种、覆土、镇压工作。

(二)播种技术

1. 播种时间

春季连续5 d 5 cm地温持续稳定在5℃以上时播种。北疆一般以4月1—15日为最佳播种时期。

2. 播种方式

选用气吸式精量铺膜播种机播种,行距45～50 cm,株距16～21 cm,播种深度2～3 cm。

3. 播种量及种肥

精量点播下种量为4.5～7.5 kg/hm^2,高产田还需要利用播种机的肥料箱带硫酸钾45～75 kg/hm^2、磷酸二铵150～225 kg/hm^2,将种肥与种子同时错行播下,施肥深度为8～10 cm。

4. 播种质量

播种要求播行笔直,起落整齐,深浅一致,下籽均匀,不重不漏,覆土良好。在有条件的地区使用卫星导航系统播种,1 000 m播行垂直误差不超过2 cm。单粒种株距18～21 cm,机械精量穴播。播种后立即滴水6～8 h,滴水定额450～600 m^3/hm^2,确保出苗。

(三)田间管理

1.蹲苗

蹲苗期从定苗后到滴头水前的一段时期(播种后第50天左右),幼苗表现中午萎蔫、早晚能恢复时,即可结束蹲苗。

2.中耕与追肥

蹲苗期中耕4次,第1次机械中耕深度3～5 cm,第2次机械中耕深度8～10 cm,第3次机械中耕深度13～16 cm,第4次机械中耕深度20～23 cm,每次中耕时间间隔10～15 d。中耕结合开沟追肥,一般追肥量占总施肥量的50%～55%。追肥时间在蹲苗结束,结合第4次中耕在封垄前进行。每公顷追施尿素337.5 kg、磷酸二铵112.5 kg、硫酸钾75 kg。追肥采用复式中耕侧施肥机或追肥机条施追肥,施肥深度10 cm,追肥后覆土并立即灌水。

使用滴灌肥可结合灌水将追肥分多次滴入。前期追肥以氮肥为主,7月底前氮肥要全部追完,8—9月追肥以钾肥为主。

3.灌水

全生育期共滴水8～10次,每公顷滴水定额为5 250～6 750 m^3。滴水应前促后控,叶丛繁茂期至块根膨大期是滴水的重点,土壤含水量达到田间最大持水量的60%～70%时应及时滴水。

4.主要病害防治

①立枯病:播种前选用50%福美双可湿性粉剂或70%敌克松可湿性粉剂药剂拌种,用药量为种子重量的0.8%。②白粉病:白粉病在新疆甜菜产区普遍发生,用50%多菌灵或粉锈宁可湿性粉剂1 000倍液机械喷雾防治2～3次。③褐斑病:7月上旬至9月中旬底易发生,为流行性叶部病害。病害发生初期进行机械叶面喷药防治,每隔10～15 d喷药1次,连续防治2～3次。每公顷用10%苯醚甲环唑水分散粒剂(世高)525 g,兑水450 g喷施防治;或每公顷地用40%氟硅唑乳油(杜邦福星)60 mL,兑水450 kg喷施;或用20%毒菌锡可湿性粉剂250倍液于发病早期喷雾防治。

5.主要虫害防治

①甜菜象甲、跳甲:用48%毒死蜱乳油500倍液和5%锐劲特(氟虫腈)悬浮剂1 000倍液喷施防治;或用40%乙酰甲胺磷乳油800倍液机械喷雾防治。②甜菜甘蓝夜蛾:在7月初至8月中旬发生,采用机械喷雾防治,药剂选用2.5%溴氰菊酯乳油2 500倍液,10%氯氰菊酯2 000倍液,或20%除虫菊酯,或20%杀灭菌酯2 000倍液,用药液量为750 kg/hm^2。③红蜘蛛:发生时间在6月上旬至8月上旬,少量发生时点片防治,用73%克螨特乳油、15%哒螨灵乳油800～1 000倍液机械喷雾防治,连续防治2～3次,药剂交替使用。

(四)机械收获

大面积甜菜用大型机械收获,收获行距50 cm,收获行数6行,平削、起拔、卷起、装车一次性流水作业,日收获面积10～12 hm^2。收获前人工将田间滴灌带主管及毛管收走,并将地头的甜菜挖出,以利于机械收获作业。

(五)残膜回收

收获后地表和土壤中残留地膜应机械清除,以免对土壤造成污染,影响后茬作物生长。

第十二章

新疆油料作物栽培技术实训

第一节　岗位技术概述

油料作物是新疆主要农作物。新疆光热资源丰富，昼夜温差大，降雨量少，具备灌溉条件，非常有利于油料作物油分干物质的积累，同时新疆油料主产区远离大中城市，工业企业较少，无污染源，是生产优质绿色、有机油料的理想之地。随着国内外对油料加工产品需求量的日益增加，大力发展新疆油料生产，既能满足国内需要，又能发展出口贸易，对增加农民收入、推动农业经济发展，促进新疆稳定和富疆固边具有重要作用。

根据2018年《中国农业统计年鉴》数据，新疆油料种植面积22.413万hm^2，种植面积和总产居于前三位的依次为油葵、油菜、红花。2018年新疆主要油料作物种植面积和产量情况见表12-1。

表12-1　2018年新疆主要油料作物种植面积和产量情况

作物	播种面积/$\times 10^3$ hm^2	总产量/t	每公顷产量/kg
向日葵	127.9	409 700	3 203.3
油菜	63.5	177 245	2 793.3
红花	22.3	5 000(花)	224(花)
		36 800(籽)	1 650(籽)
胡麻	4.0	6 800	1 700.0
花生	6.1	27 338	4 449.4
芝麻	0.3	—	—

一、油用向日葵

向日葵种子含油量较高，是我国四大油料作物之一。向日葵油是食用植物油的主要来源之一。向日葵耐寒、耐旱、耐盐碱、耐瘠薄，适应性强，已成为新疆半干旱和轻盐碱地区的高产稳产油料作物，新疆高产田产量可达4 500 kg/hm^2左右。

油用向日葵籽粒含油率一般达40%，高油品种可达55%。向日葵油属于干性油，油清亮微带酱黄色，气味清香。向日葵油亚油酸的含量高达65%～73.9%，远高于大豆油、菜籽油、玉米胚油、胡麻油、芝麻油,人体吸收率可达 93.5%。近代医学证明,亚油酸有溶解胆固醇的功能,因此还有防止动脉硬化、减少心血管病的保健作用,所以葵花油是人们喜爱的食用油之一。

向日葵仁内含有蛋白质 21%～30%,与花生仁相近,果实通过腌煮、烘烤可以制成香醇可口的大众喜食零食。向日葵油除供食用外,还广泛用于油漆、洗涤用品、染料、制药、纺织、造纸等工业。

榨油后的油饼含蛋白质 30%～36%,脂肪 8%～10%,营养价值很高,是理想的家畜饲料。向日葵花盘中含粗蛋白 7%～9%,粗脂肪 6.5%～10.5%,果胶 2%～4%,灰分 10%,最适于喂猪、鸡,还可青贮,用来饲喂牛、羊。

向日葵花期长,花内富有蜜腺,蜜汁多而质优,是优良的蜜源植物。种向日葵同时养蜂,既可提高向日葵的结实率,增加产量,又可收获蜂蜜。所以,发展向日葵生产不仅可以获得经济价值高、用途广泛的油料,而且还可以拓宽多种经营方式,增加农民收入。

向日葵具有抗盐碱,适应性强的特点。新疆向日葵最适种植区包括阿勒泰地区、塔城盆地、伊犁河谷西部地区、准噶尔盆地东南部农区、焉耆盆地、拜城盆地及阿克苏河上游地区,次适宜种植区为准噶尔盆地中南部农区、塔里木盆地边缘绿洲地带、哈密盆地。在南疆焉耆盆地、阿克苏地区的拜城、乌什等县发展复播油葵生产,在其开花期无高温干旱天气,夜间平均气温低,向日葵籽粒形成期持续时间长,最适合生长发育和干物质积累,向日葵在本区产量高,含油率及蛋白质含量高,增产潜力很大。

二、油菜

油菜在世界油料作物中占有重要地位。目前我国油料油脂供给量初步估计在 1 420 万 t 左右,其中菜籽油有 450 万 t 左右。油菜种子中含有丰富的油分,含油率为 35%～45%,油分中有丰富的脂肪酸和多种维生素,营养丰富,是良好的食用油,在工业上也有多种用途。菜籽饼是一种优质肥料,经过处理或含硫代葡萄糖苷低的饼物,又可作为良好的精饲料。油菜根系所分泌的有机酸,能提高土壤中磷的有效性,因此,油菜是一种用地与养地相结合的作物。油菜花又是养蜂的重要蜜源。

油菜对气候和土壤要求不严,适应性强。新疆除吐鲁番地区外,南北疆各地都广为种植油菜,北疆比南疆多,产区分布于天山山间盆地和河谷地带,北疆的伊犁、塔城、昌吉及南疆的阿克苏、巴音郭楞等五地州为主产区,种植面积占全疆总面积的 75%以上。新疆油菜高产田产量可达 3 000 kg/hm^2 左右。

新疆最适种植油菜的地区有昭苏、特克斯、尼勒克、温泉、青河、巴里坤等县。这些地区气候凉爽湿润,极适油菜生长。油菜苗期气温低,营养生长期长,能形成壮苗,开花成熟期温度适宜,湿度高,有利于产量的形成和油分的积累,因而油菜产量、含油率均高。适宜种植的地区有伊犁地区、塔城地区、阿勒泰地区、伊吾谷地、焉耆盆地、拜城盆地、博乐西部以及北疆海拔 1 000 m 以上和南疆海拔 1 500 m 以上的山地农区。这些地区气候凉爽湿润,空气相对湿度高,适于油菜生长,生长后期没有高温干旱的威胁,油菜产量和含油率均高。

三、红花

新疆是我国红花最大的产区,红花栽培面积、干花和种子产量均占全国的 80%左右。红花是一种经济价值很高的经济作物，其花、种子、秸秆等均可综合利用。

红花油中的亚油酸含量与其他食用油相比是最高的(70%以上)，因而它是一种高级保健食用油，具有降低胆固醇、稳定血压、促进微循环、恢复神经的功能，可预防或减少心血管疾病，特别是对防治高血压、高血脂、心绞痛、冠心病、动脉粥样硬化有明显疗效，对肝功能的恢复有辅助疗效。红花油还可以作为药用注射油，广泛用作抗氧化剂和维生素A、维生素D的稳定剂。红花油富含不饱和脂肪酸和较高的碘值(140～152)，是很好的干性油，加之其亚麻酸含量极低，具有优良的保色性和不黄性，所以在工业上大量用于配制油漆、清漆、精密机件的喷漆和印刷油等。

红花花丝具有活血通经、化瘀止痛的功效。红花色素具有抗癌、杀菌、解毒、防腐、健脾、降血压及保护皮肤等保健作用。红花黄色素具有阻止血栓形成，改善组织微循环，改善组织缺氧等功效，可用于跌打损伤、心血管疾病的治疗。新疆是我国红花中药材的重要产地。

新疆红花有三大产区，都在北疆，分别是伊犁、塔城和吉木萨尔。伊犁产区种植面积约1.3万 hm^2，主要分布于伊犁哈萨克自治州的察布查尔县、锡伯自治县、霍城县、伊宁县，其中以察布查尔县种植面积最大。塔城产区种植面积约1万 hm^2，主要分布于塔城地区的裕民县、额敏县、塔城市。周边生产建设兵团也有种植，其中以裕民县为主。吉木萨尔产区主要分布在吉木萨尔县、奇台县、木垒县和农六师红旗农场等，北疆其他地区也有零星种植，但面积不大。

新疆气候干燥，光照时间长，热量资源丰富，在红花生长季节内降雨量少，是红花的理想生境。因此，新疆红花色泽鲜亮，种子含油量高，红花油质量好，而且产量高。新疆1994年在1.2 hm^2 面积上创造了4 770 kg/hm^2 的单产纪录，接近世界高产纪录。可见，在新疆只要选用适宜品种，采用综合配套技术，可以获得高产。

第二节　新疆油用向日葵栽培技术实训

一、基本知识

向日葵属菊科向日葵属，为一年生植物，原产于北美洲，始作观赏和食用干果，后用于榨油。

(一)向日葵的分类

按向日葵植株特征、种子含油率的高低和用途可分成3种类型。

1.食用型

植株高大，一般株高在2.5 m以上，目前引进推广的有些品种，株高在1.7～2.0 m。多为单头，果实大，长15～25 mm，果皮厚而有棱，籽仁不饱满，空壳率可高达40%以上，出油率低，籽实含油率在30%～40%，皮壳率40%～60%；生育期较长，一般为120～140 d，多为中晚熟品种。

2.油用型

植株较矮小，一般在1.5～2.0 m；花盘比较小，果实长5～15 mm，籽仁饱满，出油率高，籽实含油率高达50%～55%，皮壳率20%～30%；生育期较短，一般为80～120 d，多为中熟种或早熟种。

向日葵耐盐碱能力强主要有以下原因。

①根系细胞液浓度大，吸收水分能力强。

②向日葵根群庞大，吸收水分的范围广。特别是主根下扎极深，最深能达 300 cm，能吸收土壤含盐较少的水分。

③植株内能吸收积累较多的盐分。向日葵能把根系吸收的盐分贮存在茎秆和根系中。

④植株叶片宽大浓密，田间荫蔽封垄早，减少了田间地面水分蒸发，从而减少了盐分向地面上升和凝结。

(3)抗旱性　向日葵具有一定的抗旱性，主要是通过忍耐干旱、避旱和吸水力强等途径，在干旱环境中表现出株体受旱害较轻、减产较少的抗旱性能。抗旱主要原因有：①根系发达，吸水力强；②苗期胚根生长快，幼苗 1 对真叶期，胚根已深入土层达 40～45 cm，已具有较强的抗旱能力；③具有利于抗旱的特征，茎秆表面密布刚毛，表皮组织木质化程度高，可减少水分散失，茎秆内部充满海绵状髓，贮存较多的水分，利于植株体内水分运转和代谢的调节；④叶脉较密，输导组织发达，叶片上密生茸毛并覆盖一层蜡质，对光的反射率高，可降低叶片的水分蒸腾，节约用水。

(4)耐涝性　向日葵苗期对水涝及浸泡具有较强的忍耐力，品种间的耐涝性有明显不同。据观察，淹水 11 d 油用向日葵死株率 7.5%，食用向日葵死株率达 30%。

(三)向日葵对环境的要求

1. 温度

向日葵原产美洲热带地区，是喜温作物，但又较耐低温。不同类型的品种对温度的要求不同，一般早熟品种需≥5℃以上积温 2 000～2 200℃，中熟品种为 2 201～2 400℃，中晚熟品种为 2 401～2 600℃，晚熟品种为 2 601℃ 以上。种子在 2～4℃ 时开始吸水萌动，4～5℃ 即能发芽出苗，8～10℃能完全满足正常发芽出苗的需要。向日葵苗期对低温的忍耐力较强，在 −6℃ 时仅叶片边缘受冻，−7℃ 时还能活 10 min，所以向日葵可以早播。

2. 水分

向日葵制造 1 g 的干物质消耗 469～569 g 水。种子发芽约需吸收种子本身重量 56%的水分，从出苗期至现蕾期需水量占全生育期总需水量的 20%左右；现蕾至开花结束占全生育期总需水量的 60%左右，是需水临界期；开花结束至成熟，需水较少，占全生育期总需水量的 20%左右。

3. 土壤

向日葵对土壤选择不严格，耐盐碱能力强，是改良盐碱土的最好作物。它能吸收大量钠和氯，降低土壤的盐渍度，特别是透水性差的重黏土地盐渍度，从而成为能够缓解春水和充分利用重盐碱地、下潮地的优势作物。

4. 营养元素

据测定，油葵每生产 100 kg 的种子，需要 N 7.44 kg、P_2O_5 1.86 kg、K_2O 16.6 kg。从出苗到现蕾对 N、P、K 的需求量占全生育期总需求量分别为 35%、20%和 40%；从现蕾到开花为 32%、33%和 26%；从开花至成熟为 33%、46%和 34%。从现蕾到开花是向日葵吸 N 的高峰期，吸 N 量最大；出苗到现蕾对 P 的吸收量最多；对 K 的吸收在整个生育期间基本上是均衡的。油葵高产栽培全生育期计划施入尿素 300～425 kg/hm^2、磷酸铵 225～255 kg/hm^2、硫酸钾 75～120 kg/hm^2、硫酸锌 15 kg/hm^2。

二、职业岗位能力训练

(一)播前准备

1.职业岗位工作

选择向日葵种植地块,制订生产计划,做好备耕工作。检查土地准备的质量,选择适宜的栽培品种,并进行种子处理。

2.工作程序及操作技术和质量要求

工作环节	工作程序及操作技术和质量要求
土地选择	油用向日葵适应性强,pH 为 5.5～8.5 的各类土壤都可以种植。但要获得高产、稳产,必须选择肥力较好的土壤种植,才能发挥该品种的丰产潜力。宜选择小麦、玉米等禾谷类作物作前茬,不宜用豆类、油菜等易感菌核病的作物为前茬,更不能与向日葵重茬、迎茬,轮作周期必须在 4 年以上。
土地准备	(1)冬前深施肥　按每公顷 150 kg 二铵、75 kg 钾肥及 15 kg 锌肥施入,结合秋耕深翻入土。 (2)深耕灭茬　前茬作物收获后,用重型圆盘耙对角切地灭茬,然后深耕翻地,深度 25 cm,保证犁地质量,掩埋残茬、杂草。 (3)播前灌溉　宜采用沟灌或畦灌。春播地应在头年入冬将封冻时进行,灌水量在 1 200～1 500 m^3/hm^2,要求灌水均匀;夏播地在播种前 7～10 d 灌溉,用水量 1 000～1 200 m^3/hm^2,要求不漏灌,不积水。 (4)适时整地　冬灌地早春化冻后,做到干一片耙一片,适时保墒。播种前一天,机引轻型圆盘耙或钉齿耙,后带平地耱整地,耙地深度 6～8 cm,达到"松、平、碎、齐、净、墒"标准。夏播地气温高,灌溉后适耕期短,需及时掌握土壤墒情,做好播种准备,在距地面 8～10 cm 深处取土手捏成团,从 100 cm 高处落地即散时立即耙地播种,耙地深度 6～7 cm。 (5)化学除草　草害发生较重的土地,整地前用氟乐灵进行土壤封闭。用药 1 200 g/hm^2,兑水 400 kg,在傍晚用机力喷雾器均匀喷雾,做到不漏喷,不重喷,喷药后立即(结合整地)耙耱整地,使药土混合均匀。
种子准备	(1)选购优良品种　选购油用向日葵优良品种要考虑以下三方面因素:一是品种抗、耐病性。目前新疆向日葵锈病、霜霉病、褐斑病、菌核病普遍发生,注意选择抗病品种。二是品种生育期。春播选择中晚熟品种,复播选择早熟品种。三是种子质量。要求发芽率在 90%以上,纯度高,残缺烂籽少。 新疆主栽的中晚熟品种有:'KWS303'、'S606'、'NX190129'等;早熟品种有:'康地 5 号'、'新葵杂 10 号'、'矮大头 567DW'、'伊葵杂 3 号'等。 (2)种子处理　目前市场上销售的油葵种子一般都进行了包衣。种衣剂本身含有广谱性杀菌剂,因此,在新区种植,一般不需种子处理。在病害高发的地区,应对种子进行处理,用种子重量 0.3%的福美双或甲霜灵拌种,防治向日葵苗期病害。地下害虫严重地区,可用 20%的灵丹粉拌种,或用 75%辛硫磷乳剂 50 g 兑水 5 kg,拌 50 kg 种子,堆闷 4 h,晾干后播种。

3. 常见技术问题处理

(1)如何选购油用向日葵合格种子?

选用向日葵良种时要注意以下几点:看种子标签标注内容是否清楚;看生产年限;看是否是正规种子公司生产;看种子外观,包衣均匀度等。

向日葵的种子分为原种和良种。选购良种时种子标签数据应符合以下标准:原种的纯度不低于99.0%,净度不低于97.0%,发芽率不低于85%,水分不高于12.0%;良种的纯度不低于96.0%,净度不低于97.0%,发芽率不低于85%,水分不高于12.0%。

(2)案例:张永丰和张永福同是昌吉市某乡镇农民,近几年种植的油葵病虫害越来越严重。他们听说拌种能有效防治病虫害,就找来相关技术手册,按技术操作要求拌了种,结果张永丰的地油葵出苗率明显下降,张永福的地苗期病虫害仍然发生严重。为什么会出现这种情况?

专家分析:生产中向日葵种子处理主要是药剂拌种或包衣,以预防霜霉病和地下害虫。在药剂拌种时,易出现以下问题:①用药量偏大,而影响种子发芽出苗;②闷种时间不够,达不到应有的效果;③药剂和种子混拌不均匀。

拌种时一定要注意:①根据不同药剂的要求,种子和药剂的比例要适宜;②药剂和种子必须充分混拌均匀,要达到一定的闷种时间,时间到后及时晾干,以免造成发芽率下降。

(二)播种

1. 职业岗位工作

选择适宜播期播种,监督播种技术落实,实现"一播全苗"。

2. 工作程序及操作技术和质量要求

工作环节	工作程序及操作技术和质量要求
适期播种	当5 cm地温连续4~5 d稳定在8~10℃时,即可播种。向日葵幼苗能忍耐-5℃的低温环境,籽实充实能承受-3℃的低温霜冻。最佳播种期是在保证该品种正常成熟的条件下,能使开花期避开高温多雨季节的播种时期。最佳时期播种,能显著提高结实率,获得高产。 冷凉地区播种期:在海拔较高的冷凉地区种植油葵播种期应尽量提早,一般在春麦播种时期就可以播种。这样可以充分利用有限的无霜期,使开花期处于气候高温期,可提高结实率、含油率及产量。 热量充沛区播种期(乌伊公路沿线):春天最佳播种期在4月上中旬,开花期在6月中下旬,避开了7月高温天气,不仅有利于开花授粉,也有利于油分转化积累,提高含油率。夏播最佳播种期在6月上中旬,全生育期85~90 d,开花期在7月底至8月上旬,躲过了高温气候期,有利于油葵授粉灌浆。
精量播种	采用小畦种植,畦距90 cm,每畦2行,行距45~48 cm,株距22~24 cm。
带好种肥	每公顷施45 kg磷酸二铵做种肥。种肥与种子间隔5 cm以上,深度6~8 cm。

3. 常见技术问题处理

(1)向日葵保苗率低的原因以及提高保苗率的措施。

向日葵保苗率低的原因有以下几方面:①整地质量差;②播种时种肥量偏大,且种子与肥料混播,造成烧芽;③播种过深;④土壤盐碱含量高;⑤播种后长期处于低温状态,病害严重;

⑥播种后土壤墒情不足。

提高保苗率的措施有：①严格整地质量，建立良好的苗床环境。②把握好播深。播深要因地制宜，沙质土和墒情差的地，播深 4～5 cm，黏土和墒情好的地宜浅一些，播深 3～4 cm，早播宜浅，晚播宜深。③种肥量不能过多，每公顷带磷酸二铵 45 kg。但是种肥与种子必须分沟施入，避免烧芽。④灌好底墒，或播种后墒情不足补水。⑤改良盐碱地。盐碱地种植向日葵保全苗措施有盐水浸种、开沟点播、换土点播、扒土点播、闷种、淋盐播种等。⑥气温回升慢的地区，在保证成熟的前提条件下，适当推迟播种，可减少苗期菌核病的发生。

(2)播种质量差的原因以及应采取的措施。

向日葵播种质量差产生的原因有：①整地时机欠佳，田间大土块多；②播种前整地过深，土壤疏松层较厚，播种偏深；③播种时拖拉机行走速度快，导致下种不均匀；④播种机械调整不当。

应采取的措施有：①把握好整地时机，严格整地质量，创造适宜的播种环境；②播种前检修、调整好播种机械；③播种时低档匀速播种，提高质量；④播种时随机检查作业质量，对出现的问题及时调整。

(3)春季播种后烂种烂芽，出苗不全的原因。

主要是由于播种过早或播种后遭遇持续低温、降水，尤其在土壤黏重，透气性差的地域，使土壤湿度大，土壤温度低，造成播种后种子腐烂或发芽困难，或发芽后生长缓慢，难以出苗。

(三)田间管理

1.职业岗位工作

根据生产技术管理计划、田间苗情，确定适宜的管理技术措施，指导田间作业，检查记录作业质量。

2.工作程序及操作技术和质量要求

工作环节	工作程序及操作技术和质量要求
苗期管理	出苗至现蕾称为苗期，春播 30～40 d，复播 25～30 d。此期油葵生长较缓慢，但根系生长迅速。管理目标是培育壮苗，为后期花多、粒多、高产创造条件。 (1)查苗补种　播种时发现断条，作出标记立即补种；出苗时及时查找缺苗断垄，严重缺苗断垄用温水催芽补种。 (2)早中耕、深中耕　幼苗现行后，及时中耕，中耕深度 8～10 cm，装好护苗板，低速前行，防止压苗、埋苗。定苗后进行第二次中耕，中耕深度 16～18 cm，可结合中耕进行追肥，尿素 120～150 kg/hm^2，三料过磷酸钙 90 kg/hm^2。 (3)早间苗、定苗　一对真叶时进行间、定苗，株距 20～25 cm，两对真叶时定苗结束。留苗密度 6.0 万～8.2 万株/hm^2，早熟品种留苗密度高些，晚熟品种留苗密度低些。 (4)人工除草　结合定苗人工拔除植株边杂草。 (5)化控　在向日葵 7～8 叶时，用多效唑或助壮素进行化控，可以降低株高，起到防止倒伏的作用。多效唑浓度 200～300 g/m^3，助壮素用量 150～225 mL/hm^2，肥力高，有倒伏倾向的地块可隔 1 周连续用两次。

续表

工作环节	工作程序及操作技术和质量要求
蕾期管理	现蕾至开花称为蕾期。蕾期是油葵营养生长和生殖生长并行旺盛期，也是水肥需求高峰期。18～22 d的时间株高生长量占总高度的60%，干物质积累占总干重的40%，养分约是需肥总量的50%，耗水量是总需水量的43%。蕾期应及时进行中耕培土和水肥管理，加速不定根生长，增强根系吸收能力，促进生殖器官的生长发育。根据土壤墒情，分别于油葵现蕾初期、开花初期和灌浆期灌水3～4次，满足其生长发育的需要。当株高达55～65 cm（即现蕾初期），结合中耕开沟培土，追尿素120 kg/hm^2，随即灌头水，在第二次灌水前，结合中耕追尿素7 kg/hm^2，必须灌透灌匀，在籽粒形成到成熟期，再灌水2～3次。
花期至后期管理	春播30～35 d，夏播20～35 d。花期油葵茎叶茂盛、光合强度高，水分蒸腾量大，是生殖生长、产量形成的关键时期，应保证田间水分供应，采取辅助授粉措施，提高结实率。开花结束后进入籽实充实期，是油分转化积累的关键时期，此阶段高温气候和充足的水分供应十分有利于油分转化积累。 (1)适时灌溉　在盛花期以前灌溉第二水(1/3植株开花)，可保证盛花期土壤水分供应，维持田间空气湿度，有利于葵花泌蜜，吸引昆虫授粉。 (2)放蜂授粉　油葵是典型的异花授粉作物，其花粉粒重，不易随风飘动，且自交结实率低，主要依靠昆虫传粉结实。花期放蜂授粉是提高结实率的重要技术措施，可提高产量20%～30%。一般需要每公顷放蜂1～2群(箱)。 (3)人工辅助授粉　开花期蜂群不足或不具备放蜂条件，自然昆虫少时，应进行人工辅助授粉。 ①软扑授粉法。用绒布、棉花及硬纸板做成一个同花盘大小相等的软扑，授粉时，用软扑轻轻磨按花盘，使花粉沾在软扑上，然后在其他花盘上轻轻磨按，即可以达到辅助授粉作用。 ②花盘接触法。开花时将相邻的两个花盘相互接触，再轻轻抖动，即可起到辅助授粉作用。 人工辅助授粉在开花期进行，最好每隔1～2 d进行一次，共进行3～5次。在上午露水干后到12时效果最好，授粉时间过早，露水未干，花粉粒宜结团，影响授粉效果；时间过晚，中午炎热，花粉粒活力弱。同时要防止人为损伤柱头和植株，造成空秕粒。 (4)后期根据气候条件和土壤墒情状况，在开花结束后到成熟前15 d左右灌溉第三水，并可叶面喷施3%磷酸二氢钾水溶液，能增加千粒重，提高籽实含油率。

3.常见技术问题处理

(1)中耕死苗的原因及防止措施。

中耕死苗的原因：①土壤黏重，中耕时间偏晚，形成大土块，伤根量大而死苗；②中耕时，中耕铲距离苗行过近，保护带不够，而伤根死苗；③幼苗时中耕的深度超过15 cm，而伤根死苗。

防止措施主要有：①根据土壤质地和墒情确定适宜的中耕时间和深度；②中耕时应留10～12 cm的保护带；③幼苗时中耕应遵循早、浅—深—浅的原则，提高地温，以利于根系的下扎。

(2)向日葵倒伏的原因及防止措施。

向日葵倒伏的原因有：①养分使用比例失衡，表现为N肥施用比例偏大，P、K肥施用比例偏低，或只施用N肥，不施P、K肥，加之新疆追肥主要是集中在现蕾期全部施入，导致茎秆生长偏高，机械组织不发达而倒伏；②头水灌溉时间偏早，根系下扎有限，且基部茎节间细长，抗倒伏能力弱；③中耕偏晚，不利于根系下扎；④开花以后浇水时有大风，导致倒伏。

防止措施：①调节肥料比例，增加P、K肥的施用量，改进施肥方法和措施，提高肥料利用率；②增加苗期中耕次数，促使根系形成和下扎；③依据田间生长情况，延迟灌溉时间；④向日葵开花期，要浇好开花水，但要根据气候变化和水情，灵活掌握向日葵的浇水，从而防止向日葵倒伏。

(3)向日葵分杈的原因及解决的方法。

造成油用向日葵出现分枝的原因有：

①低温冷害。生育前期低温冷害，造成生长发育迟缓。

②不合理灌溉。8～12 片叶期间及现蕾前，在一定的干旱过程后，突然灌水或降雨会造成营养运输失衡，引发及促进腋芽分化。

③田间作业失误。在耕作过程中，农机具造成向日葵须根受损。因为向日葵的根系发育与地上部分的发育是通过维管束相互影响的。

④营养不足。土地瘠薄，单株营养面积失衡也是造成营养枝出现的重要外界条件。

⑤施肥不当。不平衡的施肥方法也可能造成营养枝出现。如播种不带种肥，苗期不松土、不追肥、定苗过晚使植株在营养生长阶段不能正常发育。株高 0.8～1.2 m 即开花，限制了株高，再采取一炮轰的大水大肥方式，是造成分枝的主要原因。

⑥土壤缺硼。土壤缺硼，主茎生长不良，腋芽随之分化。

解决措施：①选择适宜土地，适时冬灌，确保充足底墒；②有条件的地方适时轮作，防止供肥单一性，减少病虫害发生；③施足底肥，底肥以有机肥、磷肥为主，带足种肥，与种子分沟施入，三料过磷酸钙不少于 75 kg/hm^2，尿素不少于 45 kg/hm^2；④及时定苗、中耕松土、追肥，促使幼苗早生快发；⑤适时开沟浇头水，开沟后视苗情而定是否进头水，正常情况下以现蕾后浇头水为宜，如遇旱可适当早进；⑥加强田间管理，防虫、除草、减少机械损伤。打杈应在花盘形成期。有些品种，在茎秆中、上部常发生分枝现象，要及时除掉，使营养集中在主茎花盘上，保证籽粒饱满充实。打杈工作要及时，做到“枝杈一冒，立即打掉”。此外，密度过大，通风透光不良或有徒长现象的地块，应在花授粉后适当打掉部分不太起作用的老叶。

(4)叶面施肥后出现花斑的原因及防止措施。

叶面施肥后出现花斑主要是由于浓度过高，使用的水量偏少而导致的。一般要求施用叶面肥时，施用一种肥料，用水量 450 kg/hm^2；如果两种肥料混用，用水量应加大到 475 kg/hm^2。

(5)向日葵灌浆中后期出现折头的原因及防止措施。

向日葵灌浆中后期出现折头的原因主要有：①开花期浇水多(或降雨量大)，且氮肥施用量偏多，导致盘下节间细长，机械组织不发达，易折断；②花盘过大，灌浆后头过重，易折断；③品种特性，花盘倾斜达到 4 级以上，背面凹陷较深，降雨多的地区易折断。

防止措施：①选择适当的品种；②调节肥水管理方案，增加 P、K 肥的使用量，促使机械组织的形成。

(四)病虫害防治

近年来，随着油用向日葵种植面积不断扩大，农民重茬种植面积增加，导致向日葵菌核病、锈病、霜霉病、白粉病普遍发生。向日葵螟是新疆向日葵种植常见虫害。

1. 职业岗位工作

按照向日葵病虫害发生规律，在向日葵不同生育时期识别调查其发生情况，及时采取有效防治措施。

2. 工作程序及操作技术和质量要求

病虫害	形态识别	防治方法
向日葵螟  	成虫：体长 8～12 mm，翅展 20～27 mm。体灰白色，触角丝状。前翅灰色微黄，近中央处有 4 个黑色斑点，内侧 3 个相连，外侧一个系由两个小斑点相连而成。静止时前后翅紧抱体躯两侧，与向日葵种子很相似。 卵：乳白色，椭圆形，长 0.8 mm，宽 0.4 mm，卵壳有光泽，具有不规则的浅网纹。 幼虫：体长约 18 mm，淡黄灰色，腹面浅黄绿色，背面有 3 条暗色或淡棕色纵带，头部淡褐色。 蛹：长 10～12 mm，黄褐色，羽化前呈暗褐色，腹部背面 1～10 节都有圆刻点。	(1)选用抗虫品种　油用向日葵较食用向日葵受害轻，白皮品种较黑皮品种受害轻。 (2)实行秋耕、冬灌，清除菊科杂草，适当提早播种，减轻或避免第一代幼虫为害。 (3)化学防治　在向日葵开花初期，即成虫产卵期，用 80%敌敌畏乳油 100 mL，20%氯氰菊酯或 2.5%溴氰菊酯乳油(敌杀死)10 mL 进行防治。 (4)生物防治　用 Bt 乳剂每公顷 2.25 L 喷雾防治幼虫，防治率可达 59%～81%。
向日葵白星花金龟	白星花金龟(参见第八章)别名白纹铜花金龟、白星花潜、白星金龟子、铜克螂。 成虫：体长 17 ～ 24 mm，宽 9～12 mm。椭圆形，具古铜或青铜色光泽，体表散布众多不规则白绒斑。触角深褐色；复眼突出；前胸背板具不规则白绒斑；前胸背板后角与鞘翅前缘角之间有一个三角片甚显著，即中胸后侧片；鞘翅宽大，近长方形，遍布粗大刻点，白绒斑多为横向波浪形。	(1)杀灭未腐熟粪肥中的幼虫。 (2)糖醋液诱杀。 (3)白星花金龟初发期在向日葵上挂细口瓶，用酒瓶或清洗过的废农药瓶均可，挂瓶高度 1～1.5 m，瓶里放入 2～3 个白星花金龟，田间的白星花金龟飞到瓶上时，先在瓶口附近爬行，后掉入瓶中，每 667 m^2 可挂瓶 40～50 个，捕杀白星花金龟，效果优异。 (4)人工捕杀。
向日葵菌核病  	向日葵菌核病在向日葵整个生育期间都能发生，病害症状有以下两种类型。 (1)茎腐型　幼苗期发病主要在茎基部，绕茎形成水浸状病斑，潮湿时长出白色絮状菌丝，干燥后病部收缩变细，茎内形成黑色菌核，植株呈立枯状枯死。成株期发病也以茎基部为主，呈现出淡褐色的湿润状病斑，然后逐渐扩大到整个植株的茎部，叶片由下向上逐渐变黄、枯萎而脱落，最后造成整个植株枯死。 (2)盘腐型　这种病症主要在谢花期以后最重，当花盘受害时，在其背面出现水浸状病斑，花托变成褐色且软化。遇到多雨天气，病斑开始迅速扩大，造成花盘腐烂，使籽粒不能成熟。	(1)轮作倒茬　与禾本科作物实行 5～6 年轮作。 (2)秋翻冬灌　将地面上菌核翻入深土中，使其不能萌发。 (3)种植抗、耐病品种。 (4)清除田间病残体，发现病株拔除并烧毁。 (5)适当晚播，增施磷钾肥。 (6)种子处理　用 35～37℃温水浸种 7～8 min 并不断搅动，菌核吸水下沉，捞出上层种子晒干。种子内带菌采用 58～60℃恒温浸种 10～20 min 灭菌。 (7)药剂防治　用种子重量 0.3%的 50%腐霉利或 40%菌核净可湿性粉剂拌种。花盘期喷洒 40%纹枯利可湿性粉剂 800～1 200 倍液或 50%甲基托布津可湿性粉剂 1 000 倍液，重点保护花盘背面。

续表

病虫害	形态识别	防治方法
向日葵锈病 	叶片、叶柄、茎秆、葵盘等部位染病后都可形成铁锈斑状孢子堆。叶片染病，初在叶片背面出现褐色小疱，表面破裂后散出褐色粉末，即病原菌的夏孢子，后病部生出许多黑褐色的小疱，即病菌冬孢子堆，散出黑色粉末，即冬孢子，发生严重的致叶片早期干枯。	(1)选育抗病品种。 (2)加强前期管理，及时中耕，合理施用磷肥。 (3)药剂拌种　用25%羟锈宁可湿性粉剂100 g干拌50 kg种子，可减轻发病。 (4)发病初期喷洒15%三唑酮可湿性粉剂1 000～1 500倍液或50%萎锈灵乳油800倍液、50%硫黄悬浮剂300倍液等药剂，隔15 d左右1次，防治1次或2次。
向日葵霜霉病  	苗期、成株期均可发病。造成植株矮化，不能结盘或死亡。苗期染病2～3片真叶时开始显症，叶片受害后叶面沿叶脉开始出现褪绿斑块，叶背可见白色绒状霉层。病株矮小。成株染病初期，在近叶柄处生淡绿色褪色斑，沿叶脉向两侧扩展，后变黄色并向叶尖蔓延，湿度大时叶背面沿叶脉间或整个叶背出现白色绒层，厚密。病株较健株矮，节间缩短，茎变粗，叶柄缩短。随病情扩展，花盘畸形，失去向阳性能，结实失常或空秆。	(1)建立无病留种田　严禁从病区引种。选用抗病品种。 (2)与禾本科作物实行3～5年轮作。 (3)用种子重量0.5%的25%甲霜灵拌种。 (4)苗期或成株发病后，喷洒58%甲霜灵锰锌可湿性粉剂1 000倍液或64%杀毒矾可湿性粉剂600倍液、25%甲霜灵可湿性粉剂800～1 000倍液、40%增效瑞毒霉可湿性粉剂600～800倍液、72%杜邦克露等药剂防治。
向日葵白锈病 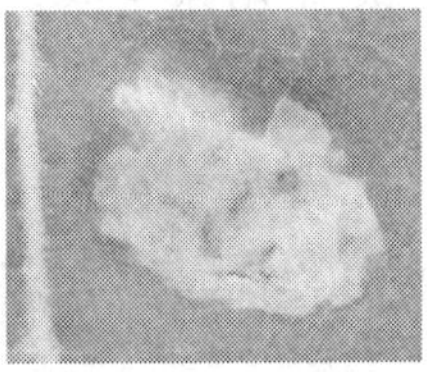	病叶初期在正面出现淡绿色小斑点，后渐变黄色，相应的叶背面病斑处长出有光泽的如白色油漆状的小疱斑点，破裂后散出白色粉末(孢子囊)，后期病叶枯黄。病斑多时可连接成片，造成叶片发黄而枯死。	(1)选用抗白锈病的品种。 (2)用种子重量1%的35%瑞毒霉或甲霜灵拌种。 (3)甲霜灵系列杀菌剂对白锈病有较好的防治效果。此外，还可选用64%的杀毒矾600倍液等药剂防治。

续表

病虫害	形态识别	防治方法
向日葵列当 	向日葵列当是一年生草本植物，属双子叶植物，列当科。列当寄生在根部，导致向日葵植株矮小、瘦弱，不能形成花盘，最后全株枯死。 列当茎直立，单生，肉质，黄褐色至褐色，无叶绿素；没有真正的根，靠短须状的假根侵入向日葵须根组织内寄生。株高一般 20 cm，最高 54 cm。茎有纵棱。叶退化为鳞片状，螺旋状排列在茎上。蒴果 3～4 纵裂，内含大量深褐色粉末状的微小种子。种子不规则形，坚硬，表面有纵横网纹，大小为 0.25 mm×0.3 mm。种子大小差异很大。	(1)严格检疫制度。 (2)中耕除草，铲除列当。 (3)药剂防治　选用二硝基邻苯酚，浓度为 0.2%水溶液，在列当苗大量出土时，喷洒在向日葵根部及附近地表，每公顷喷用稀释药液 4 500 mL，喷后 10～15 d 出土的列当苗可全部被杀死。用 0.2%的 2,4-D 丁酯水溶液，喷洒于列当植株和土壤表面，每公顷用药液 4 500～5 250 mL，8～12 d 后可杀死列当 80%左右。但必须注意，向日葵的花盘直径普遍超过 10 cm 时，才能进行田间喷药，否则易发生药害。

3. 常见技术问题处理

(1)向日葵螟幼虫的为害时间正好与向日葵的开花时间相同，因此，在防治时最好选用生物农药进行防治，以免伤害传粉昆虫。向日葵螟的药剂防治时间一定要在幼虫 1～2 龄钻入花盘之前进行。

(2)白星花金龟以杀灭幼虫和诱捕防治为主。

(3)病害防治以预防为主，选用抗病品种和药剂拌种是主要的预防措施。

(4)目前市场销售的新农药很多，可选用与所介绍的农药作用机理相同或相近的农药。

(5)使用 2,4-D 丁酯防治向日葵列当时，一定要在向日葵花盘直径超过 10 cm 后进行，同时还要注意周围的双子叶作物，以免发生药害(双子叶作物对 2,4-D 丁酯非常敏感)。

(五)收获贮藏

向日葵葵盘由绿色转化到黄泛绿色，中、上部叶片开始褪绿变黄，籽粒变硬，便达到了生理成熟，籽粒干物质积累基本停止。生理成熟 1 周后葵盘周边苞叶转褐色干枯时要及时收获，避免鼠害、鸟害及大风造成产量损失。零星种植可用人工收获，大面积种植可用改装的康拜因收获。

向日葵的安全贮藏，主要决定于种子含水量，食用种的安全含水量要求达到 10%～12%，油用种安全含水量要求低于 7%。另外，必须清除杂质，要求种子净度达 98%以上，才能达到安全贮藏。

【知识延伸】

1. 参阅相关资料，了解油用向日葵生长发育、品种特性各项指标调查技术。

2. 参阅相关资料，学习掌握向日葵主要病虫害病情指数、为害率调查技术。

3. 参阅相关资料，了解新疆主栽油用向日葵品种特性、栽培技术要点。

【课后作业】

研究制订油用向日葵 4 500 kg/hm^2 高产栽培技术规程。

三、顶岗实习工作过程作业记录单

1. 生产计划与成本预算

种植面积		种植户		地块编号	
选用品种		预计产量	kg/hm^2	预计售价	元/kg
生产投入	土地承包费		元/hm^2	成本合计	元/hm^2
	种子		元/hm^2		
	化肥		元/hm^2		
	农药与施药		元/hm^2		
	水费		元/hm^2	预期效益	元/hm^2
	机耕费(耕、耙、播、收)		元/hm^2		
	雇工		元/hm^2		
	其他		元/hm^2		

根据生产计划制订油用向日葵高产栽培技术方案(丰产计划)

2. 备耕检查

检查项目	检查记录	评价
土地耕翻墒情(耕地质量、冬灌或春灌情况)		
种子质量与种子处理		
播前整地质量(墒情、土壤平整、细碎、化学除草等)		
播种机调试准备(播量调试、机械工作状况等)		

续表

<table>
<tr><td colspan="5">3.田间管理与作业质量检查</td></tr>
<tr><td colspan="2">项目</td><td>时间</td><td>检查记录(技术措施、指标、作业质量)</td><td>评价</td></tr>
<tr><td colspan="2">播种质量(种肥、下种量、播深、覆土、镇压、浮籽、漏重播等)</td><td></td><td></td><td></td></tr>
<tr><td colspan="2">间定苗</td><td></td><td></td><td></td></tr>
<tr><td colspan="2">中耕除草(中耕深度、细碎、平整、伤埋苗、杂草清除等)</td><td></td><td></td><td></td></tr>
<tr><td colspan="2">追肥(各类型肥料追肥量、深度、均匀度、覆盖等)</td><td></td><td></td><td></td></tr>
<tr><td rowspan="4">灌溉(灌溉量、技术标准)</td><td>头水</td><td></td><td></td><td></td></tr>
<tr><td>二水</td><td></td><td></td><td></td></tr>
<tr><td>三水</td><td></td><td></td><td></td></tr>
<tr><td>四水</td><td></td><td></td><td></td></tr>
<tr><td colspan="2">化控、化学除草</td><td></td><td></td><td></td></tr>
<tr><td colspan="2">收获(收获方式、损失)</td><td></td><td></td><td></td></tr>
</table>

4.病虫害调查与防治记载

病虫害名称	病情指数、为害率调查	防治措施	效果

续表

<table>
<tr><td colspan="7">5. 生育期及品种特性记载</td></tr>
<tr><td rowspan="2">生育期</td><td>播种期</td><td>出苗期</td><td>现蕾期</td><td>开花期</td><td>成熟期</td><td>生育期</td></tr>
<tr><td></td><td></td><td></td><td></td><td></td><td></td></tr>
<tr><td rowspan="7">品种特性</td><td>株高/cm</td><td>叶片数</td><td>茎粗/cm</td><td>花盘直径</td><td>花盘形状</td><td>花盘倾斜度</td></tr>
<tr><td></td><td></td><td></td><td></td><td></td><td></td></tr>
<tr><td>倒伏率/%</td><td>折茎率/%</td><td>籽仁率/%</td><td>粒色</td><td>粒型</td><td>百粒重/g</td></tr>
<tr><td></td><td></td><td></td><td></td><td></td><td></td></tr>
<tr><td>籽粒容重</td><td>含水量</td><td>单盘粒重</td><td>不育株率</td><td>分枝株率</td><td>植株整齐度</td></tr>
<tr><td></td><td></td><td></td><td></td><td></td><td></td></tr>
<tr><td colspan="6"></td></tr>
<tr><td colspan="7">6. 测产与效益分析</td></tr>
<tr><td rowspan="7">测产</td><td rowspan="3">产量构成因素法</td><td>株数/hm²</td><td>花盘数/株</td><td>粒数/花盘</td><td>百粒重/g</td><td>产量/(kg/hm²)</td></tr>
<tr><td></td><td></td><td></td><td></td><td></td></tr>
<tr><td colspan="5">计算公式：株数/hm²×花盘数/株×粒数/花盘×百粒重(g)×0.8/1 000</td></tr>
<tr><td rowspan="4">实测法</td><td colspan="3" rowspan="2">按照种植面积取150 m² 测产样点若干，取花盘自然风干，取籽粒称重、测籽粒含水量。</td><td colspan="2">产量/(kg/hm²)</td></tr>
<tr><td colspan="2"></td></tr>
<tr><td colspan="5" rowspan="2">计算公式：150 m² 测产样点产量(kg)平均数×10 000×水分校正系数/150</td></tr>
<tr></tr>
<tr><td rowspan="10">效益分析</td><td rowspan="8">实际发生成本核算</td><td colspan="3">土地承包费</td><td colspan="2">元/hm²</td></tr>
<tr><td colspan="3">种子</td><td colspan="2">元/hm²</td></tr>
<tr><td colspan="3">化肥</td><td colspan="2">元/hm²</td></tr>
<tr><td colspan="3">农药与施药</td><td colspan="2">元/hm²</td></tr>
<tr><td colspan="3">水费</td><td colspan="2">元/hm²</td></tr>
<tr><td colspan="3">机耕费(耕、耙、播、收)</td><td colspan="2">元/hm²</td></tr>
<tr><td colspan="3">雇工</td><td colspan="2">元/hm²</td></tr>
<tr><td colspan="3">其他</td><td colspan="2">元/hm²</td></tr>
<tr><td>平均产量</td><td colspan="2">kg/hm²</td><td>市场价格</td><td colspan="2">元/kg</td></tr>
<tr><td>副产品收入</td><td colspan="2">元/hm²</td><td>种植效益</td><td colspan="2">元/hm²</td></tr>
</table>

续表

7.生产技术问题处理记录				
时间	生产问题	原因分析	处理措施	效果
8.油用向日葵高产栽培技术总结				

第三节　知识拓展

一、新疆向日葵绿肥栽培技术

(一)品种选择

多年来生产中一直将油用型向日葵品种做绿肥,但有些试验结果表明,油用型向日葵做绿肥,不如兼用型的地方品种,如:'乌苏小葵花'茎叶及根的风干重较油用型向日葵高40%,N产量提高34.4%,P_2O_5 提高85.9%,K_2O 提高41.1%,同时还表现早熟。

此外,兼用型地方品种'巴楚多头葵花',植株高大、繁茂,生物产量高,养分含量也高,但比'乌苏小葵花'晚熟10 d,如能早播,其产量优势更加明显。

(二)播种期

据石河子农学院研究表明,复种向日葵绿肥,地上部分干物质积累,以现蕾到开花期最快,盛花阶段仍保持一定的速度,所以复种向日葵绿肥的播种期,以翻压时植株发育到开花至盛花期为宜。北疆从7月中旬至8月上旬都可以播种,其中以7月下旬最好;南疆7月至8月中旬都可播种,10月翻耕,第二年种棉花或其他作物。

(三)播种密度与播种方法

向日葵绿肥的种植密度可以比生产种子的向日葵种植密度多2～3倍,行距30～40 cm,株数18万株/hm^2 左右。生产中对向日葵绿肥不实行间、定苗,密度由播量多少控制,而播量多少又与播种方法有关。在新疆,一般采用麦茬地耕翻耙平后,用24行播种机播种,紧接着灌水的方法(称干播湿出法),也可利用麦地原有畦埂,麦收后及时清地,将种子撒播,然后耙地,上水。一般播深2 cm,播种量25～30 kg/hm^2,同时结合施种肥尿素75 kg/hm^2。

(四)田间管理

复种向日葵绿肥生长快,病、虫、草害较少,田间管理工作简单。一般在出苗后15 d左右(8月中下旬)灌水,时间不可太迟,否则影响幼苗生长;以后每隔15 d左右再灌水一次,即可满足其生长需要。

(五)翻压时期和翻压技术

向日葵绿肥在开花期地上部分生物产量占总量的85%～90%,植株氮、磷总量比其他时期的多,是向日葵绿肥的最佳翻压时期。

向日葵绿肥到了开花期株高1.7～2.1 m时,用畜力和小型拖拉机等农机具很难翻耕,需要用大型机引犁作业,并在犁架上加装一根压倒植株的角铁和圆木,趁机车行走顺势将植株压倒,而后翻耕。同时为了受力平衡,须在犁后加挂一组镇压器,并适当加大耕深,提高翻压质量。翻压时需要调节C和N的比例,施用尿素75～90 kg/hm^2,可以加快植株的分解转化。

二、新疆食葵优质高产栽培技术

近年来,受种植收益、市场需求、销售价格、消费升级和气候环境等因素影响,新疆食葵种植面积逐年加大,已成为当前主要的经济作物之一。

(一)土壤条件的选择

食葵对土壤的适应性很广,具有耐盐碱、耐瘠薄和耐干旱等特点,除盐碱过重地块不宜种植外,一般耕地及荒地均可种植。食葵为深根作物,秋季用大中型拖拉机深耕,深度 30～35 cm,浇好秋水。结合整地施足基肥,施腐熟有机肥 30～45 t/hm^2、磷酸二铵 150～180 kg/hm^2、硫酸钾肥 8～10 kg/hm^2。

(二)品种的选择

根据本地的气候特点,选择适合本地区的高产优良品种。可选择早熟或中早熟食葵品种,如:'SH363'、'SH361'等杂交种。在播种前进行种子筛选或人工粒选,去掉杂粒、小粒、秕粒、虫蛀粒和其他杂质,提高种子纯度。播种前晒种 1～2 d,可提高发芽率。进行药剂拌种,可有效预防食葵苗期地下害虫的为害。

(三)播种

1. 适时播种

5 cm 土层 4～5 d 稳定在 5℃时开始播种。各个地区应根据当地土壤环境及气候特征选择最佳播种时间,一般播种时间为 4 月 5—20 日。

2. 播种方式及密度

采用气吸式精量播种,播量 7.5～9.75 kg/hm^2;'SH363'、'SH361'等采用宽窄行播种,行距 110 cm+40 cm,株距 48 cm,理论保苗株数 2.775 万株/hm^2。'JK106'、'三瑞 6 号'等采用行距 70 cm+40 cm,株距 50 cm 的株行配置,理论保苗株数 3.636 万株/hm^2。

3. 播种质量

食葵播种要求播行笔直、起落整齐、深浅一致、下籽均匀、不重不漏、播量精确、播深适宜、覆土良好、接行准确、到头到边。

4. 滴灌系统设置

滴灌带采用单翼迷宫式滴灌带,滴头流量 2.4～2.6 L/h,滴头间距 30 cm。

(四)田间管理

1. 间、定苗

当幼苗出现 1 对真叶时间苗,2 对真叶时定苗。病虫严重或盐碱较重的地块,定苗期可适当推迟,但最晚不能在 3 对真叶出现之后。

2. 中耕除草

滴灌食葵在生育前期可中耕 2～3 次。第 1 次中耕在 1～2 对真叶期结合间、定苗进行,深度 5～7 cm;第 2 次中耕在定苗后 1 周进行,深度 10 cm;第 3 次中耕在封垄前完成,深度 15 cm。

3. 肥水管理

滴灌食葵主要采用随水施肥，前期以磷肥为主，后期逐渐增加氮肥施用量。追肥分 3～4 次滴施，第 1 次滴肥在食葵现蕾期，滴施高磷钾滴灌肥 15 kg/hm^2，尿素 75 kg/hm^2；第 2 次在花期，滴施高磷钾滴灌肥 45 kg/hm^2，尿素 45～75 kg/hm^2；第 3 次、第 4 次在灌浆期，分别滴施高磷钾滴灌肥 15～30 kg/hm^2，尿素 30～45 kg/hm^2。全生育期一般滴水 6～7 次，滴水周期平均为 7～10 d。滴水原则"头水透、中间多、两头少"。出苗水水量控制在 675 m^3/hm^2，以后每次水量控制在 600 m^3/hm^2。食葵灌浆后应减少灌水次数和灌水量，以防由于葵盘过重引起倒伏，造成减产。同时做好叶面肥的喷施工作，在 7 对叶期和开花初期每公顷分别喷施硼肥 1.5 kg＋锌肥 0.75 kg＋磷酸二氢钾 3 kg，兑水 450 kg 的叶面肥 1～2 次。

4. 放蜂及人工辅助授粉

食葵是虫媒异花授粉，由于食葵花粉管较长，往往授粉不良，空壳率较高，采用放蜂辅助授粉，每公顷放置 1～2 箱蜂，可提高结实率。此外，也可以用"对花盘""粉扑子"等人工授粉方式进行辅助授粉，可在盛花期进行 3～4 次。

(五)病虫害防治

1. 向日葵菌核病

在发病初期，拔除并烧毁田间病株，同时用生石灰对病穴进行消毒。在现蕾初期用菌核净 800～1 000 倍液叶面喷施，每隔 7～10 d 一次，喷施 2～3 次。

2. 向日葵霜霉病

做好种子拌种，用 25%甲霜灵可湿性粉剂或 25%烯酰吗啉，以种子重量 0.2%～0.3%的药量拌种。发病初期可用药剂防治，70%甲霜灵可湿性粉剂 500～800 倍液、70%甲霜灵锰锌可湿性粉剂加有机硅助剂喷雾。

3. 向日葵锈病

发病初期，用 12.5%烯唑醇可湿性粉剂 2 500 倍液、25%丙环唑 2 000 倍液全株喷雾，注意叶片背面着药。7 d 一次，连续 3 次。

4. 向日葵黑斑病

发病前及时喷洒 70%代森锰锌可湿性粉剂 400～600 倍液，隔 7～10 d 一次，喷施 2～3 次；发病时期，每公顷用 70%甲基托布津或 50%多菌灵 750～900 g 兑水 225 kg 加适量叶面肥进行叶面喷雾 2～3 次，每次间隔 7～10 d，防治效果较好。

5. 地下害虫

在地老虎等地下害虫发生初期，用 50%辛硫磷 2 000 倍液，喷在 50 kg 炒香的油渣上并拌均，于傍晚撒施在幼苗旁，每公顷用量为 60～75 kg，可用于防治地老虎、金针虫、蝼蛄等。

6. 棉铃虫

在幼虫尚未蛀入籽粒的关键时期进行药剂防治，可采用茚虫威、苏云金杆菌(Bt)、氯虫苯甲酰胺等进行防治，每隔 7 d 喷施一次，连续喷施 2 次。

(六)收获

当食葵花盘背面发黄、茎秆黄色、舌状花脱落、种子壳坚硬时应及时收获。收获时只需收获花盘，并立即摊开，晴天晾晒 2～3 d，当籽粒含水量降到一定水平后用木棒或脱粒机脱粒，脱下来的种子应晒干、风选，再用精选机进行筛选。食葵装袋后应贮藏在低温、干燥、通风处。

三、新疆油菜栽培技术

（一）播前准备

油菜的适应性广，各类土壤均可种植，但最适合土层深厚、有机质丰富、结构疏松、排水良好、养分充足、pH 5～6.5 的土壤。油菜适合与水稻、小麦、玉米等作物轮作，是禾谷类作物的良好前茬。油菜不宜连作，也忌与十字花科作物轮作，油菜整地要突出抓好"早、深、细"三个环节。旱作地区在前茬作物收后及早浅耕灭茬或直接深耕 20～30 cm，立秋前后，趁墒浅犁细耙，达到土壤疏松细碎、上虚下实。

油菜是一种耐肥作物，对氮、磷、钾、硼等元素都很敏感。油菜整个生育期中，吸收的主要营养元素氮、磷、钾的比例趋势是：氮多于钾，钾多于磷。在一般生产条件下，每生产 100 kg 的菜籽需要吸收 N 8.8～11.3 kg，P_2O_5 3～3.9 kg，K_2O 8.5～12.7 kg。施肥的一般原则是："施足底肥，早施苗肥，重施蕾薹肥，巧施花肥。"底肥以优质有机肥为主，氮、磷、钾配合。底肥占油菜总施肥量的 40%～60%，一般每亩施用 30～40 t/hm^2 有机肥，配合 300～800 kg/hm^2 过磷酸钙有很好的增产作用。底肥在深耕前施入农田深翻，使基肥和土壤充分融合，加长分解和转化时间。

（二）选种和种子处理

1.选种

要选择适合本地区种植的优良品种，如'新油 17 号'、'圣光 127 号'、'青杂 7 号'、'青杂 11 号'、'新油 20 号'、'秦杂油 19'、'鸿油 88'、'秦优 558'、'华油杂 76 号'、'华油杂 137'、'圣光 401'、'利油杂 1 号'、'利油杂 501'、'利油杂 3 号'、'常油杂 69 号'、'康油 58'、'C963'、'烁沣油 067'、'烁沣油 063'、'秦杂油 19'、'鸿油 88'、'秦优 558'等。选用的种子要成熟度好、籽粒饱满、无病虫为害、净度高、无杂质、发芽率要高（一般为 90%以上），且具有本品种的特征。

2.种子处理

将种子先放在太阳光下晾晒 1～2 d。晾晒之后需要将油菜种子浸泡在温水之中，适宜的水温是 50℃，浸泡时间是 0.5 h。浸泡之后捞出，换 20～30℃的清水继续浸泡 2～3 h。浸泡后将油菜种子晾干，等待播种。

（三）播种

1.适时早播

适时早播是培育油菜壮苗、争取全苗的重要措施，也是获得油菜丰产的关键性技术之一。油菜是耐寒力较强的作物，油菜幼苗也较耐寒，-3℃的低温一般不会受冻。这些特性，为油菜早播提供了条件。

新疆各油菜产地掌握适期早播的原则是：春天土壤解冻后，只要机具人畜能下地，即开始整地播种。阿勒泰地区一般宜在 4 月中旬左右播种，伊犁自治州及昌吉自治州等地，以 3 月下旬至 4 月初播种为宜。阿克苏地区及库尔勒等地，以 3 月中下旬播种为宜（其中拜城在 3 月底 4 月初播种），哈密及焉耆等地以 3 月下旬至 4 月上旬播种为宜。在上述适宜的播期范围内，应争取在最短时期内完成播种任务。

2. 种子处理

为防治地下害虫地老虎和苗期露尾甲的为害，可用种子重量1%的30%锐胜粉剂拌种，拌种后静置24 h后播种效果更好。

3. 播种方式

采用30 cm或15 cm等行距条播，每公顷播量控制在7.5～10.5 kg，每公顷保苗数37.5万～45万株为宜。油菜是双子叶作物，幼苗顶土力弱，对播种质量要求较高，播深应控制在2～3 cm。播后镇压确实，避免种子落空，播后10 d左右及时查苗，缺苗严重处及时补种。补种时应先将种子浸泡至充分吸胀后控干水分，按比例拌上药剂后人工开沟条播，播深不得超过3 cm，播后覆土并踩实。

（四）油菜苗期田间管理

1. 间苗定苗

在1片真叶期时第一次间苗，此时间苗的标准是"苗不挤苗"；在2片真叶期时第二次间苗，间苗的标准是"叶不搭叶"；在3片真叶时定苗，此时的间苗标准是"去弱留强"。在这样的间苗标准之下，最终油菜的密度应当在37.5万～45万株/亩。

2. 灌溉施肥

油菜的开花期需水量最大，在施肥的时候要采用配方施肥法，混合有机肥、尿素、磷酸二铵等肥料施用。一般视苗情追肥，苗情差的田块应在蕾薹期每公顷追施尿素30～45 kg、磷酸二氢钾3.75 kg。油菜对硼敏感，每公顷追施1.5～3 kg速效硼肥可有效提高油菜的结实率。油菜头水时，正值苗期，苗期浇水应轻，起到调肥、壮苗的作用即可，在油菜蕾薹期，需水量大，对水分较为敏感。抽薹初期应该灌二水，盛花期灌三四水，这两水灌量要足。

3. 化学除草

当杂草3叶期时立即进行化学除草，防治野燕麦等单子叶杂草，每公顷用12%烯草酮（收乐通）乳油450～600 mL，或10.8%高效盖草能乳油450～750 mL，或35%精稳杀得乳油1 050～1 200 mL，或69 g/L威霸水乳剂1 050～1 200 mL喷施。防除苦苣菜、苣荬菜、大小蓟等杂草每公顷用75%龙拳水溶性粒剂75～225 g，或30%二氯吡啶酸水剂（毕克草2号）450～750 mL喷施。防除双子叶杂草，以及防除猪秧秧、灰藜、萹蓄、田旋花、香薷、野薄荷等杂草，每公顷用50%高特克浓乳剂450～600 mL喷施。

以上药剂每公顷兑水375～450 kg喷雾，雾化程度越高，效果越好。

（五）病虫害防治

1. 油菜虫害防治

油菜主要虫害有跳甲、茎象甲、蚜虫。若苗期跳甲发生严重，可在跳甲早晚活动高峰期，每公顷用2.5%溴氰菊酯乳油300～375 mL，或40%菊马乳油225～300 mL，兑水375～450 kg喷雾防治。防治油菜茎象甲每公顷用12%高氯·马乳油1 200 g，兑水375～450 kg喷雾防治，防治油菜蚜虫，可用10%吡虫啉可湿性粉剂225 g，或50%抗蚜威可湿性粉剂300 g，兑水300 kg制成药液，涂抹在蚜虫密集的中心株茎秆上。蚜虫为害严重的油菜田，每公顷用10%吡虫啉可湿性粉剂225～300 g，或3%啶虫脒乳油375～525 mL，或25%阿克泰水分散粒剂

300～375 g,兑水 375～450 kg 喷雾防治。在大面积集中连片的地块,可选用农用飞机喷雾防治,以减少机械对油菜的损伤,提高产量。

2.病害防治

油菜菌核病是油菜的主要病害,防治此种病害可在播种前用 10%盐水浸种,淘除浮起来的病种子及小菌核,选好种晾干后播种。长势好、密度大的易感病田块,应在油菜初花期开始喷药防治。每公顷用 36% 粉霉灵 1.5 kg,或 40%禾枯灵 1.1～1.5 kg,或 50%速克灵 750 g,或 40%菌核净 1.1 kg,兑水 1.1 t 喷施植株中下部,根据病情酌情防治 1～3 次。

(六)收获

1.割晒法

割晒法可以在油菜的腊熟期用割晒机将油菜割倒,5～7 d 后用机械捡拾脱粒。蜡熟期的油菜生物学产量最高,此时割倒油菜,油菜茎秆和菜荚中的有效养分会全部输送到油菜籽粒中,使其籽粒更加饱满,千粒重大,出油率高。在同等条件下,使用油菜割晒机收获的油菜产量又比常规方式增产 15%～20%。

2.直接收割法

为防止裂荚落粒损失产量,应在全田油菜 80%达到黄熟期时机械收获。如有荚果未脱干净,可在 3～5 d 内再脱粒 1 次。

(七)晾晒入库

含水量较大的油菜籽极易变质,因此,收获的油菜籽应尽快晾晒,如果来不及晾晒,应先清选一遍,可有效降低油菜籽的含水量。晾晒清选至含水量低于 9%、净度高于 98%方可装袋入库贮藏。

四、新疆春播大豆栽培技术

(一)选地及种子处理

选择不重茬,土壤肥力中上等,排灌条件好的地块种植。

优良品种是大豆高产的关键因素之一,在种植时要选择高产、耐密植、抗性强的品种,如'新大豆 27'、'黑农 61'、'黑河 48'等,种子质量要求纯度不低于 98%,发芽率不低于 85%,水分不高于 12%,净度达到 98%。播种前将晒好的种子按每 100 kg 用 2.5%适乐时 300 mL 或 10%适乐时 50～100 mL 种衣剂进行拌种。

(二)适期播种

当 5 cm 地温稳定通过 8～10℃时开始播种,当地终霜期前 12～15 d 为最佳播种期。北疆沿天山一带一般在 4 月中下旬播种。播种量 90～105 kg/hm^2,覆土深度 3～5 cm。注意春耙深度不能超过播种深度,种子与底墒相接,并及时镇压。

(三)播种方式和种植密度

播种方式可采用宽窄行 30 cm＋60 cm、22 cm＋42 cm＋58 cm 或 45～50 cm 等行距精

量、半精量等距点播。中上等肥力地块保苗 33 万～34.5 万株/hm^2，瘠薄土地保苗 39 万～42 万株/hm^2，总的原则是肥地宜稀，薄地宜密。

(四)中耕除草

现行后及时中耕提高地温，促进根系下扎，增加土壤通透性，利用根瘤菌固氮和土壤蓄水。1～2 片复叶即可进行第一次中耕，耕深 18～20 cm；3～4 片复叶时进行第二次中耕，耕深 20～22 cm。每次中耕做到不铲苗、不埋苗。初花前开沟灌水。每次机耕作业后人工拔除行间杂草。

(五)施肥

在施肥上要注意 N、P、K 的平衡施肥，播种前应施优质农家肥 15～22.5 t/hm^2，基肥和追肥分别施入尿素 225 kg/hm^2，磷酸二铵 150 kg/hm^2，钾肥 75 kg/hm^2。可在花期、结荚期及结荚鼓粒期，每公顷用磷酸二氢钾 2.25 kg/hm^2、尿素 1.5 kg/hm^2，钼酸铵 0.3～0.38 kg/hm^2兑水 450 kg 均匀施在叶面上，保荚、增粒、增重，提高产量。

(六)灌水

开花期灌头水，头水要灌匀灌透。随后的灌水根据田间情况而定，当午后 2～3 时上部叶片翻背，叶色暗绿，应及时灌水。花荚期和鼓粒期是大豆灌溉的最关键时期，此期不能旱，要保持田间湿润。全生育期灌水 4～5 次。

(七)病虫害防治

大豆常见的病虫害有霜霉病、灰斑病、菌核病、双斑萤叶甲。

1. 大豆霜霉病

发病初期，采用 70%的代森锰锌 500～700 倍液进行喷雾防治，或采用 50%的福美双可湿性粉剂 500～1 000 倍液进行喷雾防治。

2. 防治灰斑病

每公顷用 40%多菌灵胶悬剂 1.5 L，兑水 1.2 t，在病害发生盛期喷雾一次，防效能达到 85%～90%。

3. 大豆菌核病

重茬菌核病重发地块，每公顷用 50%速克灵可湿性粉剂 225 g，或用 40%菌核净可湿性粉剂 22.5～30 g，兑水 1.5 t 在大豆开花初期喷雾一次，防效可达 80%以上。

4. 双斑萤叶甲防治

一是利用该虫迁飞性，可用捕虫网捕杀，降低虫口基数；二是生物防治，在田块边种植生态带(小麦、苜蓿)，以草养害，合理使用农药，保护利用瓢虫、蜘蛛等天敌；三是在成虫盛发期可选用 4.5%高效氯氰菊酯 1 500 倍液＋阿维菌素(或 2.5%功夫菊酯)1 500～2 000 倍液＋阿维菌素喷雾 1～2 次，可收到良好的防治效果，收获前 20 d 前不得使用农药。

(八)适时收获

人工收获在黄熟期进行。田间植株 80%叶片基本脱落，豆粒发黄，可进行人工收获。荚皮干缩，种子变硬，具有原品种的固定色泽，摇动植株时粒在荚中作响时可进行机械收获。通常选用514康拜因安装佳木斯联合收割机厂生产的仿型割台，收割机的滚筒转速调整为500～600 r/min。

五、新疆红花栽培技术

(一)播前准备

1. 土地准备

红花对土壤的要求不严格，适应性较强，但以土层深厚、排水良好、肥沃、中性的沙质壤土、壤土和轻黏土为最好。土壤过分黏重、渗透性差、排水不良而又采用表面灌溉的地方，易于引起根腐病，不宜用以栽培红花。

红花是一种比较耐盐碱的作物。红花苗期能在含盐量0.35%的土壤中生长，分枝期土壤含盐量0.4%时仍能生长。

红花忌连作重茬，前茬以大豆、马铃薯、玉米为好，小麦次之。

红花根系入土深，宜深秋耕，一般耕深应达到25 cm以上。积雪少或积雪不稳区域在10月中下旬至11月上旬进行冬灌，灌水量1 200 m^3/hm^2(有稳定积雪的地区一般不冬灌)。春季土壤合墒，机械能进地时及时整地，要求达到地表平整、表土疏松细碎、下层紧密。

2. 选用品种及种子处理

红花品种繁多，必须选适合本地生态环境的优良品种种植。种植面积较大、综合性状较好的油用品种有'AC-1'、'油酸李德'、'新红花2号'等；花用品种有'吉木萨尔无刺'、'简阳红花'、'河南大红袍'等；油花兼用品种有'云红二号'、'宾红三号'等。

为了达到培育壮苗和防治病虫害的目的，种子应精选并用药剂拌种，使种子的纯度、净度、发芽率均达到90%以上。有条件的地方，可使种子丸衣化。在根部病害较多的地块，可用0.3%的多菌灵拌种；在地下害虫较重的地块，每100 kg种子用5%适乐时300 mL或用敌克松按种子量的0.4%进行拌种。

(二)播种

红花在旬平均气温达到3℃和5 cm地温达5℃以上时即可播种。适期早播可延长幼苗的营养生长时期，培育壮苗，为中后期的生长发育打下良好基础。播种期的早晚对红花的株高、生育期的长短和单位面积产量等影响极大，播种期还影响种子的含油率、壳的百分率、蛋白质含量和碘值。新疆塔城、阿勒泰、昌吉等地适宜播期在4月上中旬；南疆等地3月上旬，伊犁地区3月中旬是适宜的播期。红花春播在120～130 d内即可成熟。

在新疆，红花通常采用谷物播种机条播，播量一般为22.5～27 kg/hm^2，播种深度为4～5 cm，播种要均匀一致。为了便于调整播量，可在红花种子中混入熟的红花籽或小麦等。红花种植密度一般为25万～27万株/hm^2。油用红花行距可采用30 cm等行距，油花兼用或花用红花行距可采用45 cm等行距，或60 cm+30 cm宽窄行播种，株距5～7 cm。

(三)中耕除草与培土

在红花生长期间，一般应中耕除草2～3次。第1次在出苗现行后即可进行中耕，深度

8～10 cm，第2～3次中耕深度12～15 cm，最后一次中耕在伸长期，结合最后一次中耕开沟培土，开沟深度15～20 cm，以利于灌水和防止倒伏。苗期常使用的除草剂有敌草隆1.125 kg/hm^2，燕麦灵0.45 kg/hm^2。

(四)灌溉

红花耐旱怕涝，掌握好灌溉技术是获得红花高产的关键因素。灌溉次数和灌水量因气候、土壤和品种而异。红花种子发芽期间需要较高的土壤湿度，冬季积雪少的区域可采用秋、冬灌来保证早春的地墒。

红花在不同的生育期，对水分的要求也各不相同。红花种子在萌发时，要求土壤有充足的水分。播种时种子一定要播种于潮湿的土壤中，若遇天旱，沟灌地播种应略深些，滴灌地可采用干播湿出，出苗水滴水量在150～225 m^3/hm^2，以保证种子萌发时有足够的水分。在苗期，植株营养面积小，此时气温也较低，对水分的需要量不大，应蹲苗壮根，培育壮苗。如遇极度干旱，及时进行漫灌，但不能积水，滴灌地可滴水，滴水量不易过大；旱情较轻，一般情况下不用灌水，但应加强中耕保墒。当植株进入伸长阶段以后，对水分需要量逐渐加大，若气候较干旱，土壤墒情差可开始灌水或滴水，但雨水充沛，田间墒情较好的情况下，可以延至分枝期灌溉。进入分枝阶段，营养面积迅速增大，蒸发量也大，须有足够的水分，以促进花蕾的形成，要及时灌水或滴灌。红花的需水高峰在盛花期，这一阶段不能缺水。盛花期过后，红花对水分的需求量迅速减少，干燥的气候条件有利于种子发育。

种植红花一般需浇水3次，分别在分枝期、始花期、终花期。分枝期灌水量一般为900 m^3/hm^2，初花期为1 200 m^3/hm^2，终花期为900 m^3/hm^2。滴灌地一般滴水4～5次，每次的滴水量在375～525 m^3/hm^2。如果遇到雨水多的年份，浇水量和浇水次数可适当减少。

红花的浇水方式一般采用细流沟灌、隔行沟灌或滴灌。这样既节约用水，又不会因积水导致病害的发生。如果用漫灌，易于引起根腐病，喷灌则会导致锈病和枯萎病蔓延。

红花浇水时间，以早晨或傍晚为宜。红花植株在高温下浸泡2 h以上，就可能发生死亡。在终花期后，一般不再浇水。如果浇水过多，就会影响产量和含油量。

(五)施肥

红花是耐瘠薄作物，但要获得高产，必须施入一定量的肥料。施肥量的多少，视红花对营养元素的需求量和土壤肥力而定。每生产100 kg红花籽粒，大致需N 8～10 kg，P_2O_5 2.0～2.2 kg，K_2O 8～10 kg。新疆土壤中一般富含钾而缺少氮、磷，因此，种植红花以施氮、磷肥为主。

在红花的一生中，从伸长期到分枝期，是红花的需肥敏感期。如果这一阶段能保证肥料的充分供应，则能取得最大的经济效益；如果错过此时期，施再多的肥料也不能得到较好的产量。基肥应在秋耕前施入，施肥量大致为15 t/hm^2农家肥，并拌入三料磷肥45～75 kg；追肥应在红花伸长期结合开沟培土，在浇头水前施入，施肥量尿素150～225 kg/hm^2，磷酸二铵45～60 kg/hm^2。滴灌地结合滴水进行滴肥，一般情况下第一次滴水滴尿素90～105 kg/hm^2，磷酸二氢钾7.5～15 kg/hm^2，第二次滴水滴尿素45～60 kg/hm^2。在伸长期或花蕾期喷施含有铜、钼、锌、硼等微量元素的微肥，可增加籽粒饱满度，提高千粒重。

(六)病虫害防治

红花常见病害有红花褐斑病、红花锈病、红花根腐病等,虫害有象甲、蚜虫等。

1. 病害防治

防治病虫害首先在通过合理轮作、科学合理配方施肥、栽培管理等一系列措施下,为红花生长发育创造比较有利的环境,有效控制红花田间常见病害的发生,因地制宜采用化学药剂进行防治。

红花褐斑病可用40%的苯甲·丙环唑1 000～2 000倍液,或40%的氟硅唑乳油800～1 000倍液,或50%的福美双500倍液防治。红花锈病可用5%乙唑醇1 000～1 500倍液,或30%已唑醇3 000～4 000倍液,或20%三唑酮1 000～2 000倍液防治。防治红花褐斑病和红花锈病在以上推荐药剂中任选一种即可,交替喷雾,每隔7～10 d喷一次,共喷2～3次。在药液中适当加入绿风95或芸苔素内酯生长调节剂,及磷酸二氢钾或氨基酸水溶肥叶面肥,可促进红花生长,提高植株的抗病能力。施药应在上午10时前或下午6时以后。喷药后6 h内如遇下雨,应在雨后补喷。

红花根腐病主要通过拌种,每100 kg种子用5%适乐时300 mL或用敌克松按种子量的0.4%进行拌种。

2. 虫害防治

红花象甲在成虫出土为害,可用2.5%的敌杀死乳油800～1 000倍液或48%毒死蜱乳油1 000～1 500倍液,在日落后对红花的幼苗进行喷洒,茎叶喷匀、喷湿。

红花蚜虫可用噻虫嗪、啶虫脒等药剂进行喷雾防治。

(七)红花的收获与加工

1. 收花

以花冠裂片开放,雄蕊开始枯黄,花色鲜红、油润时收获为宜。在盛花时清晨采摘为好,此时花冠不易碎裂,苞片不刺手。一般隔天采摘一次,对花产量及种子产量增加都有利。红花采收后不能暴晒,也不能堆放,应在阴凉通风处阴干,或在40～50℃烘房内烘干。

2. 收籽

当红花植株变黄,花球上只有少量绿苞叶,花球失水,用手压花球种子容易脱粒,种子变硬,呈现品种固有色泽,即可收获。一般选用联合收割机收获。

3. 红花籽贮藏

红花籽在贮藏前,必须晒干,使籽粒的含水量降至8%以下。籽粒湿度大,贮藏期间易发热霉烂,降低发芽率。

六、新疆亚麻栽培技术

亚麻属于亚麻科(Linaceae)亚麻属(*Linum*)一年生草本植物,属于双子叶植物。亚麻是喜凉作物,在北方适宜早春种植,一般海拔高度870～2 000 m均可种植,需有效积温1 000～2 200℃。亚麻是新疆传统的优势作物,近几年发展迅猛。纤维亚麻在新疆适宜种植范围广,资源开发潜力大。海拔1 200 m左右的春麦区,都是亚麻适宜种植区。

(一)选地选茬

亚麻是平播密植作物,根系浅,吸肥力较弱。所以种植亚麻应选择地势平坦,土质肥沃的黑土、灰土以及土壤有机质含量高,空气易流通,透气性好的土壤。适宜种植亚麻的前茬最好选择杂草少,残肥多的玉米、黄豆、油葵、小麦和蚕豆等茬。种植亚麻最好实行 3～5 年合理轮作,不宜重茬和迎茬,减少苗期病虫害,保证亚麻的产量和质量。

(二)适期播种,确保全苗

1. 品种选用

目前,选择纤维膜用纤籽兼用的亚麻品种'伊 97042'、'伊亚 6 号'、'中亚麻 3 号'、'F2016005'、'F2016001'、'Y41039'等。

2. 种子处理

用种子重量 0.3%的多菌灵(或立克锈)拌种,以防止病害发生。

3. 播种适期

适时播种是亚麻高产的关键,亚麻在 5 cm 地温平均达到 3～4℃时,即可播种。伊犁地区适宜播期为 3 月 20 日—4 月 25 日,新源县适宜播期为 4 月 5 日—5 月 10 日,博乐温泉县适宜播期为 4 月 5—30 日,奇台县适宜播期为 4 月 1—30 日,塔城地区适宜播期为 4 月 10—30 日。伊犁地区适宜的播期为 3 月下旬至 4 月上旬。

4. 播种方式

亚麻为密植作物,一般采用机械播种,行距 15 cm,播量 90 kg/hm^2,播深 3 cm,沙性土壤或墒情不好,可播至 4 cm。若采用宽幅条播,行距 20～25 cm。播种时带种肥,尿素 45 kg/hm^2。亚麻每公顷播种量为 130～160 kg,播种深度 3～4 cm,行距 7.5 cm,保苗 2 000～2 300 株/m^2。

(三)加强田间管理

1. 苗前管理

出苗前如遇土壤板结,形成"弹簧"苗,应及时划破表土,帮助出苗。

2. 中耕除草

亚麻从出苗到枞形期的 1 个月内,幼苗生长缓慢,而杂草却生长很快,必须早中耕、细除草。第一次中耕时间应掌握在苗高 3～6 cm 时开始,苗高 15～18 cm 时进行第二次中耕,中耕深度以不伤根为准。

3. 化学除草

亚麻生长过程中,田间化学除草是关键,在亚麻株高 5～16 cm 时(枞型期),除草效果最佳,具体药剂配方为每公顷用 13%的二甲四氯水剂 1 200～1 800 mL(视田间杂草而定)+5%精禾草克乳油 750～900 mL(或拿捕净、精稳杀得)混合施用,兑水 225 kg,除草效果比较好。亚麻田间寄生性杂草菟丝子的防治应采用 48%地乐安 1 500 mL/hm^2,兑水量必须达到 450 mL/m^2,采用高压小雾滴喷雾,且忌重喷、漏喷,可有效防治菟丝子危害。

除草剂无论单用还是混用,都要求药剂拌匀喷匀。喷药时选择无风天,严防细雾飘移到附近其他作物上,发生药害。为防药液腐蚀器械,喷雾器用后要立即用清水洗净。

4.合理追肥

亚麻生育期间一般共追肥两次，即提苗肥和蕾肥。

(1)提苗肥　提苗肥以速效氮肥为主，一般尿素 120～150 kg/hm^2，结合灌第一水施入。基肥不足，幼苗呈浅黄色或发黄，苗矮小，更应该重视提苗肥，促使幼苗转壮。

(2)攻蕾肥　现蕾期是亚麻需肥量最多时期，施用攻蕾肥是促蕾增果的关键措施。一般追施尿素 150～180 kg/hm^2。开花以后一般不再地面追肥，以防止贪青徒长、晚熟、倒伏，但可以根据亚麻需肥特点，叶面喷施磷、钾肥及微肥。

5.灌溉

苗高 6～10 cm 时，结合追肥浇第一水，水量不宜过大，切忌大水漫灌，以免水分过多，地温下降，引起病害发生，甚至出现烂根死苗现象。亚麻进入现蕾到开花前浇第二水，以满足植株快速生长和开花结实对水分的需求。开花结实期酌情灌 1～2 次水。

(四)病虫害防治

1.菟丝子防治

胡麻苗期发现菟丝子时，应及时将菟丝子和被缠绕的胡麻一起拔除拿到地外烧毁或填埋，以防扩散。菟丝子大发生时，可用 48%的地乐胺乳剂 150 倍液每隔 3 d 防治一次，连续 2～3 次。菟丝子常年发生地块，要实行 5 年以上的轮作。胡麻种子中有菟丝子种子时一定要清选干净，否则不能做种子。

2.地老虎防治

新疆有些年份大面积发生地老虎危害，给胡麻生产造成很大损失。地老虎大发生时，防治要强调一个“早”字。在地老虎 3 龄入土前，用 50%辛硫磷 2 000 倍液田间喷雾防治。有条件的地方可用黑光灯诱杀成虫。水田地老虎大发生时，在地老虎 3 龄以上入土后，可采取浇水淹杀。

3.病害防治

胡麻枯萎病、立枯病、炭疽病是胡麻的主要病害。胡麻病害防治要采取综合防治：一要选用抗病品种；二是胡麻病重的地块要实行 5 年以上的轮作；三要在胡麻苗期发现个别病株时要及时拔除带到地外烧毁，防止病害蔓延；四是在经常发病的重病区，可用福美双用种量的 0.2%、或用多菌灵用种量的 1%药剂拌种，可有效减轻病害的发生。胡麻白粉病主要在胡麻开花后发生，雨多高温而发病重。发病初期，可用 15%粉锈宁 1 000 倍药液田间喷雾防治。

(五)适时收获，防止霉烂

亚麻收获时期非常重要。收获过早，籽粒养分不足，青、白粒增多，千粒重不高，产量下降；收获过晚，因植株干枯，叶片脱落，不仅后熟作用差，而且养分倒流，黑秕增多，产量也不高。

亚麻适宜收获期是开花后的 30～37 d，最迟不能超过 40 d。亚麻适宜收获的外部形态指标是：茎秆带青，下部叶片变黄，部分叶片脱落，有 70%～80%的蒴果发黄，个别变为褐色，籽粒大部呈浅褐色，光滑不黏，个别籽粒仍有黏感时，即可收获。

七、新疆花生栽培技术

花生(*Arachis hypogaea* L.)，豆科花生属，一年生草本植物，具有产量高、用途广、抗逆性强、经济效益好、营养价值高等特点，是世界上重要的油料和经济作物。近年来新疆花生种植面积呈逐步增长趋势，产量也随之提高，花生逐渐成为提高新疆农牧民收入、改善生态环境、开垦宜耕荒地的重要经济作物。

(一)播前准备

1. 选地

花生宜种植在上沙下壤、上松下实的沙壤土中，下雨要能速排不积水，干旱要能速灌透水快；耕层深厚达 30 cm 左右。在施足基肥的基础上，适墒耕犁、耕深 30 cm，并及时耙磨保墒拾净残茬、残膜。

2. 品种

根据用途选择适销对路的品种，用于鲜食用途应选择适当早熟品种，用于炒货用途应选择适当晚熟的品种。要求品种特性达到茎枝粗壮整齐，生长旺盛，直立抗倒伏，单株结果多，饱果率高。一般选用‘花育 33’、‘豫花 9719’、‘花小宝 25’、‘花育 22 DF06’等品种。

3. 种子处理

用 50%多菌灵可湿性粉剂拌种，用量为种子重量的 0.3%～0.5%；用花生种衣剂包衣，药种比为 150；用 50%的辛硫磷拌种，药种比为 1∶500，可预防鼠害、地下虫害、苗期病害。

(二)播种

1. 适期播种

北疆播期以 4 月中下旬为最佳，播期可根据花生品种特性的不同适当调整，一般 5 cm 土壤的地温稳定在 12℃时开始播种。

2. 播种方式

采用 1 膜 2 行或 4 行播种，干播湿出，铺设滴灌带、覆膜、播种、覆土一次完成。地膜采用 0.9 m 或 1.2 m 地膜，播种密度 12 万～18 万穴/hm^2，每穴均下种 2 粒，平均行距 45 cm。

(三)田间管理

1. 查苗补种

在花生出苗达 80%后查苗补种，及时补种或补苗，确保一播全苗。

2. 清棵蹲苗

清棵是为了使第一对侧枝更好地生长，为花生多开花、多结果打好基础。在花生齐苗后，即将幼苗周围的表土向四周扒开，露出花生的子叶和侧芽。清棵早，幼苗弱，抵抗外界环境的能力差；清棵过晚，作用减弱。因此，清棵时间一般在齐苗后，以露出子叶为标准深度。

3. 合理灌水

花生较耐旱，灌水原则是“苗期少，中期多，后期适量”。花生全生育期共滴水 10 次。花针期滴水 8 次，滴水量 330 m^3/hm^2，滴水间隔 7 d 左右；结荚成熟期滴水 2 次，滴水量 300 m^3/hm^2，滴水时间间隔 15 d。全生育期总滴水量 3 150 m^3/hm^2 左右。

4. 合理施肥

种肥以硫酸钾复合肥为主用量 750 kg/hm^2、尿素 150～225 kg/hm^2 随水滴肥；盛花期滴施适量硝酸钙；结荚期开始叶面追肥，每隔 10～15 d 喷施 1 次 0.3%磷酸二氢钾和 2%尿素混合液，喷施 2～3 次可有效增产。

(四)病虫害的防治

花生常发生的虫害为蛴螬，主要以农业防治为主，或采用种衣剂拌种、喷施农药等进行防治。花生病害有真菌和细菌性病害，主要包括叶斑病、网斑病等，可用 50%多菌灵与 70%代森锰锌 500 倍混合液进行防治，从 8 月上旬开始，每隔 7 d 左右喷施 1 次，连喷 3 次。

(五)收获

花生上部叶片变黄、荚果具有品种成熟特征时即可收获。新疆地区最佳收获期为 9 月下旬至 10 月上旬。收获时先用犁将花生犁松，然后人工拔秧，集中甩净成熟果，晒干贮存。小面积种植可人工刨挖，抖净泥土，集中甩掉成熟果，晒干贮存。

第十三章

新疆加工番茄栽培技术实训

第一节 岗位技术概述

新疆加工番茄是新疆红色产业中最主要的项目之一。由于新疆光热资源丰富、昼夜温差大、气候干燥，有利于红色素和干物质的形成和积累，环境条件非常适宜番茄生长和发育，所产加工番茄的产量高，红色素、可溶性固形物含量高，霉菌、病害少，是国际公认的品质优于美国、意大利等主产国，世界上适宜种植番茄的少数地区之一。

改革开放以来，尤其是进入21世纪，新疆番茄产业迅猛发展。当前全球番茄制品版图仍是美国加州、地中海地区和中国“三足鼎立”的局面，中国又是典型的“生产大国、消费小国”，90%的番茄酱用于出口，外贸出口主要满足地中海地区需求缺口，同时受到美国加州地区的供给余额影响。新疆番茄酱出口市场主要集中在亚洲，约占番茄酱出口总额的54%，其中又以东南亚、中东和东亚为主；对欧洲国家的出口占到出口总额的29%，欧洲市场主要集中于意大利、英国、波兰、德国和乌克兰等国家；对美洲的出口占8%，主要集中在美国和阿根廷；非洲市场主要有加纳、尼日利亚。

新疆自然气候和土地资源优势明显，是中国番茄制品的主要产区，每年太阳能辐射总量高达130～150 $kcal/cm^2$，每年平均日照时间长达2 600～3 400 h，其得天独厚的水土光热优势，十分适宜番茄的生长，种植区域主要分布在天山北坡经济带周围的玛纳斯、乌苏、昌吉和南疆的焉耆盆地等地区。2018年新疆种植加工番茄5.903万 hm^2，收购番茄原料666.4万t。

目前新疆具有代表性的番茄加工企业有以中粮屯河番茄有限公司、新疆冠农番茄有限公司为主的116家番茄制品出口企业，主要产品包括番茄酱、番茄丁、番茄汁等。新疆番茄酱年产能更是突破了160万t，产量仅次于美国，居世界第二位，是亚洲最大的番茄生产、加工基地。近几年，番茄酱年出口额均在5亿美元以上，是新疆出口创汇第一大产品。

新疆在国内番茄产业具有龙头地位，但也存在以下问题。

(1)行业组织化程度低，种植分散，难以适应现代化工业规模化经营的要求　一家一户的种植方式很难实现统一供种、统一技术、统一收购，分散的小农经济难以保证原料生产的质量。分散的农户经济实力薄弱，难与企业形成资本联合的利益联合机制。分散的农户经济实力薄弱，不具备抵抗市场风险，特别是国际市场风险的能力。

(2)优良品种资源少，大多由国外公司掌握　我国自主加工番茄品种资源少，大部分良种资源种植基地多由国外公司(如亨氏、地扪等公司)掌握,在生产特定指标的产品时,国内番茄品种无法满足生产要求,必须使用国外品种,不但压缩了加工企业的利润空间,而且也排挤了国内育种企业的市场份额。

(3)成熟集中,加工受限,番茄成熟高峰期出售困难　番茄成熟收购高峰期时,农民排队等待交售时间过长,一般在 16 h 左右,有的长达 24 h。高温暴晒,番茄烂果易产生霉菌和污染。原料生产与加工不协调,当原料多时,企业就严格执行质检标准,原料少时企业在质检时就放松质检标准,质量验收标准执行不严,造成产品质量波动不稳。

针对新疆加工番茄原料种植过程中存在的问题,关键是要围绕提高加工番茄的商品率这条主线,提高加工番茄的产量和商品率,节约成本、增加效益。建立加工番茄生产标准体系,加强技术推广力度,抓好规模化生产,合理安排加工番茄种植总面积、合理安排提早和延晚面积、合理安排轮作倒茬和复播套种、加强田间管理。加快加工番茄新品种引进和推广,按照播种面积、生产能力有序开展原料收购,保障产品质量。建立合理的加工企业与种植农户的利益联结机制,有效解决信息咨询、种植指导、价格协调、产品交售、调解利益纠纷、结算兑现等方面的问题,提高农户种植积极性,促进加工番茄产业化生产。

第二节　新疆加工番茄栽培技术实训

一、基本知识

番茄,别名西红柿、洋柿子,属茄科番茄属,为一年生草本植物。原产于美洲西部的秘鲁和厄瓜多尔的热带高原地区。公元 16 世纪传入欧洲作观赏栽培,17 世纪开始食用,17～18 世纪传入我国。番茄果实柔软多汁,酸甜适口,并且含有丰富的维生素 C 和矿质元素,深受广大消费者的喜爱。

(一)番茄的分类

番茄按植株特征可分为两大类型:

1.无限生长型

主茎生长 8～10 叶后着生第一花序,以后每隔 2～3 叶着生一个花序,条件适宜时可着生无限花序,不断开花结果。鲜食番茄多属于该类型。

2.有限生长型(自封顶型)

主茎生长 6～7 叶后着生第一花序,以后每隔 1～2 片叶着生一个花序,当主茎着生 2～4 个花序后,主茎顶端形成花序,不再发生延续枝,故又称自封顶。加工番茄多属于该类型。

(二)加工番茄生育特性

1.加工番茄植物学特性

(1)根　直根系,根系发达,主根入土深一般在 1.5 m,分布半径 1.0～1.3 m,主要根系分布在 30 cm 土层中,再生能力强,移栽成活率高。

(2)茎　加工番茄茎直立,属于自封顶类型。腋芽萌发力很强,可发生多级侧枝。茎节上易发生不定根,可通过培土、深栽,使其发生不定根,增大吸收面积。

(3)叶 单叶互生,羽状深裂,每叶有小裂片5～9对,叶片和茎上有茸毛及分泌腺,能分泌特殊气味,故虫害较少。

(4)花 常异花授粉作物,天然杂交率为4%～10%,穗状花序,每一穗都是靠近主轴的花先开放。在水肥条件充足时,每穗可结果6～12个不等;水肥不足时,每穗结果一般是2～4个不等,具有明显的近轴端优势。

(5)果实 圆形、长圆形、椭圆形等,单果重60～90 g,肉多、皮厚、水分含量少,耐贮藏和运输,番茄红素和可溶性固形物含量高。

(6)种子 种子很小,千粒重约为3 g,形状如榆钱,扁平肾形,银灰色。常温下保存可存放2～3年。加工番茄每吨果实可取干种子约4 kg,种子比果实成熟早,授粉后35 d具发芽能力,50～60 d完熟。

2. 加工番茄的生长发育

生育时期	植株形态
发芽期:从种子萌动到第一片真叶显露为发芽期,适宜条件下需要7～9 d。番茄种子小,营养物质少,发芽后很快被利用,幼苗出土后需要保证营养供应。	
幼苗期:从第一片真叶显露到第一花序现蕾。2～3叶之前根系生长快,形成大量侧根,2～3片真叶后进入花芽分化阶段,花芽分化的特点是早而快,并具有连续性。花芽分化的早晚、质量、数量与环境条件有关系,日温20～25℃,夜温15～17℃条件下,花芽分化结位低,小花多,质量好。	
开花坐果期:从第一花序现蕾至坐果,是从以营养生长为主过渡到营养、生殖生长并进的时期。此期关系到早期产量的形成。此期对环境条件比较敏感,温度低于15℃或者高于35℃都不利于花期的正常发育,易落花落果或者出现畸形果。	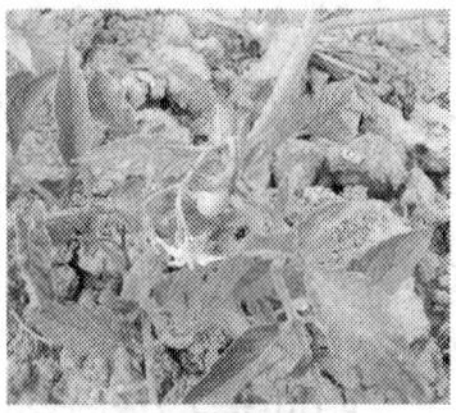
结果期:从第一花序坐果到生产结束。此期秧果同步生长,营养生长和生殖生长的矛盾始终存在,既要防止疯长,又要防止生殖生长过旺而坠秧,主要任务是协调秧果关系。	

(三)番茄对环境条件的要求

总的来说,加工番茄的生育特点是:喜光但忌强光直射;喜温暖但忌高温;喜水但忌大水漫灌、怕旱忌涝;喜肥尤其喜钾肥;在水肥充足的情况下,分枝结果性强,具有明显的近轴端优势。

对环境条件的具体要求如下。

1. 温度

番茄喜温但忌高温，生命极限温度0.5～45℃，生长极限温度8～35℃，生育期最适宜温度是20～28℃；低于8℃生长停止，易产生畸形果；高于35℃易停止生长，呼吸作用过强，影响养分积累和转化，使直接接受强光直射的果实发白。

2. 光照

番茄属喜光作物，但忌强光直射。光线过弱，植株容易出现徒长，不易开花坐果，且容易发生病害；光线过强，容易发生日灼病，造成白果，使番茄品质下降，影响种子正常发育成熟。

3. 水分

番茄属于喜湿润作物，喜水，但忌大水漫灌，防止忽干忽湿。田间积水或湿度过大，易产生枯萎病、疫病等，缺水干旱又易产生脐腐病等。

番茄的生长发育要求较高的土壤湿度和较低的空气相对湿度。苗期的土壤湿度以60%～70%为宜；果实膨大期以70%～85%为宜，空气相对湿度以45%～60%为最好。要求灌溉条件良好，否则会造成落花落果和病害的发生。它的根系发达，吸收能力强，第一花序坐果前，土壤水分过多易引起植株徒长，造成落花及坐果不良；坐果以后，枝叶迅速生长，需要充足的水分供应，土壤湿度以维持土壤最大保水量的60%～80%为宜。但应注意保持水分供应均衡，如果水分过多，易引起烂根死秧。

4. 土壤养分与土壤酸碱度

番茄喜肥，需肥量大，尤其是磷钾肥、有机肥，不耐盐碱和瘠薄。在盐碱较重和比较贫瘠的地块，番茄生长发育不良，果实较小，坐果率低，极大地影响产量。

加工番茄在生长过程中，每公顷地若要生产18 t番茄，需要从土壤中吸收300 kg氮，120 kg磷和315 kg钾。利用大水漫灌，中耕施肥，肥料的利用率仅为30%～50%，而利用滴灌施肥，肥料的利用率可以提高到60%～80%。氮肥对茎叶的生长及果实的发育有重要作用，是与产量最为密切的元素。磷能促进幼苗根系发育，提早开花结果，加速果实的生长和成熟，增加含糖量。钾能增强植株的抗性，促进果实发育，提高品质。具体补钾量以测定土壤速效钾含量为依据：土壤速效钾含量＞200 mg/kg，不考虑补施无机钾肥；土壤速效钾含量为150～200 mg/kg时，每公顷地补施45～75 kg K_2O；土壤速效钾含量＜150 mg/kg时，则每公顷补施150 kg K_2O为宜。

二、职业岗位能力训练

(一)播前准备

1. 职业岗位工作

选择加工番茄种植地块，制订生产计划，做好备耕工作。检查犁地与整地质量，选择适宜的栽培品种，并进行种子处理。

2. 工作程序及操作技术和质量要求

工作环节	工作程序及操作技术和质量要求
土地选择	选择交通方便、地势平坦、土层深厚、土壤有机质含量高的地块。前茬以绿肥、小麦、玉米、豆类等为好，最好的茬口是葱蒜类。忌选择茄果类作物。必须实行4～5年的轮作。
土地准备	(1)秋深耕、施底肥　前茬作物收获后，在封冻前对土地进行深耕翻，深度25～30 cm，保证犁地质量，掩埋残茬、杂草。结合耕翻施底肥，可将计划施氮肥量的50%、计划施磷钾肥总量的100%作底肥，结合有机肥深施。一般每公顷施腐熟厩肥4.5 t，三料过磷酸钙450 kg或磷酸二铵300 kg作底肥。 (2)播前灌溉　宜采用沟灌或畦灌。春提早种植地应在头年入冬将封冻时进行，灌水量在1 200～1 500 m^3/hm^2，要求灌水均匀；晚播地在播种前7～10 d灌溉，用水量1 000～1 200 m^3/hm^2，要求不漏灌，不积水。 (3)适时整地　冬灌地早春化冻后，做到干一片耙一片，适时保墒。播种前一天，机引轻型圆盘耙或钉齿耙，后带平地耱整地，耙地深度6～8 cm，达到“齐、平、松、碎、净、墒”六字标准。 (4)化学除草　草害发生较重的土地，整地前用都尔进行土壤封闭。用药900 g/hm^2，兑水400 kg，用机力喷雾器均匀喷雾，做到不漏喷，不重喷。喷药后结合耙耱整地，使药土混合均匀。
种子准备	(1)选购优良品种　选购加工番茄优良品种要考虑以下三方面因素：一是品种抗、耐病性。目前新疆加工番茄猝倒病、早疫病、枯萎病、病毒病等普遍发生，注意选择抗病品种。二是品种生育期。春提早种植地块选择早熟品种，晚播地块选择晚熟品种。三是种子质量，发芽率在90%以上，纯度高，残缺烂籽少。 新疆主栽中晚熟品种有：‘新番41号’(‘屯河48号’)、‘新番15号’、‘亨氏H9780’、‘石番27号’等。 新疆主栽早熟品种有：‘屯河8号’、‘里格尔(87-5)’、‘新番36号’(‘屯河9号’)、‘石番27号’等。 (2)种子处理　播种前在阳光下晒种2～3 d，以提高种子发芽势、发芽率。然后用种子重量0.3%的福美双拌种，防治加工番茄苗期病害。地下害虫严重地区，可用75%辛硫磷乳剂50 g兑水5 kg，拌50 kg种子，堆闷4 h，晾干后播种。
农机具准备与调试	播种前根据所设定的栽培模式调整播种机的株行距及下种量，并进行试播。试播成功后方可进地播种。

3. 常见技术问题处理

(1)农户可以采取哪些措施避开交售高峰期？

选择提早或者延晚的栽培方式，提早栽培要选择早熟品种，在4月15日之前播种；延晚栽培选择中晚熟品种，延晚到5月15日之后播种，确保早、晚播栽培播期间隔1个月。生产中常因间隔时间过短，成熟期集中，人为导致交售时间集中，形成高峰期，致使大量加工番茄因交售不及时而腐烂，造成不必要的经济损失。

(2)为何重茬种植加工番茄病害呈现逐年加重趋势？

选择加工番茄地块，一定要注意与非茄科作物进行4～5年以上的轮作倒茬，最好选择禾谷类和葱蒜类作物为前茬，可以有效避免加工番茄病虫害的严重发生。这是因为加工番茄主要病害如立枯病、猝倒病、早疫病、枯萎病等均可通过土壤传播，重茬必然会加重病害发生，降低产量和经济效益。例如昌吉市三工镇长胜村一农户，在一灌水方便的沙性壤土上种植加工番茄，第一年获得了每亩 6 t 的好产量，获得了较高的经济效益。第二年又在该承包地上种植加工番茄，尽管加强管理，病害仍是十分严重，和旁边未重茬的地块比较，明显枯黄、生长势差、果实小，具有早衰现象，结果第二年的重茬地每亩产量不足 3 t。

(3)加工番茄苗期徒长，后期脱肥早衰的原因有哪些？

加工番茄苗期徒长、后期脱肥早衰的直接原因是施肥不当。许多农民将底肥和种肥一起作为种肥使用，大量使用种肥，结果是苗期长势过旺，叶色浓绿，节间过长，开花坐果期枝杈过多，但坐果较少，后期田间通风透光不良，疫病、果腐病较重，底肥不足而早衰枯黄。

(4)案例　头屯河农场四队某种植户 2019 年种植 4.7 hm^2(70.5 亩)加工番茄，播前用金都尔除草剂作了土壤封闭处理，具体方法是每亩用金都尔 70 mL 兑水 15 kg，均匀喷雾，然后旋耕土壤。结果该地块杂草仍然较多，跟没用除草剂处理几乎没什么区别。

原因分析：加工番茄播种前，用金都尔化学除草剂进行播前化学除草，在均匀喷雾之后，应该用钉齿耙交叉浅耙混土，不应该进行旋耕。该农户尽管正确选择了除草剂，但使用方法不当，旋耕混土深度太深，将除草剂混入到 10～15 cm 土层，既降低了除草效果，又导致土壤跑墒。

解决措施：播前用金都尔化学除草剂作土壤封闭处理，一定要浅耙混土，深度 4～6 cm。如苗期草害严重，可在禾本科杂草 2～3 叶期，喷施精稳杀得、高效盖草能等苗后除草剂，或者安排人工及时进行人工中耕除草。

(二)播种

1.职业岗位工作

选择适宜播期播种，监督播种技术落实，实现“一播全苗”。

2.工作程序及操作技术和质量要求

工作环节	工作程序及操作技术和质量要求
直播栽培	直播栽培特点：操作方便，省工省力。由于主根未受伤害入土深，因而抗旱性较强，对根部病害抵抗力比育苗栽培要强，缺点是对早春低温、霜冻抵御能力差。播种前对播种机具进行全面维修调试，并安装好铺设滴灌管装置，达到安全使用状态。 (1)播期　在气候许可范围内尽量早播种，当 10 cm 土壤温度在 12℃以上，就可播种，一般正常播种期在 4 月 10 日前后，要注意霜冻的危害。 (2)机械条播　机械条播是目前普遍使用的一种方法，播种深度视墒情而定，墒足时浅播，深度为 1～2 cm，墒差时，播深为 3 cm。可以在播种后及时灌出苗水，每亩 15～20 m^3，达到一播全苗。 (3)机械膜上点播　优点是播种覆膜以后，不需要划膜封洞，可节省劳力，并能适当提前出苗。播种时要注意根据品种特点调整穴距，覆土深度不超过 4 cm。缺点是雨后播种孔容易结壳，番茄幼芽顶土能力差，易引缺苗断垄。这种方法适用于土壤较疏松，不易板结的地块。其他播种方法与条播相同。 (4)做到一播全苗须做到以下几点：①创造良好的土壤条件，整地时要达到“齐、平、松、碎、净、墒”六字标准；②调试好农机具，设备齐全，性能良好，结构稳定可靠；③播种质量要好。

续表

工作环节	工作程序及操作技术和质量要求
育苗栽培	(1)育苗栽培优点　播期一般比同地区直播提前 40～60 d,如在 3 月上旬播种,4 月底或 5 月初定植,可比直播提前 15～20 d 采收;用秧盘基质育苗,移栽时根部带土,便于机械移栽,也有利于植株生长,缩短缓苗期。育苗栽培可以抵御早春低温和霜冻危害,增加丰产的稳定性。 培育优质的适龄壮苗是番茄丰产的关键。优质壮苗的外部形态表现为植株茎秆粗壮,紫红色,节间短;叶片肥厚,深绿带紫色;根系发达,定植到田间后缓苗快。当苗龄 45 d 左右,秧苗达 4～5 片真叶时,就可定植。定植前 1 周降温,白天 18℃,晚上 5～10℃,天气没有变化,可昼夜通风,以增强幼苗抵抗逆境的能力。 目前,加工番茄育苗环节由番茄加工企业原料部门直接完成,多选用高产抗病的杂交种育苗,然后有计划地安排在某些早熟原料供应区。 (2)移栽定植　育苗的番茄,定植时间最好在晚霜过后,地温稳定在 10℃以上时为宜。一般北疆在 4 月下旬至 5 月上旬。定植前提前整地,铺滴灌带、覆地膜一次性完成。定植前一天晚上滴水,保证膜下土壤湿润,定植时边栽苗边滴水,以便于水分能充分供应。将不同生长势的苗分开定植,定植深度将土埋至子叶节以下,徒长苗采用卧栽,将苗卧放在定植穴内,将茎部几节埋上,可促进根系扩大,缩短缓苗期。栽苗后,应将土稍镇压,一般 1 周后再滴 1 次缓苗水。

3.常见技术问题处理

(1)生产中如何选择适宜的品种?

早熟种植方式应选择早熟品种,晚熟种植方式应选择晚熟品种,育苗移栽种植方式应选择高产、早熟的杂交种,生产资金不足的可选用'里格尔 87-5'等品种。

常规品种'里格尔 87-5'品种,在新疆已种植了 10 多年,品种退化严重,病毒病发生较重,农民大多仍首选它,究其原因主要有几点:一是放心,不可能有假;二是便宜,比杂交种便宜得多,每 100 g 的包装袋零售价仅 8～10 元,而品种表现较好的杂交种每 100 g 包装袋售价高达 70～80 元,甚至更高。

还有些农民,花高价买来杂交种,仍使用传统经验性的栽培密度、栽培方式和管理方法,致使优良品种不能发挥较好优势。例如,昌吉市二六工镇农民在同一块地里种植'里格尔 87-5'品种和'98-1'品种。一个早熟品种,一个晚熟品种,发育进程有较大差异,但是浇水的时间却是相同的,最后栽培结果截然不同,'87-5'品种发育正常,而'98-1'品种产生徒长。

(2)如何确定适宜的播种量?

加工番茄的播种量与所选用的栽培方式和品种特性有关系,一般每公顷播种量 1.2～1.8 kg。早熟品种,留苗密度适当大些,选用上限;晚熟品种留苗密度相对较小,选用下限,这样可确保平均每穴下种 7～8 粒,每穴出苗 5～6 株。

(3)造成加工番茄弱苗的原因有哪些?有哪些解决措施?

造成弱苗的原因有:①下种量过大,平均单株营养面积小,易形成弱苗;②间定苗太晚,易形成弱苗;③不施种肥,易形成弱苗;④地膜覆盖不严实,通风漏气,易形成弱苗;⑤土壤板结,墒情不好,易形成弱苗。

解决措施:①加强中耕松土,提高地温;②提早间苗、定苗,2～3 叶期间苗,3～4 叶期定苗;③适当喷施腐殖酸类叶面肥。

(4)案例:2019 年昌吉市国家农业科技园区科瑞农场约有 20 hm^2(300 亩)加工番茄地块

采取膜下条播方式播种，4 月 20 日左右播种，5 月 3—4 日出苗，由于 5 月 3—4 日突然出现高温，几乎在 2 d 之内出苗率达到 80%，由于劳力有限，放苗不及时，最终保苗率不到 40%。

原因分析：4 月 20 日播种，应该采用膜上机械点播的播种方式播种，不宜选择膜下条播的播种方式。膜下条播的方式适合在气温较低的情况下播种，保温效果好，可以有效地防止冻害，确保一次播种保全苗。

解决措施：在气温较高时，及时破膜降温，放苗。若放苗不及时，一部分幼苗已经被烫死，应该及时催芽补种。

（三）田间管理

1. 职业岗位工作

根据生产技术管理计划、田间苗情，确定适宜的管理技术措施，指导田间作业，检查记录作业质量。

2. 工作程序及操作技术和质量要求

工作环节	工作程序及操作技术和质量要求
播后苗前管理	一般播种后 7～10 d 就可出苗，这时要经常按行检查出苗情况。如果 7～10 d 仍未开始出苗，应检查是否有烂种、墒差、虫咬等情况并考虑及时补播。出苗量在 20%～40%就可开始放苗。遇高温早晨提前放苗，遇低温或霜冻危害时缓放苗，并根据出苗情况进行放苗。若出苗很好接近 100%时，应按等距离 30～35 cm 株距放苗；若出苗情况低于 80%，应多放苗，便于以后补苗，放苗以后要及时封洞。
幼苗期管理	出苗至开花称为幼苗期，此期加工番茄生长较缓慢，但根系生长迅速。管理目标是培育壮苗，促进根系发育，为后期高产创造条件。 （1）查苗补种　出苗时发现断垄严重地段，用温水催芽补种。 （2）中耕除草　幼苗现行后，及时中耕，中耕深度 3～4 cm，结合中耕除草，防止伤苗、压苗、埋苗。幼苗期中耕 2～3 次。 （3）早间苗、定苗　一对真叶时进行间、定苗。株距 25～30 cm，留苗均匀，留苗密度 4.5 万～5.0 万株/hm^2，两对真叶时定苗结束。 （4）人工除草　结合定苗人工拔除植株边杂草。 （5）防治病虫害　苗期容易发生蟋蟀咬食幼苗现象，一般用乐果或敌百虫拌麸皮做毒饵诱杀；苗期喷施代森锰锌等保护性杀菌剂 2～3 次防早疫病等。
开花坐果期管理	开花坐果期是加工番茄营养生长和生殖生长并行旺盛期，相对来说，营养生长占优势，应及时结合中耕开沟培土和深施追肥，叶面喷施植物生长调节剂，提高坐果率。 （1）中耕、追肥、开沟　开花期头水前进行第三次中耕，同时追肥开沟。一次性施尿素 225～300 kg/hm^2，开沟深度 15～20 cm。 （2）喷施番茄灵　加工番茄落花现象比较普遍，对产量影响很大，如水分不足、根系发育不好、温度低、光照不足、植株徒长或者开花期突遇高温都可以引起落花。防止落花的主要措施是促使苗壮，也可以使用番茄灵（防落素 PCPA）喷花。当田间 50%以上的植株第一穗花有 2～3 朵花开放时，就可以开始喷花。喷花的浓度 30～50 mg/kg，使用时最好早晨喷，隔 5～6 d 再喷 1 次，连续喷 3 次，温度高时可降低浓度，温度低时可适当增加。 （3）防治病虫害　加工番茄开花坐果期病害主要通过加强田间管理进行预防。虫害主要是棉铃虫，主要为害果实。预防措施是在盛花期，用番茄加工企业指定的生物农药交叉使用，间隔 8～10 d 施用 1 次，连续 3 次。切不可等到发现棉铃虫为害之后再防治。 （4）清沟扶秧　在浇第一水之前，仔细检查加工番茄沟，确保将来能顺利进行细流沟灌，灌水时不会轻易水漫垄背，加工番茄植株大量坐果后不易向沟内倒伏。

续表

工作环节	工作程序及操作技术和质量要求
结果期管理	加工番茄结果期茎叶茂盛、光合强度高，水分蒸腾量大，是生殖生长、产量形成的关键时期，应保证田间水分供应，提高结实率。 (1)适时灌溉　加工番茄第一穗果实核桃大小时开始灌水，以后要保持地表湿润，防止忽干忽湿，每隔7～10 d浇一水，每次灌水量450～600 m^3/hm^2。若是膜下滴灌地块，应7～10 d滴水一次，每次滴水300～450 m^3/hm^2。 (2)喷施叶面肥　在加工番茄结果盛期，往往是高温期，影响番茄坐果，叶面喷施磷酸二氢钾等叶面肥3 kg/hm^2，兑水600 kg喷雾，对提高加工番茄产量具有重要意义。 (3)防治病害　由于大量浇水，田间温度高、湿度大，容易发生早疫病、疮痂病、果腐病等。一般在雨前或雨后及时喷施杜邦克露等杀菌剂，对预防烂果、提高商品率，效果较好。

3.常见技术问题处理

(1)如何避免加工番茄日灼病、烂果，提高加工番茄商品率？

加工番茄最忌讳翻秧，即将妨碍行走或机械作业的番茄植株翻到垄背上或者推置于地膜上，会影响加工番茄的自然正常生长，产生一定数量的日灼果和腐烂果，显著地影响加工番茄商品率。因此，在加工番茄生长过程中至采收前，不能轻易地对加工番茄进行翻秧。

加工番茄要及时采收，采收之后及时灌水，补施叶面肥料等，对提高加工番茄的产量和商品率效果显著。

(2)农户在加工番茄灌溉方面主要存在哪些问题？

目前普遍存在浇水太早的现象。因为农民喜欢抢墒播种，不灌底墒，在加工番茄开花坐果期，稍微表现出一点旱象，农民就急着浇水；或者并不是因为缺水，但农民担心该浇水的时候没有水，于是只要来水，不管后果如何就浇。往往是在加工番茄开花结果期，浇水过多，导致徒长，外表看上去长相非常好，可是扒开番茄秧子一看，坐果较少，而且因田间湿度过大加重了病害的发生。

另外，农民在浇水之前，开沟太浅，浇水时做不到细流沟灌，常常是大水漫灌，漫过垄背，也可导致病害严重发生。加工番茄浇水时，不能漫过垄背，不能串灌，要求细流沟灌。

(3)农民喜欢在苗期大量喷施叶面肥，形成枝叶繁茂的现象，这样做正确吗？

这样做不太合适，容易出现营养失调的现象。苗期叶面肥喷施过多会导致营养生长旺盛，生殖生长偏弱，开花坐果不良。在后期脱肥早衰时加强应用叶面肥，可以显著地提高加工番茄的产量和品质。

(四)病虫害防治

近年来，随着加工番茄种植面积不断扩大，农民重茬种植面积增加，导致加工番茄猝倒病、立枯病、根腐病、沤根病、枯萎病、早疫病、溃疡病、炭疽病、脐腐病、疮痂病、日灼病等普遍发生。蟋蟀、棉铃虫是新疆加工番茄种植常见虫害。

1.职业岗位工作

按照加工番茄病虫害发生规律，在加工番茄不同生育时期识别调查发生情况，及时采取有效防治措施。

2. 工作程序及操作技术和质量要求

病虫害	形态识别	防治方法
番茄猝倒病 	发病原因：病菌体土壤中越冬，游动孢子借雨水或灌溉水传播到幼苗上，从茎基部侵入。湿度大时，病苗上产出的孢子囊和游动孢子进行再侵染。当苗床温度低，幼苗生长缓慢，再遇高温，则感病期拉长，很容易发生猝倒病，尤其苗期遇有连阴雨天气，光照不足，幼苗生长衰弱发病重。当幼苗皮层木栓化后，真叶长出，则逐步进入抗病阶段。	(1)选择地势高，避风向阳，排水通畅，土质疏松肥沃的无病地块做苗床。 (2)种子处理　播前把种子放在太阳下暴晒 2～3 d，然后进行人工精选；然后用 50～55℃温水进行温汤浸种 10～20 min，可杀死黏附在种子表面的病菌。 (3)每平方米苗床可选用 50%多菌灵可湿性粉剂或 40%五氯硝基苯 8～10 g，加细土 5 kg 拌匀，1/3 药土撒在畦面上，余下的 2/3 药土播种后覆盖，防病效果 90%以上，残效期 1 月余。 (4)加强苗床管理　控制好苗床温湿度，增加光照，提高幼苗的抗病能力。
番茄立枯病 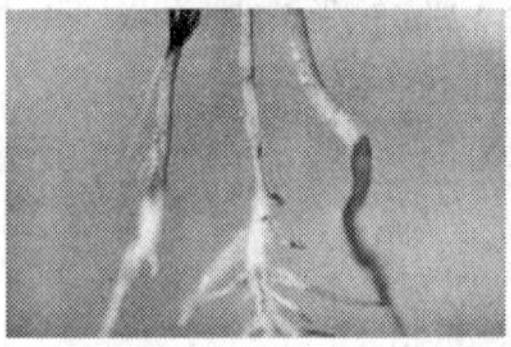	病状：主要发生在苗期。发病初期，幼苗白天萎蔫，夜间恢复，后期干枯死亡。茎下部凹陷，有椭圆形暗褐色病斑和淡褐色蛛丝状霉。	(1)苗床管理同猝倒病。 (2)苗期喷洒植宝素 8 000 倍液，或 0.1%磷酸二氢钾，增强抗病力。 (3)用种子重量 0.2%的 40%拌种双拌种。 (4)床土处理　40%五氯硝基苯与福美双 1∶1 混合，每平方米苗床施药 8 g。方法同猝倒病。
番茄根腐病 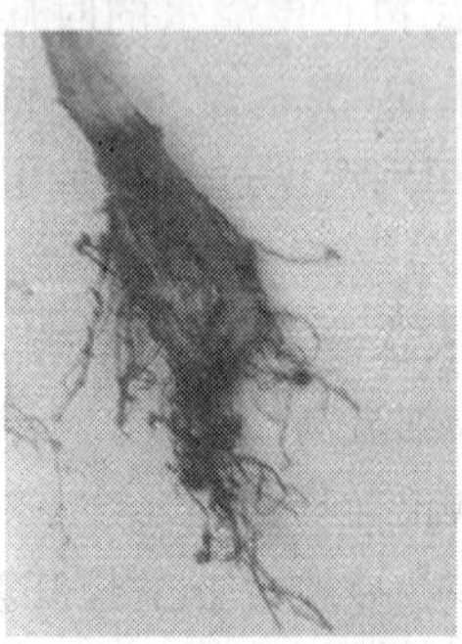	病状：幼苗或成苗根茎部水浸状，变褐软化腐烂，但不缢缩。解剖观察可见病部维管束变褐，但不向上发展。后病部腐朽状，病苗萎蔫，重时枯死。	(1)结合猝倒病、立枯病防治，进行土壤消毒。 (2)做好地下害虫的防治。 (3)农事操作注意不要伤根。 (4)对发病苗或植株根茎部喷洒 50%多菌灵 500 倍液，或 50%甲基托布津 500 倍液，或 70%敌克松 1 000 倍液，或 10%双效灵 300 倍液。
番茄沤根病 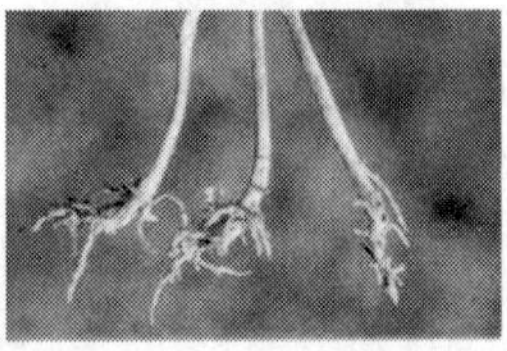	病状：在育苗阶段或定植后，不长新根，幼根表面开始呈锈褐色，后逐渐腐烂，致地上部叶片变黄，严重的萎蔫枯死，幼苗易被拔起。	(1)床土温控制在 16℃以上。 (2)保持土壤湿度，防止土壤忽干忽湿，在低温下控制湿度。 (3)增加光照。 (4)适量放风，加强炼苗。 (5)出现轻微沤根时，要提高苗床温度，疏松土壤。

续表

病虫害	形态识别	防治方法
番茄早疫病 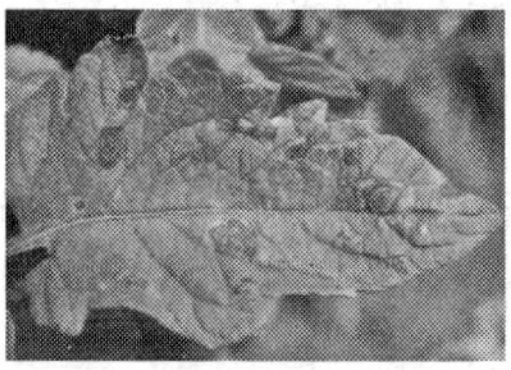 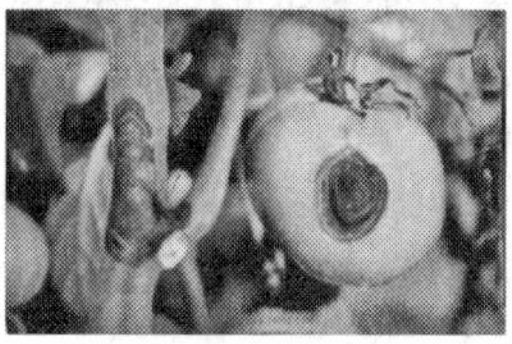	病状：发病时常从下部叶片开始，初呈针尖大的小黑点，后逐渐扩大为褐色轮纹斑，边缘多具浅绿色或黄色晕环。严重时，下部叶片全部枯死。茎部病斑多发生在分枝处；青果染病，病斑多发生在蒂部附近和有裂缝的地方。病斑均为椭圆形，褐色，稍凹陷，均有同心轮纹。病果常提早脱落，湿度大时，病斑上密生黑色霉层。苗期发病在茎上有黑斑点。	(1)要与非茄科作物实行 3～4 年轮作倒茬。 (2)加强田间管理，避免田间低洼、积水，多施磷钾肥，提高植株抗病性。 (3)种子消毒　用 55～60℃的温汤浸种 30 min，或用 10%硫酸铜溶液浸种 10 min，取出后移入石灰中浸一下，然后再播种。 (4)药剂防治　用 1∶1∶(150～200)的波尔多液，或 50%甲基托布津 700～1 000 倍液，或 70%百菌清 600 倍液，或 80%代森锰锌 500～600 倍液，或疫病一次净，每隔 7～10 d 喷 1 次，连续喷 3～5 次。
番茄晚疫病 	症状：该病只危害番茄和马铃薯，且对番茄的致病力强。发病时，从植株下部的叶尖或叶缘开始，出现暗绿色水浸状不规则的病斑，逐渐变褐。湿度大时，叶正面是绿色而背面有白色霉状物。果实染病主要在青果上，病斑初呈油浸状暗绿色，后变成暗褐色至棕褐色，湿度大时其上长少量白霉，迅速腐烂。	(1)实行轮作倒茬。 (2)加强田间管理，合理密植，及时打杈。 (3)药剂防治　用 64%杀毒矾 400～500 倍液，或 58%甲霜灵 600～800 倍液，或 40%乙膦铝 200 倍液，或 1∶1∶(150～200)波尔多液，或 50%百菌清 200 倍液，喷施。
番茄枯萎病 	症状：该病是一种维管束病害，在开花坐果期始发。发病初期仅一侧叶片自下而上发黄，变褐后枯死。后期近地面的茎、叶柄和果梗等的维管束均呈褐色，湿度大时，病部有粉红色霉层。	(1)实行 3～4 年轮作倒茬。生长期施足磷钾肥，增强植株抗病性。 (2)种子消毒处理　用 50%多菌灵(500 g 水＋1 g 多菌灵)浸种 1 h，或用 0.1%硫酸铜浸种 5 min，洗净后催芽。 (3)用 36%甲基硫菌灵悬浮剂 500 倍液叶面喷洒，或用 70%甲基托布津 1 000～1 500 倍液或 50%多菌灵 1 000 倍液灌根，每隔 7～10 d 1 次，连续 3～4 次。
番茄溃疡病  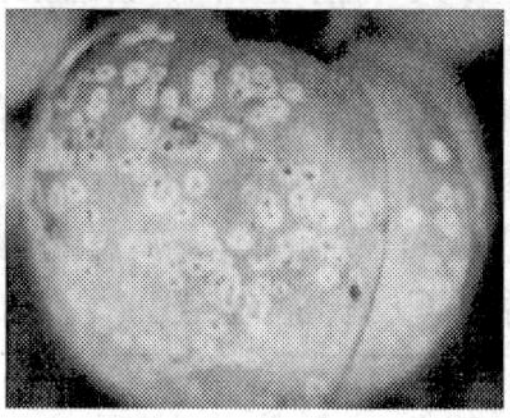	病状：番茄溃疡病是一种维管束病害，在番茄整个生长期均可发生。可危害叶片、茎和果实。病叶似缺水状卷缩，有的植株一侧叶片凋萎。田间一般在现蕾后开始显症，多在成株期发病。病茎的髓部变褐腐烂，或在茎部开裂生长不定根，潮湿时有白色脓状物流出。发病株往往下部叶片凋萎，后出现黑褐色条斑并向上下扩展，茎内维管束及髓部变褐，后期下陷、爆裂呈溃疡状。	(1)加强检疫。 (2)认真清理田园，使用无病种子。 (3)与非茄科类作物轮作 3 年以上。 (4)种子消毒　用 0.8%醋酸溶液浸种 4 d，或用 1%次氯酸钠浸种 30 min，或用 70℃恒温箱干热处理种子 3～4 d 等。 (5)及时拔除病株，对病穴用 300 倍福尔马林或 200 mg/kg 的新植霉素、链霉素消毒，也可直接喷洒到病株防治。溃疡病发病初期，可用 0.72%农用链霉素可湿性粉剂 400 倍液，或氢氧化铜或氧氯化铜喷雾。

续表

病虫害	形态识别	防治方法
番茄炭疽病 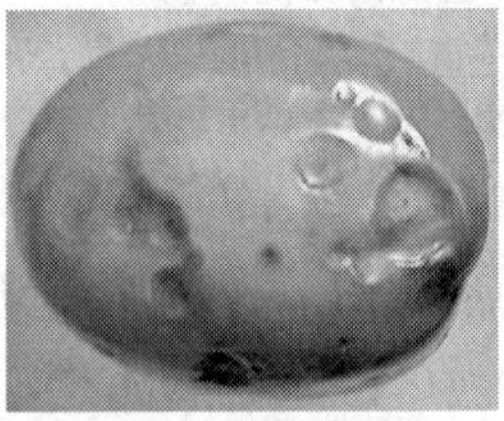	病状：主要危害近成熟的果实。染病果实先出现湿润状褪色的小斑点，后逐渐扩大成近圆形或不定形的病斑，直径 1～1.5 cm，中间部分略凹陷，且颜色变黑褐色，有同心轮纹并长出黑色小粒点，后期还长出粉红色黏稠状小点，病斑常呈星状开裂，病斑四周有一圈橙黄色的晕环。发生严重时病果在田间就腐烂脱落。	(1)收获后做好清园工作，销毁病残体。深翻晒土，结合整地施足量优质有机底肥，高畦深沟栽植。 (2)生长期要精心管理，及时整枝、打杈、绑蔓，勤除草以利田间通风降湿，果实成熟期及时采收，提高采收质量，对病果要带出田外及时销毁。 (3)药剂防治　幼果期可作一次预防性喷药。始病期可用 80%炭疽福美可湿性粉剂 800 倍液，或用 10%世高水分散性颗粒剂 800～1 000 倍液，或用 30%氧氯化铜悬浮剂 500 倍液，7～10 d 喷一次，连续喷 3～4 次。
番茄细菌性斑点病(疮痂病) 	病状：病菌通过叶、梗等部位的气孔侵入发病。发病初期出现淡褐色或深褐色的小斑点。病斑内侧很薄，有光泽，病斑的外圈变为黄色。得病从下部的较干燥的叶子开始。在果实上发病会出现圆形斑点，周边稍隆起。初期表面较平，以后病斑部分崩溃使表皮变粗糙，成为“疮痂状”。果实发病一般出现在幼果上，而不发生在成熟果上。	(1)选用抗病品种，采用无病菌种子。 (2)对种子进行消毒　用 50℃水浸种 25 min，或用 1 000 mg/kg 链霉素液浸种 30 min 后洗净，催芽播种。 (3)与非茄果类作物轮作 2～3 年。 (4)发病初期可用 200 mg/kg 硫酸链霉素，或 40%细菌灵片(CT)，每片加水 1.5 kg 进行防治，效果良好。也可用 1∶1∶200 波尔多液、65%代森锰锌可湿性粉剂 600 倍液喷雾，每 7～10 d 喷 1 次，连喷 2～3 次。
番茄脐腐病 	该病又称蒂腐病，属生理病害。 症状：发病初期，在幼果脐部出现暗绿色水浸状病斑，后变为暗褐色或黑色并逐渐扩大，其皮下组织崩溃收缩，以至发病部分呈扁平状。湿度大时，腐生菌寄生其上产生黑色霉或变软腐烂。往往病果提早红熟，品质降低，失去商品价值。	(1)加强田间管理，适时浇水，防止土壤忽干忽湿。采用地膜栽培，保持土壤水分的相对均衡、稳定。 (2)选择保水力强、土层厚的菜地种植。 (3)避免使用浓度过高和含氮过高的氮素肥料。 (4)在初花期或果实膨大期叶面喷施 0.1%氯化钙液或 0.1%硝酸钙液或 1%过磷酸钙液，每隔 7～10 d 喷 1 次，共喷 2～3 次进行预防。
番茄日烧病 	症状：该病多发生在果实膨大期，果实向阳面长时间受强光照射后，呈白色的革质状，周缘明显，斑面凹凸皱缩不平，病部组织硬实，不腐烂，但失去商品价值。	(1)在果实膨大期防治各种落叶病，对暴露在外面的果实可用草或叶片进行覆盖。 (2)在果实膨大初期适时移秧，且最好避开晴天中午操作。 (3)适时灌水，在结果期保持土壤湿润。 (4)结果期，叶面喷施 0.1%硫酸锌液或 0.1%硫酸铜液，以提高抗热性。

续表

病虫害	形态识别	防治方法
番茄果腐疫病  	该病多发生在长成的绿果、刚开始着色或接近成熟的果实上。发病初期病部呈褐色，有同心轮纹，1～2 d后病斑迅速扩大，形成2～3 cm水浸状浅灰色大斑，3～4 d后全果变软腐烂。	（1）合理密植，科学施肥，细流沟灌，严禁大水漫灌。 （2）雨天禁止浇水，雨后地表干燥后再浇水。 （3）在发病前或发病初期，喷施甲霜灵或百菌清。 （4）发病后不要随意在田间摘除病果，以免操作时造成人为传播。应使用噁霜灵锰锌（杀毒矾）喷雾，7～10 d喷1次，雨后立即喷药。药液最好能够喷到病果上。
番茄棉铃虫	参见第十章。	参见第十章。

3. 常见技术问题处理

（1）农民在化学防治时喷水量方面有哪些问题？

农民施药时图省事，随意减少喷水量、加大浓度，喷雾不均匀，达不到防治效果。分析原因，主要是农民大多使用小型喷雾器人工喷雾，完全按照施药要求规程操作因喷水量太多而做不到。后果往往是因浓度太大，腐蚀果皮和叶片，造成细菌侵染，发生细菌性斑点病等。应该严格按照药剂使用说明书，加够喷水量。

（2）农民在选择农药时常出现哪些问题？

不能对症下药，乱用农药，杀虫剂与杀菌剂分不清、保护性杀菌剂与治疗性杀菌剂分不清、细菌与真菌分不清、杀虫与防病分不清、叶面肥和植物生长调节剂分不清等，达不到防治效果。在搞不清的时候，应该认真阅读农药的使用说明书，严格按照说明使用。

（3）农民在病虫害防治时间上常出现哪些问题？

重治轻防，达不到防治效果。因农民对病害认识不够准确，一般情况下在发病初期，不易被人们发现，这使农民对喷施预防性杀菌剂往往不能引起重视。直到出现严重症状，到了不治就要造成严重减产时，才能引起重视。应该预防为主，综合防治，多种措施相结合。

（五）收获贮藏

加工番茄从开花到果实成熟需40～50 d。成熟果要及时采收，否则会继续消耗植株养分，影响后期果实的发育及成熟。采摘前必须制定严密的管理制度，包括组织机构、计划数量、运输车辆等。第一遍采摘时，注意不要翻秧，尽量保持番茄植株的自然现状以免折断植株，影响后期果实正常发育。不要在下雨时采摘，以防枝叶受损，病害传播，运输腐烂。必须有计划地采摘，不能采收过勤，人工采摘一般3～4次为宜。采摘的果实应做到无病虫果、烂果、青黄果、未成熟果，以免降低品质。

机械采收地块采收前 15～20 d，根据土壤类型停止灌水，条田土壤湿度不宜过大，以便机采。采摘前不灌水，避免果实耐压力下降，果皮变薄，采前灌水容易导致可溶性固形物含量偏低、果实破裂、烂果，影响商品率，造成不必要的损失。停水后将条田中的滴灌带、支管、辅管收回，回收时间以不影响正常机械采收为宜。必须将机采地块田间杂草清除干净，防止杂草缠绕进入采收机。采收小区中心行左右两侧共 5 行(膜)进行人工采摘或翻秧整形，减少采收机和运输车辆行走所造成的损失。条田两头应留不少于 13 m 机采运输转弯带，人工将两头转弯带种植的番茄放置在相对应的行上。装车时采收机与拉运车匀速并行，实现自动履带装车，装车过程中严禁编织袋装运，严禁人员践踏果实。图 13-1 为加工番茄机械采收现场。

图 13-1　加工番茄机械采收现场

【知识延伸】

1. 参阅相关资料，学习加工番茄生长发育、品种特性各项指标调查技术。

2. 参阅相关测产技术资料，学习加工番茄测产技术。

3. 参阅相关资料，了解新疆主栽加工番茄品种特性和栽培技术要点。

4. 参阅相关资料，了解世界及我国加工番茄种植技术发展趋势。

5. 参阅相关资料，学习掌握加工番茄主要病虫害病情指数、为害率调查技术。

【课后作业】

研究制定加工番茄 150 t/hm^2 高产栽培技术规程。

三、顶岗实习工作过程作业记录单

<table>
<tr><td colspan="6">1.生产计划与成本预算</td></tr>
<tr><td>种植面积</td><td></td><td>种植户</td><td></td><td>地块编号</td><td></td></tr>
<tr><td>选用品种</td><td></td><td>预计产量</td><td>t/hm²</td><td>预计售价</td><td>元/kg</td></tr>
<tr><td rowspan="8">生产投入</td><td colspan="2">土地承包费</td><td>元/hm²</td><td rowspan="4">成本合计</td><td rowspan="4">元/hm²</td></tr>
<tr><td colspan="2">种子</td><td>元/hm²</td></tr>
<tr><td colspan="2">化肥</td><td>元/hm²</td></tr>
<tr><td colspan="2">农药与施药</td><td>元/hm²</td></tr>
<tr><td colspan="2">水费</td><td>元/hm²</td><td rowspan="4">预期效益</td><td rowspan="4">元/hm²</td></tr>
<tr><td colspan="2">机耕费(耕、耙、播、收)</td><td>元/hm²</td></tr>
<tr><td colspan="2">雇工</td><td>元/hm²</td></tr>
<tr><td colspan="2">其他</td><td>元/hm²</td></tr>
<tr><td colspan="6">根据生产计划制订加工番茄优质高产栽培技术方案(丰产计划)</td></tr>
</table>

<table>
<tr><td colspan="3">2.备耕检查</td></tr>
<tr><td>检查项目</td><td>检查记录</td><td>评价</td></tr>
<tr><td>土地耕翻墒情(耕地质量、冬灌或春灌情况)</td><td></td><td></td></tr>
<tr><td>种子质量与种子处理</td><td></td><td></td></tr>
<tr><td>播前整地质量(墒情、土壤平整、细碎、化学除草等,育苗地苗床准备情况、育苗过程、苗情质量等)</td><td></td><td></td></tr>
<tr><td>播种机调试准备(播量调试、机械工作状况等)</td><td></td><td></td></tr>
</table>

续表

3.田间管理与作业质量检查

项目		时间	检查记录(技术措施、指标、作业质量)	评价
播种质量(种肥、下种量、播深、覆土、镇压、浮籽、漏重播等)				
间定苗				
中耕除草(中耕深度、细碎、平整、伤埋苗、杂草清除等)				
追肥(追肥种类、施肥量、深度、均匀度、覆盖等)				
灌溉(灌溉量、技术标准)	头水			
	二水			
	三水			
	四水			
	五水			
	六水			
	七水			
	八水			
清沟扶秧(时间、方法、沟深等)				
收获(收获方式、损失)				

4.病虫害调查与防治记载

病虫害名称	病情指数、为害率调查	防治措施	效果

续表

<table>
<tr><td colspan="7">5. 生育期及品种特性记载</td></tr>
<tr><td rowspan="2">生育期</td><td>播种期</td><td>出苗期</td><td>现蕾期</td><td>开花期</td><td>成熟期</td><td>生育期</td></tr>
<tr><td></td><td></td><td></td><td></td><td></td><td></td></tr>
<tr><td rowspan="2">品种特性</td><td>株高/cm</td><td>分枝数</td><td>结果数</td><td>单果重/g</td><td>果实形状</td><td>果实颜色</td></tr>
<tr><td></td><td></td><td></td><td></td><td></td><td></td></tr>
</table>

<table>
<tr><td colspan="6">6. 测产与效益分析</td></tr>
<tr><td rowspan="3">测产</td><td rowspan="3">产量构成因素法</td><td>株数/hm^2</td><td>果数/株</td><td>平均单果重/g</td><td>产量/(t/hm^2)</td></tr>
<tr><td></td><td></td><td></td><td></td></tr>
<tr><td colspan="4">计算公式：株数/hm^2×平均单株结果数×平均单果重(g)×0.8/1 000</td></tr>
<tr><td rowspan="10">效益分析</td><td rowspan="8">实际发生成本核算</td><td colspan="2">土地承包费</td><td colspan="2">元/hm^2</td></tr>
<tr><td colspan="2">种子</td><td colspan="2">元/hm^2</td></tr>
<tr><td colspan="2">化肥</td><td colspan="2">元/hm^2</td></tr>
<tr><td colspan="2">农药与施药</td><td colspan="2">元/hm^2</td></tr>
<tr><td colspan="2">水费</td><td colspan="2">元/hm^2</td></tr>
<tr><td colspan="2">机耕费(耕、耙、播、收)</td><td colspan="2">元/hm^2</td></tr>
<tr><td colspan="2">雇工</td><td colspan="2">元/hm^2</td></tr>
<tr><td colspan="2">其他</td><td colspan="2">元/hm^2</td></tr>
<tr><td>平均产量</td><td>t/hm^2</td><td>市场价格</td><td>元/kg</td></tr>
<tr><td>副产品收入</td><td>元/hm^2</td><td>种植效益</td><td>元/hm^2</td></tr>
</table>

续表

7.生产技术问题处理记录				
时间	生产问题	原因分析	处理措施	效果
8.加工番茄优质高产栽培技术总结				

第三节　知识拓展

新疆加工番茄全程机械化栽培技术要点

(一)选地整地

选择土层深厚,pH 7～8,肥力中等,土面平坦,保水保肥能力良好,富含有机质的中性、微碱性壤土或沙壤土。秋收结束后,立即打秆、灭茬、清地膜。每公顷施腐熟的有机肥(3.75～4.5)$\times 10^4$ kg,磷酸二铵或硫酸钾复合肥 450 kg,撒平后进行深翻,耕深 28～30 cm。为控制杂草,在播种前 4～5 d,用 48%氟乐灵或都尔乳油喷洒地表,用量 1.5～1.8 L/hm^2,喷后立即浅耙,以防除草剂分解失效和蒸发。

一般在 3 月下旬至 4 月上旬,气温达 10℃以上,合墒适时,开始起垄作业,起垄作业不能耽误移栽作业,也可以与铺膜保墒同步进行。采用 KF-5.0 型开沟施肥深松机开沟,沟心距 1.5 m,起垄(垄宽 1～1.1 m)。起垄作业一次 3 垄,作业幅度 450 cm;起垄要直,50 m 起垄行内,直线偏差不大于 8 cm,起垄作业第一行要插上标杆,标杆高 1.6～1.8 m,插正插牢成直线,应从条田一侧开始起垄作业。起垄作业沟心相距 150 cm,垄背宽 110～112 cm,沟口宽 40 cm,沟深 15～20 cm(滴灌)或者沟深 20～25 cm(沟灌),在同一播幅内与规定尺寸偏差不大于 1 cm,交接行尺寸偏差不大于 2 cm,地头、地边整齐、起落一致,为机械铺膜、移栽、机械收获配套作业打下基础。整地作业质量应达到"平、齐、松、碎、墒、净"农业六字标准。

化肥和颗粒底肥与起垄作业同时进行,氮、磷、钾施肥量比例,按测土配方《施肥卡要求》进行,实际施肥量与规定施肥量偏差不超过 5%,总排肥量稳定性变异系数≤7.8%,施肥均匀,不漏不撒,并在要求移栽行外侧面 5～7 cm 处,施肥深度 15～20 cm,深度一致,偏差不超过 1.5 cm,并与相邻移栽行距离一致,施肥深度合格率≥85%。

(二)品种选择

选择当前主栽的适宜机械采收品种——美国亨氏杂交品种,其抗病性好、产量较高、成熟集中。另外,要注重早熟、中熟、晚熟品种搭配,以利于机械化采收。

(三)铺膜保墒

采用 2BMT6/3 型三膜六行铺膜保墒作业:幅宽 4.5 m,膜宽 90 cm。作业时,铺膜中心线与起垄中心线重合,地头铺膜整齐,起落一致;膜两侧应可靠地埋入土中,并压实、不透风。每侧覆土宽度 5～8 cm,覆土宽度合格率≥95%,每 3～5 m 进行机械或人工对地膜拦腰进行覆土压实;膜边覆土厚度合格率≥95%,地膜应覆盖平整,无皱纹,采光面展平度≥98%,膜宽 90 cm,采光面宽 60～65 cm 即可。铺膜破碎程度:每平方米不应该有≥2.5 cm 的孔洞。地膜铺设采取三膜六行:60 cm—30 cm—60 cm—30 cm—60 cm—30 cm。毛管铺设与铺膜同步进行,毛管铺设在起垄中心位置,滴水微孔朝上,滴灌带不要紧贴地膜或浅埋,防止高温烫裂地膜。地头留出滴灌带长度不大于 1 m,以便于支管连接或防止作业时滴灌带收缩。

(四)机械移栽

采用机械收获专用品种,根据早熟、中熟、晚熟品种生长周期、成熟时间、机械化收获程度等综合指标,确定早、中、晚品种种植计划面积,按照早、中、晚品种种植计划面积依次移栽,早熟品种移栽在4月中旬,气温达到15℃开始移栽。

采用澳大利亚威廉姆斯公司加工番茄移栽机作业,一次性完成:人工投苗→机械移栽→机械滴水→人工封土(或机械封土)半机械化作业。移栽行数:6行,工作幅宽450 cm;每穴株数:1株/穴;膜内行距30 cm,交接行120 cm,移栽株距35～40 cm(株距可调);理论保苗株数3 000株/亩左右(根据品种而定)。

移栽苗最佳高度12～15 cm(从基质底部测量),移栽苗高度不能超过20 cm。移栽打孔深度6～8 cm(根据苗高而定),打孔直径6～10 cm,膜孔对准移栽孔,错位率≤2%。移栽行要直,50 m直线度偏差不大于8 cm;且起垄、铺膜、移栽中心线重合,行距一致,在一个幅宽内,与规定的行距偏差不大于1 cm;交接行与规定的偏差不大于2 cm。

移栽后,铺设宽度为6～8 cm的封土带,提高薄膜的保温、增温、保墒作用,覆土厚度不超过1 cm,覆土宽度≤8 cm,地膜表面干净、无尘土。

移栽封土后要在6 h内连接好毛、支、干管,及时滴定苗水,滴水量900 m^3/hm^2 左右。

(五)田间管理

1. 滴水

5月底开沟整垄、滴水,全生育期滴水16次。滴水时,要防止土壤忽干忽湿,以减少裂果发生;采收期应适当控水,采收前10 d不再灌水。

2. 中耕松土

移栽定植成活后进行机械中耕松土,一般在滴头水前由浅至深进行中耕,中耕除草2～3次,最后一次中耕深度以18～20 cm为宜。

3. 喷施叶面肥

要适时适量进行根外追肥、灌水。追肥可随水直接滴入,每公顷可滴尿素、磷酸二氢钾15～30 kg,生育前期(果实膨大期)要少滴,在生育中后期(果实膨大后期)可逐渐加大滴肥量。

4. 病虫害防治

生理性病害有脐腐病、日灼病,多发生在果实膨大期,使果实失去商品价值。主要原因是:番茄生长期间水分供应失常,土壤忽干忽湿;番茄不能从土壤中吸收足够的钙素。适时浇水,防止土壤忽干忽湿;随水滴施钙肥,可防止生理性病害的发生。

早疫病、晚疫病,发病初期可用1∶1∶(150～200)的波尔多液,50%甲基托布津700～800倍液,80%代森锰锌500～600倍液,每隔7～10 d喷一次,连续喷3～5次。

TMV(烟草花叶病毒)条斑形病毒病近年来也有大面积发生的趋势,导致果实僵小呈畸形,表面有褐色油浸状斑块,后变成枯斑。此病一旦感染,药剂防治基本无效,应以加强栽培管理为主,如选用抗病品种,实施轮作倒茬,进行种子消毒,提早育苗,做好蚜虫的防治等工作。发病初期用植病灵乳剂1 000倍液喷洒,或用20%病毒A 500倍液叶面喷洒。

(六)加工番茄的采收

根据番茄早熟、中熟、晚熟品种、计划种植面积、成熟情况等,及时组织机械收获,一般在番茄成熟率(红色)90% 左右开始。成熟率低,收获损失比较大;成熟率高,会造成对成熟番茄机械损伤而降低产量和品质。

机械采收一般在 8 月上旬后进行。机械采收前 10～15 d 应停止灌水,并拔除田间杂草,回收条田中铺设的滴灌带,以便提高机械采收工作效率。机械采收时,加工番茄成熟度以达到 70%为宜。对于机械难以采收的田边地角,要进行人工采收,并运出地块。可采用 MTS-SL350T 番茄机进行收获作业,幅宽 1.5 m,色选率 75%～95%,番茄单个收获直径>1.5 cm,机械损伤率<3%,允许果实损失率<8%,总损失率控制在 17%～20%。

第十四章

新疆籽瓜栽培技术实训

第一节 岗位技术概述

籽用西瓜俗称籽瓜，又名打瓜，主要取食其瓜籽。籽瓜是新疆重要的经济作物，在农业产业结构调整中占有重要地位。新疆籽瓜生产主要集中在阿勒泰、塔城、博州、伊犁、昌吉、巴州等地州市县，另外阿克苏、喀什等其他地区也有种植，种植面积在21万hm^2左右，产量达30万t。新疆籽瓜子片大、籽粒饱满、色泽鲜艳，翘籽少，产量高，加工后味道芳香，久食不腻，是上好的炒货和食品加工原料，深受客户的欢迎，其产品畅销全国，并远销东南亚一带。

籽瓜主要用于炒制零食，可以加工成五香、咸淡、甜味等多种口味的瓜子，是中国老百姓喜爱的零食。籽瓜的营养价值很高，仁肉含有多种维生素，是提神补脑的佳品；瓜瓤可做籽瓜原汁罐头、低糖籽瓜罐头、籽瓜原汁；瓜皮可制作蜜饯。瓜皮、瓜瓤又是很好的饲料，可用于饲喂奶牛、羊、猪等家畜。

第二节 新疆籽瓜栽培技术实训

一、基本知识

籽瓜是葫芦科西瓜属普通西瓜种的栽培西瓜亚种的一个变种，是“籽用西瓜”的简称，一年生草本植物，喜生长在沙壤土中，耐瘠薄，耐旱怕涝，喜温耐热，具有很高的食用价值和经济价值。

(一)籽瓜的分类

按籽瓜颜色可分为黑色(黑瓜籽)、红色(红瓜籽)两种类型。

1.黑籽瓜型

目前黑籽瓜主要栽培品种是‘兰州大片’。该品种不是一个纯种，而是一个混杂的群体，按果皮颜色可分为核桃纹、白皮、花皮和黑皮4种，按瓤色又可分为白瓤、黄白瓤和淡红瓤3种。该类型全国各地均有栽培。

2.红籽瓜型

红籽瓜以宁夏平罗县栽培历史最长、面积最大，又称“平罗红瓜籽”。新疆栽培面积少，由于产量低，发展缓慢。

(二)植物学特性

1.根

直根系，由主根、侧根和根毛组成。主根入土深一般在2.0 m以上，侧根横向也可达2.0 m以上，大部分根系集中在表层5～30 cm耕作层中。茎节在湿润的条件下，可产生不定根。

2.茎和分枝

籽瓜的茎也称作蔓，呈五菱形，密生绒毛，双韧维管束。茎节上着生叶片，叶腋里可产生雌雄花蕾、托叶、卷须，也可产生不定根。

籽瓜为多分枝作物，生长初期的分枝对增加结果数和果个大小是有益的。由上胚轴发育成的蔓为主蔓，由主蔓叶腋里长出的蔓称为子蔓，由子蔓叶腋里长出的蔓称为孙蔓，依此类推。栽培中为确保坐果性能好和果实充分长大，建立起单株留蔓数、单株坐果数及种植株数的和谐关系是十分必要的。丰产栽培中，在确定基本秧蔓之后，其余的蔓均应在坐果之前尽早抹去。

3.叶

籽瓜为双子叶植物，叶由叶柄、叶身、叶肉、叶脉组成，分子叶和真叶两种。子叶椭圆形、无缺刻，真叶掌状深裂，叶表面附有一层蜡质，背腹两面均密生短柔茸毛，这是适应热带干热环境的生态特征。在瓜类作物中，籽瓜叶片缺刻最深。

叶的同化功能，因氮肥用量多少而不同，肥水管理适当，叶片大小适中，光合势强，产量增加。

4.卷须

瓜蔓伸长后，各个叶腋中均发生一条顶端有2～4个分杈的卷须。卷须起缠绕固定作用，使瓜蔓不易被风吹翻摔坏，并引蔓向上争取阳光。卷须由侧蔓原基外的侧基部分分化而来，是叶的变态。

5.花

籽瓜的花基本上是每节一朵，雌雄花交替发生，雄花数多于雌花数，花为雌雄异花或同花（两性花）。雌花的发生无论在主蔓或侧蔓上，均无一定规律，每隔3～5节出现一个，分散着生，其他节叶腋均出现雄花，故雄花为雌花的几倍乃至几十倍。

雄花的寿命只有一天，授粉最适宜温度为18～26℃，25～26℃是花粉发芽的最适温度，一般每天上午8—10时为授粉受精最佳时间，中午12时受精能力减弱，下午3—4时雄花萎蔫。雌花开放当天未受精，还可维持1～2 d。

6.果实

籽瓜的果实由花托和下位子房发育而成。黑籽瓜果实圆球形、长椭圆形或卵圆形不等，一般单瓜重2～3 kg，果面光滑，果皮分为黑绿色、核桃纹、底色黄绿上覆深绿色条带，还有白色等。果肉分为白色、淡黄色、浅粉红色，可溶性固形物在4%以下。红籽瓜果实圆形，果皮淡绿色，上覆深绿色花条带，单瓜重0.25～2.5 kg，平均2.0 kg左右。果肉分为白色、红色、粉红色或淡黄色，果皮薄，果汁多，味酸。

7. 种子

种子由种皮、种仁组成，有黑、红之分。黑籽瓜种子种皮四周黑色，中心部位黄褐色，黑黄界限分明，形状、颜色似牛眼，故有"黑牛眼"之称，一般长 1.5 cm 以上，宽 1 cm 左右，最宽的可达 1.5 cm 以上，如'新籽 2 号'稍加筛选，千粒重可达 180～250 g。该类型种壳口松、肉厚，代表品种有'兰州大片'、'新籽 2 号'等。

红籽瓜种子种皮鲜红色，晾晒方法得当，干后颜色不减，种脐和种子边缘的色泽略深，籽粒长 1.0～1.2 cm，宽 0.8～0.1 cm，千粒重 140～180 g。

(三)籽瓜对环境条件的要求

1. 对温度的要求

籽瓜是喜温又耐热的作物，低温对全生育期生长发育均不利，秧苗遇霜即死。最适发芽温度为 28～30℃，13～15℃开始发芽；气温在 5℃时，地上部停止生长，10℃时生长缓慢，最适宜的生长发育温度为 25～28℃，根系生长最适宜的温度为 25～28℃。营养生长需要较低的温度，下限温度为 10℃；生殖生长需要较高的温度，下限温度为 18℃。日平均气温在 15℃以下，形成果实扁圆、皮厚、空心多。籽瓜喜欢大陆性气候，在一定范围内，昼夜温差越大，茎、叶、果实生长越好。

2. 对光照的要求

籽瓜要求长日照和较强的光照。增加光照时间和光照强度，可促进侧蔓生长，但对主蔓影响不大。在较高温度和连续较长日照下，总叶面积增加，主要是叶片数增加。较短日照、较弱的光强不仅影响籽瓜植株的生长，而且影响结实器官的数量、大小、授粉和受精，而对雌雄花的比例影响不大。

3. 对水分的要求

籽瓜根深，且分布广，子叶缺刻深，茎叶长满绒毛、刚毛和蜡粉，果实本身就是一个贮水库，全身都表现出耐旱的生态型。但是由于结果多、产量高，也表现出喜水的特性。但是它怕涝，根系好氧性强，会因缺氧而窒息。一般幼苗期田间持水量为 65%，甩蔓期为 75%，结果期为 80%。

籽瓜对水分需求有两个敏感期：一是雌花现蕾前后；二是果实膨大期。

4. 对土壤和养分的要求

籽瓜要求有机质含量在 0.8%以上、质地疏松、透气性好、渗水快又保水的中性土壤(pH 5～7)，盐碱地不适合种植。

籽瓜是需肥量大的作物，要提高籽瓜的产量必须施足够的磷肥。

二、职业岗位能力训练

(一)播前准备

1. 职业岗位工作

选择籽瓜种植地块，制订生产计划，做好备耕工作。检查土地准备的质量，选择适宜的栽培品种，并进行种子处理。

2. 工作程序及操作技术和质量要求

工作环节	工作程序及操作技术和质量要求
土地选择	选择壤土、沙壤土，其次是沙土、黏土，要求盐碱轻的地块，前茬以豆科、玉米较好，其次是小麦、棉花、葵花。要求 3 年以上轮作，有利于防病，切忌重茬。
土地准备	(1)耕翻　籽瓜地应在秋天进行深耕，耕翻深度 25～30 cm，结合秋耕深施底肥。 (2)施肥　结合耕翻每公顷施标肥 1 050～1 350 个，标氮 750～900 个，标磷 300～450 个，一般施用磷酸二铵 150 kg/hm^2，最好同发酵的有机肥或油渣混合施入。 (3)整地　土壤墒情适宜时及时用联合整地机整地，结合整地喷施地乐胺除草剂，进行浅混土，具体用量参照使用说明书。
种子准备	(1)选购优良品种　选用高产优质的'新籽瓜 1 号'品种，要求纯度在 95%以上，发芽率 94%以上。据调查，农民对籽瓜的名称及品种没有明确的定义，生产中通常用的品种多是从兰州引进的，分为'兰州黑大片'、'兰州黑中片'和'兰州黑小片'。近几年黑色中片品种在市场中极受欢迎。 (2)种子处理　①播种前晒种 1～2 d，有利于提高发芽率；②温水浸种，用 55℃温水浸种 12 h，可杀死种子表面病菌；③药剂拌种，用种子重量 0.1%的 25%多菌灵可湿性粉剂或种子重量 0.3%的敌克松拌种。

3. 常见技术问题处理

选择籽瓜种植地块应注意哪些事项？

选择籽瓜种植地块，一定要注意安排 4～5 年以上的轮作倒茬，最好选择禾本科作物为前茬，不宜选油葵、加工番茄和块根块茎类作物为前茬。由于近几年籽瓜市场行情较好，农民种植籽瓜的积极性较高，籽瓜种植面积过大，轮作倒茬往往年限不够，病虫害明显加重，籽瓜产量显著降低，严重影响生产效益。

(二)播种

1. 职业岗位工作

选择适宜播期播种，指导、检查播种技术落实情况，实现"一播全苗"。

2. 工作程序及操作技术和质量要求

工作环节	工作程序及操作技术和质量要求
适期播种	当 5 cm 地温稳定通过 14℃即可播种，最适播期 4 月下旬至 5 月上旬。
播种量及播种方法	采用机械平铺地膜，膜上机械点播，行距 40～60 cm，株距 25 cm，采用 90 cm 薄膜，铺膜做到"平、齐、紧、实"，"平"指土地平整，"齐"指铺膜整齐，"紧"指铺膜与地面拉紧，"实"指用土把薄膜压实，不要让大风吹起。
播种质量检查	检查播种深度是否符合要求，地膜是否平展，压膜是否严实、牢固等。

3. 常见技术问题处理

籽瓜播种一些好的做法。

一般播种深度为 1.5～2 cm，覆土厚度约 1 cm，累计不超过 3 cm。覆土过厚，出苗困难；覆土太薄，洞口封不严实，容易跑墒。

昌吉地区农民习惯机械开沟、人工修沟、人工铺膜、人工播种的模式，播种的关键技能是播种深度和方法。农民一般是先将地膜揪烂，将瓜种放在湿土上，然后盖沙土或细土，封洞口即可。该方法不易产生土壤板结，可以做到一次播种保全苗。

(三)田间管理

1.职业岗位工作

根据生产技术管理计划、田间苗情，确定适宜的管理技术措施，指导田间作业，检查记录作业质量。

2.工作程序及操作技术和质量要求

工作环节	工作程序及操作技术和质量要求
前期田间管理	(1)放苗　当籽瓜出苗达到30%以上就放苗，一般早晚放苗较好。当气温达到30℃时，放苗更应该及时，以免幼苗在膜下被烫伤。 (2)定苗　早定苗，2片子叶间苗，4片真叶定苗，缺苗处两边留双株，缺苗2株以上人工催芽补种。放苗、定苗后，及时封孔。 (3)整枝压蔓　当籽瓜生长到6片真叶，蔓长10～15 cm，人工及时用土块压蔓，防止大风把瓜蔓缠在一起，引起坐瓜率低。 (4)因苗管理，合理施肥和灌水　要根据籽瓜生产情况，根据天气、土壤来决定灌第一水的时间，一般第一水的时间在6月中下旬，结合滴水滴施尿素225～300 kg/hm^2。要掌握弱苗生长慢可早灌水，旺苗可推迟滴水、施肥。旺苗少施，弱苗多施。以后每隔8～10 d滴一水，第二水根据苗情长相施尿素150 kg/hm^2。 (5)化学除草和人工除草相结合　苗期防治稗子草可用15%精稳杀得1 050 g/hm^{2}进行防治，防效三叶期内杂草较好，防治芦苇可用10%草甘膦1∶5进行涂抹，将芦苇根部剪断涂抹，可以根除芦苇。
中后期管理	(1)适时滴水　最后停水时间在8月20—25日。 (2)及时防治病虫害　籽瓜普遍发生的病害有：枯萎病、蔓枯病、炭疽病、疫病、白粉病等，须注意及时防治。 (3)喷施叶面肥　叶面施肥可增加千粒重，降低空籽率，提高单产，常用磷酸二氢钾2 250 g/hm^{2}加福乐定1支20 mL进行叶面喷施，或用美国产奥普尔1 500 g/hm^2，兑水2 400 kg进行喷雾，下午喷施效果好，一般可增产10%～15%。

3.常见技术问题处理

(1)籽瓜果实和种子发育的特点。

籽瓜果实和种子发育可分为3个阶段，花后20 d之前为第一阶段，花后20～40 d为第二阶段，花后40 d至采收为第三阶段。果实和种子发育有两个高峰期，分别在第一和第三阶段内，第一高峰期决定着籽瓜果实和种子的大小，第二高峰期决定着籽瓜种子的产量和品质。

(2)新疆农户在籽瓜生产技术管理中存在的主要问题。

主要表现在管理粗放。农户普遍认为籽瓜本身就是懒汉庄稼，管理简单，不需要下多大功夫。因此，在水肥调节、病虫防治与压蔓打杈等环节做得都不是很好，以致产量都不是太高，一般只有900～1 500 kg/hm^2。例如，昌吉市农民种植籽瓜，田间管理上在定苗以后就采取浇水一项措施，浇3次水后收获，根本不采取其他任何管理措施，往往田间布满杂草，瓜、草不分，严重影响了籽瓜的产量。

(3)农户在籽瓜病虫害防治上存在的问题。

前期不做预防，后期病害防治跟不上，重治轻防，导致籽瓜枯萎病、疫病发生严重，早衰而低产。

籽瓜喜温，温度高时白粉病发生也比较严重，但是农民都认为籽瓜是懒汉作物，加强管理也不会产生多大效益，于是大多数农民未能及时进行病虫害预防。例如，对一般的白粉病、霜霉病根本不放在眼里，直到有一天发现籽瓜还未长大而瓜秧枯萎死亡，才会引起重视，喷施杀菌药剂，但是往往为时已晚，导致严重减产。

（四）病虫害防治

近年来，随着籽瓜种植面积不断扩大，农民重茬种植面积增加，导致籽瓜枯萎病、蔓枯病、炭疽病、疫病、白粉病普遍发生。

1. 职业岗位工作

按照籽瓜病虫害发生规律，在籽瓜不同生育时期识别调查发生情况，及时采取有效防治措施。

2. 工作程序及操作技术和质量要求

病虫害	形态识别	防治方法
白粉病 	此病由子囊菌亚门白粉菌目白粉菌侵染所致。幼苗期和成株期均可染病，主要为害叶片，也能侵染叶柄和茎，一般不为害果实。病原主要借助气流、雨水传播。发病初期，叶片正、背面及叶柄上发生离散的白粉状霉斑，以叶片的正面居多，后逐渐扩大，成为边缘不明显的大片白粉区，严重时多个粉斑可连接成片，叶片褪绿或枯黄，停止生长。随后白色粉状物转变成灰白色，进而出现很多黄褐至黑色小点，叶片枯黄变脆，一般不脱落。	（1）轮作倒茬　籽瓜应选择与非葫芦科作物和茄科作物轮作，轮作周期不低于4年。 （2）土壤处理　前茬作物收获后，及时清地灭茬，深翻晒垡、冻垡。播前可用五氯硝基苯、多菌灵、敌克松或硫酸铜喷洒瓜沟或将药土施入播种穴，进行土壤消毒。 （3）精选良种，种子包衣　播前对种子精选，晒种2～3 d后，用2.5%适乐时悬浮种衣剂包衣后播种，亦可选用3%敌萎丹悬浮种衣剂或者种衣剂9号、种衣剂10号进行种子包衣。
籽瓜疫病 	该病主要由鞭毛菌亚门霜霉目腐霉科疫霉属辣椒疫霉和德氏疫霉侵染引起，是一种毁灭性土传病害。籽瓜整个生育期均可发病，土表下根茎部发病后产生弥散性病斑，皮层开始呈现暗绿色水渍状，后变成黄褐色，并逐渐腐烂或缢缩成细腰状，全株枯死。根茎部发病初呈水渍状斑点，后不断扩展，病部凹陷、缢缩呈灰褐色。茎蔓发病时，多发生在靠近蔓的先端，初为暗绿色水渍状梭形。籽瓜疫病是根部主要病害。	（4）合理密植，科学管理　合理密植，及早拔除田间杂草；科学施肥，施足基肥，增施磷、钾肥，提高植株的抗病性；合理灌溉，坚持不串灌，不漫灌，不旱不灌，灌溉时要求垄不漫水，沟不积水，根茎不淹水。 （5）药剂防治　白粉病可用62.25%仙生可湿性粉剂500倍液、30%特富灵可湿性粉剂3 000倍液、40%福星乳油8 000倍液防治；炭疽病可用80%绿亨2号可湿性粉剂600倍液、50%甲基硫菌灵可湿性粉剂800倍液加75%百菌清可湿性粉剂800倍液，或50%多菌灵可湿性粉剂800倍液加75%百菌清可湿性粉剂800倍液防治；疫病可用

续表

病虫害	形态识别	防治方法
枯萎病 	枯萎病在籽瓜整个生育期均可发生，主要借助于种子、土壤、风雨、灌水等农事操作传播。出苗以前发病，出现烂种、死芽。幼苗期发病，子叶或全株萎蔫、下胚轴基部变褐，呈猝倒状。成株期以后发病，瓜秧生长缓慢，下部叶片发黄并向上发展，患病根茎部腐烂，稍缢缩，表皮粗糙，出现水浸状条斑，常纵裂，呈蔓割状，湿度大时，常常分泌出琥珀色胶状物，同时病部周围出现白色或粉红色霉状物，维管束呈褐色，根系遭严重破坏，根毛坏死脱落，植株易拔起。发病后期，茎叶在白天高温时萎蔫，似缺水状，傍晚至次日早晨恢复正常生长，茎部也时有纵裂现象，病部维管束呈黄褐色。	64%杀毒矾可湿性粉剂 500 倍液、58%甲霜灵锰锌可湿性粉剂 500 倍液、72%杜邦克露（霜脲锰锌）可湿性粉剂 500 倍液，或 69%安克锰锌可湿性粉剂 1 000 倍液防治；枯萎病可用 75%百菌清可湿性粉剂 600 倍液，10%世高水分散粒剂 800 倍液，高锰酸钾 600 倍液进行叶面喷雾预防，发生严重时，可用 2.5%适乐时 1 500 倍液，或 90%恶霉灵可湿性粉剂 3 000 倍液灌根，每棵病株 500 mL。药剂防治可结合叶面追肥进行，以降低成本，增加防效。
炭疽病  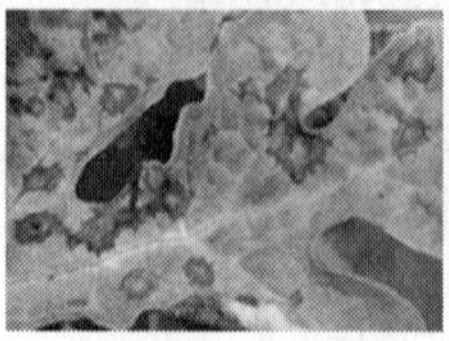	籽瓜炭疽病在籽瓜全生育期均可发生，危害籽瓜的叶、叶柄、瓜蔓、果实。 主要症状：叶部病斑圆形、近圆形，黑褐色，有同心轮纹；叶柄、瓜蔓上病斑呈菱形、椭圆形，病斑上有粉红色孢子堆；果实上产生圆形病斑、凹陷，由粉红色孢子堆组成同心轮纹。在田间低洼高湿处常有发生，瓜蔓受害后，病部以上部位生长不良或缓慢枯死，每次浇水后病害扩展迅速。	

3.常见技术问题处理

（1）案例：2019 年，昌吉市滨湖乡永红三队农民杜刚在籽瓜地喷施了一些叶面肥，籽瓜发生类似疮痂病病症。

分析病因：杜刚为了提高籽瓜产量，在喷施叶面肥等药物时，图省事，将药液浓度配得很高，兑水太少，喷药时因浓度高不能雾化，像下雨一样喷淋到幼瓜表面，腐蚀瓜皮，导致细菌侵染，形成疮痂状斑点。

解决措施：及时喷施农用链霉素等防治细菌性病害的药剂，喷药时一定要按照药品使用说明书准确规范喷雾。

(2)近几年瓜子的价格上涨了，而籽瓜主产区奇台县籽瓜面积为什么大幅度缩小了？

因为前几年奇台农民种植籽瓜尝到了甜头，籽瓜面积一哄而上，轮作倒茬这一预防籽瓜枯萎病的基本措施没有引起重视，温汤浸种和药剂拌种等预防措施也得不到落实，籽瓜生长期间都认为籽瓜管理粗放，不需要那么精细，根本不把喷施保护性杀菌剂的措施放上管理日程，结果等到全面发病开始死瓜时，再采取措施为时已晚，导致一部分瓜地严重减产，甚至绝收。等农民总结预防籽瓜病害的有效措施时，几乎所有的地块都已种植过籽瓜，根本无法合理倒茬，因此出现了瓜子价格上涨而籽瓜面积减少的局面。

(五)收获贮藏

籽瓜成熟的主要标志是：瓜皮呈现黄色，瓜皮发软，瓜秧枯萎。收瓜时要做到随熟随摘，不能不成熟强摘或者过晚收获，以免造成减产，降低打瓜籽的质量而影响收入。籽瓜一般在 8 月下旬陆续成熟，当打瓜籽全部变黑后收获。可人工收获或机械收获。籽粒最好在席面上晾晒，防止雨淋、防止霉变。打瓜籽忌用清水漂洗，否则打瓜籽没有光泽，影响品质。

把瓜踏碎后用瓜汁漂洗，把打瓜籽放在席上或塑料布上，放在阴凉处进行晾晒。应注意的问题是：一是打瓜籽时，切忌用凉水漂洗；二是切忌用大缸或窖沤泡；三是切忌把打瓜籽直接放在地上晾晒；四是切忌打瓜籽不干时就翻动；五是在晾晒时切忌雨水淋和露水打。经过这样晾晒的打瓜籽，色泽正、无裂纹、无麻脸、无泥土，籽粒饱满，整齐一致。

【知识延伸】

1. 参阅相关资料，了解籽瓜生长发育、品种特性各项指标调查技术。
2. 参阅相关资料，学习掌握籽瓜主要病虫害病情指数、为害率调查技术。
3. 参阅相关资料，了解新疆主栽籽瓜品种特性、栽培技术要点。
4. 参阅相关资料，了解世界籽瓜种植技术发展趋势。

【课后作业】

1. 研究制定籽瓜 1 800 kg/hm^2 高产栽培技术规程。
2. 综述籽瓜常见病虫害识别要点、防治方法。

三、顶岗实习工作过程作业记录单

<table>
<tr><td colspan="6">1. 生产计划与成本预算</td></tr>
<tr><td>种植面积</td><td></td><td>种植户</td><td></td><td>地块编号</td><td></td></tr>
<tr><td>选用品种</td><td></td><td>预计产量</td><td>kg/hm²</td><td>预计售价</td><td>元/kg</td></tr>
<tr><td rowspan="8">生产投入</td><td colspan="2">土地承包费</td><td>元/hm²</td><td rowspan="4">成本合计</td><td rowspan="4">元/hm²</td></tr>
<tr><td colspan="2">种子</td><td>元/hm²</td></tr>
<tr><td colspan="2">化肥</td><td>元/hm²</td></tr>
<tr><td colspan="2">农药与施药</td><td>元/hm²</td></tr>
<tr><td colspan="2">水费</td><td>元/hm²</td><td rowspan="4">预期效益</td><td rowspan="4">元/hm²</td></tr>
<tr><td colspan="2">机耕费(耕、耙、播、收)</td><td>元/hm²</td></tr>
<tr><td colspan="2">雇工</td><td>元/hm²</td></tr>
<tr><td colspan="2">其他</td><td>元/hm²</td></tr>
<tr><td colspan="6">根据生产计划制订籽瓜高产栽培技术方案(丰产计划)

</td></tr>
</table>

<table>
<tr><td colspan="3">2. 备耕检查</td></tr>
<tr><td>检查项目</td><td>检查记录</td><td>评价</td></tr>
<tr><td>土地耕翻墒情(耕地质量、冬灌或春灌情况)</td><td></td><td></td></tr>
<tr><td>种子质量与种子处理</td><td></td><td></td></tr>
<tr><td>播前整地质量(墒情、土壤平整、细碎、化学除草等)</td><td></td><td></td></tr>
<tr><td>播种机调试准备(播量调试、机械工作状况等)</td><td></td><td></td></tr>
</table>

续表

<table>
<tr><td colspan="5">3. 田间管理与作业质量检查</td></tr>
<tr><td colspan="2">项目</td><td>时间</td><td>检查记录（技术措施、指标、作业质量）</td><td>评价</td></tr>
<tr><td colspan="2">播种质量（种肥、下种量、播深、覆土、镇压、浮籽、漏重播、铺膜质量等）</td><td></td><td></td><td></td></tr>
<tr><td colspan="2">间定苗</td><td></td><td></td><td></td></tr>
<tr><td colspan="2">中耕除草（中耕深度、细碎、平整、伤埋苗、杂草清除等）</td><td></td><td></td><td></td></tr>
<tr><td colspan="2">追肥（追肥种类、用量、深度、均匀度、覆盖等）</td><td></td><td></td><td></td></tr>
<tr><td rowspan="4">灌溉（灌溉量、技术标准）</td><td>头水</td><td></td><td></td><td></td></tr>
<tr><td>二水</td><td></td><td></td><td></td></tr>
<tr><td>三水</td><td></td><td></td><td></td></tr>
<tr><td>四水</td><td></td><td></td><td></td></tr>
<tr><td colspan="2">化学除草</td><td></td><td></td><td></td></tr>
<tr><td colspan="2">收获（收获方式、损失）</td><td></td><td></td><td></td></tr>
</table>

<table>
<tr><td colspan="4">4. 病虫害调查与防治记载</td></tr>
<tr><td>病虫害名称</td><td>病情指数、为害率调查</td><td>防治措施</td><td>效果</td></tr>
<tr><td></td><td></td><td></td><td></td></tr>
<tr><td></td><td></td><td></td><td></td></tr>
<tr><td></td><td></td><td></td><td></td></tr>
<tr><td></td><td></td><td></td><td></td></tr>
</table>

续表

<table>
<tr><td colspan="7">5. 生育期及品种特性记载</td></tr>
<tr><td rowspan="2">生育期</td><td>播种期</td><td>出苗期</td><td>伸蔓期</td><td>开花期</td><td>成熟期</td><td>生育期</td></tr>
<tr><td></td><td></td><td></td><td></td><td></td><td></td></tr>
<tr><td rowspan="4">品种特性</td><td>蔓长/cm</td><td>结瓜数</td><td>瓜皮色</td><td>单瓜重</td><td>瓜形状</td><td>瓤色</td></tr>
<tr><td></td><td></td><td></td><td></td><td></td><td></td></tr>
<tr><td>籽粒容重</td><td>单瓜粒重</td><td>出籽率/%</td><td>粒色</td><td>粒型</td><td>百粒重/g</td></tr>
<tr><td></td><td></td><td></td><td></td><td></td><td></td></tr>
<tr><td colspan="7">6. 测产与效益分析</td></tr>
<tr><td rowspan="7">测产</td><td rowspan="3">产量构成因素法</td><td>株数/hm²</td><td>瓜数/株</td><td>粒数/单瓜</td><td>百粒重/g</td><td>产量/(kg/hm²)</td></tr>
<tr><td></td><td></td><td></td><td></td><td></td></tr>
<tr><td colspan="5">计算公式：株数/hm² × 瓜数/株 × 粒数/单瓜 × 百粒重(g) × 0.8/1 000</td></tr>
<tr><td rowspan="4">实测法</td><td colspan="3" rowspan="2">按照种植面积取150 m² 测产样点若干，取籽粒称重、测籽粒含水量。</td><td colspan="2">产量/(kg/hm²)</td></tr>
<tr><td colspan="2"></td></tr>
<tr><td colspan="5">计算公式：150 m² 测产样点产量(kg)平均数 × 10 000 × 水分校正系数/150</td></tr>
<tr><td colspan="5"></td></tr>
<tr><td rowspan="10">效益分析</td><td rowspan="8">实际发生成本核算</td><td colspan="3">土地承包费</td><td colspan="2">元/hm²</td></tr>
<tr><td colspan="3">种子</td><td colspan="2">元/hm²</td></tr>
<tr><td colspan="3">化肥</td><td colspan="2">元/hm²</td></tr>
<tr><td colspan="3">农药与施药</td><td colspan="2">元/hm²</td></tr>
<tr><td colspan="3">水费</td><td colspan="2">元/hm²</td></tr>
<tr><td colspan="3">机耕费(耕、耙、播、收)</td><td colspan="2">元/hm²</td></tr>
<tr><td colspan="3">雇工</td><td colspan="2">元/hm²</td></tr>
<tr><td colspan="3">其他</td><td colspan="2">元/hm²</td></tr>
<tr><td>平均产量</td><td colspan="2">kg/hm²</td><td>市场价格</td><td>元/kg</td></tr>
<tr><td>副产品收入</td><td colspan="2">元/hm²</td><td>种植效益</td><td>元/hm²</td></tr>
</table>

续表

7.生产技术问题处理记录				
时间	生产问题	原因分析	处理措施	效果
8.籽瓜高产栽培技术总结				

第十五章

新疆牧草栽培技术实训

第一节　岗位技术概述

新疆种植牧草历史悠久。近年来随着新疆农业产业结构的调整，以及退耕还草、牧民定居等“工程”的实施，尤其是牧草产业化的兴起，使得农区畜牧业得到迅速发展，牧草种植面积不断扩大。目前，新疆种植的牧草主要有苜蓿、草木樨、苏丹草、三叶草、红豆草等，种植面积最大的是苜蓿，2013 年播种面积 18.5 万 hm^2，产量 212.4 万 t。

一、苜蓿

紫花苜蓿的用途很广，它不仅是主要的饲用作物，而且也是很好的绿肥作物。到目前为止，世界上还没有一种豆科牧草(其中也包括苜蓿属中的其他栽培种)在各个方面能胜过紫花苜蓿。从饲用价值来说，它是各类家畜的上等饲料，不论青饲、放牧，或是调制成干草、青贮，适口性都很好。苜蓿营养丰富，其营养成分见表 15-1。目前苜蓿草产品如草粉、草颗粒、草块、草捆、草饼等被农区养殖广泛利用。

表 15-1　紫花苜蓿的营养成分　　%

类别	水分	粗蛋白质	粗脂肪	粗纤维	无氮浸出物	灰分
青草	74.7	4.5	1.0	7.0	10.4	2.4
干草	8.6	14.9	2.3	28.3	37.3	8.6
青贮	46.6	10.0	2.50	14.2	22.0	5.3
干叶	6.6	22.5	3.4	12.7	41.2	13.6
茎秆	5.6	6.3	0.9	54.4	27.9	4.9

紫花苜蓿有“牧草之王”的美称，按其粗蛋白质含量折合，每公顷可产蛋白质 2 250 kg 以上，干物质消化率一般为 60%(55%～64%)。1 kg 苜蓿干草约相当于 0.5 kg 燕麦精饲料的总营养价值。因此，解决我国乳业问题的必由之路就是大力发展高产优质苜蓿。苜蓿也是良好的土壤改良和水土保持作物，它富含根瘤，可固定空气中的氮，从而提高土壤含氮总量，它的强大根系腐生分解后的有机质能改善土壤理化性状，它的根际微生物群落有利于土壤营养物质的矿化和分解。

二、草木樨

草木樨是一种适应性广、繁殖快、固氮力强、产量高的绿肥牧草作物，广泛用于培肥农田，改良土壤，保持水土，饲肥兼用。此外，它还是优良的蜜源植物，被称为“宝贝草”。当今，在新疆南疆多与小麦混种，收割后，晾成干草，香豆素含量降低，可以安全饲喂牲畜。

三、苏丹草

苏丹草系高粱属牧草，原产于非洲北部苏丹地区，主要分布在热带和亚热带。苏丹草在非洲东北部及埃及境内呈野生状态，20 世纪初始作牧草栽培，现在欧洲、北美洲及亚洲大陆均有栽培。苏丹草适应性很强，既适应于干旱和半干旱地区的自然条件，也适应于夏季高温和多雨的气候，在轻盐渍土和微酸性土壤上都能良好生长，现在我国各地都有种植，新疆复种、间套种较多。

1. 产草量高

苏丹草能够很好地适应于干旱和半干旱地区的自然条件，充分利用夏季高温和雨水，再生迅速，我国北方地区栽培，一年可以割 2～3 次，南方割 3～4 次。在类似乌鲁木齐气候条件的地区一年可割三茬草，产草量鲜草为 85.14～95.84 t/hm^2，干草为 17.03～17.56 t/hm^2。它具有高产、稳产的特性，适于用来调制干草、青饲、青贮或放牧。它的耐牧性比其他一年生牧草要好。

2. 营养价值丰富

苏丹草与别的植物一样，营养物质含量也随着生长发育而不断变化。在生长初期植株含水量较高，干物质较少，随着它的不断生长，干物质含量逐渐增多。据测定，在苏丹草抽穗始期，植株含粗蛋白 15.25%，粗脂肪 1.65%，粗纤维 28.8%。

第二节　新疆紫花苜蓿栽培技术实训

一、基本知识

(一) 植物学特性

新疆大田栽培的苜蓿品种，属多年生豆科草本植物，根系发达，具有根瘤，主根很长，入土深可达 6 m 以上，侧根较少，多斜向伸展。有的杂花苜蓿，侧根极为发达，在土中水平横向伸展。

一般茎高 30～140 cm，直立或斜生匍匐，茎光滑或少毛。根颈发达，具强的发枝特性，随生长年限增加，单株根颈分枝大幅度增加，与此同时，根颈向土内收缩而下移。叶为羽状三出复叶，中间叶片较大，具短柄，小叶尖端有锯齿，中下部全缘。小叶的大小、形状随植株生长成熟而变化，以主茎 7～10 节的小叶叶片最大，是品种特征之一。到花期，小叶多为长椭圆形，基部较窄。

花为总状花序，花序从茎的 6～15 节的叶腋中发出，花序长 4.5～17.5 cm，有小花 20～80 个。花为蝶形花，花冠颜色多紫色、淡紫，少深紫、白色、黄色。荚果螺旋形，1～3 转，幼嫩时为绿色，成熟时变为黑褐色，表面光滑，每荚含种子2～8粒。种子肾形，黄色，种子千粒重1.8～2.0 g，紫花苜蓿(两年生)形态见图15-1。

图15-1 紫花苜蓿(两年生)形态

1.植株 2.花 3.荚果 4.种子

(二)生长发育特性

1.生育进程

栽培苜蓿多数品种属于长日照植物。苜蓿比棉花、玉米等大田作物耐弱光能力强。苜蓿4月初单播，4月25—30日出苗，幼苗生长缓慢，苗期一般为30 d，平均日长高5 mm；分枝期至盛花期生长速度快，日长高可达2.2 cm；盛花期至成熟生长速度逐渐变慢。整个生长期中只出现一个生长高峰。当年播种的生育期(以新疆大叶苜蓿为例)，4月下旬出苗，5月下旬分枝，6月底现蕾，7月上旬始花(20%)，7月下旬盛花(80%)，8月底成熟期，出苗至成熟127 d。两年生苜蓿，4月中旬返青，4月下旬分枝，5月中旬现蕾，6月上旬始花，6月中旬盛花，从返青到成熟103 d。两年以上的苜蓿，主茎生长在整个生长季节出现两次高峰：第一次高峰在返青期，平均日长高可达3.6 cm，返青后减慢，株高日增长小于2 cm；分枝期开始至盛花期出现第二次高峰，平均日长高可达2.8 cm，成熟期生长逐渐变慢，最后停止长高。

2.开花和授粉

紫花苜蓿为总状花序，一个花序上小花的多少，因花序在植株上着生的位置、花序形成的时间、品种和条件等因素而有所不同。通常主枝上形成的花序较侧枝上形成的多。开花时间长，一般开花延续40～60 d。开花顺序与花序形成一致，即自下而上，自内向外，一个总状花序开花顺序也是自下而上，一朵花能开2～5 d，一天内以上午9—12时开花最多，下午1时后显著减少。苜蓿是异花授粉作物，天然杂交率为25%～75%，在隔离情况下强制自交，自交率可达14%～15%。开花最适温度为22～27℃，相对湿度为53%～75%。

3.植株的寿命与生产力

紫花苜蓿和杂花苜蓿均为多年生豆科牧草，植株寿命很长，一般为20～30年，据在南疆调查，最长者可达100年。其产草量随栽培年限而有所不同。单播条件下，最高产草量一般是第二年、第三年或第四年，以后逐年下降。在有保护作物播种的条件下，最高产量在第三年。在北疆半农牧区旱作条件下，每年可收1～2茬草，平原灌溉农区每年可收2～3茬草，南疆平原农区一年可收3～4茬草。其生产力随栽培管理水平而异。在乌鲁木齐地区，年降雨量230～290 mm，在有灌溉条件下，一年可收三茬草，第二年干草单产可达13.5～19.5 t/hm^2。所以在生产上苜蓿一般利用5年左右。

(三)对环境条件的要求

1.抗寒性强

苜蓿适于温暖半干燥气候，抗寒能力很强。在我国北方冬季－30～－20℃的低温条件下，一般都能安全越冬。但抗寒能力因品种不同而异。紫苜蓿抗寒能力的大小与根中碳水化合物含量的多少关系很大。总糖量高的品种，抗寒能力也较强。就根冠入土深度而言，通常根冠入土深的品种抗寒能力强。

2. 抗旱性强

紫苜蓿的抗旱能力很强，主要是由于它的根系强大，入土深。但它的蒸腾系数较高，一般在 800～900 之间，需水较一般牧草多。尤其在孕蕾始花期需水最多，比禾本科牧草多两倍。紫苜蓿适于在年降水量 500～800 mm 的地区生长，可以不灌溉。

3. 适应性强

紫苜蓿对土壤要求不严，除太黏重的土壤或极瘠薄的沙土以及强酸或强碱性土壤外，都能生长。对它最适宜的土壤是沙质带黏性黑土、壤土和富含石灰质土壤。性喜中性或微碱性，最适宜的土壤 pH 为 7～9。紫苜蓿可以在含可溶性盐 0.3%以下的土壤上生长。种植紫苜蓿有降低土壤盐分的功效，在盐土上种植紫苜蓿两年，能使土壤可溶性盐分含量下降 1/3。

4. 怕涝

紫苜蓿虽然喜水，但它最忌积水，过多的积水往往会造成植株大批死亡。地下水位过高对紫苜蓿生长不利，一般要求至少应在 1 m 以下。

二、职业岗位能力训练

(一)播前准备

1. 职业岗位工作

制订生产计划；做好备耕各项工作。

2. 工作程序及操作技术和质量要求

工作环节	工作程序及操作技术和质量要求
土地准备	苜蓿属直根系，入上深，种植苜蓿的地必须深耕。苜蓿种子小，顶上能力差，播深了出苗困难，播浅了因土壤表层易失水而不能发芽，所以喷灌、半渗灌种植容易保全苗。苜蓿幼苗生长特别缓慢，易受杂草为害，播前整地应精细，要求达到平整、耙碎、草净。若早春播种，头年需秋灌蓄水保墒。有条件情况下，在深翻时可施有机肥 30～45 t/hm^2、磷肥 150～320 kg/hm^2 作底肥。
种子准备	(1)选择优良品种　选择抗逆性强、适应性广、抗寒能力强、草质优良、产草量高的优良品种。目前国外引进、自育及引进定名的优良品种有几十种，可以因地制宜进行选择。如三得利牧歌 401、WL232HQ、WL323MF/HQ、全能、巨人、凯撒、皇冠、新牧 1 号、宁苜 1 号、亮苜 2 号、金皇后、新疆大叶苜蓿、阿尔冈金等均是综合性状比较好的品种。 (2)种子检验　苜蓿陈种子硬实率低，发芽率高。新收获的苜蓿种子，硬实率较高，特别是杂花苜蓿品种，硬实率更高。所以播种前必须进行种子质量的检验，即测定种子的净度、发芽率、硬实率及种子生活力等。这些指标达到规定标准方能采用。 (3)根瘤菌接种　苜蓿接种根瘤菌，有利于根系形成更多的根瘤，固定空气中的游离氮素。苜蓿根瘤菌接种须选用适合的菌剂，按照说明书规定的用量制成菌液，喷洒在种子上，充分搅拌，使每粒种子都能沾上菌液，也可加适当细土使种子丸衣化，拌完及时播种，防止日晒。

3.常见技术问题处理

如何选购紫花苜蓿合格种子？购买后需要进行种子处理吗？

生产上应选用良种。良种的标准是纯度不低于95.0%，净度不低于95.0%，发芽率不低于85%，水分不高于12.0%，硬实率为10%～20%。

苜蓿新收的种子或在不良条件下收获的种子硬实率高，可达25%～65%，随贮藏年限增加，硬实减少，种子发芽力可维持10年。硬实种子出苗晚，生长竞争力弱，冬季易受冻死亡。

如果购买的是新种子或硬实率达到30%以上，则需要对种子进行处理：①暴晒3～5 d，发芽率可提高20%左右；②按一份种子加1.5～2倍的沙子混合，用石碾碾压20～30圈，或用碾米机处理；③用浓硫酸浸种3 min左右，或用钼酸铵、万分之一的硼酸溶液浸种，浸种后立即用清水冲洗干净，均可有效提高发芽率。

苜蓿播前应用根瘤菌接种，一般不提倡通过杀菌剂处理来防治病害，因为这样不能提高产量。

(二)播种

1.职业岗位工作

选择适宜播期播种，落实播种技术，检查、监督播种质量，实现“一播全苗”。

2.工作程序及操作技术和质量要求

工作环节	工作程序及操作技术和质量要求
播种期与播种方式	苜蓿在新疆，可春播、夏播、秋播、临冬寄籽播种。春播，当土壤温度稳定通过5℃时，即可播种。生产上提倡秋播，以提高出苗率。 播种方法可采用撒播、条播。生产上常用春季条播和飞机撒播。进行撒播时先将整好的地用镇压器压实，撒上种子后轻耙或用镇压器镇压。撒播一般适于在降水比较充足的地区。
播种量	(1)单播　条播播种量为12～13.5 kg/hm^2(收草)，播种深度2 cm左右，土湿宜浅，土干宜深。条播行距30 cm，均匀布种，播后镇压保墒。撒播播种量为20～25 kg/hm^2。播种量不宜过大，这样造成密度加大，后期极易倒伏，影响产量。 采种田，播种量宜少，为2.25 kg/hm^2，一般采用45～60 cm的宽行距条播。 (2)保护播种　能多收一茬作物，并有助于苜蓿生长。比较适宜的保护作物有小麦、大麦、燕麦、豌豆和胡麻，种植冬小麦地区可以与保护作物冬小麦同时播，春小麦地区在拔节时或浇第二水时撒播。播量通常按单播播量。 (3)混播　为了充分利用土壤水分，提高产草量，苜蓿宜与细茎披碱草、黑麦草、无芒雀麦等禾本科牧草混播。 (4)套播　苜蓿籽小，单播不易出全苗，生产上常与小麦等作物套播。播种量稍大于单播播种量，为15～18 kg/hm^2。
基肥	施用30 000～37 500 kg/hm^{2}有机肥，300～450 kg/hm^{2}过磷酸钙。

3.常见技术问题处理

紫花苜蓿播后经常出现出苗不齐且缺苗断垄的现象，保苗率个别时候还不到50%，这是什么原因造成的？

苜蓿种子小，千粒重仅1.8～2.0 g，顶土能力很弱。以下原因很容易造成苜蓿缺苗断垄，保苗率降低：

①新疆干旱少雨，蒸发量大，播深了出苗困难，播浅了因土壤表层易失水而不能发芽。

②苜蓿只能在轻盐碱地上生长，盐分含量超过3%即受盐碱危害，苜蓿种子不能发芽、出苗。

③种子硬实率超过30%，出苗率降低。

④夏季播种无保护作物或没有喷灌设施。

⑤地下害虫蛴螬为害幼根、幼茎，取食萌发的种子，造成缺苗断垄。

解决措施：

①有条件的地区，安装喷灌设施，最理想的是渗灌方式或半渗灌方式。

②尽量避免在严重的盐碱地上种植，为改良盐碱地，可采取与冬麦套播的方式作为绿肥翻压。

③尽量秋播。此时温度不断降低，土壤蒸发减少，种子不易失水。

④不论何时播种，尤其夏播，应与保护作物一起播，或采取套播或混播方式。

⑤春播苜蓿地，要深耕、冬灌，春季耙耱保墒，精细整地，保证种子能够吸收足够的水分。

⑥防治地下虫害蛴螬。

A. 土壤处理：5%西维因粉剂22.5 kg/hm^2 加细土25～30 kg，播前翻入土壤中。

B. 3%甲基异柳磷22.5～30 kg/hm^2，随种子撒播，或加土375 kg沟施。

C. 用50%辛硫磷15～22.5 kg/hm^2，加水30～37.5 kg，拌土750 kg撒入田后耙地。

(三)田间管理

1. 职业岗位工作

根据生产技术管理计划要求，结合苜蓿长势，确定适宜的田间管理技术措施，指导田间作业，检查作业质量。

2. 工作程序及操作技术和质量要求

工作环节	工作程序及操作技术和质量要求
播后至苗期管理	(1)破除板结　在播后出苗前，出现板结时，可用短齿耙破除。在灌区可以采取轻度灌溉消灭板结，帮助幼苗出土。 (2)防除杂草　苜蓿幼苗生长缓慢，苗期长达30 d左右，易受杂草危害，单播苜蓿须特别注意防除杂草。面积小，可用人工锄草，面积大，最好选用适合的除草剂消灭杂草。播后苗前用拉索(3～3.7 L/hm^2)、都尔(1.8～2.4 L/hm^2)、豆科威(9～12 L/hm^2)、乙草胺(1～1.5 L/hm^2)等防除一年生禾本科杂草。苗后可用稳杀得(0.9～1.05 L/hm^2)、盖草能(12.5%的乳油0.6～0.9 L/hm^2)等防除一年生和多年生禾本科杂草，也可用苯达松防除阔叶杂草(1.5 L/hm^2)。通过轮作和把握好种子质量(不带菟丝子种子)来防除苜蓿田的恶性杂草——菟丝子。目前，专家试验证明，在正确把握施用除草剂用量和施用时间的条件下，播前土壤封闭处理，能够有效地防除各种杂草。

续表

工作环节	工作程序及操作技术和质量要求
苗期至收获前管理	(1)灌溉　当苜蓿长到 3～5 cm 时，如果叶色变深，说明缺水情况开始出现，这时应进行灌溉。分枝期及蕾期是苜蓿需水的临界期，此时不能缺水受旱。 分枝期和蕾期及开花成熟期的田间持水量均不能低于 45%。灌水次数，根据收草茬数，第一、二、三茬分别为 4 次、4 次、6 次，全期共 14 次。新疆对苜蓿灌溉不重视，把其当作次要作物，在满足主作物灌水的基础上，才能轮到苜蓿灌水，导致灌水次数减少，水量不足；另外，所采用的大水漫灌方式，致使烂根现象十分严重，这都是苜蓿产草量低的主要原因。将灌水方式改为滴灌，最好为渗灌和半渗灌，将有效减少烂根现象，大幅度提高苜蓿产草量。值得一提的是，苜蓿收割以后应及早灌水，以利于下茬苜蓿生长。 (2)施肥　苜蓿在施用基肥的情况下，生育期间重点是补给氮肥。在分枝期或孕蕾期单施尿素 150～300 kg/hm^2，使年总产量显著增加。 苜蓿对钾的消耗很大，施适量钾肥可以起到很大的增产作用。在钾含量大于 500 mg/kg 的土地上施钾肥(448 kg/hm^2)仍然能显著提高第二茬产草量(可提高 303 kg/hm^2)。

3.常见技术问题处理

(1)苜蓿田中出现了恶性杂草——菟丝子，怎么办？

菟丝子是恶性寄生杂草。菟丝子将幼茎缠绕于苜蓿的茎上，常把植株成簇地盘绕起来。苜蓿受害后生长停滞、生育受阻，植株矮小，颜色发黄，极易凋萎；茎上被黄色的丝茎缠绕着，这些丝茎将吸根伸入苜蓿茎秆皮内，夺取养分和水分，最后使苜蓿植株变黄或枯死。田间发生后，由一株缠绕形成中心向四周扩展，苜蓿往往成片枯黄死亡。

防除菟丝子的措施：

①选用高质量苜蓿种子，种子决不能混有菟丝子种子。菟丝子种子很小，千粒重仅 1 g 左右，通过筛选、风选皆可将混杂在苜蓿种子中的菟丝子种子清除。坚决不在有菟丝子区域购种，不在有菟丝子田间留种，以防种子传播。

②轮作换茬。菟丝子不能寄生于禾本科作物上，因此换植禾本科作物轮作 3 年以上，有水源灌溉条件最好与水稻实行水旱轮作 1～2 年，可消灭土壤里的菟丝子种子。

③土壤菟丝子种子在土表 5 cm 以下不易萌发出土，秋深翻将土表的菟丝子种子进行深埋，使菟丝子种子难以发芽出土。

④肥料充分腐熟。家禽吃了含菟丝子种子的饲料后，其粪便仍带有菟丝子的种子，因此家禽粪便等有机肥料必须充分腐熟，方可施入田中。

⑤人工拔除。苜蓿出苗后要经常踏田勘查，发现有菟丝子缠绕，应及时将该植株拔除出田。在拔除时需将清除的菟丝子连同脱落在地面的残枝一并运出，远离苜蓿田，晒干后集中焚烧。拔除时一定要彻底，一丝不留，必要时可连拔 2～3 次，避免残茎继续扩展、蔓延。

⑥药剂防除。

A.土壤处理：48%地乐胺每公顷 3 750 mL，或 43%甲草胺 3 750 mL/hm^2，或 72%都尔 2 250 mL/hm^2，或 50%利谷隆 2 250 mL/hm^2，兑水 450～750 kg 均匀喷洒土壤表面，在苜蓿播前处理，处理后立即耙地混土，把药混入 2～4 cm 土中，整好地再进行播种。墒情好，则不需要混土，在苜蓿播后苗前直接处理，将药喷洒于土表即可。

B.茎叶处理：41%农达 400 倍液，或 10%草甘膦 100 倍液，或 25%草胺磷 100 倍液，或

48%地乐胺 75 倍液喷施被害植株。防除适期是菟丝子缠绕开始转株为害时，最迟缠绕不得超过 3 株。药只能喷在有菟丝子为害的寄主上，不得将药飘移或喷施于无菟丝子为害的苜蓿上，菟丝子的茎生长区一定要喷到药。由于菟丝子具有自寄生、转株寄生、残枝再生习性，要每隔 10～15 d 查看一次，以便及时防除。

(2)某个农民在苜蓿苗期喷过除草剂 2,4-D 丁酯后，苜蓿出现点片发黄萎蔫的现象，这是怎么回事？

除草剂 2,4-D 丁酯是防除苜蓿地双子叶杂草最好的药剂，但紫花苜蓿对 2,4-D 丁酯也十分敏感，所以应在刈割后、出芽前使用。使用时一定要控制好药量，即 2 000 g/hm^2。

苗期喷过除草剂 2,4-D 丁酯后，苜蓿出现点片发黄萎蔫的现象，是农民使用时期不当或用量不当，对苜蓿造成的危害。只有在刈割后、出芽前使用且严格控制好用量的条件下，才不会伤害紫花苜蓿。

(四)病虫害防治

1. 职业岗位工作

按照紫花苜蓿病虫害发生规律，在不同生育时期识别调查发生情况，及时采取有效防治措施。

2. 工作程序及操作技术和质量要求

病虫害	形态识别	防治方法
蚜虫 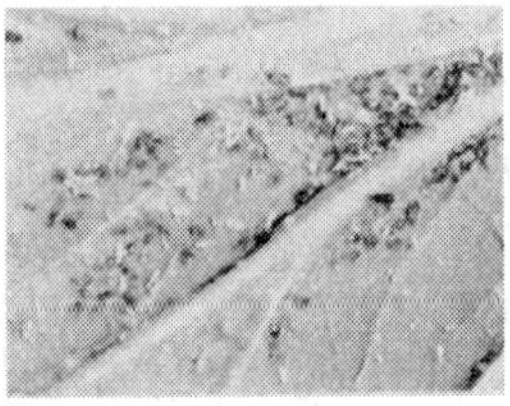	苜蓿蚜虫一般一年发生 20 余代。蚜虫聚集在植株嫩茎、幼芽、顶端心叶和嫩叶、花器上，常发生于叶背，刺吸汁液。叶表面多油腻状、变黄。严重时全株枯死。	(1)与禾本科牧草、农作物轮作。 (2)5—7 月瓢虫、草蛉、食虫蝽和蜘蛛等捕食性天敌总量为 12.2～34.53 头/m^2，在蚜虫大发生时，可控制蚜虫为害。 (3)参见第十章。
苜蓿夜蛾 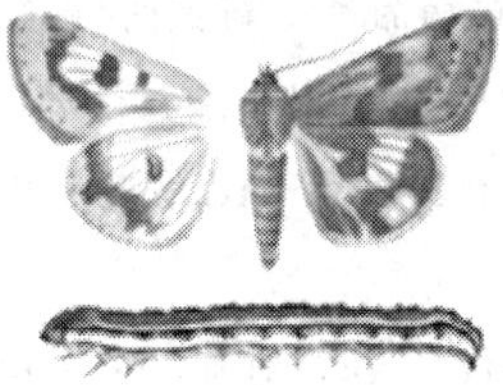	成虫体长 15 mm 左右，前翅灰褐色，缘毛灰白色，沿外缘有 7 个明显黑点。翅中央有一块深色斑。老熟幼虫体长约 40 mm，头淡黄褐色或绿色，其上着生许多黑褐色小斑点。	参见第十一章。
苜蓿叶象甲 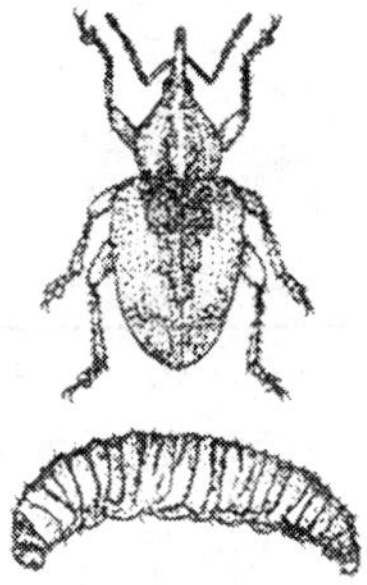	成虫：体长 4.5～6.5 mm。全身被覆黄褐色鳞片，头部黑色，喙细长且甚弯曲。前胸背板有 2 条较宽的褐色条纹，中间夹有一条细的灰线。 幼虫：头部黑色，初孵幼虫体乳白色，取食后，由草绿最后变为绿色。老熟幼虫体长 8～9 mm，背线和侧线为白色，背线两侧各有一条深绿色的纵纹。幼虫无足。成虫、幼虫均为害。	(1)第一茬早割，将收割的苜蓿及早运出田外，在阳光高温之下，可以晒死一部分卵和幼虫。 (2)化学防治　采用生物制剂，如 Bt 乳剂 1 500 倍液，赛丹 1 500 倍液等喷雾。首先，在春季天敌还没有活动之前施药；其次，在第一茬苜蓿和最后一茬苜蓿收割后施药一次，这样可以降低田间及越冬虫口，减少来年的为害。

续表

病虫害	形态识别	防治方法
白粉病 	病株叶两面,茎、叶柄、荚果上出现白色蛛丝状霉层,起先小而呈圆形,后扩大汇合,可以覆盖部分或全部叶面,后期病斑呈白粉状,最终霉层为灰色或淡褐色。	化学防治:8 月中旬进行药物防治,选用百里通、粉锈灵、苯来特、甲基托布津 800～1 000 倍液喷雾。
霜霉病 	局部性症状,叶面出现不正形褪绿斑,叶背面出现淡褐色霜层,病株基部变粗,扭曲畸形,全株褪绿,叶片卷曲,苜蓿冬季死亡严重。	化学防治:发病前期,每隔 7～10 d 喷一次甲霜灵锰锌、64%杀毒矾等。
锈病 	锈病危害叶片、叶柄和茎,主要在叶下面先出现褪绿斑点,后变为隆起圆形疱状病斑,初呈灰绿色,后期表皮破裂露出棕色粉末状的夏孢子堆。锈病使苜蓿叶片褪绿、皱缩并提前落叶。染有锈病的植株含有毒素,不仅影响适口性,而且会导致畜禽食用后中毒。	化学防治:用 20%二苯基酸锡 1.5～1.8 kg/hm^2 喷施;用代森锰锌 0.20 kg/hm^2、氧化萎锈灵与百菌清混合剂(0.40 kg/hm^2 和 0.80 kg/hm^2)、15%粉锈宁 1 000 倍液喷雾,都可防治锈病。
褐斑病 	叶片上典型症状为病斑圆形或近圆形,直径 0.5～1.0 mm,通常情况下彼此不相互连接,浅褐色至深褐色,边缘锯齿状。病害后期叶面病斑中央变厚,出现直径 1 mm、浅褐色至浅黄色凸起的蜡状颗粒,成熟后突起物向四周裂开,似不规则的碗状,即病原菌子实体——子囊盘,一般每个病斑上一个。病情严重时,病斑布满全叶,使叶片早期黄化或干枯皱缩脱落。	(1)选用抗病品种　新疆的'新牧1号'、'新牧2号'、'阿勒泰杂花苜蓿'、'北疆苜蓿'、'新疆大叶'等品种均为中抗品种。 (2)化学防治　在收割前 30 d 可用 15%粉锈宁 1 000～1 500 倍液喷雾。

3. 常见技术问题处理

(1)紫花苜蓿使用化学药物防治后,能否马上放牧或刈割晒制干草?

紫花苜蓿喷农药后,半个月内不可放牧或刈割晒制干草。因为苜蓿草上农药半个月内仍然具有毒性,会毒害牲畜。

(五)收割与晒制

苜蓿草的收割时期,以初花期为宜,此时单位面积营养物质产量最多。盛花期收割虽然比初花期收割产草量高,但纤维素增多,草质变差。在一年中最后一茬草应在植株停止生长前30 d结束收获,以利于植株的根和根颈积累营养物质,提高抗寒和越冬能力。

收割一般留茬高度4～5 cm,最后一茬可留高些(7～8 cm),以利于冬季积雪。苜蓿叶片的粗蛋白质含量比茎高出2.5～3.0倍,但因其质脆,干后极易脱落,在收割、晾晒、打捆、拉运过程中应严防脱落,一般割后先摊成行,半干后及时用耙耙成宽松的长卷,基本干后堆成堆,拉出地外堆垛。收割晒制好的干草最好在棚下堆垛存放。阴干的苜蓿,色青绿、有香气。每茬苜蓿收割后应及时拉出地外,以便及时耙地、除草、施肥、灌水,促使下一茬苜蓿快速生长。大面积生产,可用牧草收获机收获,收获效率高。收后苜蓿在田间排列整齐,摊晾均匀,3～4 d后就可以用配套打捆机打捆,并拉运出地。

(六)苜蓿翻压

苜蓿根颈发达,其上着生许多不定芽,再生能力强,如果耕作不当,田间常产生再生苜蓿,影响后作作物生长。所以,苜蓿田耕翻中心工作是防止苜蓿再生植株产生。苜蓿田后茬安排冬小麦,应在6—7月头茬苜蓿收获后进行;安排春播作物,可推迟到8—9月进行。翻耕前,先用圆盘耙切地,切碎根颈,然后进行深耕。

【知识延伸】

1. 参阅相关资料,了解紫花苜蓿生长发育、品种特性各项指标调查技术。
2. 参阅相关资料,学习掌握苜蓿主要病虫害病情指数、为害率调查技术。
3. 参阅相关资料,了解新疆主栽苜蓿品种特性、栽培技术要点。

【课后作业】

制订紫花苜蓿4 500 kg/hm^{2}高产栽培技术规程。

三、顶岗实习工作过程作业记录单

1. 生产计划与成本预算					
种植面积		种植户		地块编号	
选用品种		预计产量	kg/hm²	预计售价	元/kg
生产投入	土地承包费		元/hm²	成本合计	元/hm²
	种子		元/hm²		
	化肥		元/hm²		
	农药与施药		元/hm²		
	水费		元/hm²	预期效益	元/hm²
	机耕费(耕、耙、播、收)		元/hm²		
	雇工		元/hm²		
	其他		元/hm²		
根据生产计划制订紫花苜蓿高产栽培技术方案(丰产计划)					

2. 备耕检查		
检查项目	检查记录	评价
土地耕翻墒情(耕地质量、冬灌或春灌情况)		
种子质量与种子处理		
播前整地质量(墒情、土壤平整、细碎、化学除草等)		
播种机调试准备(播量调试、机械工作状况等)		

续表

<table>
<tr><td colspan="5">3.田间管理与作业质量检查</td></tr>
<tr><td colspan="2">项目</td><td>时间</td><td>检查记录（技术措施、指标、作业质量）</td><td>评价</td></tr>
<tr><td colspan="2">播种质量（种肥、下种量、播深、覆土、镇压、浮籽、漏重播等）</td><td></td><td></td><td></td></tr>
<tr><td colspan="2">间定苗</td><td></td><td></td><td></td></tr>
<tr><td colspan="2">中耕除草（中耕深度、细碎、平整、伤埋苗、杂草清除等）</td><td></td><td></td><td></td></tr>
<tr><td colspan="2">追肥（各类型肥料追肥量、深度、均匀度、覆盖等）</td><td></td><td></td><td></td></tr>
<tr><td rowspan="6">灌溉（灌溉量、技术标准）</td><td>头水</td><td></td><td></td><td></td></tr>
<tr><td>二水</td><td></td><td></td><td></td></tr>
<tr><td>三水</td><td></td><td></td><td></td></tr>
<tr><td>四水</td><td></td><td></td><td></td></tr>
<tr><td>五水</td><td></td><td></td><td></td></tr>
<tr><td>六水</td><td></td><td></td><td></td></tr>
<tr><td colspan="2">化控、化学除草</td><td></td><td></td><td></td></tr>
<tr><td colspan="2">收获（收获方式、损失）</td><td></td><td></td><td></td></tr>
</table>

<table>
<tr><td colspan="4">4.病虫害调查与防治记载</td></tr>
<tr><td>病虫害名称</td><td>病情指数、为害率调查</td><td>防治措施</td><td>效果</td></tr>
<tr><td></td><td></td><td></td><td></td></tr>
<tr><td></td><td></td><td></td><td></td></tr>
<tr><td></td><td></td><td></td><td></td></tr>
<tr><td></td><td></td><td></td><td></td></tr>
</table>

续表

5. 生育期及品种特性记载

生育期	播种期	出苗期	分枝期	现蕾期	开花期	成熟期	生育期
品种特性	株高/cm	叶片数	茎粗/cm	单株有效分枝数	豆荚形状	每荚粒数	
	倒伏率/%	植株整齐度	结实率/%	粒色	粒型	百粒重/g	
	籽粒容重	含水量	每分枝荚数				

6. 测产与效益分析

测产	制种田：种子产量构成因素法	株数/hm^2	荚数/株	粒数/荚	百粒重/g	产量/(kg/hm^2)	
		计算公式：株数/hm^2×荚数/株×粒数/荚×百粒重(g)×0.8/1 000					
	生产田：生物产量构成法	株数/hm^2	单株干重/g	产量/(kg/hm^2)			
		计算公式：株数/hm^2×单株干重×0.8×1 000					
	实测法	按照种植面积取150 m^2 测产样点若干，收割整株，自然风干，称重、测植株含水量。			产量/(kg/hm^2)		
		计算公式：150 m^2 测产样点产量(kg)平均数×10 000×水分校正系数/150					
效益分析	实际发生成本核算	土地承包费		元/hm^2			
		种子		元/hm^2			
		化肥		元/hm^2			
		农药与施药		元/hm^2			
		水费		元/hm^2			
		机耕费(耕、耙、播、收)		元/hm^2			
		雇工		元/hm^2			
		其他		元/hm^2			
	平均产量	kg/hm^2	市场价格	元/kg			
	副产品收入	元/hm^2	种植效益	元/hm^2			

续表

7.生产技术问题处理记录				
时间	生产问题	原因分析	处理措施	效果
8.紫花苜蓿高产栽培技术总结				

第三节 知识拓展

一、新疆草木樨栽培技术

(一)草木樨的播种技术

1.种子处理

草木樨种子硬实率很高,用未经处理的种子播种,当年出苗率只有20%~30%,苗数不够,而且出苗不齐,在以后数年内还会陆续萌芽而成为下一茬作物的杂草。少量种子可用手工搓伤种皮,大量种子则用碾米机碾毛种皮,促其播后出苗全。

2.播期及相应的播种方法

种植利用方式不同,播期、播量和播法也有差异。就草木樨的生物学特性而言,春、夏、临冬都可播种(秋播时茎叶及宿根都来不及发育)。春播主要是在冬麦早春顶凌耙地时用24行播种机播种,播深2~3 cm。湿润地区播深1~2 cm;干旱地区播深3 cm。收草行距15~30 cm;采种行距30~60 cm。春油菜与草木樨混播(收油菜后填闲生长)效果也很好。夏播是在玉米、棉花等中耕作物开沟时结合用机械撒播(卸去开沟器)。

3.播种量

作牧草、绿肥种植的密度与生产种子采用的密度有很大差异。前者的收获物是茎叶等营养体,要求单位面积上有较多的植株,并不要求每个植株生殖器官的充分发育,而收获种子者则要求生殖器官能正常发育。此外,牧草、绿肥在茎叶产生郁闭时将被刈割,可以避免发生过密的不良影响。所以,牧草、绿肥的密度常常比生产种子者大2~3倍。小麦套种(机播)时用经处理后的种子15 kg/hm^2,如撒播,用种量需增加到22.5 kg/hm^2。

(二)草木樨套种的田间管理技术

新疆草木樨多与其他作物套种,田间管理分为与主作物共生和填闲生长两个时期。

1.与主作物共生时期

这时期基本上是以主作物的需要为出发点,照顾草木樨的全苗,即施肥、灌水、防治病虫等措施基本按主作物的需要进行。

2.填闲生长时期

这时草木樨进入单独生长阶段,田间管理核心是促使它快速生长,以充分利用有限的生长期及夏、秋洪水资源。为此,须做好以下工作:

(1)割麦时的留茬高度应不低于25 cm,让草木樨留下的茎秆有3~4节,以便每株能生出3个左右的一级分枝,实现繁茂生长。

(2)麦收后草木樨失去荫蔽,突然暴露在烈日下,再加上收麦时的践踏,草木樨很容易死苗,所以须加速清田、灌水,使之尽快恢复生长。以后再每隔15~20 d灌水一次,共灌水3次左右,绿肥即可丰收。

(3)麦收后严禁牛、羊践踏啃食草木樨的枝叶,否则将妨碍其萌发生长,甚至导致死亡。灌头水时追肥施尿素 75～100 kg/hm^2，促其快速发育生长，提高经济效益。如新疆伊宁县农民在灌头水时给草木樨追肥施尿素 75 kg/hm^2，多收干草 750 捆(2 kg/捆)，扣除尿素成本后净收入增加 247 元/hm^2(尚未计算根茬)。

(三)草木樨单播时的田间管理

第一年地上部生长缓慢，特别在幼苗期主要生长地下部分。田间管理的关键是防除杂草。一般苗高 10～20 cm 时进行除草。在分枝期、秋季刈割后以及第二年再生草刈割后要追施磷、钾肥各 150 kg/hm^2，并及时灌溉。

(四)刈割

为促进草木樨再生，必须适时刈割，最适宜的刈割时期在开花前。在此时期刈割不仅有利于再生，而且牧草品质好。过早刈割产量低，过迟刈割则茎秆迅速木质化，且香豆素含量增加，饲料价值与适口性下降。根据试验，秋季最后一次刈割以秋分后最为适宜，越冬芽萌发少，可减少越冬死亡率。刈割时注意留茬高度，应保持 2～3 个茎节，刈割高度 10～15 cm 为宜。

(五)种子收获

采种用的草木樨，播种当年不要刈割，否则会影响第二年的种子产量，因为它的花是陆续开放，结实参差不齐，成熟不一致。当下部荚果 65%～70%由深黄变成暗绿时可收获。

二、新疆苏丹草栽培技术

(一)轮作及选地

苏丹草根系发达，吸收能力强，消耗土壤养分较多，忌连作。在饲草轮作制中，应把它放在豆科牧草及中耕作物之前、谷类作物之后。苏丹草收获后应休闲或种一年豆科作物。

苏丹草对土壤选择不严，只要排水良好，在沙壤土、重黏土、微酸性土及盐渍土等都能种植。肥沃的土壤最为适宜，肥力差的地则产量低。

(二)整地

苏丹草在新疆奇台为春播。须在头年秋天深翻地，灌足冬(秋)水，翌年开春土壤解冻时及时耙地保墒。在南疆和果树行间套作也逐渐多起来，须用小型机械局部整地。

(三)选择优良品种及种子处理

目前推广的优良品种有：‘奇台苏丹草’、‘新苏 2 号’、‘宁农苏丹草’、‘盐池苏丹草’。

播种前测定种子的净度、发芽率、种子用价，进行晒种，以便打破休眠，提高发芽率。用 0.2%～0.3%粉锈宁药剂拌种，以防止散黑穗病及坚黑穗病。

(四)播种技术

待 10 cm 地温达 11～12℃时播种。北疆农区一般在 4 月下旬播种。如果头年土壤没有秋灌蓄水，也可采取春季灌水耕翻整地播种。一般播种机条播，行距20～30 cm，播种深度4～5 cm，播后局部镇压。播种量，以收草为目的时为60～75 kg/hm^2，以收种子为目的时为15～22 kg/hm^2。

苏丹草是风媒花，种子繁殖生产田应注意隔离，与高粱及不同的苏丹草品种要有400 m的距离，防止天然杂交造成生物学混杂。

(五)中耕除草

苏丹草幼苗生长缓慢，苗期较长，应注意及时中耕除草，雨后及时耙地保墒，促进幼苗生长，一般需中耕2～3次。在种子成熟期常有6～8级大风的地区，进行种子生产时，最后一次中耕应结合培土，防止植株倒伏。

(六)施肥

苏丹草产草量高，消耗土壤的养分多。整地时施有机肥15～30 t/hm^2 作基肥，以后每次割草后，结合灌水追施氮肥(尿素等)150～300 kg/hm^2。种子田追肥宜早，于拔节、孕穗开始时分次施入，追肥太晚(见花以后)植株往往长出许多无效分蘖及无效分枝，对主穗及有效分蘖和有效分枝穗生长不利。最后一次追肥宜在见穗前结束。

(七)灌水

苏丹草喜水喜肥，灌水对提高产量有很明显的效果。在乌鲁木齐及奇台县等地，一年收三茬草，生长期需灌水8～10次。但苗期至拔节始期，不宜灌水，以利于根系生长发育，一般在拔节中期开始灌头水。

(八)防治病虫害

在抽穗期易遭受腥黑穗病危害，播前用立克莠拌种，每100 kg种子拌100～150 g。在抽穗期发病用25%粉锈宁可湿性粉剂1 500倍液喷雾，也可用40%福星(氟硅唑)乳油8 000倍液喷雾。

(九)收获

苏丹草的干草品质和营养价值，取决于收割日期。在幼龄时期刈割，干草的饲料品质高。调制干草最好是在抽穗前刈割，过迟则可食性降低。刈割的鲜草要迅速干燥，以免干燥过程中营养物质大量损耗。

刈割青饲最好的利用时期为孕穗初期，这个时期营养价值、适口性及利用率都高。青贮，在乳熟期刈割为宜。利用苏丹草放牧，以在草丛高达30～40 cm时较好。

附录　企业顶岗实习评价表

1.学生自我评价

学生姓名		顶岗实习岗位	
自评项目		评价结果(在认为的□打“√”)	
1.你是否已具备独立承担企业职业岗位工作能力		已具备□　一般□　不能□	
2.你是否已能够独立完成工作计划制订,并组织实施		能□　需要老师督促□　没计划□	
3.你向农民落实技术措施、提供信息咨询,多少农民愿意采纳你的意见		80%以上□　60%左右□　40%以下□	
4.你是否能够处理生产中出现的常见问题,如识别病害、正确施药		能处理□　请教老师□　不能识别□	
5.你认为与同学和单位同事人际关系如何		很好□　一般□　没有朋友□	
6.你有没有因为个人私事而在单位请假		经常□　偶尔□　没请假□	
7.假如你到实习单位应聘,单位聘用你的概率如何		八成□　半数□　表示不聘□	

2.企业指导教师评价

评价项目	评价结果(在认为的□打“√”)
1.该学生胜任公司职业岗位工作能力	胜任□　基本胜任□　不胜任□
2.该学生生产计划制订,措施落实,熟练操作技术能力	能力强□　一般□　差□
3.该学生与客户或服务对象有效沟通、与同事沟通交流能力	能力强□　一般□　差□
4.该学生顶岗实习期间观察分析问题,提出合理化建议能力	能力强□　一般□　差□
5.该学生在顶岗实习过程中适应企业管理文化、工作环境能力	能力强□　一般□　差□
6.该学生自觉遵守顶岗实习单位管理制度,按时完成工作任务表现	能力强□　一般□　差□
7.该学生自我学习能力,自我提高意识与能力	能力强□　一般□　差□

3.学校实训指导教师评价

评价项目	评价结果(在认为的□打“√”)
1.该学生按职业岗位职责,完成岗位工作任务能力	能力强□　一般□　差□
2.该学生专业技术能力提高程度	进步大□　一般□　差□
3.该学生与同学、单位同事人际关系处理能力	能力强□　一般□　差□
4.该学生组织纪律表现	良好□　一般□　差□
5.该学生自主学习能力表现	能力强□　一般□　差□
6.该学生组织协调能力表现	能力强□　一般□　差□
7.该学生工作过程作业完成情况	良好□　一般□　差□

参 考 文 献

[1] 杨春峰.耕作学.银川:宁夏人民出版社,1986.
[2] 李庆庚,李兴业.农作物栽培学.乌鲁木齐:新疆科技卫生出版社,1992.
[3] 曹卫星.作物学通论.北京:高等教育出版社,2001.
[4] 陈林,王海波.新疆主要农作物滴灌高效栽培实用技术.北京:中国农业大学出版社,2016.